# 《建筑与市政工程施工现场临时用电安全技术标准》JGJ/T 46实施手册

张立新　徐荣杰　栾方军　李振兴　郭喜峰　编著

中国建筑工业出版社

图书在版编目（CIP）数据

《建筑与市政工程施工现场临时用电安全技术标准》
JGJ/T 46 实施手册/张立新等编著. —北京：中国建
筑工业出版社，2022.3
　　ISBN 978-7-112-27008-8

Ⅰ.①建… Ⅱ.①张… Ⅲ.①建筑施工-施工现场-
安全用电-安全标准-中国-指南 Ⅳ.①TU731.3-65

中国版本图书馆 CIP 数据核字（2021）第 269955 号

　　本书依据新修订的《建筑与市政工程施工现场临时用电安全技术标准》
JGJ/T 46 编写，内容共 8 章，包括配电系统、配电装置、配电室及自备柴油发电
机组、配电线路、电动建筑机械和手持式电动工具、外电线路及电气设备防护、
照明和临时用电工程管理。本书可作为《建筑与市政工程施工现场临时用电安全
技术标准》JGJ/T 46 的补充资料，详细解读了新标准的条款，以及条款规定的实
施范围和检查要点，有助于读者对新标准的理解与掌握。本书适合于政府安全生
产监督管理部门、建设单位、监理单位、咨询单位和施工单位从事安全技术管理
的工程技术人员参考使用。

　　责任编辑：张　磊　万　李
　　责任校对：张惠雯

*

《建筑与市政工程施工现场临时用电安全技术标准》JGJ/T 46 实施手册

张立新　徐荣杰　栾方军　李振兴　郭喜峰　编著

\*

中国建筑工业出版社出版、发行（北京海淀三里河路 9 号）
各地新华书店、建筑书店经销
霸州市顺浩图文科技发展有限公司制版
人卫印务（北京）有限公司印刷

\*

开本：787 毫米×1092 毫米　1/16　印张：20　字数：498 千字
2024 年 10 月第一版　2024 年 10 月第一次印刷
定价：79.00 元
ISBN 978-7-112-27008-8
（38148）

# 前　言

随着我国经济建设的快速发展，国内的基本建设项目规模越来越大，安全生产的重要性日益彰显。中共中央总书记习近平就安全生产多次作出重要指示，强调生命重于泰山。各级党委和政府务必把安全生产摆到重要位置，树牢安全发展理念，绝不能只重发展不顾安全，更不能将其视作无关痛痒的事，搞形式主义、官僚主义。因此，各级政府安全生产监督管理部门执法人员必须要学标准、用标准，不能简单执法、过度执法，做到公正执法、文明执法。尽管建设单位、监理单位和施工单位面临的安全生产工作压力很大、困难很多，也应增强主体责任意识、主体创新意识，坚持安全生产、以人为本的理念，推进施工现场安全标准化建设。

施工现场临时用电工程在建设工程具有点多、面广、随机等特点，作业人员操作不当容易发生触电事故。据施工现场伤亡事故统计分析，施工现场临时用电导致的人员触电事故已成为施工现场五大伤害类别之一，根除施工现场临时用电工程中的不安全因素，减少触电伤亡事故的发生，已成为建设工程必须迫切解决的问题。新修订的《建筑与市政工程施工现场临时用电安全技术标准》就是通过技术手段防止安全事故发生的国家行业标准。目前，它是国内很多省、市和地区作为施工现场临时用电工程安全执法检查的依据，是一部影响力很大的安全技术标准。希望本书的出版，对推进《建筑与市政工程施工现场临时用电安全技术标准》JGJ/T 46—2024 的宣传、贯彻和执行起到积极的作用。本书适合用作政府安全生产监督管理部门、建设单位、监理单位和施工单位的工程技术人员的工作参考书籍。

本书在编写过程中，虽经数次修改，由于笔者专业技术水平有限，难免书中会有不妥或错误之处，敬请读者予以指正、赐教。请读者随时将有关意见和建议反馈到电子邮箱E-mail：zhanglixin1964@126.com，使我们更好地提高技术，更好地服务读者。

# 目　　录

# 第一章　配电系统

施工现场临时用电工程是为保障施工现场用电安全，通过技术方法防止电击事故的发生，规范建设工程标准化管理。建筑与市政工程施工现场临时用电工程采用三相四线制TN-S接地保护系统，总配电箱（柜）、分配电箱、开关箱三级配电、二级剩余电流保护，这是该标准的核心内容，有别于其他类似的标准。本章将依据《建筑与市政工程施工现场临时用电安全技术标准》JGJ/T 46—2024 的相关规定，重点讲解一般规定、TN-S系统、剩余电流保护、防雷保护及接地与接地电阻五个方面的内容。

## 第一节　一般规定

建筑与市政工程施工现场临时用电工程低压配电系统实行三级配电，二级剩余电流保护。

《建筑与市政工程施工现场临时用电安全技术标准》JGJ/T 46—2024：

第 3.1.1 条　施工现场临时用电工程专用的电源中性点直接接地的 220V/380V 三相四线制低压电力系统，应符合下列规定：

1　应采用三级配电系统；

2　应采用 TN-S 系统；

3　应采用二级剩余电流动作保护系统。

### 一、采用三级配电系统

建筑与市政工程施工现场临时用电工程低压配电系统必须实行三级配电。所谓三级配电，是指施工现场从电源进线侧开始至用电设备之间应经过三级配电装置配电，即总配电箱（或配电柜）→分配电箱（可设置多台分配电箱）→开关箱（可设置多台开关箱），分三个层次逐级实现配电的管理方式。如图 1-1 所示。

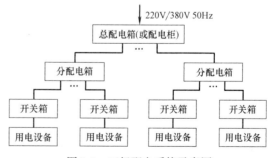

图 1-1　三级配电系统示意图

（1）总配电箱（柜）是三级配电系统的第一级，在施工现场临时用电工程配电系统中起到控制、保护、计量、电能质量检测的作用。

（2）分配电箱是三级配电系统的第二级，在施工现场临时用电工程配电系统中起到对开关箱的控制、保护的作用。分配电箱可根据施工现场机械设备、照明线路的布置情况设置多台分配电箱，每台二级配电箱按其回路的用途分为照明型配电箱、动力型配电箱或照明、动力混合型配电箱。

（3）开关箱是三级配电系统的第三级，是为电动建筑机械设备、手持式电工工具提供电源，并接受第二级分配电箱的控制和保护。

《建筑与市政工程施工现场临时用电安全技术标准》JGJ/T 46—2024：

第4.1.1条　总配电箱可下设若干台分配电箱；分配电箱可下设若干台开关箱。总配电箱应设在靠近电源的区域，分配电箱应设在用电设备或负荷相对集中的区域，分配电箱与开关箱的距离不应超过30m，开关箱与其控制的固定式用电设备的水平距离不宜超过3m。

## 二、采用 TN-S 系统

施工现场临时用电工程低压配电系统采用的是 TN-S 方式接地保护系统。TN-S 方式配电系统是将中性导体（N）和保护导体（PE）严格分开，系统正常运行时，保护导体（PE）没有电流，除非中性导体（N）上出现不平衡电流，保护导体（PE）对地没有电势差。所以电气设备金属外壳接地保护是接在专用的保护导体（PE）上，TN-S 方式配电系统安全、可靠，适用于施工现场临时用电工程的配电系统。它们各自的特点如下：

（1）TN-C 系统：三相四线制配电，整个系统分别引出 $L_1$、$L_2$、$L_3$、PEN，中性导体（N）和保护导体（PE）是合一的，具有节省铜导线的特点，施工现场临时用电工程不选用；

（2）TN-S 系统：三相五线制配电，整个系统分别引出 $L_1$、$L_2$、$L_3$、N、PE，中性导体（N）和保护导体（PE）是分开的。由于采用三相五芯电缆，铜导线用量大，安全性能好，施工现场临时用电工程选用；

（3）TN-C-S 系统：变压器引出为 TN-C 方式，在某级配电系统开始将保护导体（PE）与中性导体（N）从 PEN 中分开的，也就是该分歧点之前为 TN-C 型式，之后为 TN-S 型式。施工现场临时用电工程不选用。

《建筑与市政工程施工现场临时用电安全技术标准》JGJ/T 46—2024：

第2.1.20条　TN 系统　TN system

电力系统有一点直接接地，电气装置的外露可导电部分通过保护接地导体与该接地点相连接。根据中性导体（N）和保护接地导体（PE）的配置方式，TN 系统可分如下三类：

1　TN-C 系统；

2　TN-C-S 系统；

3　TN-S 系统。

第3.2.1条　在施工现场专用变压器供电的 TN-S 系统中，电气设备的金属外壳应与保护接地导体（PE）连接。保护接地导体（PE）应由工作接地、配电室（总配电箱）电源侧中性导体（N）处引出（图3.2.1）。

第3.2.13条　城防、人防、隧道等潮湿或条件特别恶劣施工现场的电气设备必须采用 TN 系统。

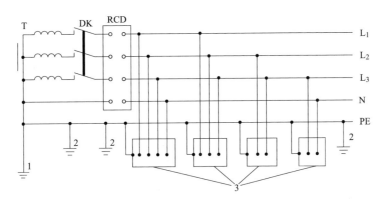

图 3.2.1　专用变压器供电时 TN-S 系统示意

1—工作接地；2—PE 接地；3—电气设备金属外壳（正常不带电的外露可导电部分）；

$L_1$、$L_2$、$L_3$—相导体；N—中性导体；PE—保护接地导体；DK—总电源隔离开关；

RCD—总剩余电流保护器（兼有短路、过负荷、剩余电流保护功能的剩余电流动作断路器）；T—变压器

## 三、采用二级剩余电流保护系统

在施工现场临时用电工程中，总配电箱必须装设有剩余电流动作保护器，开关箱也必须装设有剩余电流动作保护器，总配电箱和所有开关箱的剩余电流动作保护器构成的剩余电流动作保护系统为二级剩余电流保护系统。

施工现场临时用电工程供电系统采用直接接触保护措施 TN-S 方式接地保护系统，并不能消除因施工现场临时用电设备、手持电动工具发生漏电时，用电设备、手持电动工具外露带电金属部分（金属基座、金属架体、金属外壳等）的漏电流。仅仅采用单一的 TN-S 方式接地保护系统是不能解决将漏电流完全引入保护导体（PE），不发生电击事故的问题。客观上必须要采取安全、有效的保护措施，即施工现场临时用电工程配电系统采用二级剩余电流保护系统，防止间接接触保护措施因漏电引起的电击事故发生的问题。

严格执行《建筑与市政工程施工现场临时用电安全技术标准》JGJ/T 46—2024：

第 3.3.1 条　剩余电流动作保护器的选择应符合现行国家标准《剩余电流动作保护器（RCD）的一般要求》GB/T 6829、《剩余电流动作保护装置安装和运行》GB/T 13955 的规定。

第 3.3.2 条　剩余电流动作保护器应装设在总配电箱、开关箱靠近负荷的一侧，且不得用于启动电气设备的操作。

第 3.3.3 条　总配电箱中剩余电流动作保护器的额定剩余动作电流应大于 30mA，额定剩余电流动作时间应大于 0.1s，但其额定剩余动作电流与额定剩余电流动作时间的乘积不应大于 30mA·s。

第 3.3.4 条　开关箱中剩余电流动作保护器的额定剩余动作电流不应大于 30mA，额定剩余电流动作时间不应大于 0.1s。潮湿或有腐蚀介质场所的剩余电流动作保护器应采用防溅型产品，其额定剩余动作电流不应大于 15mA，额定剩余电流动作时间不应大于 0.1s。

在施工现场临时用电系统中，总配电箱（配电柜）设置第一级剩余电流动作保护，开关箱设置第二级剩余电流动作保护，总配电箱（配电柜）和开关箱之间剩余电流动作保护器的额定剩余电流动作电流和额定剩余电流动作时间应合理匹配，形成分级分回路保护。

### 四、三相负荷平衡

三相负荷平衡是施工现场临时用电工程施工组织设计应该考虑的问题。三相负荷不平衡，轻则降低线路和变电站的供电效率，重则会因负荷超载过多，导致导线烧断、开关烧坏甚至基础设施发生爆炸事故。目前，由于我国大部分的低压配电系统都是采用的三相四线制的接线方式，电网的三相电压和电流极易出现不平衡的现象，损耗线路。配电变压器如果长期处于三相不平衡的运行状态，会导致变压器损耗，加大了配电线路损耗、损坏用电设备等现象出现。220V 或 380V 单相用电设备宜接入 220V/380V 三相四线制低压配电系统，单相照明线路宜采用 220V/380V 三相四线制单相供电。三相负荷保持平衡是降低损耗行之有效的办法，提高施工现场临时用电的电能质量，确保低压配电系统安全、可靠和经济地运行。

《建筑与市政工程施工现场临时用电安全技术标准》JGJ/T 46—2024：

第 3.1.3 条 配电系统宜使三相负荷平衡。220V 或 380V 用电设备宜接入 220V/380V 三相四线制系统；单相照明线路宜采用 220V/380V 三相四线制单相供电。

# 第二节　TN-S 系统

## 一、TT 系统与 TN 系统的比较

### （一）TT 系统的特点

#### 1. TT 系统

电源端有一点直接接地，电气设备的外露可导电部分金属外壳直接接地，此接地点在电气上独立于电源端的接地点，如图 1-2 所示。

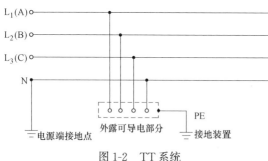

图 1-2　TT 系统

TT 系统中，当发生接地短路时，由于受到电源侧接地电阻和电气设备侧接地电阻的制约，短路电流不大，故可减小接地短路时产生的电击。除了额定功率不大的小型用电设备外，大多数情况下，不足以使一般过电流保护电器开关切断电源，容易造成电击事故。因此，TT 系统适用于额定功率不大的小型用电设备。

#### 2. TT 系统单相接地电阻计算

如果图中的电气设备的 $L_3$（C）相电源出现可导电部分金属外壳故障，则根据图 1-3 的接线，其故障部分可简化为如图 1-4 的电路。简化电路中，已经忽略了电源变压器的短

路阻抗及线路开关触头的接触电阻。因为这些阻抗值较 $R_1$、$R_2$ 等电阻值小得多，对电路分析影响不太大。

　　如图 1-4 所示电路中，电源电压为 220V（有效值），$Z_C$ 为 $L_3$（C）相导体的阻抗。在 $L_3$（C）相导体的阻抗 $Z_C=\sqrt{R_C^2+X_C^2}$ 中，$R_C$ 为 $L_3$（C）相导体的电阻，$X_C$ 为 $L_3$（C）相导体的电抗；$R_1$ 为变压器的工作接地（工频）电阻，一般规定它不大于 4Ω；$R_2$ 为保护接地的接地电阻；电气设备可导电部分金属外壳即故障点的对地电压用 $\dot U_{dt}$ 表示；故障电流用 $\dot I_{dt}$ 表示。由图 1-4 可得（以 220V 电源电压为参考相量）：

$$\dot U_{dt}=\frac{R_2}{R_1+R_2+Z_C}\times 220 \tag{1-1}$$

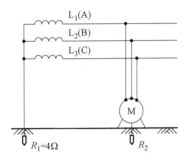

图 1-3　TT 系统单相接地电路

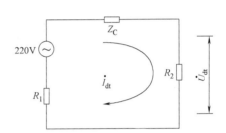

图 1-4　TT 系统单相接地等效电路

　　为了便于说明问题，将公式（1-1）简化表示。通常导线阻抗 $Z_C$ 的值同 $R_1$、$R_2$ 相比很小，因此，公式（1-1）可简化为：

$$\dot U_{dt}=\frac{R_2}{R_1+R_2}\times 220 \tag{1-2}$$

$$\dot I_{dt}=\frac{\dot U_{dt}}{R_2} \tag{1-3}$$

《建筑与市政工程施工现场临时用电安全技术标准》JGJ/T 46—2024：

　　第 3.5.1 条　单台容量超过 100kVA 或使用同一接地装置并联运行且总容量超过 100kVA 的电力变压器或发电机的工作接地电阻不得大于 4Ω。单台容量不超过 100kVA 或使用同一接地装置并联运行且总容量不超过 100kVA 的电力变压器或发电机的工作接地电阻不得大于 10Ω。在土壤电阻率大于 1000Ω·m 的地区，当达到上述接地电阻有困难时，工作接地电阻可提高到 30Ω。

　　对以下工作接地电阻分三种情况进行分析：

　　（1）当工作接地电阻 $R_2=4Ω$ 时

$$\dot U_{dt}=\frac{4}{4+4}\times 220=110\ (V)，\dot I_{dt}=\frac{110}{4}=27.5\ (A)$$

　　（2）当工作接地电阻 $R_2=10Ω$ 时

$$\dot U_{dt}=157V，\dot I_{dt}=15.7A$$

（3）当工作接地电阻 $R_2 = 30\Omega$ 时

$$\dot{U}_{dt} = 194V, \dot{I}_{dt} = 6.5A$$

对于安全保护来说，希望 $\dot{U}_{dt}$ 越小越好，而 $\dot{I}_{dt}$ 越大越有利。因为 $\dot{I}_{dt}$ 越大，熔体熔断的时间就越短，对人和电气设备的安全就越有保障，即 $R_2$ 值越小越好。$R_2$ 是电气设备的接地电阻，施工现场塔式起重机、物料提升机、室外电梯等垂直运输设备比较集中的场地应考虑设置接地装置，保证电气设备可导电部分金属外壳出现故障电流（或侵入雷电流）时，故障电流（或侵入雷电流）经接地装置泄流大地，防止电击伤亡事故的发生。

因此，施工现场临时用电设备比较集中的场地严格执行《建筑与市政工程施工现场临时用电安全技术标准》JGJ/T 46—2024。

第3.2.7条　接地装置的设置应考虑土壤干燥或冻结等季节变化的影响，接地装置的季节系数 $\varphi$ 应符合表3.2.7的规定，接地电阻一年四季中均应符合本标准第3.5节的要求，但防雷装置的冲击接地电阻只考虑雷雨季节土壤干燥状态的影响。

表3.2.7　接地装置的季节系数 $\varphi$

| 埋深(m) | 水平接地极 | 长2m～3m的垂直接地极 |
|---|---|---|
| 0.50 | 1.40～1.80 | 1.20～1.40 |
| 0.80～1.00 | 1.25～1.45 | 1.15～1.30 |
| 2.50～3.00 | 1.00～1.10 | 1.00～1.10 |

注：大地比较干燥时，取表中较小值；比较潮湿时，取表中较大值。

第3.5.4条　每一组接地装置的接地线应采用2根及以上导体，在不同点与接地极做电气连接。不得采用铝导体做接地体或地下接地线。垂直接地极宜采用角钢、钢管或光面圆钢，不得采用螺纹钢。接地可利用自然接地极，并应保证其电气连接和热稳定性。

每一组接地装置的接地线应采用2根及以上导体，在不同点与接地极做电气连接。接地可利用自然接地极，但应保证其电气连接和热稳定。不得采用铝导体做接地体或地下接地线。垂直接地极宜采用角钢、钢管或光面圆钢，不得采用螺纹钢。螺纹钢的凸出棱角会出现尖端电荷积聚放电，对接地电流的均匀散布不利；螺纹钢做接地极和土壤接触不密实，增加接地电阻值，导电性能降低；由于螺纹钢表面存在集肤效应，螺纹会增加电感性能，对雷电流的泄流不利。

**（二）TN系统的特点**

**1. TN系统的三种型式**

电源端有一点直接接地，电气设备的外露可导电部分金属外壳通过保护中性导体或保护接地导体连接到此接地点。根据中性导体和保护接地导体的组合情况，TN系统的形式可分为以下三种类型：

（1）TN-S系统：整个系统的中性导体和保护接地导体是分开的，如图1-5所示。

在正常情况下，保护接地导体（PE）没有电流，电气设备外露可导电部分金属外壳对地电势差为零。发生电气故障时易切断电源，比较安全，但投资费用高。

（2）TN-C系统：整个系统的中性导体和保护接地导体是合一的，如图1-6所示。

当存在单相负荷或三相不平衡时，中性导体和保护接地导体是二合一的，带有电流，

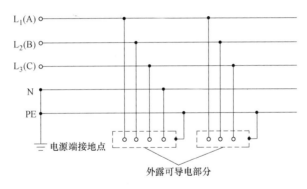

图 1-5  TN-S 系统

PE—保护接地导体；N—中性导体；$L_1$、$L_2$、$L_3$—相导体

电气设备外露可导电部分金属外壳对地电势差不为零。发生电气故障时，不易切断电源，安全性较差，但投资费用较低。

（3）TN-C-S 系统：系统中一部分线路的中性导体和保护接地导体是合一的，如图 1-7 所示。

TN-C-S 系统兼有 TN-S 系统比较安全，适用环境要求不高的特点，还兼有 TN-C 系统投资费用较低的特点。

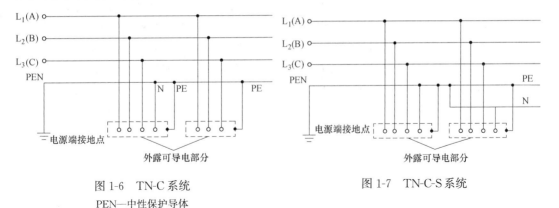

图 1-6  TN-C 系统  ·  图 1-7  TN-C-S 系统

PEN—中性保护导体

### 2. TN 系统单相短路电流计算

TN 系统如图 1-8 所示。如 $L_3$（C）相发生短路，电气设备可导电部分金属外壳出现故障电流，则根据图 1-8 的接线，其故障部分可简化为如图 1-9 所示电路，电源电压为 220V；$Z_C$ 为 $L_3$（C）相导体的阻抗；$Z_0$ 为中性导体的阻抗；$R_1$ 为变压器的工作接地（工频）电阻。则由图 1-9 可得故障点的对地电压 $\dot{U}_{dn}$ 和 $L_3$（C）相短路电流 $\dot{I}_{dn}$（以电源电压为参考相量）。

$$\dot{U}_{dn} = \frac{Z_0}{Z_C + Z_0} \times 220 \tag{1-4}$$

$$\dot{I}_{dn} = \frac{\dot{U}_{dn}}{Z_0} \tag{1-5}$$

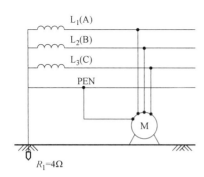

图 1-8  TN 系统单相短路电路

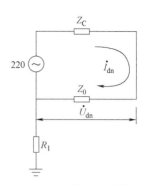

图 1-9  TN 系统单相短路等效电路

在三相四线制低压配电系统中，要求中性导体截面积不小于相导体截面积 50%，再考虑到一般施工现场架空线路的电抗值远小于其电阻值，所以 $Z_C \approx R_C$，$Z_0 \approx R_0$，且可取 $R_0 = 2R_C$。这样经过简化后，可得 $\dot{U}_{dn} \approx 147V$，$\dot{I}_{dn} \approx \dfrac{147}{Z_0}A$。

由上述公式可以得出，单相短路电流 $\dot{I}_{dn}$ 与中性导体的阻抗 $Z_0$ 成反比，单相短路电流 $\dot{I}_{dn}$ 越小，则中性导体的阻抗 $Z_0$ 越大，中性导体的电阻与中性导体的截面积成反比，不可能无限制地减小中性导体的截面积，以实现降低中性导体的单相短路电流 $\dot{I}_{dn}$。因此，需要对中性导体（N）的截面作出规定：线路电压降应满足用电设备正常工作及启动时端电压的要求；敷设方式及环境条件下的导体载流量不应小于计算电流；导体应满足动稳定与热稳定的要求；导体最小截面应满足机械强度的要求。施工现场临时用电工程保护接地导体（PE）应严格执行《建筑与市政工程施工现场临时用电安全技术标准》JGJ/T 46—2024：

第 3.2.8 条  保护接地导体（PE）材质与相导体、中性导体（N）相同时，其最小截面面积应符合表 3.2.8 的规定。

表 3.2.8  保护接地导体（PE）最小截面面积

| 相导体截面面积 S(mm²) | 保护接地导体(PE)最小截面面积(mm²) |
| --- | --- |
| S<25 | S |
| 25≤S≤50 | 25 |
| S>50 | S/2 |

这条符合现行国家标准《民用建筑电气设计标准》GB 51348 的有关规定，对保护接地导体（PE）必须采用绝缘导线及截面积的选择做出了规定。

**（三）TT 系统与 TN 系统的比较**

**1. $\dot{U}_d$ 的比较**

由公式（1-2）得出，当 $R_2 = 4\Omega$ 时，$\dot{U}_{dt} = 110V$；当 $R_2 < 4\Omega$ 时，由公式（1-4）得出，$\dot{U}_{dn} = 147V$，此时接地保护有利，但都是危险电压。当 $R_2 = 10\Omega$ 时，$\dot{U}_{dt} = 157V$，大于 $\dot{U}_{dn} = 147V$，此时接零保护有利，但也都属于危险电压。

需要指出的是，图 1-9 中的 $\dot{U}_{dn}$ 是故障点与电源中性点之间的电压，但由于工作接地电阻 $R_1$ 中无电流流过，电源中性点实际上处于"地"电位。所以，$\dot{U}_{dn}$ 实际上也就是故障点的对地电压。

**2. $\dot{I}_d$ 的比较**

由公式（1-3）得出，当 $R_2=4\Omega$ 时，$\dot{I}_{dt}=27.5A$。在公式（1-5）中，$Z_0$ 是中性导体由短路点到变压器的线段阻抗，若采用截面为 $16mm^2$ 的架空铜导线，则电阻为 $1.2\Omega/km$ 左右。如按 0.5km 计算，取 $R_0=0.6\Omega$，并考虑到 $Z_0=R_0$，可得 $\dot{I}_{dn}=245A$，相当于 $R_2=4\Omega$ 时 $\dot{I}_{dt}$ 的 8.9 倍。于是，做接零的用电设备的熔体比相应做保护接地用电设备的熔体更容易熔断。

需要指出的是，如果电气设备未安装剩余电流动作保护器按以上分析。当 $R_2=4\Omega$ 时，故障电流 $\dot{I}_{dt}=27.5A$。而通常为保证迅速切除电气设备可导电部分的故障电流，一般要求将自动开关的脱扣电流整定值按额定电流的 1.5 倍，熔断器则按额定电流的 4 倍整定。因此 $\dot{I}_{dt}$ 值仅能保证断开额定电流 27.5A/1.5＝18.3A 以下的自动开关，或使额定熔断电流 27.5A/4＝6.9A 以下的熔断器快速熔断。

因此 $R_2=4\Omega$ 的保护接地只能用于 Y 系列三相电动机当功率为 1.1kW 以下时用熔断器做短路保护。当三相电动机功率在 1.5kW 以上时，在故障设备的外壳上将长时间有近110V 的电压，这非常危险。接零实质上是将电气设备的可导电部分金属外壳故障电流改变成单相短路故障电流，从而获取大的短路电流（$\dot{I}_{dn}$），以保证自动开关或熔断器快速断开，保证设备和人员安全，避免电击事故的发生。通过 $\dot{I}_d$ 的比较，可见施工现场临时用电工程采用 TN 系统优于采用 TT 系统。

**3. 经济比较**

如上所述，若使电气设备保护接地的电阻 $R_2=4\Omega$，并非轻易取得，即使在 $\rho=100\Omega\cdot m$ 的地区，仍需要垂直打入地下直径 $\phi25mm$、长度 2.5m 的镀锌圆钢 10 根左右，同时圆钢之间的距离必须大于圆钢的长度并且排列成行。由于施工现场用电设备分散，譬如施工现场钢筋加工场、木工加工场不在一个区域设置，显然只做一组接地装置是不可能解决所有用电设备的接地保护问题的。经测算，$R_2=4\Omega$ 的一组接地装置需要圆钢和扁钢47kg 左右；若在 $\rho=300\Omega\cdot m$ 地区，每组接地装置则需钢材 200kg 左右。累加起来钢材的投入费用是很大的。

施工现场临时用电设备做保护接地，其保护接地由电源侧工作接地点开始敷设，只增加一根绝缘导线及所用的绝缘子，其投入费用也不会高于接地装置型钢的材料费、加工制作费用、人工挖沟敷设费用、接地电阻定期测试费用。

## 二、TN-S 系统的特点

### （一）TN-C 系统的缺陷

TN-C 系统是中性导体和保护接地导体合二为一的形式，如图 1-10 所示。它存在如下的缺陷：

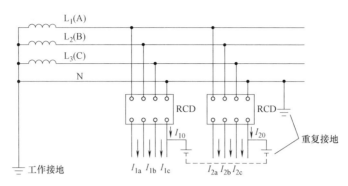

图 1-10　TN-C 系统示意图

（1）当三相负载不平衡时，在中性导体上出现零序电流，则中性导体对地呈现电势差。当三相负载不平衡严重时，可能导致电击事故。

（2）通过剩余电流动作保护器的中性导体不能作为电气设备的保护导体。其主要原因是保护导体在任何情况下不可以断线，否则会导致更加严重的电击事故。

（3）对于接有二极剩余电流动作保护器的单相电路上的设备，其金属外壳的保护接地导体严禁与该电路的中性导体相连接，也不应由二极剩余电流动作保护器的电源侧接引保护接地导体。

（4）重复接地装置的连接线严禁与通过剩余电流动作保护器的中性导体相连接。如图 1-10 所示，若支干线 1 和支干线 2 的中性导体通过大地连接，只要该两路支干线的负载不平衡，则

$$(\dot{I}_{1a} + \dot{I}_{1b} + \dot{I}_{1c} + \dot{I}_{10}) - (\dot{I}_{2a} + \dot{I}_{2b} + \dot{I}_{2c} + \dot{I}_{20}) = \dot{I}_{(1-2)0}$$

零序电流互感器检测出电流 $\dot{I}_{(1-2)0}$，即使没有真正的对地故障电流，也会发生误操作。

**（二）TN-S 系统的优点**

连接电气设备可导电部分金属外壳的保护接地导体，只能同工作接地点分开后单独敷设，即必须采用 TN-S 系统，采用具有重复接地的 TN-S 系统，是弥补 TN-C 系统存在的不足，以提高安全防护的可靠性，如图 1-11 所示。

（1）降低故障点对地的电压

如图 1-8 所示的单相短路故障，如在保护接地导体上加一组重复接地装置，其电阻值为 $R_3 = 10\Omega$，则此故障部分可简化为图 1-12 的电路。由电路原理可知，$R_0$、$R_1$ 和 $R_3$ 的等效电阻必小于 $R_0$ 或（$R_1 + R_3$）值，即 $\dfrac{(R_1 + R_3)R_0}{R_1 + R_3 + R_0} < R_0$。

由前述可知，未做重复接地时，故障点对地的电压 $\dot{U}_{dn} = 147V$；做重复接地时，故障点对地的电压一定小于 147V。若采用截面为 $16mm^2$ 的架空铜导线，则电阻为 $1.2\Omega$/km 左右。如按 0.5km 计算，取 $R_0 \approx 0.6\Omega$，$R_C \approx 0.5\Omega$，按图 1-12 故障点对地电压为：

$$\dot{U}_d = \dfrac{220}{R_C + \dfrac{R_0(R_1 + R_3)}{R_0 + R_1 + R_3}} \dfrac{R_0}{R_0 + R_1 + R_3} R_3 = \dfrac{220}{0.5 + \dfrac{1 \times (4 + 10)}{1 + 4 + 10}} \dfrac{10}{1 + 4 + 10}$$

$$= 140.13 \text{（V）}$$

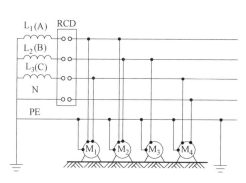

图 1-11　TN-S 系统示意图

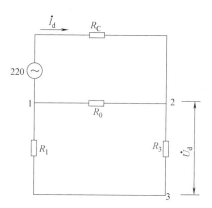

图 1-12　TN 系统采用重复接地单相短路等效电路

这个电压对人体仍然是有害的，通过计算可以得出，如在保护接地导体上加一组重复接地装置，可以达到降低电压的作用，对人体的危险程度相对降低。

（2）减轻保护导体断开的危险性

如图 1-13 所示，假定电气设备 2 发生中性线断开故障，此时电气设备 2、3、4 号金属外壳对地相电压 $\dot{U}_d''$ 近似 220V，保护接地（PE）就失去保护作用。

由于人体电阻一般为 500Ω 左右，远大于工作接地电阻 4Ω，几乎承受 220V 电压，将造成致命的触电死亡事故。但是，若在保护接地导体末端设置重复接地，其接地电阻为 $R_3$，如图 1-14 所示。此时，碰壳短路的故障电流 $\dot{I}_d$ 将通过重复接地电阻 $R_3$ 和工作接地电阻 $R_1$ 构成回路。当忽略导线阻抗时，$L_3$（C）相电压（220V）全部降落在接地电阻 $R_3$ 和 $R_1$ 上。这样一来，在具有重复接地的情况下，中性接地导体断开处后方电气设备（2、3、4 号）外壳的接触电压变为：

$$\dot{U}_d'' = \frac{R_3}{R_1 + R_3} \times 220 \tag{1-6}$$

而保护接地导体断开处前方电气设备（1 号）外壳的接触电压变为：

$$\dot{U}_d' = \frac{R_1}{R_1 + R_3} \times 220 \tag{1-7}$$

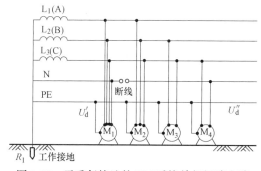

图 1-13　无重复接地的 TN 系统单相短路电路

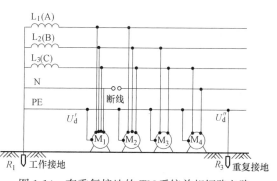

图 1-14　有重复接地的 TN 系统单相短路电路

依据《建筑与市政工程施工现场临时用电安全技术标准》JGJ/T 46—2024 中第 3.5.1 条的规定，在一般情况下，施工现场中的 $R_1$ 和 $R_3$ 可取为 4Ω 和 10Ω。将此数值代

入式（1-6）和式（1-7），可得中性导体断线处后方和前方设备外壳的接触电压分别为

$$\dot{U}''_d = \frac{10}{4+10} \times 220 \approx 157 \ (\text{V}) \qquad \dot{U}'_d = \frac{4}{4+10} \times 220 \approx 63 \ (\text{V})$$

应当指出，在中性导体断开的情况下，重复接地的设置有利于降低设备发生碰壳短路故障时的接触电压，但被降低了的接触电压对人体安全来说，仍处于危险电压范围。同时还应注意，此时保护接地导体断口两端之间的电压在数值上接近220V。

（3）缩短故障持续时间

在施工现场内，重复接地装置不应少于三处，一般情况下每处的接地电阻值$R_3 \leqslant 10\Omega$。显然，整个系统的接地电阻值降低了，在发生短路故障时，短路电流增加了，并且线路越长，效果越显著，从而加速了配电线路保护装置的动作，缩短了事故的持续时间。

通过上述对比分析，施工现场临时用电工程电气设备的保护应采用TN-S系统，配电箱控制各回路还应装设剩余电流动作保护器，做到直接接触保护措施与间接接触保护措施相结合，保证施工现场临时用电工程设备运行及人员操作的安全。

**（三）施工现场临时用电采用TN-S系统的主要技术要求**

施工现场临时用电工程中采用TN-S系统时，由于设置一根专用保护接地导体（PE），在正常工作条件下，无论三相负荷是否平衡，保护接地导体（PE）都不会有电流通过，不会成为带电导体，因此与相序$L_1$（A）、$L_2$（B）、$L_3$（C）连接的电气设备外漏可导电部分金属外壳与保护接地导体（PE）连接，始终与大地处于等电位连接，电势差为零，这是TN-S保护接地系统最为突出的特点。

但是，对于因电气设备非正常剩余电流而发生的间接接触保护电击事故来说，仅仅依靠采用TN-S系统是全面的，这是因为电气设备存在剩余电流时，保护接地导体（PE）有可能通过剩余电流，电气设备外漏可导电部分金属外壳变为带电体。如果施工现场临时用电工程的配电系统采用两级剩余电流保护系统，则当任何电气设备发生非正常漏电时，保护接地导体（PE）上的剩余电流即同时通过剩余电流动作保护器，当剩余电流达到剩余电流动作保护器的额定剩余动作电流时，剩余电流动作保护器就会在其额定剩余动作时间内动作，切断电源。使电气设备外漏可导电部分金属外壳恢复为不带电状态，从而防止发生间接接触保护电击事故的发生。

综上分析表明，施工现场临时用电工程只有同时采用直接接触保护措施即：TN-S系统、间接接触保护措施即：两级剩余电流保护系统，才能形成安全可靠的施工现场临时用电工程配电系统。施工现场临时用电工程采用TN-S系统的主要技术特点如下：

（1）《建筑与市政工程施工现场临时用电安全技术标准》JGJ/T 46—2024 第3.2.1条：

第3.2.1条  在施工现场专用变压器供电的TN-S系统中，电气设备的金属外壳应与保护接地导体（PE）连接。保护接地导体（PE）应由工作接地、配电室（总配电箱）电源侧中性导体（N）处引出（图3.2.1）。

施工现场临时用电供电系统采用TN-S保护系统。在正常条件下，电气设备外露可导电部分金属外壳是不带电的，一旦配电箱控制回路出现短路现象，由于电气设备的金属外壳与保护接地导体（PE）连接，剩余电流将会沿保护接地导体（PE）流入大地，不会出

现操作人员电击事故。

保护接地导体（PE），由配电室总配电箱（柜）电源侧中性导体（N）处或总剩余电流动作保护器电源侧中性导体（N）处引出，保证中性导体（N）始终是由施工现场临时用电配电室总配电箱（柜）电源侧的中性导体（N）处引出，不得借助分配电箱或开关箱端子排（N）引出。

《民用建筑电气设计标准》GB 51348—2019 第 7.7.7 条　TN 系统的保护措施应符合下列规定：1　电气装置的外露可导电部分应通过保护接地导体接至装置的总接地端子，该总接地端子应连接至供电系统的接地点。

以上均是从施工现场临时用电的安全性考虑，通过技术方法防止电击和火灾事故的发生，实现对建设工程施工现场临时用电标准化管理。

（2）《建筑与市政工程施工现场临时用电安全技术标准》JGJ/T 46—2024 第 3.2.2 条：

第 3.2.2 条　当施工现场与外电线路共用同一供电系统时，电气设备的接地应与原系统保持一致。

当外电网采用 TN-C 系统时，中性导体（N）应通过总剩余电流动作保护器，保护接地导体（PE）应由电源进线中性导体重复接地处或总剩余电流动作保护器电源侧中性导体处引出，形成 TN-C-S 系统（局部的 TN-S 系统），如图 1-7 所示。

在 TN-S 系统，中性导体（N）必须要穿过剩余电流动作互感器，保护接地导体（PE）严禁穿过剩余电流动作互感器，电气设备外露可导电部分金属外壳处接保护接地导体（PE），并在此处应做重复接地。如图 1-15 所示。在 TN-S 系统，当施工现场电气设备发生绝缘损坏故障时，故障电流经保护接地导体（PE）流经大地返

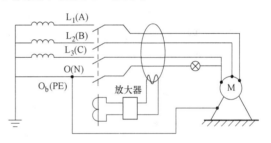

图 1-15　用电设备接保护接地导体（PE）

回电源工作接地点，打破剩余电流动作互感器内部的电流平衡，互感器的次级线圈就会输出信号，剩余电流动作保护器脱扣器动作，切断电源，防止电击事故的发生，起到保护作用。

（3）《建筑与市政工程施工现场临时用电安全技术标准》JGJ/T 46—2024 第 3.2.12 条：

第 3.2.12 条　在 TN 系统中，下列电气设备不带电的外露可导电部分应与保护接地导体（PE）做电气连接：

1　电机、变压器、电器、照明器具、手持式电动工具的金属外壳；

2　电气设备传动装置的金属部件；

3　配电柜与控制柜的金属框架；

4　配电装置的金属箱体、框架及靠近带电部分的金属围栏和金属门；

5　电力电缆的金属保护管、敷线的钢索、起重机的底座和轨道、滑升模板金属操作平台等；

6　安装在电力线路杆（塔）上的开关、电容器等电气装置的金属外壳及支架。

　　根据《系统接地的型式及安全技术要求》GB 14050—2008 第 4.1 节，TN 系统电源端有一点直接接地，电气装置的外露可导电部分通过保护中性导体或保护接地导体连接到此接地点。

　　根据中性导体和保护接地导体的组合情况，TN 系统的型式可分为以下三种：

　　1）TN-S 系统：整个系统的中性导体和保护接地导体是分开的（图 1-15）。

　　2）TN-C 系统：整个系统的中性导体和保护接地导体是合一的（图 1-16）。

　　3）TN-C-S 系统：系统中一部分线路的中性导体和保护接地导体是合一的（图 1-17）。

　　根据《电气装置安装工程 接地装置施工及验收规范》GB 50169—2016 第 3.0.4 条，电气装置的下列金属部分，均必须接地：

　　1）电气设备的金属底座、框架及外壳和传动装置。

　　2）携带式或移动式用电器具的金属底座和外壳。

　　3）箱式变电站的金属箱体。

　　4）互感器的二次绕组。

　　5）配电、控制、保护用的屏（柜、箱）及操作台的金属框架和底座。

　　6）电力电缆的金属护层、接头盒、终端头和金属保护管及二次电缆的屏蔽层。

　　7）电缆桥架、支架和井架。

　　8）变电站（换流站）构、支架。

　　9）装有架空地线或电气设备的电力线路杆塔。

　　10）配电装置的金属遮栏。

　　11）电热设备的金属外壳。

　　（4）《建筑与市政工程施工现场临时用电安全技术标准》JGJ/T 46—2024 第 3.2.13 条：

　　第 3.2.13 条　城防、人防、隧道等潮湿或条件特别恶劣施工现场的电气设备必须采用 TN 系统。

　　TN-S 系统的中性导体和保护接地导体是分开的，出现故障电流时，剩余电力动作保护器易切断电源，作业人员不会发生电击事故，安全可靠。

　　根据《电击防护　装置和设备的通用部分》GB/T 17045—2020 第 5.2.4 条，高压装置和系统中的指示和分断应设置指示故障的器件。依据中性点的接地方式，故障电流应当是用手动分断或自动分断（见 5.2.5）的，由故障持续时间决定的允许的接触电压值，应由技术委员会按 IEC 60479-1：1994 确定。

　　第 5.2.5 条　电源的自动切断

　　对于电源的自动切断应设置保护等电位联结系统；而且在基本绝缘损坏式，故障电流动作保护器应能断开设备、系统或装置供电的一根或多根线导体。

　　第 6.1 节　采用自动切断电源的防护

　　在这种防护措施中，基本防护是由在危险带电部分与外露可导电部分之间的基本绝缘提供的；而故障防护是由自动切断电源提供的。

　　（5）《建筑与市政工程施工现场临时用电安全技术标准》JGJ/T 46—2024 第 3.2.3 条：

　　第 3.2.3 条　在 TN 系统中，通过总剩余电流动作保护器的中性导体（N）与保护接地导体（PE）之间不得再做电气连接。

在 TN-S 系统中，中性导体（N）是由中性点引出，作为电源回路的导线，工作时提供电源回路。保护接地导体（PE）是由中性点引出，不作为电源回路，仅用做连接电气设备外露可导电部分金属外壳的导线，工作时仅提供故障电流的通路，促使回路中的剩余电流动作保护器迅速切断电源。若中性导体（N）和保护接地导体（PE）做电气连接，则改变在 TN-S 系统的性质，使 TN-S 系统变为 TN-C 系统。增加电气设备外露可导电部分金属外壳的电击危险，同时引起剩余电流动作保护器的误动作，降低施工现场临时用电工程低压配电系统的可靠性。

（6）《建筑与市政工程施工现场临时用电安全技术标准》JGJ/T 46—2024 第 3.2.4 条：

第 3.2.4 条 在 TN 系统中，保护接地导体（PE）应与中性导体（N）分开敷设。PE 接地必须与保护接地导体（PE）相连接，严禁与中性导体（N）相连接。

如图 1-16 所示，当中性导体（N）断开，人身体触及带电的电气设备外漏可导电部分金属外壳时，由于电气设备外漏可导电部分金属外壳与保护接地导体（PE）连接，并在连接处做重复接地，人体的电阻阻值远远大于重复接地导体的电阻阻值，故障电流就会主动通过重复接地导体泄流到大地，降低故障电流对人身体的伤害。

重复接地的作用就是当中性导体（N）断开或接触不良时，避免人触及电气设备外漏可导电部分金属外壳发生电击事故，并要求重复接地电阻阻值必须小于 10Ω。因此，

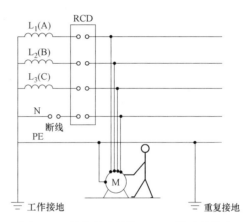

图 1-16 保护接地导体（PE）做重复接地

施工现场电气设备与保护接地导体（PE）连接时必须同时做重复接地，保护接地导体（PE）严禁与中性导体（N）相连接。

（7）《建筑与市政工程施工现场临时用电安全技术标准》JGJ/T 46—2024 第 3.2.5 条：

第 3.2.5 条 当使用一次侧由 50V 以上电压的接零保护系统供电，二次侧为 50V 及以下电压的安全隔离变压器时，二次侧不得接地，并应将二次侧线路用绝缘管保护或采用橡皮护套软线。当采用普通隔离变压器时，其二次侧一端应接地；且变压器正常不带电的外露可导电部分应与一次侧回路保护接地导体（PE）做电气连接。隔离变压器尚应采取防止直接接触带电体的保护措施。

安全隔离变压器是指为安全特低电压电路提供电源的隔离变压器。它的一次绕组与二次绕组在电气绝缘是采用双重绝缘的方法将一次绕组线圈和二次绕组线圈绝缘隔离开。因此，安全隔离变压器二次绕组侧不得接地，二次绕组线路应采用绝缘管保护或采用橡皮护套软线，这样就使二次绕组线路始终处于良好的绝缘状态，安全隔离变压器外漏可导电部分金属外壳始终处于不带电状态，人触及安全隔离变压器外壳时始终处于安全状态。

双重绝缘是指电气设备除采用工作绝缘外，还采用保护绝缘。工作绝缘是保护电气设

备安全运行时的基本绝缘要求；保护绝缘是对工作绝缘附加的独立绝缘，用于在工作绝缘损坏时，防止电气设备外漏可导电部分金属外壳带电。

根据《民用建筑电气设计标准》GB 51348—2019 第7.7.4条，低压配电系统的电气装置根据外界影响的情况，可采用下列一种或多种保护措施：

1）在故障情况下自动切断电源；

2）将电气装置安装在非导电场所；

3）双重绝缘或加强绝缘；

4）电气分隔措施；

5）特低电压（SELV 和 PELV）。

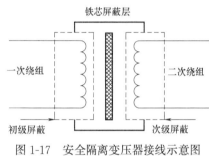

图1-17　安全隔离变压器接线示意图

安全隔离变压器不同于一般的变压器，它通常是由安装在同一铁芯上的两个相对独立的绕组构成的。由于采用了特殊结构，即使发生高电压击穿线圈现象，也是一次绕组与铁芯间形成短路，不会发生一次绕组与二次绕组之间的击穿，以保证为配电控制回路手持电动工具、照明等提供安全电压。安全隔离变压器接线图见图1-17。施工现场严禁采用自耦变压器，以实现降压供电的目的。

（8）《建筑与市政工程施工现场临时用电安全技术标准》JGJ/T 46—2024 第3.2.6条：

第3.2.6条　施工现场的临时用电配电系统严禁利用大地作相导体或中性导体。

施工现场临时用电工程严禁利用大地作相序导体［$L_1$（A）、$L_2$（B）、$L_3$（C）］或中性导体（N），施工现场临时用电工程设计、实施过程应严格执行《建筑与市政工程施工现场临时用电安全技术标准》JGJ/T 46—2024。在施工现场临时用电配电系统中，电动建筑机械和手持电动工具外壳可导电部分处于带电状态时，其配电箱、开关箱的控制回路剩余电流动作保护器就会跳闸，是防止施工现场作业人员电击事故的重要保护措施。保证配电箱、开关箱的控制回路剩余电流动作保护器瞬间动作，就得要求有足够大的单相短路电流，单相短路电流的大小取决于相序导体［$L_1$（A）、$L_2$（B）、$L_3$（C）］与中性导体（N）构成的回路阻抗。电动建筑机械和手持电动工具在施工现场使用的环境各不相同，多数电动建筑机械是在室外土建主体结构阶段使用，多数手持电动工具是在室内装饰装修阶段使用，不同使用环境下电动建筑机械和手持电动工具单相短路电流的大小差异很大，回路阻抗值也就各不相同，如果施工现场临时用电配电系统利用大地作相序导体［$L_1$（A）、$L_2$（B）、$L_3$（C）］或中性导体（N），就不能保证剩余电流动作保护器在其整定值内迅速动作。

（9）《建筑与市政工程施工现场临时用电安全技术标准》JGJ/T 46—2024 第3.2.8条：

第3.2.8条　保护接地导体（PE）材质与相导体、中性导体（N）相同时，其最小截面面积应符合表3.2.8的规定。

根据《低压电气装置　第5-54部分：电气设备的选择和安装　接地配置和保护导体》GB/T 16895.3—2017 第543.1.1条，每根保护接地导体的截面积都应满足 GB/T

16895.21—2011 中第 411.3.2 条关于自动切断电源所要求的条件，且能承受保护电器切断时间内预期故障电流引起的机械和热应力。

保护接地导体的截面积可按第 543.1.2 条的公式计算，也可按表 54.2（本书表 1-1）进行选择。这两种方法都应考虑第 543.1.3 条的要求。

保护接地导体的端子大小，应能容纳按本条所规定截面积的导体。

TT 系统中，电源系统与外露可导电部分的接地极在电气上是独立的（见 IEC 60364-1 中 312.2.2），保护接地导体截面积不必超过：

——25mm² 铜；

——35mm² 铝。

保护接地导体的最小截面积（如不根据 543.1.2 的公式计算）　　　　表 1-1

| 线导体截面积 S (mm²)（铜） | 相应保护接地导体的最小截面积 (mm²) | |
|---|---|---|
| | 保护接地导体与线导体使用相同材料 | 保护接地导体与线导体使用不同材料 |
| $S \leqslant 16$ | $S$ | $\dfrac{k_1}{k_2} \times S$ |
| $16 < S \leqslant 35$ | $16^{*}$ | $\dfrac{k_1}{k_2} \times 16$ |
| $S > 35$ | $\dfrac{S^{*}}{2}$ | $\dfrac{k_1}{k_2} \times \dfrac{S}{2}$ |

其中：

$k_1$ 是线导体的 $k$ 值，它是由附录 A 中公式导出或由 IEC 60364-4-43 中的表按导体和绝缘的材料选择的。

$k_2$ 是保护接地导体的 $k$ 值，是按表 A.54.2～表 A.54.6 中适用的有关参数选择的。

＊ 对于 PEN 导体，其截面积仅在符合中性导体截面积确定原则（见 IEC 60364-5-52）的前提下，才允许减小。

（10）《建筑与市政工程施工现场临时用电安全技术标准》JGJ/T 46—2024 第 3.2.9 条：

第 3.2.9 条　保护接地导体（PE）必须采用绝缘导线。配电装置和电动机械相连接的保护接地导体（PE）应采用截面面积不小于 2.5mm² 的绝缘多股软铜线。手持式电动工具的保护接地导体（PE）应采用截面面积不小于 1.5mm² 的绝缘多股软铜线。

根据《民用建筑电气设计标准》GB 51348—2019 第 7.4.5 条，中性导体和保护接地导体（PE）截面积的选择应符合下列规定：

3　保护接地导体截面积的选择，应符合下列规定：

3）单独敷设的保护接地导体的截面积，当有防机械损伤保护时，铜导体不应小于 2.5mm²；铝导体不应小于 16mm²。无防机械损伤保护时，铜导体不应小于 4mm²；铝导体不应小于 16mm²。

《手持式电动工具的安全 第一部分：通用要求》GB 3883.1—2014：第 24.5 节　电源线的标称截面积应不小于表 6（本书表 1-2）所示。

通过测量来检验。

第 24.6 节　Ⅰ类工具的电源线应有一根绿/黄组合色芯线。该芯线应接至工具内部端子和插头的接地插销上。

通过观察来检验。

电源线的最小截面积　　　　　　　　　　　　　　　表 1-2

| 工具额定电流 $I$（A） | 标称截面积（mm²） |
|---|---|
| $I \leqslant 6$ | 0.75 |
| $6 < I \leqslant 10$ | 1 |
| $10 < I \leqslant 16$ | 1.5 |
| $16 < I \leqslant 25$ | 2.5 |
| $25 < I \leqslant 32$ | 4 |
| $32 < I \leqslant 40$ | 6 |
| $40 < I \leqslant 63$ | 10 |

（11）《建筑与市政工程施工现场临时用电安全技术标准》JGJ/T 46—2024 第 3.2.10 条：

第 3.2.10 条　保护导体（PE）上严禁装设开关或熔断器，严禁通过工作电流，且严禁断线。

保护接地导体（PE）的主要作用是借助于保护接地导体（PE）使电气设备外壳可导电部分形成单相短路，促使配电系统的控制回路的剩余电流动作保护器迅速动作，达到切断故障回路的电流，防止电击事故的发生。

施工现场临时用电 TN-S 系统通常是在总配电箱（柜）内各配电控制回路、开关箱内各配电控制回路设置剩余电流动作保护器，配电控制回路一旦发生短路时，就能保证配电控制回路的剩余电流动作保护器迅速动作，达到切断控制回路的电流，不会引起电源中性点电势差长时间升高。

TN-S 系统的中性导体（N）和保护接地导体（PE）是分开的，如果保护接地导体（PE）上装设开关或熔断器，开关端子处接线不良或熔断器熔断，就会使保护接地导体（PE）后面的电气设备失去接地保护的作用，一旦电气设备外壳可导电部分带电，则人触及电气设备外壳时就会发生电击事故。

（12）《建筑与市政工程施工现场临时用电安全技术标准》JGJ/T 46—2024 第 3.2.11 条：

第 3.2.11 条　导体绝缘层颜色标识必须符合下列规定：

1　相导体 $L_1$（A）、$L_2$（B）、$L_3$（C）相序的绝缘层颜色应依次为黄、绿、红色；

2　中性导体（N）的绝缘层颜色应为淡蓝色；

3　保护接地导体（PE）的绝缘层颜色应为绿/黄组合色；

4　上述绝缘层颜色标识严禁混用和互相代用。

根据《人机界面标志标识的基本和安全规则　设备端子、导体终端和导体的标识》GB/T 4026—2019 第 6.1 节，通则：

下列颜色允许用于导体的标识：黑色、棕色、红色、橙色、黄色、绿色、蓝色、紫色、灰色、白色、粉红色、青绿色。

第 6.2.2 条　中性或中间导体

电路包含一个中性或中间导体时应使用蓝色作为颜色标识。为了避免和其他颜色产生混淆，推荐使用不饱和的蓝色，通常称为"浅蓝色"。在可能产生混淆时，蓝色不应用于标识其他任何导体。

第 6.3.2 条　保护导体

保护导体应使用绿-黄双色组合标识。

绿-黄双色是唯一公认的用于标识保护接地导体的颜色组合。

（13）《建筑与市政工程施工现场临时用电安全技术标准》JGJ/T 46—2024：

第3.2.14条 在TN系统中，下列电气设备不带电的外露可导电部分可不与保护接地导体（PE）做电气连接：

1 在木质、沥青等不良导电地坪的干燥房间内，交流电压380V及以下的电气装置金属外壳（当维修人员可能同时触及电气设备金属外壳和接地金属物件时除外）；

2 安装在配电柜、控制柜金属框架和配电箱的金属体上，且与其可靠电气连接的电气测量仪表、电流互感器、电器的金属外壳。

《民用建筑电气设计标准》GB 51348—2019：第12.2.2条 交流电气装置或设备的外露可导电部分的下列部分应接地：

1 配电变压器的中性点和变压器、低电阻接地系统的中性点所接设备的外露可导电部分；

2 电机、配电变压器和高压电器等的底座和外壳；

3 发电机中性点柜的外壳、发电机出线柜、母线槽的外壳等；

4 配电、控制和保护用的柜（箱）等的金属框架；

5 预装式变电站、干式变压器和环网柜的金属箱体等；

6 电缆沟和电缆隧道内，以及地上各种电缆金属支架等；

7 电缆接线盒、终端盒的外壳，电力电缆的金属护套或屏蔽层，穿线的钢管和电缆桥架等；

8 高压电气装置以及传动装置的外露可导电部分；

9 附属于高压电气装置的互感器的二次绕组和控制电缆的金属外皮。

# 第三节 剩余电流保护

## 一、电击保护

电击保护就是保护人体免受电击伤害。通常，电击保护可分为两类：直接接触保护和间接接触保护。

### （一）直接接触保护

直接接触保护是指防止人与带电体直接接触的保护。直接接触保护又分为整体保护与局部保护两种。

整体保护可以通过采用绝缘外壳、防护罩、电气隔离或其他类似的方式来实现。局部保护则是通过设置围栏、遮栏、安全距离或其他类似的方式实现的。施工现场架空线路的安全距离及其防护就是属于局部保护。除上述直接接触保护措施以外，还应采用剩余电流动作保护器。《剩余电流动作保护电器（RCD）的一般要求》GB/T 6829—2017引言："剩余电流动作保护电器主要用来对危险的并且可能致命的电击提供防护，以及对持续接地故障电流引起的火灾危险提供防护。电击危险保护有两种基本状况：故障保护（间接接触）和基本保护（直接接触）。故障保护是指该电器用来防止电气装置可触及的金属部件上持续的危险电压，这些金属部件是接地的，但在接地故障情况下会变成带电。在这种情况下，危险不是来自于使用者与带电的导电部件直接接触，而是来自于与接地的金属部件接触，而接地金属部件本身与带电的导电部件接触。剩余电流动作保护电器的主要功能或基本功能是提供故障防护，但具有足够灵敏度的电器（例如：剩余动作电流不超过30mA的剩余电流动作保护电器）还有一个附加的好处：即使其他防护措施失效，该电器对与带电的导电部件直接接触的使用者能提供保护。"也就是说，采用剩余电流动作保护器作直接接触保护是有条件的、辅助性的。

**（二）间接接触保护**

间接接触保护是指在（绝缘）故障情况下的电击保护，即对人与故障情况下变为带电的外露导电部分接触的保护。间接接触保护可以通过采用双重绝缘、接地保护、切断保护等方式实现。双重绝缘是指在基本绝缘的基础上提供加强绝缘。

供电系统常用的接地保护系统有TN-C系统、TN-S系统、TN-C-S系统，对于施工现场临时用电工程来说，最适合的接地保护系统就是TN-S系统。即在TN-S系统，中性导体和保护导体是分开的。保护系统是将正常情况下不带电的可导电部分与大地直接相连接（通过接地体）。国际上常采用的还有IT系统和TT系统。

上述措施的本质是一样的，都是基于防止和限制电流流经人体，使之小于触电伤害电流值，以保护人身安全，系统本身不能自动切断触电电流。

切断保护是一种能够自动切断触电电流的保护。切断保护是通过装设切断保护装置实现的。切断保护装置是一种当人体有意识地或意外地触及带电体或触及故障状态下带电的（正常情况下不带电的）可导电部分（例如，电气装置、用电设备的金属外壳、基座和构架等），流经人体的电流大于能够导致电击伤害的电流极限值时，自动切断电源的装置。

切断保护装置分为两类，一类叫过电流保护装置；一类叫剩余电流动作保护装置。比较常见的譬如自动空气断路器也称为低压断路器，可用来接通和分断负载电路，也可用来控制不频繁启动的电动机。它功能相当于闸刀开关、过电流继电器、失压继电器、热继电器及漏电保护器等电器部分或全部的功能总和，是施工现场临时用电工程低压配电系统一种重要的保护电器。自动空气断路器具有多种保护功能（过载、短路、欠电压保护等）、动作值可调、分断能力强等优点。

自动空气断路器的主触点是靠手动操作或电动合闸的。主触点闭合后，自由脱扣机构将主触点锁在合闸位置上。过电流脱扣器的线圈和热脱扣器的热元件与主电路串联，欠电压脱扣器的线圈和电源并联。当电路发生短路或严重过载时，过电流脱扣器的衔铁吸合，使自由脱扣机构动作，主触点断开主电路。当电路过载时，热脱扣器的热元件发热使双金属片上弯曲，推动自由脱扣机构动作。当电路欠电压时，欠电压脱扣器的衔铁释放，也使自由脱扣机构动作。

剩余电流动作保护装置即剩余电流动作保护器，它是一种主要用作剩余电流动作保护的电器装置，用作对人体有致命危险的电击进行保护，它的主要功能是提供间接接触保护。剩余电流动作保护器有两种基本类型：电压动作型剩余电流动作保护器和电流动作型剩余电流动作保护器。电流动作型剩余电流动作保护器是目前普遍应用的剩余电流动作保护器。这种剩余电流动作保护器是依靠检测剩余电流或人体电击时电源导线上电流在剩余电流互感器上产生不平衡磁通的原理制作的。当剩余电流或人体电击电流达到某动作整定值时，其开关触点分断，切断电源，实现电击保护。

　　电流动作型剩余电流动作保护器的防电击保护性能要比其他措施有效，工作可靠，不仅能对人体电击提供保护，而且还可防止电路发生剩余电流火灾。

## 二、采用 TN-S 系统加设剩余电流动作保护器

　　施工现场临时用电工程低压配电系统采用的是 TN-S 方式接地保护系统。它的优点是专用保护接地线在正常工作时不通过工作电流，只有当电气设备绝缘损坏时通过漏电故障电流。这样一来，正常情况下的三相不平衡电流不会使保护接地线产生对地电压；在中性导体（N）和保护接地导体（PE）的分离点以后，即使中性导体（N）断线，电气设备的金属外壳对地也不存在相电压。可见，TN-S 系统要比 TN-C 系统优越。但是，TN-S 系统和 TN-C 系统一样，都存在着接地短路保护灵敏度有限的问题。

　　在配电系统中，由于受电气设备负荷电流和启动电流的限制，过电流保护装置的动作整定电流不能太小，否则电气设备无法启动和运行。一般说来，熔断器熔体的额定电流应比 $I_d$ 大 4～5 倍（即为 36.75～29.40A）；自动空气断路器的过流脱扣整定值应大于 $I_d$ 的 1.5～2.0 倍（即为 98.0～73.5A）。这样才能保证在 TN 系统中，某电气设备因绝缘损坏而造成相线短路的故障电流能使过流保护装置动作，切断电源。

　　但是，对于低压配电线路较长（$Z_0$ 变大，$I_d$ 变小）、负荷较大的施工现场临时用电，过电流保护装置往往不能保证迅速切断故障电流。因此，为可靠地保障人身安全，在低压配电系统采用 TN-S 系统后，还必须使用电流动作型剩余电流动作保护器，直接接触保护和间接接触保护相结合共同发挥保护作用。

## 三、剩余电流动作保护器

### 1. 剩余电流动作保护器的分类

（1）按动作方式分为电压动作型和电流动作型。

（2）按动作机构分类：

1）开关式：包括电磁式和半导体式；

2）继电器式。

（3）按动作灵敏度分类：

1）高灵敏度：剩余动作电流在 30mA 以下；

2）中灵敏度：30～1000mA；

3）低灵敏度：1000mA 以上。

（4）按动作时间分类：

1）高速型：剩余电流动作时间小于 0.1s；

2）延时型：动作时间在 0.1～2.0s；

3）反时限型：

① 额定剩余动作电流时为 0.2～1.0s；

② 1.4 倍额定剩余动作电流时为 0.1～0.5s；

③ 4.4 倍额定剩余动作电流时为小于 0.05s。

### 2. 电流动作型剩余电流动作保护器

（1）剩余电流动作保护器工作原理

电流动作型剩余电流动作保护器分为四极、三极和二极三种。这三种剩余电流动作保护器均可用于三相四线制配电回路。

电流动作型剩余电流动作保护器的工作特性主要是由漏电检测元件——剩余电流动作互感器的特性决定的。剩余电流动作互感器有一个环形铁芯，铁芯上绕有二次绕组，一次绕组就是穿过铁芯内孔的导线。结构上与电压互感器或电流互感器相似，但由于工作条件不同（主要是小信号工作），与它们是有区别的。

在正常用电时，如果三相用电是平衡的，其三相电流在互感器里产生的磁场正好互相抵消，这时中性导体（N）上是没有电流的，即使三相用电不平衡，流过三相线路的不平衡电流和中性导体（N）上的电流还是大小相等、方向相反，即剩余电流动作互感器一次绕组各导线电流相量和为零。此时，铁芯中磁通和二次绕组中感应电动势均为零。当被保护电路中发生电击事故或不平衡漏电时，一次绕组中各导线电流相量之和不为零，此电流就是剩余电流 $i_i$。剩余电流在铁芯中产生交变磁通，在二次绕组中感应出电动势，电流经放大器放大至动作电流整定值时，脱扣器动作使主开关在小于0.1s的时间内切断电源，这样就起到了剩余电流动作保护作用。如图1-18所示。

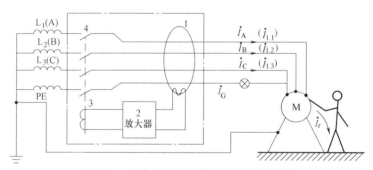

图1-18  剩余电流动作保护器的工作原理

1—剩余电流互感器；2—放大器；3—脱扣线圈或脱扣器；4—主开关

（2）剩余电流动作保护器主要技术参数

1）额定剩余动作电流 $I_{\triangle N}$。规定当剩余电流不小于 $I_{\triangle N}$ 值时，剩余电流动作保护器必须动作的电流值。

2）额定剩余不动作电流 $I_{\triangle N0}$。规定剩余电流动作保护器必须不动作的剩余不动作电流值，其优选值为 $I_{\triangle N0}=0.51 I_{\triangle N}$。

3）额定剩余电流动作时间。剩余电流动作时间是指从突然施加剩余电流动作时起，到被保护电路切断为止的时间。额定剩余电流动作时间是剩余电流动作保护器动作时间的额定值，即剩余电流动作保护器的动作时间必须不大于该额定值。

4）额定接通分断能力。剩余电流动作保护器在规定的使用和性能条件下能够接通和在其分断时间内能够承受、能够分断的额定剩余动作电流值 $I_{\triangle N}$（额定剩余电流接通分断能力）以及额定短路电流值 $I_N$（额定短路接通分断能力）。

额定接通分断能力主要是考验短路条件下的工作性能，也就是考验产品触头的热效应和电动力的特性；考验检测传感器铁芯、互感器的剩磁和其平衡特性，从中可以发现产品的质量问题。

5）脉冲电压不动作型。在规定脉冲电压作用下不动作的剩余电流动作保护器。

规定脉冲电压由能产生正、负脉冲电压的发生器供给，规定脉冲电压波形参数如下：

前沿时间 $t_1=1.2(1\pm30\%)\mu s$；

波值下降到 50% 峰值的时间 $t_2=50(1\pm20\%)\mu s$；

峰值 6000$(1\pm3\%)$V。

上述峰值电压为海拔 2000m 处脉冲电压试验的峰值。如试验不在海拔 2000m 处进行，还必须按表 1-3 的修正系数进行修正。

脉冲电压峰值的修正系数 　　　　　　　　　　　表 1-3

| 试验地点的海拔(m) | 脉冲电压峰值的修正系数 | 试验地点的海拔(m) | 脉冲电压峰值的修正系数 |
| --- | --- | --- | --- |
| 0 | 1.27 | 2000 | 1.00 |
| 500 | 1.19 | 3000 | 0.88 |
| 1000 | 1.13 | 4000 | 0.78 |

6）防溅型。防溅要求是指剩余电流动作保护器的外壳防护等级必须符合 IP44 级要求，并能通过 10min 的淋雨试验，淋雨试验后还能承受 1000V 耐压试验，各项动作特性仍能符合要求。

**3. 施工现场使用的电动建筑机械和手持式电动工具必须设置剩余电流动作保护器**

施工现场使用的电动建筑机械和手持式电动工具必须设置剩余电流动作保护器，并要求在施工现场内实行包括总电源剩余电流动作保护在内的二级剩余电流动作保护。《建筑与市政工程施工现场临时用电安全技术标准》JGJ/T 46—2024 的规定如下：

第 3.1.1 条　施工现场临时用电工程专用的电源中性点直接接地的 220V/380V 三相四线制低压电力系统，应符合下列规定：3 应采用二级剩余电流动作保护系统。

第 7.1.5 条　电动建筑机械或手持式电动工具的开关箱应符合本标准第 4.2.4 条和第 4.2.5 条的规定。开关箱内正、反向运转控制装置中的控制电器应采用接触器、继电器等自动控制电器，不得采用手动双向转换开关作为控制电器。

第 4.2.4 条　开关箱必须装设隔离开关、断路器或熔断器，以及剩余电流动作保护器。隔离开关应采用分断时具有可见分断点，并能同时断开电源所有极的隔离电器，并应设置于电源进线端。

第 4.2.5 条　开关箱中的隔离开关只可直接控制照明电路和容量不大于 3.0kW 的动力电路，但不应频繁操作。容量大于 3.0kW 的动力电路应采用断路器控制，操作频繁时还应附设接触器或其他启动控制装置。

结合施工现场电动建筑机械、手持式电动工具开关箱的实际情况，规定开关箱操控电动建筑机械、手持式电动工具正、反向运转应采用接触器、继电器等自动控制电器，不得采用手动双向转换开关作为控制电器。

《手持式电动工具的管理、使用、检查和维修安全技术规程》GB/T 3787—2017 的规定如下：

第 5.3 节　使用条件

包括：

a）在一般场所使用 I 类工具，还应在电气线路中采用剩余电流动作保护器、隔离变压器等保护槽施，其中剩余动作保护器的额定剩余动作电流的要求见 GB 3883.1—2014 的规定；

b）Ⅲ类工具的安全隔离变压器，Ⅱ类工具的剩余电流动作保护器及Ⅱ、Ⅲ类工具的电源控制箱和电源耦合器等应放在作业场所的外面，在狭窄作业场所操作时，应有人在外监护；

c）在湿热、雨雪等作业环境，应使用具有相应防护等级的工具；

d）当使用带水源的电动工具时，应装设剩余电流动作保护器，额定剩余动作电流和动作时间的要求见 GB 3883.1—2014 的规定，且应安装在不易拆除的地方。

**4. 剩余电流动作保护器的选用**

《建筑与市政工程施工现场临时用电安全技术标准》JGJ/T 46—2024 规定如下：

第 3.3.1 条　剩余电流动作保护器的选择应符合现行国家标准《剩余电流动作保护器（RCD）的一般要求》GB/T 6829、《剩余电流动作保护装置安装和运行》GB/T 13955 的规定。

施工现场临时用电工程总配电箱、开关箱选择剩余电流动作保护器时应符合现行国家标准《剩余电流动作保护器（RCD）的一般要求》GB/T 6829 和《剩余电流动作保护装置安装和运行》GB/T 13955 的规定。

剩余电流动作保护器主要是防止可能致命的电击事故，也能防止火灾事故的发生，因此要依据不同的使用目的和安装场所来选用剩余电流动作保护器。剩余电流动作保护器的选用主要是选择其特性参数。电击程度是和通过人体的电流值有关的，人体对通过的电流大小承受能力不一样，而且因人的体质、体重、性别及健康状况差异而有所不同。人体对触电、电击的承受能力可参考表 1-4 和表 1-5。

**人体对触电的承受能力**　　　　　　　　　　　　　　　　　　　　　表 1-4

| 对触电的承受能力 | 交流 50Hz | |
| --- | --- | --- |
| | 男子 | 女子 |
| 最小感觉电流,少许有些针刺状感觉 | 1.1 | 0.7 |
| 感觉振颤但没有痛苦,肌肉能自由动作 | 1.8 | 1.2 |
| 感觉振颤且有痛苦,但肌肉能自由动作 | 9.0 | 6.0 |
| 感觉振颤且有痛苦,达到能脱离的临界值 | 16.0 | 10.5 |
| 严重振颤且有痛苦,肌肉僵直,呼吸困难 | 23.0 | 15.0 |

**人体对电击的承受能力**　　　　　　　　　　　　　　　　　　　　　表 1-5

| 对电击的承受能力 | 交流 50Hz | 对电击的承受能力 | 交流 50Hz |
| --- | --- | --- | --- |
| 刚有感觉 | 1 | 肌肉会产生激烈收缩,并且受害者不能自行摆脱 | 20 |
| 感到相当痛 | 5 | 相当危险 | 50 |
| 痛得不能忍受 | 10 | 会引起致命的后果 | 100 |

电击的强度和人体对电击的承受能力除了和通过人体的电流值有关外，还与电流在人体中持续的时间有关，目前国内外广泛认同的是：在工频下，通过人体的电流（mA）与

电流在人体持续的时间（s）的乘积等于 30mA·s 为临界值，即 $IT=30$mA·s 为安全界限值。可以看出，电流即使达到 100mA，只要剩余电流动作保护器在 0.3s 之内动作并切断电源，人体尚不会引起致命的危险。这个值也成为剩余电流动作保护器产品设计的依据，作为间接接触保护和直接接触保护的依据。应当指出，当人体和带电导体直接接触时，在剩余电流动作保护器动作切断电源之前，通过人体的电击电流与所选择的剩余电流动作保护器的动作电流无关，它完全由人体的电击电压和人体在电击时的人体电阻（主要取决于接触状态）所决定。

《建筑与市政工程施工现场临时用电安全技术标准》JGJ/T 46—2024 规定如下：

第 3.3.3 条　总配电箱中剩余电流动作保护器的额定剩余动作电流应大于 30mA，额定剩余动作时间应大于 0.1s，但其额定剩余动作电流与额定剩余电流动作时间的乘积不应大于 30mA·s。

第 3.3.4 条　开关箱中剩余电流动作保护器的额定剩余动作电流不应大于 30mA，额定剩余电流动作时间不应大于 0.1s。潮湿或有腐蚀介质场所的剩余电流动作保护器应采用防溅型产品，其额定剩余动作电流不应大于 15mA，额定剩余动作时间不应大于 0.1s。

选择剩余电流动作保护器的动作特性，应根据电气设备不同的使用环境，选取合适的剩余动作电流。施工现场使用电动建筑机械和手持电动工具时应遵循下述原则：

一般场所，即室内的干燥场所必须使用动作电流小于 30mA 的剩余电流动作保护器。可能会受到雨水影响的露天、潮湿或充满蒸汽的场所，因为人体容易沾湿或出汗，人体电阻明显下降，危险性比干燥的场所大，故必须使用防溅型的、动作电流小于 15mA 的剩余电流动作保护器。

对于双重绝缘的移动式电气设备，由于在露天、潮湿场所使用，并且带有一段需经常移动位置的电缆，操作人员在使用这些电气设备时，又往往难以避免接触这部分电缆，为了防止因电缆绝缘层损坏或用电设备受雨水、凝露影响而发展成为电击事故，也必须使用防溅型的、动作电流小于 15mA 的剩余电流动作保护器。

操作人员在构架、基座等金属物体上和金属管道、锅炉等有限空间内工作时，由于人体大部分要和外漏可导电部分金属外壳相接触，极易发生电击事故，因此要求使用安全低电压的用电设备。如使用Ⅱ类手持电动工具也必须装设动作电流小于 15mA 的剩余电流动作保护器。

以上环境使用的剩余电流动作保护器均为高速动作型的，即动作时间应小于 0.1s。

从安全角度考虑问题，剩余电流动作保护器的动作电流选择得越小越好。但是，由于配电线路和电气设备总是存在正常的对地绝缘电阻和对地分布电容，因此，在正常工作情况下，也会有一定的剩余电流，它的大小取决于配线长度、设备容量、导线布置等情况以及它们的绝缘水平和环境条件等。如果剩余电流动作保护器的动作电流小于配电线路和用电设备的总泄漏电流，则会造成经常性的误动作，影响建筑机械设备、手持式电动工具的正常使用。所以，剩余电流动作保护器的剩余不动作电流值应大于配电回路和电气设备的总泄漏电流值，应严格执行《建筑与市政工程施工现场临时用电安全技术标准》JGJ/T 46—2024 中第 3.3.3 条、第 3.3.4 条的规定。

对分支电路中使用的剩余电流动作保护器，选用的动作电流应大于正常运行中实测泄漏电流的 2.5 倍，同时还应满足大于其中泄漏电流最大 1 台用电设备的实测剩余电流值的 4 倍。对于主干线或用来进行线路总保护的剩余电流动作保护器，选用的动作电流应大于实测泄漏电流的 2 倍。在电路末端必须安装剩余动作电流小于 30mA 的高速动作型剩余电流动作保护器。

实行分级保护，形成二级的剩余电流动作保护网，对施工现场临时用电的安全是十分重要的。

**5. 剩余电流动作保护器的安装和维护**

（1）安装

《建筑与市政工程施工现场临时用电安全技术标准》JGJ/T 46—2024 规定如下：

第 3.3.5 条　总配电箱和开关箱中剩余电流动作保护器的极数和线数必须与其负荷侧负荷的相数和线数一致。

剩余电流动作保护器按极数和电气回路分类：单相二线制 220V 电源供电的负荷，应选用单极二线式（1P+N）剩余电流动作保护器，如图 1-19（a）所示。三相三线制 380V 电源供电的负荷，应选用三极三线式（3P）剩余电流动作保护器，如图 1-19（b）所示。三相四线制 380V 电源供电的负荷，应选用三极四线式（3P+N）剩余电流动作保护器，如图 1-19（c）所示。施工现场电工在更换总配电箱和开关箱内的剩余电流动作保护器时，应确认剩余电流动作保护器的极数和线数应与其负荷侧负荷的相数和线数一致，避免选错剩余电流动作保护器。安装前，应检查剩余电流动作保护器的额定电压、额定电流、短路通断能力、剩余动作电流和剩余电流动作时间是否符合要求。

 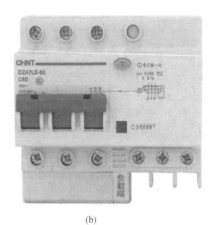 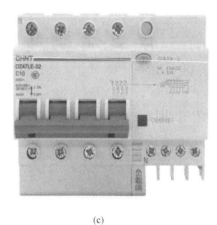

(a) (b) (c)

图 1-19　电流动作保护器

（a）单极二线式剩余电流动作保护器；（b）三极三线式剩余电流动作保护器；（c）三极四线式剩余电流动作保护器

《建筑与市政工程施工现场临时用电安全技术标准》JGJ/T 46—2024 规定如下：

第 3.3.6 条　总配电箱、开关箱中的剩余电流动作保护器宜选用电源电压故障时可自动动作的剩余电流动作保护器。

1）剩余电流动作保护器的分类

按照检测信号和工作原理分类可分为电流动作型、交流脉冲型、电压动作型，目前广泛使用的是反映零序电流的电流型剩余电流动作保护装置。按照中间环节所采用的元件分类可分为电磁式、电子式两种，我国生产的剩余电流动作保护装置绝大部分为电子式的，约占 90% 左右。电磁式剩余电流动作保护装置因制造成本高、价格贵，使用量较少。按照剩余动作电流敏度可分为高灵敏度型，额定剩余动作电流为 30mA 及以下的属于高灵敏度，主要用于防止各种人身触电事故。中灵敏度型，30～1000mA 属于中灵敏度，用于防止触电事故和漏电火灾。低灵敏度型，1000mA 以上属于低灵敏度，用于防止剩余电流火灾和检测一相接地事故。

2）剩余电流动作保护器的选择

① 对电源电压偏差较大的电气设备应选用电磁式剩余电流动作保护器。

② 在高温或特低温环境下的电气设备应选用电磁式剩余电流动作保护器。

③ 雷电活动频繁地区的电气设备应选用带短延时的剩余电流动作保护器。

④ 安装在易燃、易爆、潮湿或有腐蚀性气体等恶劣环境下的电气设备，应选用特殊防护条件的剩余电流动作保护器。

⑤ 连接室外架空线路的电气设备应选用带短延时的剩余电流动作保护器。

3）剩余电流动作保护器的安装

剩余电流动作保护器的安装应符合《建筑与市政工程施工现场临时用电安全技术标准》JGJ/T 46—2024：

第 3.3.8 条 剩余电流动作保护器安装应符合下列规定：

1 剩余电流动作保护器电源侧、负荷侧端子处接线应正确，不得反接；

2 剩余电流动作保护器灭弧罩安装牢固，并应在电弧喷出方向留有飞弧距离；

3 剩余电流动作保护器控制回路的铜导线截面面积不得小于 2.5mm²；

4 剩余电流动作保护器端子处中性导体（N）严禁与保护接地导体（PE）连接，不得重复接地或就近与设备金属外露导体连接。

依据现行国家标准《剩余电流动作保护装置安装和运行》GB/T 13955—2017 中第6.3 节对剩余电流动作保护器的接线做出了规定。剩余电流动作保护器电源侧、负荷侧端子处接线应正确，不得反接，铜导线外露部分套加强绝缘套管，防止潮湿梅雨季节，更换剩余电流保护器发生触电事故，如图 1-20（a）所示；各控制回路的铜导线截面不得小于2.5mm²，主要是基于铜导线与剩余电流动作保护器端子压接牢固考虑，如铜导线截面小于 2.5mm² 有可能与端子压接不牢固，造成接触电阻过大，影响剩余电流动作保护器的使用寿命，如图 1-20（b）所示；剩余电流动作保护器安装时应考虑电弧喷出方向留有飞弧的合理距离，铜母排或铜导线与剩余电流动作保护器端子压接后，应将灭弧罩就位安装牢固。施工现场的配电箱、开关箱检查经常发现，断路器、剩余电流保护器压接电动机械设备或手持式电动工具导线后，灭弧罩不安装就位，放在配电箱、开关箱内，或遗落在地面，没有灭弧罩，一旦有飞弧喷出，断路器、剩余电流保护器没有留出合理的飞弧距离，电弧很容易烧伤人的手，如图 1-20（c）、（d）所示；剩余电流动作保护器端子处的中性导体（N）严禁与保护接地导体（PE）连接，不得重复接地或就近与设备金属外露导体连接。

《建筑与市政工程施工现场临时用电安全技术标准》JGJ/T 46—2024 规定如下：

第 3.3.2 条 剩余电流动作保护器应装设在总配电箱、开关箱靠近负荷的一侧，且不得用于启动电气设备的操作。

图 1-20　剩余电流动作保护器接线规定

(a) 接线端子外露部分套加强套管；(b) 接线与端子压接牢固；(c) 灭弧罩安装牢固；(d) 电弧喷出方向距离合理

对末端电气设备保护而言，施工现场的手持式电动工具、钢筋加工场的电气设备、木工加工场的电气设备、施工现场的电动建筑机械设备应由开关箱控制电源，并在控制回路安装剩余电流动作保护器。作业人员在发生直接接触电击、间接接触电击、电气设备绝缘故障，或线路故障等情况下，额定剩余动作电流超过整定剩余动作电流值时，剩余电流动作保护器及时切断电源，防止作业人员电击伤亡事故的发生，基于这方面的考虑，规定剩余电流动作保护器装设在总配电箱、开关箱靠近负荷的一侧，不得用于电气设备的启、停控制装置。

《建筑与市政工程施工现场临时用电安全技术标准》JGJ/T 46—2024 规定如下：

第 3.3.7 条　剩余电流动作保护器应按产品说明书安装、使用。对搁置已久重新使用或连续使用的剩余电流动作保护器，应逐月检测其特性，发现问题应及时修理或更换。剩余电流动作保护器应采用正确的接线方法（图 3.3.7）。

《建筑电气工程施工质量验收规范》GB 50303—2015 中第 19.1.6 条　景观照明灯具安装应符合下列规定：

1　在人行道等人员来往密集场所安装的落地式灯具，当无围栏防护时，灯具距地面高度应大于 2.5m；

2　金属构架及金属保护管应分别与保护导体采用焊接或螺栓连接，连接处应设置接地标识。如图 1-21（a）所示。

《建筑与市政工程施工现场临时用电安全技术标准》JGJ/T 46—2024 中：

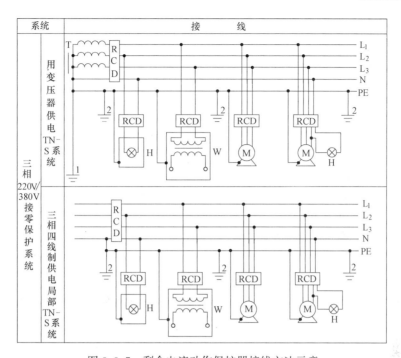

图 3.3.7　剩余电流动作保护器接线方法示意

$L_1$、$L_2$、$L_3$—相线；N—中性导体；PE—保护接地导体；1—总配电箱电源侧 PEN 重复接地；

2—系统中间和末端处 PE 接地；T—变压器；RCD—剩余电流动作保护器；H—照明器；W—电焊机；M—电动机

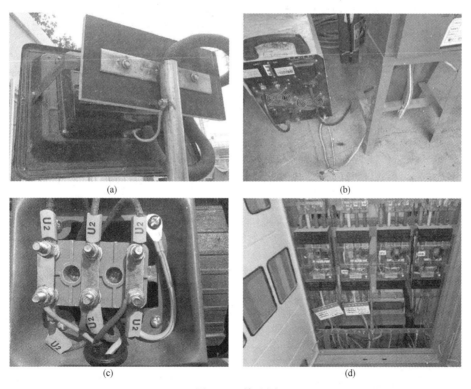

图 1-21　接地图

（a）照明灯具金属外壳保护接地；（b）电焊机金属外壳保护接地；

（c）电动机金属底座和外壳保护接地；（d）总配电箱箱体金属外壳保护接地复接地

第7.1.4条　电动建筑机械和手持式电动工具的电缆线路应符合下列规定：

1　电缆芯线应符合本标准第6.2.1条第1款规定；

2　橡皮护套铜芯软电缆应无接头，应满足用电设备的使用要求，其性能应符合现行国家标准《额定电压450/750V及以下橡皮绝缘电缆 第一部分：一般要求》GB/T 5013.1和《额定电压450/750V及以下橡皮绝缘电缆 第四部分：软线和软电缆》GB/T 5013.4的规定；

3　电缆芯线数应根据负荷及其控制电器的相数和线数确定；

6　单相二线时，应选用三芯电缆，如图1-21（b）所示。

《建筑电气工程施工质量验收规范》GB 50303—2015中第6.1.1条　电动机、电加热器及电动执行机构的外露可导电部分必须与保护导体可靠连接。如图1-21（c）所示。

《建筑电气工程施工质量验收规范》GB 50303—2015中第5.1.1条　柜、台、箱的金属框架及基础型钢应与保护导体可靠连接；对于装有电器的可开启门，门和金属框架的接地端子间应选用截面积不小于$4mm^2$的黄绿色绝缘铜芯软导线连接，并应有标识。第5.1.2条　柜、台、箱、盘等配电装置应有可靠的防电击保护；装置内保护接地导体（PE）排应有裸露的连接外部保护接地导体的端子，并应可靠连接。当设计未做要求时，连接导体最小截面积应符合现行国家标准《低压配电设计规范》GB 50054的规定。如图1-21（d）所示。

（2）接线

当前，在施工现场的低压配电系统中，多采用三相四线制中性点接地，中性导体（N）和保护接地导体（PE）合用的TN-C系统。根据剩余电流动作保护器多年使用经验，由于受该系统的限制，接线方法不正确会造成剩余电流动作保护器误动作或不动作。《建筑与市政工程施工现场临时用电安全技术标准》JGJ/T 46—2024规定采用的TN-S配电系统能够克服剩余电流动作保护器误动作的缺点。低电配电系统采用何种方式均应注意以下几点：

1）要严格注意中性导体（N）的接法。正确的接法是中性导体（N）一定要穿过剩余电流动作互感器，保护导体（PE）绝不能穿过剩余电流动作互感器，如图1-22（b）所示。否则如图1-22（a）所示，当用电设备发生绝缘损坏故障时，故障电流经保护导体（PE）到中性导体（N），与工作电流一起穿过剩余电流互感器，这时剩余电流动作互感器检测不出故障电流，因此剩余电流动作保护器不能动作。

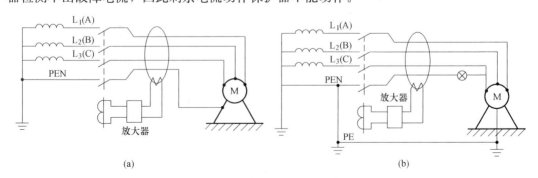

图1-22　用电设备的保护接地导体（PE）
（a）错误；（b）正确

2）剩余电流动作保护器后面的中性导体（N）不能重复接地。在 TN-C 配电系统中，一般除中性点处接地外，还应在中性导体（N）的末端或设备的外壳上做重复接地。如果该系统装设了剩余电流动作保护器，由于中性导体（N）和保护接地导体（PE）合用，当系统中的三相负荷不平衡时，不平衡电流将经过中性导体（N）返回电源中性点，若此时将中性导体（N）重复接地，将会有相当于剩余电流的分流电流 $I_i$ 经大地返回电源中性点，这对剩余电流动作互感器而言，破坏了其内部的电流平衡状态，互感器的次级线圈就会有电信号输出，当 $I_i$ 值大于或等于该剩余电流动作保护器的额定剩余动作电流值时，剩余电流动作保护器便产生误动作，如图 1-23（a）所示。在 TN-S 系统中，剩余电流动作保护器后面的中性导体（N）也不能重复接地。

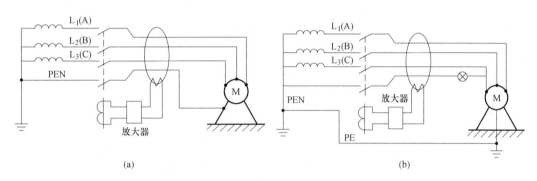

图 1-23 中性导体（N）的重复接地
(a) 错误；(b) 正确

正确的接线如图 1-23（b）所示，它实际上是将 TN-S 系统的保护接地导体（PE）重复接地，所以不会影响剩余电流动作保护器的正常工作。

3）采用分级剩余电流动作保护系统和分支剩余电流动作保护的线路，每一分支线路必须有自己的中性导体（N）；下一级剩余电流动作保护器的额定剩余动作电流值必须小于上一级剩余电流动作保护器的额定剩余动作电流值，否则会造成上一级剩余电流动作保护器的误动作。

相邻分支线路的中性导体（N）不能相连，也就是说剩余电流动作保护器后面的中性导体（N）上不能有分流电流；否则，如同 2）中的情况，会造成该级剩余电流动作保护器误动作，如图 1-24 所示，若将 $N_1$ 与 $N_2$ 连接起来，则分支线路 1 和 2 均会有对方分流电流流过。此电流将导致剩余电流动作保护器 1 和 2 的剩余电流互感器内的电流平衡被破

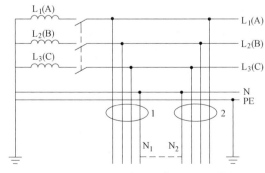

图 1-24 分支线路的中性导体（N）不能相连

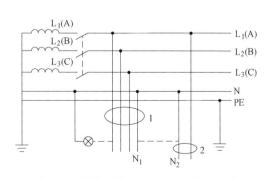

图 1-25 中性导体（N）不能直接、跨接

坏，当分流电流值大于或等于剩余电流动作保护器的额定剩余动作电流值时，剩余电流动作保护器就将误动作。

4）中性导体（N）不能就近直接，单相负荷不能在剩余电流动作保护器两端跨接。如图 1-25 所示，为一分支线路 1 和照明线路 2，照明线路 2 的零线距中性线 N 过远，若就近支接分支线路 1 剩余电流动作保护器后面的中性导体（N），则照明线路 2 中的电流经 $N_1$ 线返回电源中性线，造成分支线路 1 上剩余电流动作保护器的剩余动作电流互感器内部电流不平衡，当不平衡电流值大于或等于支路 1 剩余电流动作保护器的额定剩余动作电流值时，剩余电流动作保护器就会误动作。

单相负荷跨接在剩余电流动作保护器两侧（如图 1-25 中的灯泡），也会使剩余电流动作保护器 1 中剩余电流动作互感器内部的电流或磁通不平衡，造成剩余电流动作保护器误动作。

剩余电流动作保护在隔离变压器系统中不起保护作用，因为隔离变压器后的线路形成了非接地系统。

（3）维护

剩余电流动作保护器是涉及人身安全的电器元件。因此使用时要严格选用通过第三方检测机构鉴定的合格产品；要选用技术先进、质量可靠的产品。有条件时还应对其动作特性参数进行测试。在使用过程中应定期检测，及时将达不到要求的剩余电流动作保护器换下来，并做好剩余电流动作保护器的运行和检查记录。发现问题及时处理，施工现场临时用电常见的故障应由电工处理。剩余电流动作保护器经维修后应进行下述内容检查：

1）检查剩余电流动作保护器的试验按钮机构是否灵活，是否有卡住和滑扣现象，即需保证开关机构的机械动作性能良好。

2）检查绝缘电阻。一般的剩余电流动作保护器需在进、出线端子间、各接线端子与外壳间、接线端子之间进行绝缘电阻测量（注意电子式剩余电流动作保护器不能在相邻端子间作绝缘电阻测量），其绝缘电阻阻值不得低于 1.5MΩ。

3）剩余电流动作保护性能检查。在带电状态下，简便的检查方法是按动剩余电流动作保护器的试验按钮，如开关机构迅速灵敏地跳闸，则该保护器工作正常。对正在运行的剩余电流动作保护器，最好能在线检测其剩余动作电流和剩余动作时间。这样在施工现场就能直接检测运行中的剩余电流动作保护器的动作特性（有数值量的概念），从而可以判断该剩余电流动作保护器工作是否可靠，有否故障。

4）对剩余电流动作保护器的动作或误动作均应检查其原因，只有在找出原因，排除故障后，剩余电流动作保护器才能重新合闸使用。

剩余电流动作保护器是否有故障，可通过上面所说的利用剩余电流动作保护器的试验按钮检查；或外接接地的电阻模拟漏电；或使用剩余电流动作保护器动作参数测试仪来判别。

# 第四节 防雷保护

## 一、雷电现象

雷云对大地之间的电位是很高的，它对大地产生静电感应，使雷云下面的大地感应出与雷云符号相反的电荷，两者之间形成了一个巨大的空间电容器。雷云中电荷的分布是不均匀的，在雷云中形成多处聚集中心。当雷云中任一电荷聚集中心处的电场强度达到 25～30kV/cm 时，就会使周围空气击穿，形成空间游离区，并由雷云向大地迅速发展，逐渐形成一个导通通道，叫雷电先导。雷电先导进展到距地面的高度为 100～300m 时，地面因静电感应而聚集的与雷云符号相反的电荷更加集中，特别是易于聚集在较突起或较高的地面突出物上，且使其周围空气游离，于是形成了迎雷先导，并向空中的雷电先导快速接近。当两者接触时，地面的异性电荷经过迎雷先导通道与雷电先导通道中的电荷发生强烈中和，出现极大的电流，雷鸣和闪光同时伴随出现，这就是雷电的主放电阶段。

主放电阶段存在的时间极短，一般为 50～100μs，但主放电电流可达几十万安培。当主放电完成以后，雷云中的剩余电荷沿着主放电通道继续流向大地。这一阶段的电流为几百安培，该阶段称为放电的余辉阶段，一般能持续 0.03～0.15s。主放电时，强大的雷电流通过地面上的被击物，其破坏作用是由叠加效应导致的。其中，有电的效应作用——几百万伏的冲击电压，有热的效应作用——巨大雷电流的转换，有机械的效应作用——气体的急剧膨胀等。因此，对于施工现场的高大建筑机械设备和临时电气设施，应采取措施防止直接雷击的破坏。

雷云放电具有很高的电压幅值和强大的电流幅值。雷电压幅值很难测量，对我们有用处而又有可能测量的参数是雷电流幅值及其增长变化速度（通常称为雷电流陡度）。根据这两个参数，我们就能够计算和分析防雷设备的保护性能，以及验算加到电气设备绝缘物上的过电压值是否超出容许限度。雷电流的幅值与雷云中的电荷量及雷电放电通道的阻抗有关。在绝大多数情况下，雷电流是在 1～4μs 极短的时间内增长到幅值的。习惯上，把这一段时间内电流增长到幅值的波形叫波头 $\tau_t$（单位为 μs），而把雷电流从幅值开始衰减下降部分的波形叫波尾 $\tau_w$。对波尾是这样规定的，即从波幅值衰减到其 1/2 值时所经历的时间，一般延续数十微秒。包括波头波尾全过程的波形就是表达雷电流特征的雷电流波形，如图 1-26 所示为斜角波头的雷电流波形。

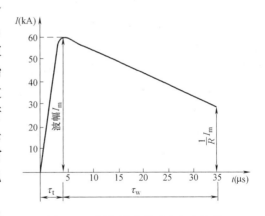

图 1-26　斜角波头的雷击电流波形

从图 1-26 可知，雷电流（或雷电压）是一个脉冲波，一般称为冲击波。雷电流冲击波的特征一般用波幅值（kA）和波头（μs）对波尾（μs）的比值来表达。图 1-26 中所表示的雷电流冲击波可表达为 60kA～4/31μs。

## 二、雷暴日和雷电活动规律

我国地域辽阔，各地区的气候特征各不相同，雷电活动的频繁程度在不同的地区也是不一样的。表示雷电活动频繁程度的标准是雷暴日数，即在一个年度内发生雷暴的天数。所谓雷暴日，是指在一天内只要出现雷暴现象，无论它出现几次，算作一个雷暴日。雷暴日数越多的地区说明雷电活动越频繁，防雷设计的标准应越高，防雷措施也应加强。

我国雷暴日数的地域分布是受纬度及地形、环境影响的。低纬度、山地和高原地区，太阳辐射强烈，空气对流旺盛，雷暴活动比较频繁。随着纬度的增加，空气的对流趋于减弱。到了高纬度地区，其雷暴日数明显小于低纬度地区。

我国雷暴的地理分布特点，从年平均雷暴日数来看，基本上是南方多、北方少，山地多、平原少，沿海多、内陆少。根据多年统计，我国雷暴年平均日数为0～120d。国家气象部门将雷暴区域按表1-6划分。全国年平均雷暴日数的分布特点如下：

（1）滇南和两广北纬24°以南的大部分地区为我国雷暴活动最频繁的区域，年平均雷暴日数多达90d以上。其中滇南大部分地区及海南省大部分地区在100～120d，云南的孟腊、海南的儋州市年平均雷暴日数多达120d以上。

**雷暴区域的划分** 表1-6

| 雷暴区域 | 年平均雷暴日数(d) | 图形符号 | 雷暴区域 | 年平均雷暴日数(d) | 图形符号 |
|---|---|---|---|---|---|
| 雷暴最多区 | >90 | | 雷暴日数中等偏少区 | 30～50 | |
| 雷暴次多区 | 70～90 | | 雷暴较少区 | 10～30 | |
| 雷暴日数中等偏多区 | 50～70 | | 雷暴最少区 | <10 | |

（2）青藏高原东部北纬31°～33°之间的地区、川西高原及云贵高原西部地区、两广24°以北地区及福建武夷山区大部分为雷暴次多区，年平均雷暴日数为70～90d。

（3）青藏高原唐古拉山和巴颜喀拉山、新疆的哈尔克山一带及长江以南大部分地区年平均雷暴日数为50～70d，属雷暴日数中等偏多区。

（4）长江中下游平原、黄淮平原、四川盆地、祁连山区、天山山脉一带，以及东北大部、内蒙古东部地区，年平均雷暴日数一般为30～50d，属雷暴日数中等偏少区。

（5）华北平原大部、山东半岛、东北的三江平原及东北平原部分地区、西藏的藏南谷地以南和西北大部分地区为雷暴较少区，一般年平均雷暴日数仅10～30d。

（6）藏北高原、西北的塔里木盆地、柴达木盆地和吐鲁番盆地及其以南地区为全国雷暴最少区，年平均雷暴日数大多在10d以下。其中柴达木盆地南部的格尔木和塔里木盆地南部的和田，年平均雷暴日数皆不足5d。

### 三、建筑物防雷等级的划分

建筑物根据其的重要性、使用性质、发生雷电事故的可能性和后果，依据《建筑物防雷设计规范》GB 50057—2010规定分为三类防雷建筑物，见该规范第3.0.2～3.0.4条内容：

### 四、施工现场低压配电室及建筑机械设备的防雷

**1. 施工现场低压配电室防雷装置的规定**

《建筑与市政工程施工现场临时用电安全技术标准》JGJ/T 46—2024中第3.4.1条：土壤电阻率低于200Ω·m区域的电杆可不另设防雷接地装置，但在配电室的架空进线或

出线处应将绝缘子铁脚与配电室的接地装置相连接，并应装设电涌保护器。

依据现行国家标准《交流电气装置的接地设计规范》GB 50065—2011 中第 7.2.4 条：架空低压线路入户处的绝缘子铁脚宜接地，接地电阻不宜超过 30Ω。土壤电阻率在 200Ω·m 及以下地区的铁横担钢筋混凝土杆线路，可不另设人工接地装置。当绝缘子铁脚与建筑物内电气装置的接地装置相连时，可不另设接地装置。人员密集的公共场所的入户线，当钢筋混凝土杆的自然接地电阻大于 30Ω 时，入户处的绝缘子铁脚应接地，并应设专用的接地装置。

施工现场配电室周围土壤电阻率低于 200Ω·m 时，架空进线或出线处绝缘子铁脚应与配电室的接地装置相连接，不需要单独设立接地装置，低压配电柜设置电涌保护器，防止雷电侵入造成电器元件的损坏，接地电阻小于等于 30Ω。如图 1-27 所示。

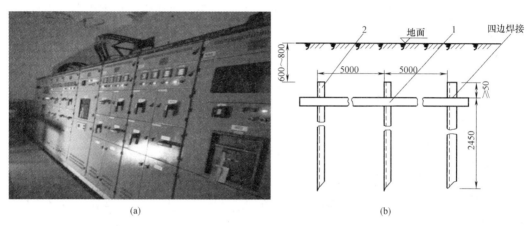

(a) (b)

图 1-27 配电室接地
(a) 绝缘子铁脚与接地装置连接；(b) 接地装置

**2. 施工现场机械设备防雷措施的规定**

《建筑与市政工程施工现场临时用电安全技术标准》JGJ/T 46—2024 中：

第 3.4.2 条 施工现场内的塔式起重机、施工升降机、物料提升机等起重机械，以及钢脚手架和正在施工的在建工程等的金属结构，当在相邻建筑物、构筑物等设施的防雷装置接闪器的保护范围以外时，应按表 3.4.2 的规定安装防雷装置。地区年均雷暴日应按现行国家标准《建筑物电子信息系统防雷技术规范》GB 50343 的要求执行。当最高机械设备上接闪器的保护范围能覆盖其他设备，且又最后退离现场，则其他设备可不设防雷装置。确定防雷装置接闪器的保护范围可采用现行国家标准《建筑物防雷设计规范》GB 50057 中的滚球法。

表 3.4.2 施工现场机械设备及高架设施安装防雷装置的规定

| 地区年平均雷暴日(d) | 机械设备高度(m) |
| --- | --- |
| ≤15 | ≥50 |
| >15，<40 | ≥32 |
| ≥40，<90 | ≥20 |
| ≥90 及雷害特别严重地区 | ≥12 |

第3.4.3条　机械设备或设施的防雷引下线可利用该设备或设施的金属结构体，并应保证电气连接可靠。

第7.1.2条　塔式起重机、施工升降机、滑升模板的金属操作平台及需要设置防雷装置的物料提升机，除应连接保护导体（PE）外，还应与各自的接地装置相连接。塔身标准节、导轨架标准节、滑模提升架金属结构之间应保证电气通路。

第3.4.4条　机械设备上的接闪器长度应为1～2m。塔式起重机、施工升降机、施工升降平台等设备可不另设接闪器。

依据现行国家标准《建筑物防雷设计规范》GB 50057，结合全国各地年平均雷暴日数分布规律和施工现场机械设备的布置，可利用机械设备或设施的金属主体结构做防雷引下线，塔式起重机塔身标准节、施工升降机的导轨架标准节、滑模提升架金属结构及钢结构金属结构之间应保证电气通路。相邻建筑物、构筑物等设施的防雷装置接闪器的保护范围按滚球法可确定保护范围，保护范围内的塔式起重机、施工升降机、施工升降平台等设备可不另设接闪器。

《建筑与市政工程施工现场临时用电安全技术标准》JGJ/T 46—2024中：

第3.4.7条　机械做防雷接地时，机械上电气设备所连接的保护接地导体（PE）必须同时做重复接地，同一台机械的电气设备的重复接地和防雷接地可共用同一接地体，但接地电阻应符合重复接地电阻的要求。

依据现行国家标准《塔式起重机安全规程》GB 5144—2006中第8.1.3条　塔机的金属结构、轨道、所有电气设备的金属外壳、金属线管、安全照明的变压器低压侧等均应可靠接地，接地电阻不大于4Ω。重复接地电阻不大于10Ω。接地装置的选择和安装应符合电气安全的有关要求。

施工现场塔式起重机的重复接地、防雷接地一般情况均是共用建筑物底板钢筋网，实际上应该是属于综合接地，同一台塔式起重机的重复接地阻值和防雷接地阻值如何确定，应该分别测试塔式起重机的重复接地阻值和防雷接地阻值，重复接地阻值和防雷接地阻值应分别测试三次，选取最大阻值乘上季节调节系数，即是重复接地阻值和防雷接地阻值的实际测试值，选取二者的最大值为接地电阻（综合接地电阻），且应不大于4Ω。实践证明，采用共用接地装置，具有节省投资，接地极使用寿命长，接地电阻稳定，不易受季节影响。

《建筑与市政工程施工现场临时用电安全技术标准》JGJ/T 46—2024中：

第3.4.6条　施工现场防雷装置的冲击接地电阻不得大于30Ω。

冲击电流或雷电流通过接地体流入大地时，接地体呈现的瞬时电阻为冲击接地电阻。冲击接地电阻的特点：

（1）冲击电流通过接地体的最初瞬间，冲击阻抗与接地体工频接地电阻无关。

（2）当雷电流向接地体纵深方向流过，雷电流将附加土壤的传导电流，这时接地体的冲击阻抗主要是由接地体的电感和土壤的电导决定的。这一过程称为"电感-电导"泄流过程。

（3）当雷电流的变化率近似为零时，电感可以忽略不计，冲击阻抗表现为电阻的物理特性，逐渐趋于工频接地电阻。

现阶段，第三方防雷检测结构通过检测建筑物防雷接地情况，从中获得的数据都是工频接地电阻，非极端条件下建筑物的冲击接地电阻。一般情况下，我们在施工现场测试防雷装置的冲击接地电阻，只能视为理想工况下的接地电阻，非实际工况下测试的冲击接地电阻。

**3. 施工现场金属保护管、线槽、软管及线缆敷设的规定**

《建筑与市政工程施工现场临时用电安全技术标准》JGJ/T 46—2024 中：

第3.4.5条　安装接闪器的机械设备，其动力、控制、照明、信号及通信线路宜采用钢管敷设。钢管与机械设备的金属结构体应做电气连接。

施工现场机械设备的动力、控制、照明、信号及通信线路金属保护管、线槽、软管及线缆敷设应符合《塔式起重机安全规程》GB 5144—2006 中：

第8.5.1条　塔机所用的电缆、电线应符合 GB/T 13752—1992 中 7.5 的规定。

第8.5.2条　电线若敷设于金属管中，则金属管应经防腐处理。如用金属线槽或金属软管代替，应有良好的防雨及防腐措施。

第8.5.3条　导线的连接及分支处的室外接线盒应防水，导线孔应有护套。

第8.5.4条　导线两端应有与原理图一致的永久性标志和供连接用的电线接头。

第8.5.5条　固定敷设的电缆弯曲半径不应小于 5 倍电缆外径。除电缆卷筒外，可移动电缆的弯曲半径不应小于 8 倍电缆外径。

金属线槽、金属软管应符合《建筑电气工程施工质量验收规范》GB 50303—2015 中：

第12.1.1条　金属导管应与保护导体可靠连接，并应符合下列规定：

2　当非镀锌钢导管采用螺纹连接时，连接处的两端应熔焊焊接保护联结导体；

3　镀锌钢导管、可弯曲金属导管和金属柔性导管连接处的两端宜采用专用接地卡固定保护联结导体；

5　金属导管与金属梯架、托盘连接时，镀锌材质的连接端宜用专用接地卡固定保护联结导体，非镀锌材质的连接处应熔焊焊接保护联结导体；

6　以专用接地卡固定的保护联结导体应为铜芯软导线，截面积不应小于 $4mm^2$；以熔焊焊接的保护联结导体宜为圆钢，直径不应小于 6mm，其搭接长度应为圆钢直径的 6 倍。

## 五、接闪器的保护范围

因为绝大多数雷云距离地面都在 300m 以上，所以一般情况下，接闪器的保护范围不受雷云高度变动的影响。接闪器的保护范围是根据模型实验及长期运行经验确定的。所谓保护范围，是指被保护物不致遭受雷击的最大空间范围。

单支接闪器的保护范围是以接闪器为轴的折线圆锥体，如图 1-28 所示。折线的确定方法：A 点为接闪器顶点，B 或 B′点是其高度及与接闪器轴的距离都等于接闪器高度一半（$h/2$）的点，C 点是地平面上

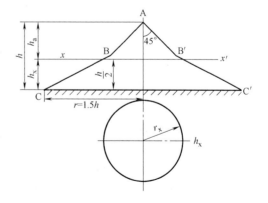

图 1-28　单支接闪器的保护范围

$xx'$—平面上保护范围的截面；$h$—接闪器的高度；

$h_x$—被保护物的高度；$h_a$—接闪器本身的有效高度；

$r_x$—接闪器在 $h_x$ 高度水平面上的保护半径

距离接闪器轴为 $1.5h$ 的一点，连接 ABC 即为保护范围的折线。折线表示针高为 $h$ 时，接闪器在地面上的保护半径 $r=1.5h$。若被保护物的高度为 $h_x$，则在 $h_x$ 水平面上（即 $xx'$ 的水平面）的保护半径 $r_x$ 按下列公式计算：

当 $h_x \geqslant h/2$ 时，$r_x = (h - h_x)p$

当 $h_x < h/2$ 时，$r_x = (1.5h - 2h_x)p$

式中　$p$——考虑到接闪器太高时保护半径不成正比而应减小的修正系数，当 $h \leqslant 30\text{m}$ 时，$p=1$；当 $30\text{m} < h \leqslant 120\text{m}$ 时，$p = 5.5/\sqrt{h}$。

各个高度和半径均以米计算。被保护物的高度是指最高点的高度，被保护物必须完全处在折线锥体之内才能安全保护。但是，《建筑与市政工程施工现场临时用电安全技术标准》JGJ/T 46—2024 规定单支接闪器的保护范围是以接闪器为轴的直线圆锥体，直线与轴的夹角即保护半径所对应的角为 60°，这种简易计算主要是考虑到施工现场的实际情况等因素。

《建筑与市政工程施工现场临时用电安全技术标准》JGJ/T 46—2024 中：

第 3.4.4 条　机械设备上的接闪器长度应为 1m～2m。塔式起重机、施工升降机、施工升降平台等设备可不另设接闪器。

第 3.4.5 条　安装接闪器的机械设备，其动力、控制、照明、信号及通信线路，宜采用钢管敷设。钢管与该机械设备的金属结构体应做电气连接。

# 第五节　接　地

接地就是将电气设备外漏可导电部分金属外壳与大地之间用导体做电气连接（在理论上，电气连接即导体与导体之间直接提供电气通路的连接，接触电阻近似于零）。换言之，电气设备外漏可导电部分金属外壳与大地之间借助于金属导体连通，保障电气设备故障电流通过金属导体泄入大地，称为接地。

接地，通常是用接地体与土壤相接触实现的，金属导体或接地装置埋入大地内土壤中就构成一个接地体。在建筑电气工程，一般是利用土建底板钢筋网作为自然接地体，利用土建主体结构柱内的两组螺纹钢筋等作引下线；保护接地导体（PE）或跨接导体（PE）作连接电气设备和接地体的金属导体，例如电气设备上的地脚螺栓、机械设备的金属构架以及在正常情况下不载流的金属导体等称为接地导体。接地体、引下线、接地导体和接闪器构成了建筑物的防雷接地装置。施工现场临时用电工程接地主要有五种类型：工作接地、保护接地、重复接地、防雷接地和电磁感应接地。

**1. 工作接地**

在电力系统中，因电力系统运行需要，在电源中性点的接地，称为工作接地。

施工现场临时用电工程 100kVA 以上的电力变压器或使用同一接地装置并联运行 100kVA 以上的电力变压器，其工作接地电阻应符合《建筑与市政工程施工现场临时用电安全技术标准》JGJ/T 46—2024 中第 3.5.1 条　单台容量超过 100kVA 或使用同一接地装置并联运行且总容量超过 100kVA 的电力变压器或发电机的工作接地电阻值不得大于

4Ω。单台容量不超过100kVA或使用同一接地装置并联运行且总容量不超过100kVA的电力变压器或发电机的工作接地电阻不得大于10Ω。在土壤电阻率大于1000Ω·m的地区，当达到上述接地电阻有困难时，工作接地电阻可提高到30Ω。

110kV以上的供电系统中，如果一相单独接地，另外二相对地线电压很高，原来承受着65kV电压的绝缘部件就会被迫承受110kV的高电压。这就要求线路绝缘性能应承受110kV的电压，设计和制造成本将大大增加。本条规定110kV及以上电压等级系统的中性点应接地，单台容量超过100kVA的电力变压器的工作接地电阻不得大于4Ω，单台容量不超过100kVA的电力变压器的工作接地电阻不得大于10Ω，以达到三相负荷平衡。三相负荷平衡的主要目的是降低三相低压配电系统的不对称度和电压偏差，以保证用电的电能质量。

**2. 保护接地**

在电力系统中，因剩余电流动作保护的需要。在正常情况下，电气设备外漏可导电部分的金属外壳、机械设备的金属基座或构件（架）与保护接地导体（PE）连接，称为保护接地。在保护接地的情况下，才能够保证人员的作业安全和设备的运行安全。

《建筑与市政工程施工现场临时用电安全技术标准》JGJ/T 46—2024中规定如下：

第3.2.9条 保护接地导体（PE）必须采用绝缘导线。配电装置和电动机械相连接的保护接地导体（PE）应采用截面不小于2.5mm²的绝缘多股铜线。手持式电动工具的保护接地导体（PE）应采用截面不小于1.5mm²的绝缘多股铜线。

第3.2.10条 保护接地导体（PE）上严禁装设开关或熔断器，严禁通过工作电流，且严禁断线。

第3.2.11条 导体绝缘层颜色标记必须符合下列规定：1 相导体L₁（A）、L₂（B）、L₃（C）相序的绝缘层颜色依次为黄、绿、红色；2 中性导体（N）的绝缘层颜色为淡蓝色；3 保护接地导体（PE）的绝缘层颜色为绿/黄组合色；4 上述绝缘层颜色标识严禁混用和互相代用。

第3.5.5条 移动式发电机供电的用电设备，其金属外壳或底座应与发电机电源的接地装置有可靠的电气连接。

移动式发电机运行时会产生一定的振动，因此要求其置于地势平坦处以固定。为防止发电机绝缘损坏导致电击事故，故采取发电机金属外壳和拖车接地措施。接地可单独设临时接地装置，也可接到自然接地体上。本条符合《建设工程施工现场供用电安全规范》GB 50194—2014中第4.0.3条。

第3.5.6条 移动式发电机系统接地应符合电力变压器系统接地的要求。下列情况可不另与保护接地导体（PE）做电气连接：

1 移动式发电机和用电设备固定在同一金属支架上，且不供给其他设备用电时；

2 不超过2台的用电设备由专用的移动式发电机供电，供、用电设备间距不超过50m，且供、用电设备的金属外壳之间有可靠的电气连接时。

移动式发电机系统接地符合电力变压器接地系统的要求，可不另与保护接地导体（PE）做电气连接，满足现行国家标准《民用建筑电气设计标准》GB 51348—2019中第12.6.2条规定。

**3. 重复接地**

在中性点直接接地的电力系统中，为了保证接地的效果，除在中性点处直接接地外，还需在中性线上的一外或多处再做接地，称为重复接地。

《建筑与市政工程施工现场临时用电安全技术标准》JGJ/T 46—2024规定如下：

第3.4.7条 机械做防雷接地时，机械上电气设备所连接的保护接地导体（PE）必须同时做重复接地，同一台机械的电气设备的重复接地和防雷接地可共用同一接地体，但接地电阻应符合重复接地电阻的要求。

第3.5.2条 TN系统中的保护接地导体（PE）除必须在配电室或总配电箱处做重复接地外，还必须在配电系统的中间处和末端处做重复接地。在TN系统中，保护接地导体（PE）每一处重复接地装置的接地电阻值不应大于10Ω。在工作接地电阻值允许达到10Ω的电力系统中，所有重复接地的等效电阻值不应大于10Ω。

第3.5.3条 在TN系统中，严禁将中性导体（N）单独再做重复接地。

依据现行国家标准《系统接地的型式及安全技术要求》GB 14050，对TN-S系统保护导体（PE）的接地要求作出规定。为了确保电气线路的安全可靠，防止中性线（N）断开所造成的危害，系统中除了工作接地外，还必须做重复接地。因此，施工现场机械设备比较集中固定的区域如：塔式起重机、预拌砂浆搅拌站、钢筋加工场、木工加工场等末端设备配电箱（或开关箱）应做重复接地。中性导线（N）发生断开后，当机械设备的绝缘层损坏或剩余电流通过设备可导电金属外壳时，重复接地可降低故障电气设备的对地电压，可降低事故电压对人体的危害；中性导线（N）发生断开后，设备可导电金属外壳的剩余电流通过重复接地线进入大地，由于重复接地导线比人体阻值小得多，可降低或消除剩余电流对人体的危害。在TN-S系统中，整个系统的中性导体与保护导体是分开的，中性导体（N）、保护接地导体（PE）工作性质不同，严禁将中性导体（N）单独再做重复接地。

**4. 防雷接地**

通过接地装置（接闪器、引下线、接地体等）吸收雷电，并将雷电流泄入大地，防止雷电对建筑物的破坏，称为防雷接地。

应满足《建筑与市政工程施工现场临时用电安全技术标准》JGJ/T 46—2024中的规定：

第3.2.7条 接地装置的设置应考虑土壤干燥或冻结等季节变化的影响，接地装置的季节系数$\varphi$应符合表3.2.7的规定，接地电阻值在一年四季中均应符合本标准第3.5节的要求，但防雷装置的冲击接地电阻只考虑雷雨季节土壤干燥状态的影响。

表3.2.7 接地装置的季节系数 $\varphi$ 值

| 埋深（m） | 水平接地极 | 长2m～3m的垂直接地极 |
| --- | --- | --- |
| 0.50 | 1.40～1.80 | 1.20～1.40 |
| 0.80～1.00 | 1.25～1.45 | 1.15～1.30 |
| 2.50～3.00 | 1.00～1.10 | 1.00～1.10 |

注：大地比较干燥时，取表中较小值；比较潮湿时，取表中较大值。

第3.5.4条 每一组接地装置的接地线应采用2根及以上导体，在不同点与接地极做电气连接。不得采用铝导体做接地体或地下接地线。垂直接地极宜采用角钢、钢管或光面圆钢，不得采用螺纹钢。接地可利用自然接地极，并应保证其电气连接和热稳定性。

现行国家标准《低压电气装置　第5-54部分：电气设备的选择和安装　接地配置和保护导体》GB/T 16895.3 和《民用建筑电气设计标准》GB 51348 作出规定，用作人工接地体材料的最小规格尺寸为：角钢板厚不小于 4mm，钢管壁厚不小于 3.5mm，圆钢直径不小于4mm；不得采用螺纹钢，螺纹钢的凸出棱角会出现尖端电荷积聚放电，对接地电流的均匀散布不利；螺纹钢做接地极和土壤接触不密实，增加接地电阻值，导电性能降低；由于螺纹钢表面存在集

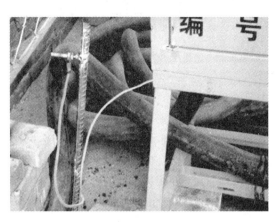

图 1-29　螺纹钢筋做接地极

肤效应，螺纹会增加电感性能，对雷电流的泄流不利，如图 1-29 所示。接地装置的接地电阻值与土壤干燥或冻结等季节变化有关，施工现场建筑机械设备接地电阻测试值是理想工况下的数值，并非设计工况下的数值，需要乘以季节调节系数。

**5. 电磁感应接地**

为防止电气系统的线路或设备在运行中产生的电磁感应对人造成的危害，对产生电磁感应的电气线路或电气设备与保护接地导体（PE）进行连接，导入大地，称为电磁感应接地。

《建筑与市政工程施工现场临时用电安全技术标准》JGJ/T 46—2024 规定如下：

第 3.5.7 条　在有静电的施工现场，应对积聚在机械设备上的静电采取接地泄放措施。防静电接地宜选择共用接地方式；当选择单独接地方式时，接地电阻不宜大于 10Ω，并应与防雷接地装置保持 20m 以上间距。

第 7.2.7 条　在强电磁波源附近工作的塔式起重机，操作人应戴绝缘手套和穿绝缘鞋，并应在吊钩与机体间采取绝缘隔离措施，或在吊装地面物体时，在吊钩上挂接临时接地装置。

在石油、化工、电子等行业施工现场对电磁感应引起的静电要求很高，大型机械设备上的静电应采取接地泄放措施。现行国家标准《防止静电事故通用导则》GB 12158 规定静电接地系统的接地电阻宜小于 10Ω，在电磁场周围的作业人应戴绝缘手套和穿绝缘鞋，并应在吊钩与机体间采取绝缘隔离措施，或在吊装地面物体时，在吊钩上挂接临时接地装置，与防雷接地装置保持 20m 以上间距，防止室外对作业人员造成的次生伤害。

# 第二章 配电装置

配电装置是指施工现场临时用电工程设置的总配电箱（或配电柜）、分配电箱和开关箱，以实现对施工现场电动建筑机械、手持式电动工具和照明回路的配电控制，并保证其安全、可靠地工作。本章将依据《建筑与市政工程施工现场临时用电安全技术标准》JGJ/T 46—2024 的相关规定，重点讲解施工现场配电装置的设置、配电装置的电器选择及配电装置的使用三个方面的内容。

## 第一节　配电装置的设置

### 一、配电箱与开关箱的一般检查项目

配电装置的箱体结构，主要是指应用于施工现场临时用电工程配电系统使用的配电箱、开关箱的箱体结构。按照《建筑与市政工程施工现场临时用电安全技术标准》JGJ/T 46—2024 的规定，施工现场临时用电工程配电系统设置的配电箱和开关箱，其箱体结构应符合以下规定：

**1. 配电箱箱体材质规定**

配电箱、开关箱的箱体一般应采用冷轧钢板制作，亦可采用阻燃绝缘板制作，但不得采用木板制作。

采用钢板制作时，应采用冷轧钢板，厚度以 1.5～2.0mm 为宜。用以配电给较小容量电气设备的开关箱，其箱体钢板厚度可不小于 1.2mm。

阻燃绝缘板是指具有阻燃性的绝缘板，例如环氧树脂玻璃纤维板、电木板等，其厚度应保证具有足够的机械强度。

符合《建筑与市政工程施工现场临时用电安全技术标准》JGJ/T 46—2024 中：

第 4.1.6 条　配电箱、开关箱应采用冷轧钢板或阻燃绝缘材料制作，钢板厚度应为 1.2mm～2.0mm，其中开关箱箱体钢板厚度不得小于 1.2mm，配电箱箱体钢板厚度不得小于 1.5mm，箱体表面应做防腐处理。

**2. 配置电器元件配电盘**

配电箱、开关箱内配置的电器元件配电盘应符合配电箱、开关箱对箱体材料的要求，用以安装所配置的电器元件和接线端子板等。不允许不配置电器元件配电盘，而将所配置的电器元件、接线端子板等直接装设在箱体上。

电器元件配电盘在装设时，应与箱体正常安装位置的后侧面间留有一定的间隔空隙，用以布置箱的进线和出线。

电器元件配电盘与箱体之间可通过导轨作连接，也可用螺栓作固定连接。铁质电器元

件配电盘与铁质箱体之间必须保证电气连接，当铁质电器元件配电盘与铁质箱体之间采用导轨作连接时，必须在两者之间跨接编织软铜线。

符合《建筑与市政工程施工现场临时用电安全技术标准》JGJ/T 46—2024：

第4.1.8条　配电箱、开关箱内的电器（含插座）应先安装在金属或非木质阻燃绝缘电器安装板上，再整体紧固在配电箱、开关箱箱体内。金属电器安装板应与保护导体（PE）做电气连接。

第4.1.9条　配电箱、开关箱内的电器（含插座）应按其规定位置紧固在电器安装板上，且不得歪斜和松动。

**3. 加装 N、PE 接线端子板**

加装 N、PE 接线端子板，主要是为配电箱、开关箱进、出线中的 N 线和 PE 线分别提供一个集中汇集连接端子板，以防止 N 线和 PE 线混接、混用。

符合《建筑与市政工程施工现场临时用电安全技术标准》JGJ/T 46—2024：

第4.1.10条　配电箱的电器安装板上应分设 N 端子板和 PE 端子板。N 端子板必须与金属电器安装板绝缘；金属电器安装板必须与 PE 端子板做电气连接。进出线中的中性导体（N）必须通过 N 端子板连接；保护接地导体（PE）必须通过 PE 端子板连接。

第4.1.12条　配电箱、开关箱的金属箱体、金属电器安装板以及电器正常不带电的金属底座、外壳等应通过 PE 端子板与保护接地导体（PE）做电气连接，金属箱门与金属箱体应通过采用黄/绿组合颜色软绝缘导线做电气连接。

在加装 N、PE 接线端子板时应注意以下三个问题：

（1）N、PE 端子板必须分别设置。固定安装在电器元件配电盘上，并作符号标识，严禁合设在一起。其中 N 端子板与铁质电器元件配电盘之间必须保持绝缘；而 PE 端子板与铁质电器元件配电盘之间必须保持电气连接。当采用铁箱配装绝缘电器元件配电盘时，PE 端子板应与铁质箱体作电气连接。

（2）N、PE 端子板上的接线端子数应与箱的进线和出线的总路数保持一致。

（3）N、PE 端子板应采用铜母排制作。

**4. 统一设置进、出线口位置**

配电箱、开关箱垂直安装时，箱体下底面位置统一设置进、出线口，不得设置在上面、侧面、后面和箱门处，主要是为了规范配电箱、开关箱线缆进、出口位置，有利于线缆接线与检修。

符合《建筑与市政工程施工现场临时用电安全技术标准》JGJ/T 46—2024：

第4.1.11条　配电箱、开关箱内的连接线应采用铜芯绝缘导线。导线绝缘层的颜色标识应按本标准第3.2.11条规定配置并排列整齐；线束应有外套绝缘管，导线应与电器端子连接牢固，不得有外露带电部分。

第4.1.14　配电箱、开关箱的导线进出线口应设在箱体的下底面。

第4.1.15条　配电箱、开关箱的进出线口应配置固定线卡，进出线应加绝缘护套并成束卡固在支架上，不得与箱体直接接触。移动式配电箱、开关箱的进出线应采用橡皮护套绝缘电缆，不得有接头。

第4.3.9条　配电箱、开关箱内不得随意拉接其他用电设备。

第4.3.10条　配电箱、开关箱内的电器配置和接线不得随意改动。熔断器熔体更换时，不得采用不符合原规格的熔体代替。剩余电流动作保护器每天使用前应启动剩余电流试验按钮试跳一次，试跳不正常时不得继续使用。

第4.3.11条　配电箱、开关箱的电器进出线不得承受外力，不得与金属尖锐断口、强腐蚀介质和易燃易爆物接触。

施工现场临时用电配电箱，开关箱进、出线口还应注意以下问题：

（1）进出线口应光滑，开孔线口无尖锐毛刺；

（2）进、出线口应配置固定线卡子；

（3）进、出线口数应与进、出线总路数保持一致。

**5. 依据箱内电器元件参数确定箱体尺寸**

电器元件配置是指依据设计图纸的电器元件数量、规格、型号和外形尺寸，合理布置在配线箱的配电盘上；标准是指基于国家、行业、产品标准对电器元件的安装、接线、操作、维修安全、方便和保证电气安全距离的安装尺寸关系规定。箱内电器配电盘上电器元件的安装尺寸关系可按表2-1确定。具体要求见《建筑与市政工程施工现场临时用电安全技术标准》JGJ/T 46—2024第4.1.13条规定。

配电箱、开关箱内电器安装尺寸选择值　　　　　　　　　　　　　　　　　表2-1

| 间距名称 | 最小净距(mm) |
|---|---|
| 并列电气(含单极熔断器)间 | 30 |
| 电器进、出线瓷管(塑胶管)孔与电器边沿间 | 15A,30 |
|  | 20～30A,50 |
|  | 60A以上,80 |
| 上、下排电器进出线瓷管(塑胶管)孔间 | 25 |
| 电器进、出线瓷管(塑胶管)孔至板边 | 40 |
| 电器至板边 | 40 |

**6. 箱内电器元件配线整齐**

施工现场临时用电的配电箱、开关箱箱内配线排列应整齐、无绞接现象，导线与电器元件端子连接应紧密、不伤线芯，线束应套有塑料管作加强绝缘保护层。同一电器元件端子的导线连接不应多于2根，防松垫圈等附件应齐全。二次回路的绝缘导线额定电压不应低于450V/750V；对于铜芯绝缘导线截面积不应小于2.5mm$^2$，导线绝缘层颜色标识正确，可移动的二次回路绝缘导线应采用绝缘卡子固定。

符合《建筑与市政工程施工现场临时用电安全技术标准》JGJ/T 46—2024：

第4.1.9条　配电箱、开关箱内的电器（含插座）应按其规定位置紧固在电器安装板上，且不得歪斜和松动。

第4.2.8条　配电箱、开关箱内的电器应可靠、完好，不得使用破损、不合格的电器。

第6.2.1条　施工现场临时用电宜采用电接地缆线路。电缆线路应符合下列要求：

1　电缆芯线应包含全部工作导体和保护导体（PE）；

2　TN-S系统采用三相四线供电时应选用五芯电缆，采用单相供电时应选用三芯电缆；

3　中性导体（N）绝缘层应是淡蓝色，保护接地导体（PE）绝缘层应是黄/绿组合颜色，不得混用。

**7. 配电箱、开关箱箱门配锁管理**

施工现场临时用电的配电箱、开关箱设置箱门，并配锁管理，施工现场配电箱、开关箱停电 1h 及以上时，应将配电箱、开关箱设置箱门上锁，防止非工作人员开启、断开余电流动作保护器，造成作业人员触电事故的发生，影响电动建筑机械、手持式电动工具或现场照明作业。配电箱、开关箱应定期由专业电工检查或维修，按照《建筑与市政工程施工现场临时用电安全技术标准》JGJ/T 46—2024 中第 10.4 节的规定，填写安全技术档案资料，并符合《建筑与市政工程施工现场临时用电安全技术标准》JGJ/T 46—2024 的有关规定：

第 4.3.2 条　配电箱箱门应配锁，并应设置专人负责管理。

第 4.3.3 条　配电箱、开关箱应定期检查、维修。检查、维修人员应是专业电工；检查、维修时应按规定穿戴绝缘鞋、绝缘手套，使用电工绝缘工具，并应做检查、维修工作记录。

第 4.3.6 条　施工现场停止作业 1h 以上时，应将动力开关箱断电上锁。

第 10.2.3 条　各类用电人员应掌握安全用电基本知识和所用设备的性能，并应符合下列规定：

1　使用电气设备前，应按规定穿戴、配备好相应的安全防护用品，并应检查电气装置和保护设施，不得设备带"缺陷"运转；

2　保管和维护所用设备，发现隐患应及时报告解决；

3　暂时停用设备的开关箱，应分断电源隔离开关，并关门上锁；

4　移动电气设备，应在电工切断电源并做妥善处理后进行。

**8. 配电箱、开关箱结构应具有防雨防尘特性**

配电箱、开关箱箱体结构形式应具有防雨防尘特性，配电箱、开关箱的箱体外部结构形式防护等级应不低于 IP44 的要求，配电箱、开关箱的箱体内部结构形式防护等级应不低于 IP21 的要求，以适应施工现场临时用电户外环境对配电箱、开关箱防雨防尘特性的要求，如图 2-1、图 2-2 所示。

图 2-1　防雨防尘型配电箱

图 2-2　配电箱防雨棚

施工现场配电箱、开关箱对周围环境应符合《建筑与市政工程施工现场临时用电安全技术标准》JGJ/T 46—2024：

第 4.1.16 条　配电箱、开关箱外形结构应具有防雨、防尘措施；单独为配电箱、开关箱装设防雨棚（盖）时，防雨棚（盖）宜采用绝缘材料制作。

**9. 配电箱、开关箱在腐蚀介质场所下的要求**

施工现场临时用电的配电箱、开关箱一般均是设置在户外，要承受户外风、沙、雨、雪、烟、雾等腐蚀介质的侵蚀和强烈阳光照晒氧化，配电箱体内外表面均应有防护涂层，如采取喷塑或烤漆等工艺措施。对于易受外来固体物撞击、强烈振动、液体浸溅及热源烘烤场所应设置配电箱防护棚。另外考虑到施工现场临时用电标准化建设，便于作业人员、专业人员电工的使用、维修，箱体外表面宜涂红色"有电危险"的标识。

符合《建筑与市政工程施工现场临时用电安全技术标准》JGJ/T 46—2024：

第4.1.4条　配电箱、开关箱应装设在干燥、通风及常温场所，不得装设在有严重损伤作用的瓦斯、烟气、潮气及其他有害介质中，亦不得装设在易受外来固体物撞击、强烈振动、液体浸溅及热源烘烤场所。

第8.2.2条　电气设备设置场所应采取防护措施，避免物体打击和机械损伤。

施工现场配电箱防护棚的设置应符合下列规定：

（1）总配电箱、分配电箱防护棚宜选用方钢制作，立杆不小于30mm×30mm、壁厚不小于2.5mm；栏杆不小于25mm×25mm、壁厚不小于2mm，栏杆间距不大于120mm，栏杆涂刷红白相间警示色。

（2）防护棚正面设栅栏门，门向外开启，并上锁。防护棚正面悬挂操作规章制度牌且负责人姓名、联系电话、安全警示标识等齐全。以上2条是从节约资源角度，建议采用方钢加工制作施工现场配电箱防护棚，对施工现场临时用电标准化管理。

（3）总配电箱防护棚高为2.8m，宽为1.5～2m，分配电箱防护栏高为2.2m，宽为2m。

（4）防护棚上部应配置防护板，其排水坡度不小于5％，防护板与防护栏顶部间距为300mm，应起到防雨、防砸等作用。

（5）防护棚应设置混凝土挡水台，距地面高度不低于300mm，其表面应抹平、阴阳角顺直，总配电箱、分配电箱防护栏应接地可靠。

（6）防护棚内应配置砂箱及消防器材，如图2-3、图2-4所示。

图2-3　施工现场配电箱防护棚　　　　　图2-4　消防灭火器材

## 二、配电箱与开关箱的设置原则

配电箱与开关箱的环境条件是关系到配电箱、开关箱能否安全可靠工作的重要问题，总配电箱是施工现场配电的总枢纽，其设置位置应考虑便于电源引入、靠近负荷中心，减少配电线路，缩短配电距离等因素综合确定；分配电箱则应考虑施工现场临时用电电气设备分布状况，分区域设置在用电设备或负荷相对集中的地区，分配电箱与开关箱的距离应力求合理，因为过长的配电线缆不仅不经济，而且容易造成线缆电压降。开关箱与其所控制的电动建筑机械、手持式电动工具的距离更不宜过长，因为开关箱里如有频繁操作的电器元件，离所控制的电动建筑机械、手持式电动工具过远，不仅给正常操作带来不便，更重要的是在用电设备发生非正常现象或故障时，因不能及时切断电源而酿成更大的电击事故。所以，开关箱与其控制的电动建筑机械、手持式电动工具应力求合理，但也不宜过分靠近，因为电动建筑机械和手持式电动工具工作时的振动也会给开关箱工作环境造成不利影响。

**1. 固定式配电箱、开关箱**

施工现场固定式配电箱、开关箱设置应符合《建筑与市政工程施工现场临时用电安全技术标准》JGJ/T 46—2024：

第4.1.1条 总配电箱以下可设若干台分配电箱；分配电箱以下可设若干台开关箱。总配电箱应设在靠近电源的区域，分配电箱应设在用电设备或负荷相对集中的区域，分配电箱与开关箱的距离不应超过30m，开关箱与其控制的固定式用电设备的水平距离不宜超过3m。

第4.1.7条 配电箱、开关箱应装设端正、牢固。固定式配电箱、开关箱的中心点与地面的垂直距离应为1.4m～1.6m。移动式配电箱、开关箱应装设在坚固、水平的支架上，其中心点与地面的垂直距离宜为0.8m～1.6m。

**2. 移动式配电箱、开关箱**

施工现场移动式配电箱、开关箱设置应符合《建筑与市政工程施工现场临时用电安全技术标准》JGJ/T 46—2024第4.1.7条规定。

**3. 动力配电箱、照明配电箱**

施工现场动力配电箱、照明配电箱的设置应符合《建筑与市政工程施工现场临时用电安全技术标准》JGJ/T 46—2024：

第4.1.3条 动力配电箱与照明配电箱宜分别设置。当合并设置为同一配电箱时，动力和照明应分路配电；动力开关箱与照明开关箱必须分设。

施工现场分配电箱分成两类，一类是动力配电箱，另一类是照明配电箱，它们都是配电的终端，只是分工不同，照明配电箱主要是控制照明回路的配电箱，如施工现场夜间照明，办公区、生活区的照明；动力配电箱主要是控制电气机械设备的配电箱，如施工现场的塔式起重机、钢筋加工机械设备、木工加工机械设备、预拌混凝土搅拌站、办公区、生活区生活设施、空调机组等。总的来说，动力配电箱负荷比照明配电箱负荷要大，为了节约成本，可以动力配电箱、照明配电箱回路的功能合二为一，加工定制在一台配线箱内，动力回路、照明回路的设置应考虑三相平衡问题。

**4. 开关箱**

施工现场移动式配电箱、开关箱设置应符合《建筑与市政工程施工现场临时用电安全技术标准》JGJ/T 46—2024：

第4.1.2条 每台用电设备应有各自专用的开关箱，不得用同一个开关箱直接控制2台及2台以上用电设备（含插座）。

第4.3.9条 配电箱、开关箱内不得随意拉接其他用电设备。

本条基于临时用电工程安全考虑，每台用电设备应配备专用的开关箱，同一个开关箱不得直接控制2台及以上用电设备（含插座）。装饰装修阶段、机电设备安装阶段各专业交叉作业，临时用电工程安全检查中，有时发现施工现场当同一个开关箱直接控制2台及以上用电设备（含插座）。当非同一作业人员作业时，一人停电检修手持式电动工具，而另一人不知道有人在检修手持式电动工具，便接通开关箱电源作业，极有可能造成检修人员带电检修手持式电动工具，出现不必要的人身触电事故。因此，每台用电设备必须有各自专用的开关箱，严禁用同一个开关箱控制 2 台及 2 台以上的用电设备（含插座）。即"一台机械设备、一台开关箱、一台断路器、一台剩余电流保护器"，以人的生命安全为本，不得以牺牲人的安全为代价，换取施工进度。

### 三、配电箱与开关箱的环境要求

配电箱与开关箱的环境条件是关系到配电箱、开关箱能否安全可靠工作的重要问题。总配电箱是施工现场配电的总枢纽，其设置位置应考虑便于电源引入、靠近负荷中心，减少配电线路，缩短配电距离等因素综合确定；分配电箱则应考虑施工现场临时用电电气设备分布状况，分区域设置在用电设备或负荷相对集中的地区，分配电箱与开关箱的距离应力求合理，因为过长的配电线缆不仅不经济，而且容易造成线缆电压降。开关箱与其所控制的电动建筑机械、手持式电动工具的距离更不宜过长，因为开关箱里如有频繁操作的电器元件，离所控制的电动建筑机械、手持式电动工具过远，不仅给正常操作带来不便，更重要的是在用电设备发生非正常现象或故障时，因不能及时切断电源而酿成更大的电击事故。所以，开关箱与其控制的电动建筑机械、手持式电动工具应力求合理，但也不宜过分靠近，因为电动建筑机械和手持式电动工具工作时的振动也会给开关箱工作环境造成不利影响。

首先，配电箱、开关箱的周围环境应保障箱内装设的电器元件正常、工作可靠。配电箱，尤其是开关箱内的电器元件是频繁动作的，开关电器元件的动作不可避免的会产生电弧，遇到可燃气体就会发生爆炸；其次，配电箱、开关箱内开关电器元件触头和电气绝缘易受环境有害气体、液体的污染、腐蚀、侵害，从而造成触头接触不良和绝缘强度下降，以致发生漏电；最后，施工现场振动强的机械较多，施工落物时常发生，处于这种环境下的开关电器易因剧烈振动和撞击而误动作，导致用电设备突然停电和送电。不仅如此，施工现场高空坠物还易使配电箱、开关箱及其内部的电器元件遭到损坏，从而导致电气事故。施工现场配电箱、开关箱的装设环境应满足下列要求：

（1）干燥、通风、常温；

（2）无严重瓦斯、蒸汽、烟气、液体及其他有害介质；

（3）无外力撞击和强烈振动；

（4）无液体浸溅；

（5）无热源烘烤；

（6）防雨、防尘。

此外，对于配电箱、开关箱装设的周围空间条件来说，则应保证有足够的作业空间和通道，不得设置在有碍作业或维修的杂物和生长灌木杂草的环境条件下，这是施工现场临时用电工程标准化建设的要求，也是施工现场绿色文明工地的要求。配电箱、开关箱装设的周围空间和通道应符合《建筑与市政工程施工现场临时用电安全技术标准》JGJ/T 46—2024：

第 4.1.5 条  配电箱、开关箱周围应有足够 2 人同时工作的空间和通道，不得堆放任何妨碍操作和维修的物品，不得有灌木和杂草。

第 4.3.8 条  配电箱、开关箱内不得放置杂物，并应保持箱体内外整洁。

### 四、配电装置的电器选择

施工现场临时用电工程 220V/380V 三相四线制低压配电系统应采用三级配电系统；

应采用 TN-S 系统；应采用二级剩余电流动作保护系统。

配电箱与开关箱的设置原则是关系到施工现场临时用电工程安全技术管理的重要问题。为了便于对施工现场配电系统作安全技术管理和维护，配电箱应分级设置，即在总配电箱下，设分配电箱，分配电箱以下设开关箱，开关箱以下就是电动建筑机械、手持式电动工具等。分配电箱的层次视现场规模，设备用电容量或电气设备数量而定，一般情况、以二级配电为宜。这样，配电层次十分清晰，总配电箱给分配电箱配电，分配电箱给开关箱配电。应当指出的是不管配电层次如何，开关箱应由末级分配电箱配电。施工现场临时用电分级配电如图 2-5 所示。

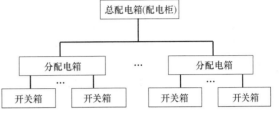

图 2-5　配电箱分级设置

施工现场低压配电系统总配电箱和所有开关箱应设置剩余电流动作保护器，构成二级剩余电流动作保护系统。施工现场临时用电工程供电系统采用直接接触保护措施 TN-S 方式接地保护系统，并不能消除因施工现场临时用电设备、手持电动工具发生剩余电流时，用电设备、手持电动工具外露带电金属部分（金属基座、金属架体、金属外壳等）的剩余电流流。仅仅采用单一的 TN-S 方式接地保护系统是不能解决将剩余电流流完全引入保护接地导体（PE），不发生电击事故的问题。客观上必须要采取安全有效的保护措施，即施工现场临时用电工程配电系统采用二级剩余电流保护系统，防止间接接触保护措施因剩余电流引起的电击事故发生的问题。在施工现场临时用电系统中，总配电箱（柜）设置第一级剩余电流动作保护，开关箱设置第二级剩余电流动作保护，总配电箱（柜）和开关箱之间剩余电流动作保护器的额定剩余电流动作电流和额定剩余电流动作时间应合理配合，形成分级分回路保护。

**1. 总配电箱的电器元件配置**

配电装置的电器配置与接线是指在配电箱中应配装哪些规格型号的电器元件，配装多少，它们在配电箱内如何布置，如何连接二次控制线。按照《建筑与市政工程施工现场临时用电安全技术标准》JGJ/T 46 的规定，在施工现场临时用电工程配电系统中，配电箱的电器选型与二次接线应与基本供配电系统和基本保护系统相适应，必须具备三种基本功能：电源隔离功能；正常接通与分断电路功能；过载、短路、剩余电流保护功能。施工现场临时用电工程总配电箱的电器配置应符合《建筑与市政工程施工现场临时用电安全技术标准》JGJ/T 46—2024：

第 4.1.9 条　配电箱、开关箱内的电器（含插座）应按其规定位置紧固在电器安装板上，且不得歪斜和松动。

第 4.2.1 条　总配电箱内的电器装置应具备电源隔离、正常接通与分断电路，以及短路、过负荷、剩余电流保护功能。电器设置应符合下列原则：

1　当总路设置总剩余电流动作保护器时，还应装设总隔离开关、分路隔离开关，以及总断路器、分路断路器或总熔断器、分路熔断器；

2　当各分路设置分路剩余电流动作保护器时，还应装设总隔离开关、分路隔离开关，以及总断路器、分路断路器或总熔断器、分路熔断器；

3　隔离开关应设置于电源进线端，应采用分断时具有可见分断点，并能同时断开电源所有极的隔离电器；当采用分断时具有可见分断点的断路器时，可不另设隔离开关；

4　熔断器应选用具有可靠灭弧分断功能的产品；

5　总开关电器的额定值、动作整定值应与分路开关电器的额定值、动作整定值相匹配。

第4.2.2条　总配电箱应装设电压表、总电流表、电度表及其他需要的仪表。专用电能计量仪表的装设应符合当地供用电管理部门的规定。装设电流互感器时，其二次侧回路必须与保护接地导体（PE）有一个连接点，且不得断开电路。

第4.2.8条　配电箱、开关箱内的电器应可靠、完好，不得使用破损、不合格的电器。

总配电箱内设400～630A具有隔离功能的DZ20型透明塑壳断路器作为主开关，分路设置4～8回路采用具有隔离功能的DZ20系列160～250A透明塑壳断路器，配备DZ20L（DZ15L）透明剩余电流动作开关或LBM-1系列作为剩余电流保护装置，使之具有欠压、过载、短路、剩余电流、断相保护功能，同时配备电度表、电压表、电流表、两组电流互感器。剩余电流保护装置的额定剩余电流动作电流与额定剩余电流动作时间的乘积不大于30mA·s。最好选用额定剩余电流动作电流75～150mA，额定剩余电流动作时间大于0.1s，且小于等于0.2s，其动作时间为延时动作型。4～8回路总配电箱见图2-6，4回路总配电箱二次系统图见图2-7～图2-11，4回路总配电箱材料见表2-2。8回路总配电箱二次系统图见图2-12～图2-16，8回路总配电箱材料见表2-3。

图2-6　4～8回路总配电箱

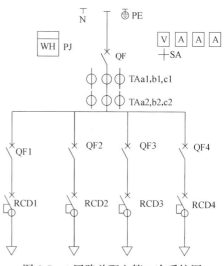

图2-7　4回路总配电箱二次系统图

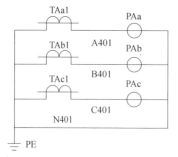

图2-8　测量电流切换回路

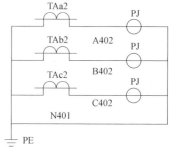

图2-9　计量电流回路

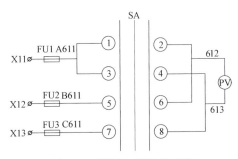

图 2-10 测量电压切换回路

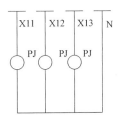

图 2-11 计量电压回路

**4 回路总配电箱材料表**　　　　　　　　表 2-2

| 序号 | 电器元件名称 | 符号 | 规格型号 | 单位 | 数量 |
|---|---|---|---|---|---|
| 1 | 透明盖断路器 | QF | DZ20Y-630/3300,630A | 台 | 1 |
| 2 | 透明盖断路器 | QF1~2 | DZ20Y-250/3300,250A | 台 | 2 |
| 3 | 透明盖断路器 | QF3~4 | DZ20Y-225/3300,200A | 台 | 2 |
| 4 | 透明剩余电流动作保护器 | RCD1~2 | DZ20L-250/4300,250A | 台 | 2 |
| 5 | 透明剩余电流动作保护器 | RCD3~4 | DZ20L-200/4300,200A | 台 | 2 |
| 6 | 电流互感器 | TAa1b1c1-2 | BH-0.66 600/5A | 台 | 6 |
| 7 | 电流表 | PA | 6L2-600/5A | 块 | 3 |
| 8 | 电压表 | PV | 6L2-450V | 块 | 1 |
| 9 | 电度表 | PJ | DT862-1.5(6)A | 块 | 1 |
| 10 | 转换开关 | SA | LW5D-16 YH2/2 | 个 | 1 |
| 11 | PE 线汇流排 | LMY | 5mm×50mm | 个 | 1 |
| 12 | N 线汇流排 | LMY | 5mm×50mm | 个 | 1 |
| 13 | 裸铜编织软线 | TM | 16mm$^2$ | 根 | 2 |

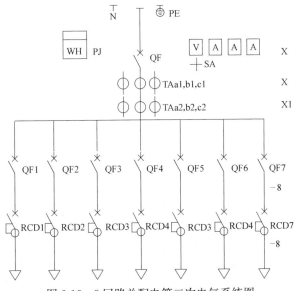

图 2-12　8 回路总配电箱二次电气系统图

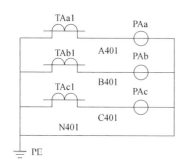

图 2-13　测量电流切换回路

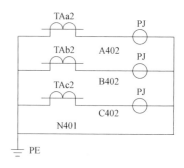

图 2-14　计量电流回路

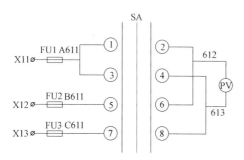

图 2-15　测量电压切换回路

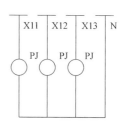

图 2-16　计量电压回路

## 8 回路总配电箱材料表　　　　　　　　　　　　表 2-3

| 序号 | 电器元件名称 | 符号 | 规格型号 | 单位 | 数量 |
|---|---|---|---|---|---|
| 1 | 透明盖断路器 | QF | DZ20Y-630/3300,630A | 台 | 1 |
| 2 | 透明盖断路器 | QF1～2 | DZ20Y-250/3300,250A | 台 | 2 |
| 3 | 透明盖断路器 | QF3～4 | DZ20Y-225/3300,200A | 台 | 2 |
| 4 | 透明盖断路器 | QF5～6 | DZ20Y-225/3300,160A | 台 | 2 |
| 5 | 透明盖断路器 | QF7～8 | DZ20Y-100/3300,100A | 台 | 2 |
| 6 | 透明剩余电流动作保护器 | RCD1～2 | DZ20L-250/4300,250A | 台 | 2 |
| 7 | 透明剩余电流动作保护器 | RCD3～4 | DZ20L-200/4300,200A | 台 | 2 |
| 8 | 透明剩余电流动作保护器 | RCD5～6 | DZ20L-160/4300,160A | 台 | 2 |
| 9 | 透明剩余电流动作保护器 | RCD7～8 | DZ20L-100/4300,100A | 台 | 2 |
| 10 | 电流互感器 | TAa1b1c1-2 | BH-0.66 600/5A | 台 | 6 |
| 11 | 电流表 | PA | 6L2-600/5A | 块 | 3 |
| 12 | 电压表 | PV | 6L2-450V | 块 | 1 |
| 13 | 电度表 | PJ | DT862-1.5(6)A | 块 | 1 |
| 14 | 转换开关 | SA | LW5D-16 YH2/2 | 个 | 1 |
| 15 | PE 线汇流排 | LMY | 5mm×50mm | 个 | 1 |
| 16 | N 线汇流排 | LMY | 5mm×50mm | 个 | 1 |
| 17 | 裸铜编织软线 | TM | 16mm² | 根 | 2 |

**2. 分配电箱的电器元件配置**

施工现场临时用电工程分配电箱的电器元件配置应符合《建筑与市政工程施工现场临时用电安全技术标准》JGJ/T 46—2024:

第4.1.9条 配电箱、开关箱内的电器(含插座)应按其规定位置紧固在电器安装板上,且不得歪斜和松动。

第4.2.3条 分配电箱应装设总隔离开关、分路隔离开关,以及总断路器、分路断路器或总熔断器、分路熔断器。其设置和选择应符合本标准第4.2.1条的规定。

第4.2.8条 配电箱、开关箱内的电器应可靠、完好,不得使用破损、不合格的电器。

(1)9回路分配电箱

内设100~230A具有隔离功能的DZ20Y系列透明塑壳断路器作为主开关(与总配电箱分路设置断路器相适应),采用DZ20型透明塑壳断路器作为动力分路控制开关、照明分路控制开关,各配电回路采用DZ20或KDM-1透明塑壳断路器作为控制开关。9回路分配电箱如图2-17所示,9回路配电箱二次系统图如图2-18所示,9回路配电箱材料表如表2-4所示。

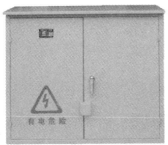

图2-17 9回路分配电箱

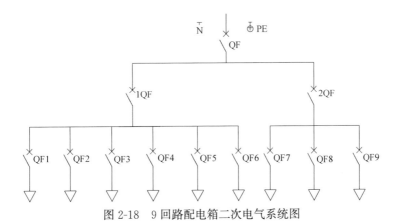

图2-18 9回路配电箱二次电气系统图

**9回路配电箱材料表**   表2-4

| 序号 | 电器元件名称 | 符号 | 规格型号 | 单位 | 数量 |
|------|------------|------|---------|------|------|
| 1 | 透明盖断路器 | QF | DZ20Y-250/3300,250A | 台 | 1 |
| 2 | 透明盖断路器 | 1QF | DZ20Y-225/3300,200A | 台 | 1 |

续表

| 序号 | 电器元件名称 | 符号 | 规格型号 | 单位 | 数量 |
|---|---|---|---|---|---|
| 3 | 透明盖断路器 | 2QF | DZ20Y-100/3300,63A | 台 | 1 |
| 4 | 透明盖断路器 | QF1~2 | DZ20Y-100/3300,100A | 台 | 2 |
| 5 | 透明盖断路器 | QF3~4 | DZ20Y-100/3300,63A | 台 | 2 |
| 6 | 透明盖断路器 | QF5~6 | DZ20Y-100/3300,40A | 台 | 2 |
| 7 | 透明盖断路器 | QF7~9 | DZ20Y-100/2901,40A | 台 | 3 |
| 8 | PE线汇流排 | PE | 5mm×50mm | 个 | 1 |
| 9 | N线汇流排 | N | 5mm×50mm | 个 | 1 |
| 10 | 裸铜编织软线 | TM | 16mm$^2$ | 根 | 2 |

（2）塔式起重机分配电箱

内设250A具有隔离功能的DZ20Y系列透明塑壳断路器作为主开关（与总配电箱分路设置断路器相适应），采用DZ20型透明塑壳断路器作为动力分路控制开关、照明分路控制开关，各配电回路采用DZ20或KDM-1透明塑壳断路器作为控制开关，塔式起重机分配电箱如图2-19所示，6回路塔式起重机分配电箱二次系统图如图2-20所示，6回路塔式起重机分配电箱材料表如表2-5所示。

图2-19　6回路塔式起重机分配电箱

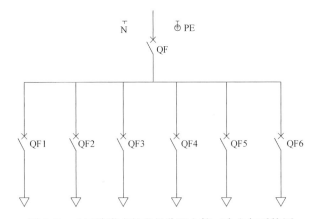

图2-20　6回路塔式起重机分配电箱二次电气系统图

**6 回路塔式起重机分配电箱材料表**　　　　　　　　　　　表 2-5

| 序号 | 电器元件名称 | 符号 | 规格型号 | 单位 | 数量 |
|---|---|---|---|---|---|
| 1 | 透明盖断路器 | QF | DZ20Y-250/3300,250A | 台 | 1 |
| 2 | 透明盖断路器 | QF1 | DZ20Y-160/3300,160A | 台 | 1 |
| 3 | 透明盖断路器 | QF2 | DZ20Y-100/3300,100A | 台 | 1 |
| 4 | 透明盖断路器 | QF3~4 | DZ20Y-100/3300,63A | 台 | 2 |
| 5 | 透明盖断路器 | QF5~6 | DZ20Y-100/3300,40A | 台 | 2 |
| 8 | PE 线汇流排 | LMY | 5mm×50mm | 个 | 1 |
| 9 | N 线汇流排 | LMY | 5mm×50mm | 个 | 1 |
| 10 | 裸铜编织软线 | TM | 16mm² | 根 | 2 |

（3）8 回路分配电箱

内设 225A 具有隔离功能的 DZ20Y 系列透明塑壳断路器作为主开关（与总配电箱分路设置断路器相适应），采用 DZ20 型透明塑壳断路器作为动力分路控制开关、照明分路控制开关，各配电回路采用 DZ20 或 KDM-1 透明塑壳断路器作为控制开关。8 回路分配电箱如图 2-21 所示，8 回路分配电箱二次系统图如图 2-22 所示，8 回路分配电箱材料表如表 2-6 所示。

图 2-21　8 回路分配电箱

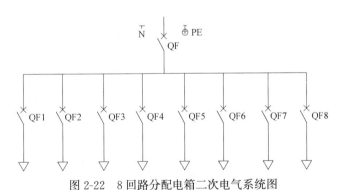

图 2-22　8 回路分配电箱二次电气系统图

**8 回路分配电箱材料表**　　　　　　　　　　　表 2-6

| 序号 | 电器元件名称 | 符号 | 规格型号 | 单位 | 数量 |
|---|---|---|---|---|---|
| 1 | 透明盖断路器 | QF | DZ20Y-225/3300,225A | 台 | 1 |
| 2 | 透明盖断路器 | QF1~2 | DZ20Y-100/3300,100A | 台 | 2 |
| 3 | 透明盖断路器 | QF3~4 | DZ20Y-100/3300,63A | 台 | 2 |

续表

| 序号 | 电器元件名称 | 符号 | 规格型号 | 单位 | 数量 |
|---|---|---|---|---|---|
| 4 | 透明盖断路器 | QF5～8 | DZ20Y-100/3300,40A | 台 | 4 |
| 5 | PE线汇流排 | LMY | 5mm×50mm | 个 | 1 |
| 6 | N线汇流排 | LMY | 5mm×50mm | 个 | 1 |
| 7 | 裸铜编织软线 | TM | 16mm² | 根 | 2 |

### 3. 开关箱的电器元件配置

施工现场临时用电工程开关箱的电器元件配置应符合《建筑与市政工程施工现场临时用电安全技术标准》JGJ/T 46—2024:

第4.1.9条 配电箱、开关箱内的电器(含插座)应按其规定位置紧固在电器安装板上,且不得歪斜和松动。

第4.2.4条 开关箱必须装设隔离开关、断路器或熔断器,以及剩余电流动作保护器。隔离开关应采用分断时具有可见分断点,能同时断开电源所有极的隔离电器,并应设置于电源进线端。

第4.2.5条 开关箱中的隔离开关只可直接控制照明电路和容量不大于3.0kW的动力电路,但不应频繁操作。容量大于3.0kW的动力电路应采用断路器控制,操作频繁时还应附设接触器或其他启动控制装置。

第4.2.6条 开关箱中各种开关电器的额定值和动作整定值应与其控制用电设备的额定值和特性相匹配。

第4.2.8条 配电箱、开关箱内的电器应可靠、完好,不得使用破损、不合格的电器。

开关箱中剩余电流动作保护器必须选择额定剩余电流动作电流不大于30mA,额定剩余电流动作时间不大于0.1s,电流速断、电磁式电动机保护产品。

(1) 地泵等大型设备动力开关箱

内设DZ20Y(160A以上380V)系列透明塑壳断路器作为控制开关,配置DZ20L系列透明剩余电流动作保护器。地泵等大型设备开关箱如图2-23所示,地泵等大型设备开关箱二次系统图如图2-24所示,地泵等大型设备开关箱材料表见表2-7。

图2-23 地泵等大型设备开关箱

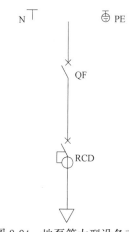

图2-24 地泵等大型设备动力
开关箱二次电气系统图

地泵等大型设备动力开关箱材料表 表 2-7

| 序号 | 电器元件名称 | 符号 | 规格型号 | 单位 | 数量 |
|---|---|---|---|---|---|
| 1 | 透明盖断路器 | QF | DZ20Y-250/3300,250A | 台 | 1 |
| 2 | 透明剩余电流动作保护器 | RCD | DZ20L-250/4300,250A | 台 | 1 |
| 3 | PE线汇流排 | LMY | 5mm×50mm | 个 | 1 |
| 4 | N线汇流排 | LMY | 5mm×50mm | 个 | 1 |
| 5 | 裸铜编织软线 | TM | 16mm$^2$ | 根 | 1 |

（2）塔式起重机等设备动力开关箱

内设 DZ20Y（160A 以上 380V）系列透明塑壳断路器作为控制开关，配置 DZ20L 系列透明剩余电流动作保护器。塔式起重机等设备动力开关箱如图 2-25 所示，塔式起重机等设备动力开关箱二次系统图如图 2-26 所示，塔式起重机等设备动力开关箱材料表如表 2-8 所示。

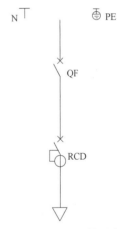

图 2-25　塔式起重机设备动力开关箱　　　　图 2-26　塔式起重机等设备动力
开关箱二次电气系统图

塔式起重机等设备动力开关箱材料表 表 2-8

| 序号 | 电器元件名称 | 符号 | 规格型号 | 单位 | 数量 |
|---|---|---|---|---|---|
| 1 | 透明盖断路器 | QF | DZ20Y-225/3300,225A | 台 | 1 |
| 2 | 透明剩余电流动作保护器 | RCD | DZ20L-200/4300,200A | 台 | 1 |
| 3 | PE线汇流排 | LMY | 5mm×50mm | 个 | 1 |
| 4 | N线汇流排 | LMY | 5mm×50mm | 个 | 1 |
| 5 | 裸铜编织软线 | TM | 16mm$^2$ | 根 | 1 |

（3）3.0kW 以下用电设备开关箱

内设 DZ20Y（20～40A，380V）系列透明塑壳断路器作为控制开关，配置 DZ15L（20～40A）系列透明剩余电流动作保护器。3.0kW 以下用电设备开关箱如图 2-27 所示，3.0kW 以下用电设备开关箱二次系统图如图 2-28 所示，3.0kW 以下用电设备开关箱材料表如表 2-9 所示。

图 2-27　3.0kW 以下动力开关箱

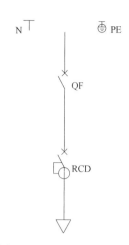

图 2-28　3.0kW 以下用电设备开关箱二次电气系统图

**3.0kW 以下用电设备开关箱材料表**　　　　　　表 2-9

| 序号 | 电器元件名称 | 符号 | 规格型号 | 单位 | 数量 |
|------|------------|------|---------|------|------|
| 1 | 透明盖断路器 | QF | DZ20Y-100/3300,40A | 台 | 1 |
| 2 | 透明剩余电流动作保护器 | RCD | DZ15L-40/4901,40A | 台 | 1 |
| 3 | PE 线汇流排 | LMY | 5mm×50mm | 个 | 1 |
| 4 | N 线汇流排 | LMY | 5mm×50mm | 个 | 1 |
| 5 | 裸铜编织软线 | TM | 16mm² | 根 | 1 |

（4）5.5kW 以上用电设备开关箱

内设 DZ20Y（100A，380V）系列透明塑壳断路器作为控制开关，配置 DZ15L 系列透明剩余电流动作保护器。5.5kW 以上设备开关箱如图 2-29 所示，5.5kW 以上设备开关箱二次系统图如图 2-30 所示，5.5kW 以上设备开关箱材料表如表 2-10 所示。

图 2-29　5.5kW 以上设备开关箱

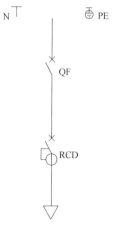

图 2-30　5.5kW 以上设备开关箱二次电气系统图

**5.5kW以上设备开关箱材料表**　　　　表 2-10

| 序号 | 电器元件名称 | 符号 | 规格型号 | 单位 | 数量 |
|---|---|---|---|---|---|
| 1 | 透明盖断路器 | QF | DZ20Y-100/3300,100A | 台 | 1 |
| 2 | 透明剩余电流动作保护器 | RCD | DZ15L-100/4901,100A | 台 | 1 |
| 3 | PE 线汇流排 | LMY | 5mm×50mm | 个 | 1 |
| 4 | N 线汇流排 | LMY | 5mm×50mm | 个 | 1 |
| 5 | 裸铜编织软线 | TM | 16mm$^2$ | 根 | 1 |

（5）照明开关箱

内设 DZ20Y（20～40A，220V）系列透明塑壳断路器作为控制开关，配置 DZ15L 系列透明剩余电流动作保护器。照明开关箱如图 2-31 所示，照明开关箱二次系统图如图 2-32 所示，照明开关箱材料表如表 2-11 所示。

图 2-31 照明开关箱

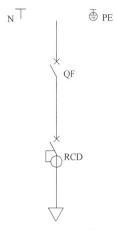

图 2-32 照明开关箱
二次电气系统图

**照明开关箱材料表**　　　　表 2-11

| 序号 | 电器元件名称 | 符号 | 规格型号 | 单位 | 数量 |
|---|---|---|---|---|---|
| 1 | 透明盖断路器 | QF | DZ20Y-100/2900,40A | 台 | 1 |
| 2 | 透明剩余电流动作保护器 | RCD | DZ15L-100/2901,40A | 台 | 1 |
| 3 | PE 线汇流排 | LMY | 5mm×50mm | 个 | 1 |
| 4 | N 线汇流排 | LMY | 5mm×50mm | 个 | 1 |
| 5 | 裸铜编织软线 | TM | 16mm$^2$ | 根 | 1 |

## 五、分配电箱、开关箱中插座的配置要求

### 1. 进线插座问题

《建筑与市政工程施工现场临时用电安全技术标准》JGJ/T 46—2024 中第 4.2.7 条规定：配电箱、开关箱电源进线端不得采用插头和插座做活动连接。因此，所有配电箱、开

关箱的电源进线端严禁配置插座。这主要是因为插头一旦带电脱落对人体构成潜在电击危害。

**2. 出线插座问题**

《建筑与市政工程施工现场临时用电安全技术标准》JGJ/T 46—2024 中：

第 3.2.10 条　保护接地导体（PE）上严禁装设开关或熔断器，严禁通过工作电流，且严禁断线。

因此，按照本条规定，在总配电箱、分配电箱、开关箱、用电设备依次之间的配电线路，凡是涉及连接 PE 线的，其出线端同样严禁设置插座做活动连接。本条规定也适用于所有配电箱、开关箱的电源进线端严禁配置插座的要求。因此，插座的配置只可能涉及某些特定开关箱的出线端，即只限于当开关箱给 Ⅱ 类手持式电动工具供电时的个别场合方可采用。

为了应对管理模式的变化，总承包单位会授予更多的项目管理权力，更多地依赖外部资源，为提高效率从而对分包单位的管理将越来越重要。施工总承包单位依据国家有关法律法规将项目内容分包给专业施工单位和劳务施工单位，施工现场临时用电工程就会形成两级管理的模式，即总承包单位管理一、二级配电装置——总配电箱、分配电箱；分包单位管理三级配电装置——开关箱。这就会出现三个问题：一是在分配电箱的出线端设置插座。因为分包单位不固定，经常是你来我走，或者大家共用一台分配电箱，那么，每天下班时，分包单位就要把自己的开关箱和与分配电箱连接的电缆带走，为了方便安拆而在分配电箱中的出线端装设了插座，这就违反了上述规定。二是"施工现场临时用电工程组织设计"难以实施。在施工现场任何一条临时用电配电线缆的截面积都是根据电动建筑机械、手持式电动工具、现场照明等用电负荷计算而确定的。"组织设计"是由总承包单位编制的，而开关箱及用电设备是分包单位自行选择的，这样就不可避免地造成线缆超载，由此埋下引发火灾事故的隐患，也是时有发生的。三是开关箱中 PE 线的重复接地很难实现。分包单位每天都要将开关箱带走，那么开关箱的位置是难以固定的，位置不固定 PE 线的重复接地就是一句空话。这样，在这条线路上就缺少 TN-S 保护系统，留下了电击事故的隐患。施工总承包单位在施工现场临时用电工程管理中必须认真落实《建设工程安全生产管理条例》的有关规定。

# 第二节　配电装置的电器选择

本节介绍的配电装置的电器主要是指设置于总配电箱、分配电箱、开关箱中的电器元件，即：电源隔离开关、熔断器、断路器和剩余电流动作保护器，以及其他相关的控制电器元件。

## 一、电源隔离开关的选择

用作电源隔离开关的电器元件有 HD 系列刀开关、HR5 系列熔断器式开关、HG 系列熔断器式隔离器及有透明的可视分断点、具有隔离功能的断路器等。它们必须是通过国家强制性标准 3C 认证的合格产品，不得采用 HK 系列开关和石板闸刀开关等安全性能差及已被淘汰禁用的产品，其型号及含义如图 2-33 所示。

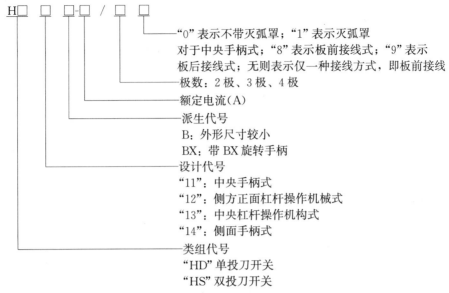

图 2-33 电源隔离开关型号及含义

上述用作电源隔离开关的电器元件在选用时应符合下列规定：

(1) 额定电压 $U_e$ 不得低于配电线路的额定电压 $U_{el}$，即：$U_e \geqslant U_{el}$；

(2) 额定电流 $I_e$ 大于或等于配电线路的计算电流 $I_j$，即：$I_e \geqslant I_j$；

(3) 动、热稳定电流大于实际可能要承受的短路电流。

HD11 系列开启式刀开关主要用于额定频率 50Hz，额定工作电压为 380V，直流额定工作电压 220V，额定工作电流 2500A 及以下的配电电路中作为不频繁的手动接通和分断交、直流电路或作隔离之用。其额定电气技术数据如表 2-12 所示。

HD 系列刀开关不推荐使用的原因：一是这类刀开关触头压力靠弹簧片保持，长期使用变形压力不稳定造成接触处温度升高，如此恶性循环造成熔焊或烧毁的发生；二是由带电触刀裸露不符合国家标准《低压成套开关设备和控制设备 第 4 部分：对建筑工地用成套设备（ACS）特殊要求》GB/T 7251.4 中对工作面防护等级 IP21 的要求。不能通过国家强制认证产品检测的要求。

HD 型刀开关规格及主要技术数据（部分）    表 2-12

| 型号 | $U_e$(V) | $I_e$(A) | 极数 | 电动稳定峰值(kA) | 热稳定有效值(kA) |
|---|---|---|---|---|---|
| HD11-100 | 380 | 100 | 1～3 | 15 | 6 |
| HD11-200 | 380 | 200 | 1～3 | 20 | 10 |
| HD11-400 | 380 | 400 | 1～3 | 30 | 20 |
| HD11-600 | 380 | 600 | 1～3 | 45 | 25 |
| HD11-1000 | 380 | 1000 | 1～3 | 50 | 30 |

注：1. 表中所列刀开关均为手柄式。

2. 装有灭弧室时，可用作正常不频繁接通、分断负载电路；配备熔断器时具有短路、过载保护功能。

HR5 系列熔断器式隔离开关适用于交流 50Hz、额定电压至 660V、约定发热电流至 630A 的具有高短路电流的配电电路和电动机电路中，用作手动不频繁操作的电源开关、隔离开关和应急开关，并作为电路短路保护之用，但一般不作为直接开闭单台电动机之用，其额定电气技术数据如表2-13所示。

**HR5系列熔断器式开关主要技术数据**　　　　　　　　表2-13

| 型号 | $U_e$ (V) | $I_e$ (A) | 额定通断能力($\cos\varphi=0.355$次) | | | | 短路分断能力(kA) $\cos\varphi=0.25$ | 配用熔断体电流 (A) |
|---|---|---|---|---|---|---|---|---|
| | | | 接通 | | 分断 | | | |
| | | | 电流 (A) | 电压 (V) | 电流 (A) | 电压 (V) | | |
| HR5-100 | 380 | 100 | 1000 | $1.1U_e$ | 800 | $1.1U_e$ | 50 | 4、6、10、16、20、25、32、35、40、50、63、80、100、125、160 |
| HR5-200 | 380 | 200 | 1600 | $1.1U_e$ | 1200 | $1.1U_e$ | 50 | 80、100、125、160、200、224、250 |
| HR5-400 | 380 | 400 | 3200 | $1.1U_e$ | 2400 | $1.1U_e$ | 50 | 125、160、200、224、250、300、315、355、400 |
| HR5-630 | 380 | 630 | 5040 | $1.1U_e$ | 3780 | $1.1U_e$ | 50 | 315、355、400、425、500、630 |

注：当开关用于电动机时，允许熔体电流值大于开关约定发热电流（即额定电流 $I_e$）。

HG1系列熔断器式隔离器适用于交流50Hz、额定电压400V、约定发热电流至63A的具有高短路电流的配电路和电动机电路中，用作电源隔离器，并作为电路短路保护之用，其额定电气技术数据如表2-14所示。

**HG1系列熔断器式隔离器的主要技术数据**　　　　　　　　表2-14

| 型号 | $U_e$(V) | $I_e$(A) | 配用熔体额定电流(A) |
|---|---|---|---|
| HG1-20 | 380 | 20 | 2、4、6、10、16、20 |
| HG1-32 | 380 | 32 | 2、4、6、10、16、20、25、32 |
| HG1-63 | 380 | 63 | 10、16、20、25、32、40、50 |

注：该隔离器具有辅助触头。合闸时，后与主触头接通，分闸时，先与主触头断开。

如将其串联在控制电路中，可实现无载通断主电路。若不与控制电路相联系，则必须在空载状态下接通、分断电路。

## 二、熔断器的选择

### 1. 熔断器的类型

（1）插入式熔断器

1）插入式熔断器的特点和适用场所。插入式熔断器又称瓷插式熔断器，指熔断体靠导电插件插入底座的熔断器。它具有结构简单、价格低廉、更换熔体方便等特点，被广泛用于照明线路和小容量电动机的短路保护。

常用的插入式熔断器主要是RCIA系列产品，它由瓷盖、瓷座、动触头、静触头和熔丝等组成。其中，瓷盖和瓷座由电工陶瓷制成，电源线和负载线分别接在瓷座两端的静触头上，瓷座中间有一空腔，它与瓷盖的凸起部分构成灭弧室。插入式熔断器的接触形式为面接触，由于这种熔断器只有在瓷盖拔出后才能更换熔丝，而且对于额定电流为60A及以上的熔断器，在灭弧室中还垫有帮助灭弧的编织石棉，所以比较安全。

RC1A 系列插入式熔断器主要用于交流 50Hz，额定电压 380V 及以下、额定电流至 200A 的线路末端，供配电系统作为电缆、电线及电气设备（如电动机、负荷开关等）的短路保护。RC1A 系列插入式熔断器的分断能力较低，一般在 3000A 以下，保护特性较差，但由于其价格低廉、操作简单、使用方便，因此，目前仍在工矿企业以及民用照明线路中广泛使用。

2）插入式熔断器的技术参数。RC1A 型熔断器的技术数据见表 2-15。

RC1A 型熔断器的技术数据                                    表 2-15

| 型号 | 额定电流<br>（A） | 熔体的额定电流<br>（A） | 交流 380V 的极限分断电流（A）<br>cosφ≥0.40 | 允许开断次数 |
|------|----------|----------------|------------------------|------------|
| RC1A-5 | 5 | 2,5 | 250 | 3 |
| RC1A-10 | 10 | 2,4,6,10 | 500 | 3 |
| RC1A-15 | 15 | 6,10,30 | 500 | 3 |
| RC1A-30 | 30 | 20,25,30 | 1500 | 3 |
| RC1A-60 | 60 | 40,50,60 | 3000 | 3 |
| RC1A-100 | 100 | 80,100 | 3000 | 3 |
| RC1A-200 | 200 | 120,150,200 | 3000 | 3 |

插入式熔断器的型号含义如图 2-34 所示：

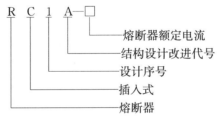

图 2-34 插入式熔断器型号含义

（2）螺旋式熔断器

1）螺旋式熔断器的特点和适用场所。螺旋式熔断器是指带熔断体的载熔件借螺纹旋入底座而固定于底座的熔断器，它实质上是一种有填料封闭式熔断器，具有断流能力大、体积小、熔丝熔断后能显示、更换熔丝方便、安全可靠等特点，广泛用于低压配电系统、机械设备的电气控制的配电箱，作为过载及短路保护元件。

螺旋式熔断器主要由瓷帽、熔管、瓷套、上接线端、下接线端和底座等组成。这种熔断器的熔管由电工陶瓷制成，熔管内装有熔体（丝或片）和石英砂填料。石英砂具有导热性好、绝缘性能强、热容量大、能大量吸收电弧能量等特点，所以它对灭弧非常有利，可以提高熔断器的分断能力。熔断器的熔管上盖中还有一熔断指示器（上有色点），当熔体熔断时指示器跳出，显示熔断器熔断，通过瓷帽可观察到。底座装有上下两个接线触头，分别与底座螺纹壳、底座触头相连。当熔断器熔断后，只需旋开瓷帽，取下已熔断的熔管，换上新熔管即可。其缺点是熔体无法更换，只能更换整个熔管，成本相对较高。

2）螺旋式熔断器的技术参数。常用螺旋式熔断器产品主要有 RL1、RL1B、RL6 和 RL7 等系列产品，见表 2-16 和表 2-17 所示，其主要用途如下：

① RL1 系列螺旋式熔断器。适用于交流 50Hz（或 60Hz），额定电压 600V，直流电压 440V 及以下，额定电流 200A 及以下的电路中，用作电气设备的过载和短路保护。

② RL5 系列螺旋式熔断器。适用于交流 50Hz、电压至 1140V、额定电流至 16A 的矿山电气设备控制回路中，主要用作短路保护。

③ RL6 系列螺旋式熔断器。适用于交流 50Hz、电压至 500V、额定电流至 200A 的配电线路中，作为配电设备的过载和短路保护。

**RL1 系列螺旋式熔断器技术数据**　　　　　　表 2-16

| 型号 | 熔断器额定电流(A) | 熔断器额定电压(V) | 熔体额定电流等级(A) | 极限分断电流(kA) $\cos\varphi=0.25$ | |
|---|---|---|---|---|---|
| | | | | 交流 380V | 直流 440V |
| RL1-15 | 15 | 交流 380V 或直流 440V | 2,4,5,6,10,15 | 25 | 5 |
| RL1-60 | 60 | | 20,25,30,35,40,50,60 | | |
| RL1-100 | 100 | | 60,80,100 | 50 | 10 |
| RL1-200 | 200 | | 100,125,150,200 | | |

**RL1B、RL6、RL7 系列熔断器技术数据**　　　　　　表 2-17

| 型号 | 额定电压（V） | 额定电流 | | 额定分断电流（kA） | 分断能力 |
|---|---|---|---|---|---|
| | | 熔断器(A) | 熔体(A) | | $\cos\varphi$ |
| RL1B | 380 | 15 | 2,4,5,6,10,15 | 25 | 0.35 |
| | | 60 | 20,25,30,35,40,50,60 | 25 | 0.35 |
| | | 100 | 60,80,100 | 50 | 0.25 |
| RL6-25 | 500 | 25 | 2,4,6,10,16,20,25 | 50 | 0.10～0.20 |
| RL6-63 | | 63 | 35,50,63 | | |
| RL6-100 | | 100 | 80,100 | | |
| RL6-200 | | 200 | 125,160,200 | | |
| RL7-25 | 660 | 25 | 2,4,6,10,16,20,25 | 25 | 0.10～0.20 |
| RL7-63 | | 63 | 35,50,63 | | |
| RL7-100 | | 100 | 80,100 | | |

注：RL1B 系列熔断器装有微动开关，是一种具有断相保护功能的螺旋式熔断器，RL6、RL7 系列熔断器性能优于 RL1 系列熔断器。

④ RL7 系列螺旋式熔断器。适用于交流 50Hz、电压至 660V、额定电流至 100A 的线路中，主要用作配电设备电缆、电线的过载或短路保护。

螺旋式熔断器的型号含义如图 2-35 所示：

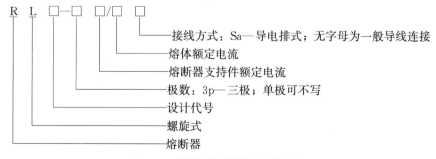

图 2-35　螺旋式熔断器的型号含义

（3）无填料密闭管式熔断器

1）无填料密闭管式熔断器的特点和适用场所。无填料密闭管式熔断器是指熔体被密闭在不充填料的熔管内的熔断器。它是一种可拆卸的熔断器，其特点是当熔体熔断时，管内产生高气压，能加速灭弧。另外，熔体熔断后，使用人员可自行拆开，装上新熔体后可尽快恢复供电。还具有分断能力大、保护特性好和运行安全可靠等优点，常用于频繁发生过载和短路故障的场合。

常用的无填料密闭管式熔断器产品主要是 RM10 系列。RM10 系列无填料密闭管式熔断器主要由熔管、熔体和夹座等部分组成。其中，15A 和 60A 熔断器的熔管由钢纸管（俗称反白管）、黄铜套和黄铜帽等组成；100A 及以上的熔断器熔管由钢纸管、黄铜套、黄铜帽和闸刀等组成。熔片由变截面锌片制成，中间有几处狭窄部分。当短路电流通过熔片时，首先在狭窄处熔断，熔管内壁在电弧的高温作用下，分解出大量气体，使管内压力迅速增大，很快将电弧熄灭。

RM10 系列无填料密闭管式熔断器主要适用于交流 50Hz，额定电压 660V 或直流电压 440V 及以下的低压电力网络或配电装置中，作为电缆、电线及电气设备的短路保护，以及电缆、电线的过负荷保护之用。

2）无填料密闭管式熔断器的技术参数。RM10 系列无填料密闭管式熔断器的技术数据见表 2-18。

RM10 系列熔断器技术数据　　　　　　　　　　　　　表 2-18

| 额定电流（A） | | 极限分断能力（A） |
| --- | --- | --- |
| 熔断器 | 管内熔体 | |
| 15 | 5,10,15 | 1200 |
| 60 | 15,20,25,35,45,60 | 3500 |
| 100 | 60,80,100 | 10000 |
| 200 | 100,125,160,200 | 10000 |
| 350 | 200,225,260,300,350 | 10000 |
| 800 | 350,430,500,600 | 10000 |
| 1000 | 600,700,850,1000 | 12000 |

无填料密闭管式熔断器的型号含义如图 2-36 所示：

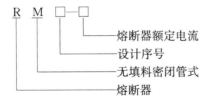

图 2-36　无填料密闭管式熔断器的型号含义

（4）有填料封闭管式熔断器

1）有填料封闭管式熔断器的特点和适用场所。有填料封闭管式熔断器是指熔体被封闭在充有颗粒、粉末等灭弧填料的熔管内的熔断器。为增强熔断器的灭弧能力，在其熔管中填充了石英砂等介质材料而得名。石英砂具有较好的导热性能、绝缘性能，而且其颗粒状的外形增大了同电弧的接触面积，便于吸收电弧的能量，使电弧快速冷却，从而加快灭弧过程。有填料封闭管式熔断器具有分断能力强、保护特性好、带有醒目的熔断指示器、使用安全等优点，广泛用于具有高短路电流的电网或配电装置中，作为电缆、电线、电动机、变压器以及其他电气设备的短路保护和电缆、电线的过载保护。其缺点是熔体熔断后必须更换熔管，经济性较差。

RT系列有填料封闭管式熔断器它主要由熔管和底座两部分组成。其中，熔管包括管体、熔体、指示器、闸刀、盖板和石英砂，管体采用滑石陶瓷或高频陶瓷制成，它具有较高的机械强度和耐热性能，管内装有工作熔体和指示器熔体。熔体通常由薄紫铜片冲制成变截面形状，中间部分用锡桥连接，装配时一般将熔片围成笼状，以增大熔体与石英砂的接触面积，从而提高了熔断器的分断能力，又能使管体受热均匀而不易断裂。熔断指示器是一个机械信号装置，指示器上装有与熔体并联的细康铜丝。在正常情况下，由于细康铜丝电阻很大，从其上面流过电流极小，只有当线路发生过载或短路，工作熔体熔断后，电流才全部转移到细康铜丝上，使它很快熔断。而指示器便在弹簧的作用下立即向外弹出，显露出醒目的红色信号，表示熔体已经熔断。从而可迅速发现故障，尽快检修，以恢复线路正常工作。

2）有填料封闭管式熔断器的技术参数。RT系列有填料封闭管式熔断器的技术数据见表2-19。

RT系列熔断器技术数据

表2-19

| 型号 | 额定电压（V） | 额定电流（A） | | 分断能力（kA） | |
|---|---|---|---|---|---|
| | | 熔断器 | 熔体 | 交流380V | 直流440V |
| RT0 | 交流380或直流440 | 50<br>100<br>200<br>400<br>600<br>1000 | 5,10,15,20,30,40,50<br>30,40,50,60,80,100<br>80,100,120,150,200<br>150,200,250,300,350,400<br>350,400,450,500,550,600<br>700,800,900,1000 | 50 | 25 |
| RT10 | 交流500或直流500 | 20<br>30<br>60<br>100 | 6,10,15,20<br>20,25,30<br>30,40,50,60<br>60,80,100 | cosφ=0.25<br>50 | — |
| RT11 | 交流500或直流500 | 100<br>200<br>300<br>400 | 60,80,100<br>100,120,150,200<br>200,250,300<br>33,350,400 | 50 | 25 |
| RT12 | 交流415 | 20<br>32<br>63<br>100 | 2,4,10,16,20<br>20,25,32<br>32,40,50,63<br>63,80,100 | cosφ=0.1~0.2<br>80 | — |

注：表中分断能力：RT0、RT10、RT11为极限分断能力，RT12为额定分断能力。

RT系列有填料封闭管式熔断器型号含义如图2-37所示：

图 2-37　RT 系列有填料封闭管式熔断器的型号含义

**2. 熔断器的选择**

熔断器主要用作配电系统的线路短路过载保护之用。常用熔断器类别有 RM、RL、RTNT、NH、gF、aM 等系列。不得采用瓷插式熔断器等安全性能差的产品。熔断器的选择应符合下列规定：

（1）额定电压

熔断器的额定电压 $U_{er}$ 应大于或等于配电系统的额定电压 $U_{el}$，即：$U_{er} \geqslant U_{el}$。

（2）额定电流（熔体）

熔断器熔体的额定电流应大于或等于配电线路的计算电流 $I_j$，即：$I_{er} \geqslant I_j$。

（3）最大（极限）分断电流

最大分断电流是指熔断器能够安全、可靠分断的最大冲击短路电流值，又称极限分断电流，它是熔断器分断电路能力的标志。选择熔断器时，应使其最大分断电流值 $I_{fm}$，大于或等于电气线路可能发生的短路冲击电流有效值 $I_{em}$，即：$I_{fm} \geqslant I_{em}$。

**3. 熔断器动作选择性配合**

（1）前后级熔断器动作选择性配合：为保证配电系统前、后级熔断器动作选择性，一般前级熔断器熔体额定电流 $I_{er}$ 为后级熔断器熔体额定电流 $I'_{er}$ 的 2~3 倍，即：$I_{er} = (2\sim3)I'_{er}$。

（2）熔断器熔体额定电流与电缆、电线载流量的配合：为保证熔断器对配电线路的保护作用，熔断器熔体的额定电流 $I_{er}$ 应不大于相关配电线路电缆、电线长期连续负荷允许的载流量 $I_e$ 大于计算电流 $I_j$，即：$I_j < I_{er} < I_e$。

（3）熔断器熔体熔断时间与用电设备启动装置动作时间的配合：当用电设备发生短路故障时，要求熔断器熔体要先于用电设备控制装置动作而熔断，一般选择是熔断器熔体的熔断时间取为用电设备控制装置动作时间的 1/2 左右。

**4. 不同设备回路熔断器的选择**

（1）单台电动机回路

用于单台电动机回路的熔断器，其熔体额定电流与电动机启动电流 $I_g$ 之间应满足以下条件，即：$I_{er} \geqslant KI_g$。

式中，$K$—熔体选择计算系数，可按表 2-20 选取。

电动机回路熔体选择计算系数 $K$　　　　　　　　　　表 2-20

| 熔断器型号 | 熔体材料 | 熔体电流（A） | 熔体选择计算系数 | |
|---|---|---|---|---|
| | | | 电动机轻载启动 | 电动机重载启动 |
| RM10 | 锌 | ≤60 | 0.38 | 0.45 |
| | | 80~200 | 0.30 | 0.38 |
| | | >200 | 0.28 | 0.30 |

续表

| 熔断器型号 | 熔体材料 | 熔体电流(A) | 熔体选择计算系数 | |
|---|---|---|---|---|
| | | | 电动机轻载启动 | 电动机重载启动 |
| RL1 | 铜、银 | ≤60<br>80～100 | 0.38<br>0.30 | 0.45<br>0.38 |
| RT0 | 铜 | ≤50<br>60～200<br>＞200 | 0.38<br>0.28<br>0.25 | 0.45<br>0.30<br>0.30 |
| RT10 | 铜、银 | ≤60<br>25～50<br>60～100 | 0.45<br>0.38<br>0.28 | 0.60<br>0.45<br>0.30 |

注：轻载启动时间按3s考虑，重载启动时间按≤8s考虑。启动时间＞8s，或频繁启动与反接制动的电动机，其熔体额定电流值宜比重载启动时加大一级。

（2）多台电动机组回路

用于多台电动机组回路的熔断器，其熔体额定电流 $I_{er}$ 应满足下述关系，即：

$$I_{er} \geq K'(I_{gm} + \sum I'_j)$$

式中 $I_{gm}$——电动机组中容量最大一台电动机的启动电流；

$\sum I'_j$——电动机组中其余电动机计算电流之和；

$K'$——电动机组回路熔体选择计算系数。

（3）电焊机组回路

当 $I_{gm}$ 很小时，$K'=1$；$I_{gm}$ 较大时，$K'=0.5\sim0.6$；$\sum I'_j$ 很小时，$K'=K$。用于电焊机组回路的熔断器，其熔体额定电流可按下式计算选取，即：

$$I_{er} \geq K'' \cdot \sum S_e \sqrt{JC_e/U_e \cdot 10^3}$$

式中 $S_e$——电焊机的额定容量（kVA）；

$U_e$——电焊机的额定电压（V）；

$JC_e$——电焊机的额定暂载率（％），一般为65％；

$K''$——电焊机组回路熔体选择系数，其值可参照表2-21选取。

**电焊机组回路熔体选择系数 $K''$** 表2-21

| 电焊机台数 | 熔体选择系数 $K''$ |
|---|---|
| 1 | 1.2 |
| 2～3 | 1.0 |
| ＞3 | 0.65 |

（4）照明回路

对于照明配电回路，熔体的额定电流应大于或等于该回路实际的最大负载电流，但应小于回路中最小截面积电线的安全电流。

## 三、断路器的选择

断路器又称自动空气断路器或空气开关，在配电系统中，断路器应按配电线路额定电压、计算电流、使用场合、动作选择性等因素选择。具体选择应满足以下条件：

**1. 额定电压 $U_e$**

断路器的额定电压 $U_e$ 应不低于配电线路的额定电压 $U_{el}$，即：$U_e \geq U_{el}$。

## 2. 额定电流 $I_e$

断路器的额定电流（含脱扣器整定额定电流 $I_n$）$I_e$ 应不小于配电线路的计算电流 $I_j$，即：$I_e \geqslant I_j$。

## 3. 极限分断能力（电流）

断路器的极限分断能力，即极限分断电流值应不小于电气路最大短路电流。其中对于动作时间在 0.02s 以下的 DZ 型等断路器，其极限分断冲击电流有效值 $I'_{fm}$ 应不小于电气线路最大短路电流第一周期全电流有效值 $I_{dm}$，即：$I'_{fm} \geqslant I_{dm}$。

## 4. 脱扣器整定

（1）断路器作短路保护时，其瞬动脱扣器整定电流 $I_{nm}$ 应不小于电气线路最大瞬时工作电流 $I_{lm}$，即应满足：$I_{nm} \geqslant K_2 I_{lm}$。

式中，$K_2$——可靠系数，一般情况下 $K_2 > 1$，但 $I_{nm}$ 应小于线路末端单相短路电流 $I_{dd}$。

（2）断路器作过载保护时，其延时脱扣器整定电流 $I_{nm}$ 与其使用场合和延时时间有关。

1）配电用断路器延时脱扣器的整定：长延时动作电流整定值取线路允许载流量的 0.8~1 倍；3 倍延时动作电流整定值的释放时间应不小于线路中最大启动电流电动机的启动时间，以防该电动机启动时断路器脱扣分闸。

2）电动机保护用断路器延时脱扣器的整定：长延时动作电流整定值应等于电动机额定电流；6 倍延时动作电流值时的释放时间应不小于电动机的实际启动时间，以防电动机启动时断路器脱扣分闸。

3）照明回路用断路器延时脱扣器的整定：长延时动作电流整定值应不大于线路计算电流，以防止回路长时间过载，超过线路允许载流量，烧毁线路。

断路器欠压脱扣器额定电压应不大于电气线路额定电压，以避免配电系统长期在过压状态下运行。

## 5. 断路器与熔断器的配合

一般情况下，断路器的分断能力较同容量熔断器的分断能力低，为改善保护特性，二者往往串联配合使用，且熔断器应尽可能置于断路器前侧（电源侧）。例如，在总配电箱或分配电箱中，在总路里设置熔断器，而在各分路里设置断路器。其最佳配合是较小电流（过载时）靠断路器分断，较大电流（短路时）靠熔断器分断。但两者动作特性的交接电流应小于断路器的分断能力。这样，当线路短路电流不超过交接电流时，断路器先于熔断器熔断将线路分断；而当短路电流一旦超过交接电流值，则熔断器先于断路器动作，并将线路分断。

上述熔断器和断路器的分断动作最佳配合关系可用图 2-38 中的两条曲线关系说明。图中，曲线①表示断路器分断动作反时限特性；曲线②表示熔断器熔断动作反时限特性。而 G 点为曲线①、②的交点，其对应的电流值即为断路器和熔断器动作交接点的交接电流值 $I_c$。从图中可以看出：当 $I < I_G$ 时，断路器较熔断器动作快；当 $I > I_G$ 时，

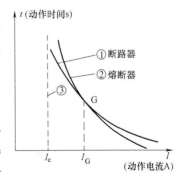

图 2-38　断路器、熔断器
动作特性配合关系

熔断器较断路器动作快。$I_e$ 表示熔断器熔体或断路器（含脱扣器）额定电流，而虚线③和横坐标（$I$）线则为曲线①、②的渐近线。

**6. 将断路器用作电源隔离时**

应选用：有透明盖可视分断点，且通过隔离功能所要求的附加试验，在断路器名牌上带有 * 符号的断路器。下边讲解 DZ20 系列塑料外壳式断路器

DZ20 系列塑料外壳式断路器，其额定绝缘电压为 660V，交流 50Hz，额定工作电压 380V 及以下，其额定电流从 32～1250A。一般作为配电用，其中 C 型的额定电流 160A 及以下，630 型及以下壳架的断路器亦可作为保护电动机用。在正常情况下，DZ20 系列塑料外壳式断路器可分别作为线路不频繁转换及电动机的不频繁启动之用。配电用断路器，在配电系统中用来分配电能，且可作为线路及电源设备的过载、短路保护，其技术数据如表 2-22 和表 2-23 所示。保护电动机用断路器在配电网络中用作鼠笼型电动机的启动和运转中分断以及作为电动机的过载、短路保护。该系列中，壳架等级额定电流从 100～630A 的产品还带有透明盖，盖子采用新型耐高温、高强度聚碳酸酯材料制作而成，可直观判断触头的通断状态，广泛应用于施工现场临时用电工程。

**D220 系列断路器主要技术数据**　　　　　　　　　　　　表 2-22

| 型号 | 额定电流（A） | 额定电压（V） | 额定极限短路分断能力（kA） | 额定短路运行分断能力（kA） | 机械寿命(次) | |
|---|---|---|---|---|---|---|
| | | | | | 通电 | 不通电 |
| DZ20H-100 | 16,20,32,40,50,63,80,100 | 400 | 35 | 17.5 | 4000 | 4000 |
| DZ20H-250 | 100,125,140 160,180,200 250 | 400 | 35 | 17.5 | 2000 | 4000 |
| DZ20H-630 | 250,315,350 400,500,630 | 400 | 50 | 25 | 1000 | 4000 |
| DZ20Y-100T | 16,20,32,40 50,63,80,100 | 400 | 18 | 9 | 4000 | 4000 |
| DZ20C-250T | 100,125,160 180,200,250 | 400 | 25 | 12 | 2000 | 4000 |
| DZ20Y-400T | 250,315 350,400 | 400 | 30 | 15 | 1000 | 4000 |
| DZ20Y-630T | 250,315,350 400,500,630 | 400 | 30 | 15 | 1000 | 4000 |
| DZ20J-100 | 16,20,32,40 50,63,80,100 | 400 | 35 | 17 | 4000 | 4000 |
| D220J-250 | 100,125,160 180,200,250 | 400 | 42 | 21 | 2000 | 4000 |
| DZ20J-400 | 250,315 350,400 | 400 | 42 | 21 | 1000 | 4000 |
| DZ20J-630 | 250,315,350 400,500,630 | 400 | 42 | 21 | 1000 | 4000 |

续表

| 型号 | 额定电流（A） | 额定电压（V） | 额定极限短路分断能力（kA） | 额定短路运行分断能力（kA） | 机械寿命（次）通电 | 机械寿命（次）不通电 |
|---|---|---|---|---|---|---|
| DZ20J-100W | 16,20,32,40 50,63,80,100 | 400 | 35 | 17.5 | 4000 | 4000 |
| DZ20J-250w | 100,125,160 180,200,250 | 400 | 42 | 21 | 2000 | 4000 |
| DZ20J-400W | 250,315 350,400 | 400 | 42 | 21 | 1000 | 4000 |
| DZ20J-630W | 250,315,350 400,500,630 | 400 | 42 | 21 | 1000 | 4000 |
| DZ20G-100 | 16,20,32,40 50,63,80,100 | 400 | 100 | 50 | 4000 | 4000 |
| DZ20G-250 | 100,125,160 180,200,250 | 400 | 100 | 50 | 2000 | 6000 |
| DZ20G-400 | 250,315 350,400 | 400 | 100 | 50 | 1000 | 4000 |
| DZ20G-1250 | 100,1000,1250 | 400 | 65 | 32.5 | 500 | 2500 |

注：表中在型号栏中，带 T 字的表示透明塑料外壳式断路器，带有触头断开指示装置，并通过了国家标准对隔离器相关试验，亦可作隔离开关使用。

**DZ20 系列断路器保护特性**　　　　表 2-23

| 试验名称 | 配电用反时限特性 | | | | | | | | 电动机保护用反时限特性 | | | | | |
|---|---|---|---|---|---|---|---|---|---|---|---|---|---|---|
| | 整定电流倍数 | 约定时间 $I_{nm}=100$(A) | | 约定时间 $I_{nm}$(A) | | | | 起始状态 | 整定流倍数 | 约定时间 $I_{nm}=100$(A) | | 约定时间 $I_{nm}$(A) | | 起始状态 |
| | | $I_n<63$ | $63\leqslant I_n\leqslant100$ | 200 | 400 | 630 | 1250 | | | $I_n<63$ | $63\leqslant I_n\leqslant100$ | 200 | 400 | |
| 约定不脱扣电流 | 1.05 | 1h | 2h | 2h | | | | 冷 | 1.05 | 2h | | 2h | | 冷 |
| 约定脱扣电流 | 1.25 / 1.35 | 1h | 2h | 2h | | | | 热 | 1.20 | 2h | | 2h | | 热 |
| 可返回电流 | 3.0 | 5s | 8s | 8s | | | 12s | 冷 | 7.2 | 3s | 5s | 5s | 8s | 冷 |

注：$I_{nm}$ 为脱扣器最大整定电流值。

### 7. 低压断路器案例分析

【例】 一台 Y132M-4 型 7.5kW 三相异步电动机，额定电压为 380V，额定电流为 15A，拟用断路器作保护和不频繁操作，试选择断路器的型号。

解：因 $I_N=15$A，故断路器脱扣器的额定电流≥15A。

查表 2-24 可知，可选用 DZ15-40 型断路器，脱扣器的额定电流为 20A。

**DZ15 系列塑料外壳式断路器的技术数据**　　　　　　　　　　表 2-24

| 型号 | 壳架等级电流（A） | 额定工作电压（V） | 极数 | 脱扣器额定电流（A） | 额定短路通断能力（kA） | 电气、机械寿命（次） |
|---|---|---|---|---|---|---|
| DZ15—40/1 | 40 | 220 | 1 | 6、10、16、20、25、32、40 | 3 | 15000 |
| DZ15—40/2 | | 380 | 2 | | | |
| DZ15—40/3 | | | 3 | | | |
| DZ15—40/4 | | | 4 | | | |
| DZ15—63/1 | 63 | 220 | 1 | 10、16、20、25、32、40、50、63 | 5(DZ15—63)10(DZ15G—63) | 10000 |
| DZ15—63/2 | | 380 | 2 | | | |
| DZ15—63/3 | | | 3 | | | |
| DZ15—63/4 | | | 4 | | | |
| DZ15—100/3 | 100 | 380 | 3 | 80、100 | 6(DZ15—100)10(DZ15G—100) | 10000 |
| DZ15—100/4 | | | 4 | | | |

【例】　某供电系统如图 2-39 所示。已知线路上的计算电流分别为 $I_1 = 900A$，$I_2 = 540A$，$I_3 = 103A$，$I_4 = 184A$；电动机 M1 的额定电流和启动电流分别为 103A 和 670A；电动机 M2 的额定电流和启动电流分别为 184A 和 1200A；各短路点的短路电流计算结果标于图上，试选择断路器 Q1～Q4。

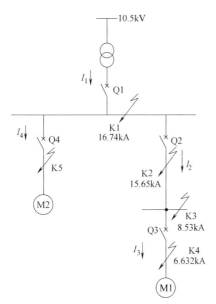

图 2-39　供电系统示意图

解：1. 选择断路器 Q3。按电动机保护用断路器选用。由于电动机 M1 的额定电流为 103A，查表 2-25 可知，可选用 DW15-200 型断路器，作启动和过负荷、短路保护。

2. 选择断路器 Q2。按配电用断路器选用。由于线路负荷电流为 $I_2 = 540A$，查表 2-25 可知，可选用 DW15-630 型断路器。

3. 选择断路器 Q1。按配电用断路器选用。由于线路负荷电流为 $I_1 = 900A$，查表 2-25 可知，可选用 DW15-1000 型断路器。

4. 选择断路器 Q4。按电动机保护用断路器选用。由于电动机 M2 的额定电流为 184A，查表 2-25 可知，可选用 DW15-200 型断路器。

**DW15 系列万能式断路器的技术数据**　　　　　　　　　　表 2-25

| 断路器壳架等级额定电流 $I_{nm}$(A) | | 630 | 1000 | 1600 | 2500 | 4000 | |
|---|---|---|---|---|---|---|---|
| 约定发热电流 $I_{th}$(A) | | 200 | 400 | 830 | 1000 | 1600 | 2500 | 4000 |
| 极数 | | 3 | 3 | 3 | 3 | 3 | 3 | 3 |
| 断路器额定电流 $I_n$(A) | 热-电磁型 | 100 160 200 | 315 400 | 315 400 630 | 630 800 1000 | 1600 | 1600 2000 2500 | 2500 3000 4000 |
| | 电子型 | 100 200 | 200 400 | 315 400 630 | 630 800 1000 | 1600 | 1600 2000 2500 | 2500 3000 4000 |

续表

| | | | | | | | |
|---|---|---|---|---|---|---|---|
| 额定短路分断 | AC 380V | 20 | 30 | 30 | 40 | 40 | 60 | 80 |
| 能力（kA） | AC 660V | | 25 | 25 | | | | |
| 额定短时耐受电流（kA） | | 8 | 12.6 | 12.6 | 30 | 30 | 40 | 60 |
| 与额定短时耐受电流有关时间（s） | | 0.2 | 0.2 | 0.2 | 0.5 | 0.5 | 0.5 | 0.5 |
| 断路器机械寿命（次） | | 10000 | 10000 | 10000 | 5000 | 5000 | 5000 | 4000 |
| 电寿命（1in,1$U_e$）（次） | | 1000 | 1000 | 1000 | 500 | 500 | 500 | 500 |
| AC380V 保护电动机 电寿命 Ac~3（次） | | 2000 | 2000 | 2000 | | | | |
| 操作频率（次/h） | | 60 | 60 | 60 | 20 | 20 | 20 | 10 |
| 飞弧距离（mm） | | 280 | 280 | 280 | 350 | 350 | 350 | 400 |
| 操作力臂（mm） | | 90 | 90 | 90 | 250 | 250 | 250 | 250 |
| 操作力（N） | | 200 | 200 | 200 | 350 | 350 | 350 | 350 |

## 四、剩余电流动作保护器的选择

### 1. 剩余电流动作保护器概念

《剩余电流动作保护电器（RCD）的一般要求》GB/T 6829—2017 第 3.3.1 条规定：剩余电流保护电器（residual current device；RCD）指在正常运行条件下能接通、承载和分断电流，以及在规定条件下当剩余电流达到规定值时能使触头断开的机械开关电器或组合电器。

从此将传统"漏电断路器"术语改为"剩余电流动作保护器"。剩余电流动作保护器设有检验按钮，若按下按钮，开关动作，则说明其性能良好。一般要求至少每月检验一次。剩余电流动作保护器的主要技术参数有剩余电流和动作时间。若用于保护手持式电动机具应选用额定动作电流不大于 30mA，动作时间不大于 0.1s 的快速剩余电流动作保护器。

剩余电流动作保护器与漏电断路器严格讲是有区别的。剩余电流保护是指防止人身触电、电气火灾及电气设备损坏等漏电类故障的一种有效的安全防护措施；漏电保护是指电网的漏电流超过某一设定值时，能自动切断电源或发出报警信号的一种安全保护措施。

### 2. 剩余电流动作保护器工作原理

剩余电流动作保护器由零序互感器 TAN、放大器 A 和主电路断路器 QF（含脱扣器）三部分组成。当设备正常工作时，主电路电流的相量和为零，零序互感器的铁芯无磁通变化，其二次绕组没有感应电压输出，开关保护闭合，如图 2-40 所示。

当保护的电路中有剩余电流时，或有人体的触电电流通过时，由于取道大地为回路，主电路电流的相量和不再为零，零序互感器的铁芯磁通量有变化，其二次绕组有感应电压输出。当剩余电流达到一定值时，经

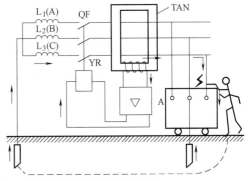

图 2-40　剩余电流动作保护器工作原理

放大器放大后足以使脱扣器 YR 动作，使剩余电流动作保护器在 0.1s 内跳开，有效地起到剩余电流保护的作用。

剩余电流动作保护器适用于相线与地之间的人身触电、导线剩余电流、插座接错线等剩余电流类故障，不适用于相线与中性线之间的该类故障。

**3. 剩余电流动作保护器的主要技术参数**

（1）剩余电流动作性能。剩余电流动作保护器的剩余电流动作性能由剩余动作电流和剩余电流动作分断时间来表示。

1）剩余电流动作电流。剩余动作电流是指在规定条件下，能够使剩余电流动作保护器动作的剩余电流值。剩余电流动作保护器的剩余动作电流值在额定不动作电流值以上，但不得超过额定剩余动作电流。

2）额定剩余动作电流。额定剩余动作电流是指在制造厂规定条件下，保证剩余电流动作保护器必须动作的剩余电流值。它反映了剩余电流动作保护器的剩余电流动作灵敏度。

3）额定剩余不动作电流。额定剩余不动作电流是指在制造厂规定条件下，保证剩余电流动作保护器必须不动作的剩余电流值。这是为了防止剩余电流动作保护器误动作，使之能在电网上投入运行的所必需的技术参数，因为任何电网都存在正常工作所允许的三相不平衡剩余电流，如果剩余电流动作保护器没有剩余不动作电流的限制，将无法投入运行。很明显，额定剩余不动作电流越趋近于额定剩余动作电流，剩余电流动作保护器的性能越好，但制造也越困难。国家标准规定，额定剩余不动作电流不得低于额定剩余动作电流的1/2。

4）剩余电流动作分断时间。剩余电流动作分断时间又称剩余电流动作时间，它是指从突然对剩余电流动作保护器施加剩余动作电流时起，到被保护主电路完全被切断为止的全部时间（包括拉断电弧的时间）。

5）额定剩余电流动作分断时间。额定剩余电流动作分断时间又称额定剩余电流动作时间，它是指在制造厂规定条件下，对应于额定剩余动作电流的最大剩余电流动作断开时间。用于直接接触保护的快速型剩余电流动作保护器的最大断开时间见表 2-26；用于间接接触保护的快速型剩余电流动作保护器的最大断开时间见表 2-27。

直接接触保护剩余电流动作保护器的最大断开时间　　　　　　表 2-26

| $I_{\Delta N}$(A) | $I_N$(A) | 最大断开时间(s) | | |
|---|---|---|---|---|
| | | $I_{\Delta N}$ | $2I_{\Delta N}$ | $5I_{\Delta N}$ |
| ≤0.03 | 任何值 | 0.20 | 0.10 | 0.04 |

注：1. $I_{\Delta N}$ 表示剩余电流动作保护器的额定剩余动作电流。

2. $I_N$ 表示剩余电流动作保护器的额定工作电流。

间接接触保护剩余电流动作保护器的最大断开时间　　　　　　表 2-27

| $I_{\Delta N}$(A) | $I_N$(A) | 最大断开时间(s) | | |
|---|---|---|---|---|
| | | $I_{\Delta N}$ | $I_{\Delta N}$ | $I_{\Delta N}$ |
| ≥0.03 | 任何值 | 0.20 | 0.10 | 0.04 |
| | ≥40 | 0.20 | — | 0.15 |

注：1. $I_{\Delta N}$ 表示剩余电流动作保护器的额定剩余动作电流。

2. $I_N$ 表示剩余电流动作保护器的额定工作电流。

3. 适应于组合式剩余电流动作保护器。

（2）耐短路电流性能。剩余电流动作保护器的耐短路电流性能指标主要包括额定短路闭合、断开能力，额定剩余电流闭合、断开能力以及与短路保护电器的协调配合等。

（3）平衡特性。平衡特性通常用主电路不导致剩余电流动作保护器误动作的电流极限值表示，一般规定为不小于其额定电流值的 6 倍。对于三相电路，无论负荷平衡与否，均应达到上述指标要求。

（4）耐冲击波电压性能。对于剩余电流动作保护器不仅要进行工频耐压试验，而且还要进行冲击波电压试验，用以检验其绝缘和介电性能。这是考虑到低压电网可能出现的各种瞬时冲击波过电压对剩余电流动作保护器的绝缘性能的影响而制定的安全措施。

（5）其他额定值。

1）额定电压。剩余电流动作保护器的额定电压是指剩余电流动作保护器所装设电网的线电压。

2）额定电流。剩余电流动作保护器的额定电流是其所保护电路允许长期通过的最大电流值。剩余电流动作保护器的额定电流的大小受两方面的限制：一是主开关触头的通断容量；二是剩余电流动作电流互感器的铁芯尺寸。

3）额定频率。对于低压剩余电流动作保护器的额定频率规定为 50Hz（或 60Hz）。若电源频率与剩余电流动作保护器的额定频率不同，将会直接影响剩余电流动作保护器的动作灵敏度及其他电气性能。

**4. 常用的剩余电流动作保护器**

（1）DZ15L 系列剩余电流动作保护器

适用于交流额定电压为 220V 或 380V、工频为 50Hz、额定电流至 100A 的线路中，可以作剩余电流保护之用，可以防止因设备绝缘损坏产生接地事故电流而引起的火灾危险，可以用于保护线路过载及短路，也可以用于线路不频繁转换之用。该产品增加断相保护功能（选配），当三相电源任意一相断相异常时，产品可在 0.2s 内快速切断电路，保护用电设备。DZ15L 系列剩余电流动作保护器为透明外壳剩余电流动作保护器，盖子采用新型、耐高温、高强度聚碳酸酯材料制作而成，可视直观判断触头的通断状态。

1）剩余电流动作保护器技术参数见表 2-28。

**剩余电流动作保护器技术参数** 表 2-28

| 型号 | 额定电压 $U_e$(V) | 壳架等级额定电流 $I_e$(A) | 极数 | 额定电流 $I_e$(A) | 额定极限短路分断能力 $I_{cu}$(kA) | 额定剩余动作电流 $I_{\Delta n}$(mA) | 额定剩余不动作电流 $I_{\Delta n0}$(mA) | 飞弧距离 （mm） |
|---|---|---|---|---|---|---|---|---|
| DZ15L-40 | 220 | 40 | 2 | 20，32，40 | 3 | 30 | 15 | ≤50 |
|  |  |  | 3 |  |  | 50 | 25 |  |
|  | 380 |  | 4 |  |  | 75 | 40 |  |
|  |  |  |  |  |  | 100 | 50 |  |
| DZ15L-100 | 220 | 100 | 2 | 63，100 | 5 | 30 | 15 | ≤70 |
|  |  |  |  |  |  | 50 | 25 |  |
|  | 380 |  | 3 |  |  | 75 | 40 |  |
|  |  |  | 4 |  |  | 100 | 50 |  |
|  |  |  |  |  |  | 300 | 150 |  |

2）剩余电流动作保护器的剩余电流分断时间见表 2-29。

**剩余电流动作保护器的剩余时间分断时间**　　　　　　表 2-29

| 剩余电流 | $I_{\Delta n}$ | $2I_{\Delta n}$ | $5I_{\Delta n}^{a}$ | $10I_{\Delta n}^{b}$ |
|---|---|---|---|---|
| 最大分断时间（s） | 0.10 | 0.10 | 0.04 | 0.04 |

注：a. 对于 $I_{\Delta n} \leqslant 30mA$ 的剩余电流动作保护器时，$5I_{\Delta n}$ 可用 0.25A 取代。
　　b. 按注 a 采用 0.25A 时，则 $10I_{\Delta n}$ 为 0.5A。

3）剩余电流动作保护器操作循环次数与实验参数见表 2-30。

4）过电流脱扣器的保护特性。

① 配电线路保护用剩余电流动作保护器过电流脱扣器的保护特性见表 2-31。

② 电动机保护采用剩余电流动作保护器过电流脱扣器的保护特性见表 2-32。

**剩余电流动作保护器操作循环次数与技术参数**　　　　表 2-30

| 保护类别 | 有载操作条件 | | | 壳架等级额定电流（A） | 操作循环次数 | | | 每小时操作循环次数 |
|---|---|---|---|---|---|---|---|---|
| | 接通 | 分断 | $\cos\varphi$ | | 有载 | 无载 | 次数 | |
| 保护电动机 | $U_e 6I_n$ | $0.17U_e 6I_n$ | 0.35 | 40　100 | 1500 | 8500 | 10000 | 120 次 |
| 保护配电线路 | $U_e I_n$ | $U_e I_n$ | 0.80 | 40　100 | 1500 | 8500 | 10000 | 20 次 |

**配电线路保护用剩余电流动作保护器过电流脱扣器的保护特性**　　表 2-31

| 周围空气温度 | 试验电流/额定电流 | 试验时间 | | 起始状态 |
|---|---|---|---|---|
| | | $I_n > 63$ | $I_n \leqslant 63$ | |
| +30±2℃ | 1.05 | 2h 内不脱扣 | 1h 内不脱扣 | 冷态开始 |
| | 1.30 | 2h 内脱扣 | 1h 内脱扣 | 热态开始 |
| | 6 | ≥0.5s 脱扣 | | 冷态开始 |

注：在验证过电流条件下，不动作电流的极限值时，断路器动作时间>0.5s。

**电动机保护用剩余电流动作保护器过电流脱扣器的保护特性**　　表 2-32

| 周围空气温度 | 试验电流/额定电流 | 试验时间 | | 起始状态 |
|---|---|---|---|---|
| | | $I_n > 63$ | $I_n \leqslant 63$ | |
| +20±2℃ | 1.00 | 2h 内不脱扣 | 2h 内不脱扣 | 冷态开始 |
| | 1.20 | 2h 内脱扣 | 2h 内脱扣 | 热态开始 |
| | 6 | ≥0.5s 脱扣 | | 冷态开始 |

注：在验证过电流条件下，不动作电流的极限值时，断路器动作时间>0.5s。

（2）DZ20L 系列剩余电流动作保护器

适用于交流额定电压为 380V、工频为 50Hz、额定电流至 630A 的配电系统中，可以作剩余电流保护之用，可以用来防止因设备绝缘损坏，产生接地故障电流而引起的火灾危险；可以用来分配电能和保护线路及电源设备的过载和短路，可以用来作为线路的不频繁转换之用。

1）剩余电流动作保护器技术参数见表 2-33。

① 一般型剩余电流动作保护器的分断时间见表 2-34。

② 延时型剩余电流动作保护器的分断时间见表 2-35。

**剩余电流动作保护器技术参数** 表 2-33

| 型号 | 壳架等级额定电流 $I_{nm}$(A) | 绝缘电压 $U_i$(V) | 额定工作电压 $U_e$(V) | 额定频率 (Hz) | 极数 | 额定电流 $I_n$ (A) | 额定剩余动作电流 $I_{\Delta n}$(mA) | 剩余电流动作时间 (s) |
|---|---|---|---|---|---|---|---|---|
| DZ20L-160 | 160 | 660 | 380 | 50 | 3N | 50、63、80、100、125、160 | 30、50、75、100、150、200、300、500 | 一般型见表 2-34 延时型见表 2-35 |
| | | | | | 4 | | | |
| DZ20L-250 | 250 | 660 | | | 3N | 160、180、200、225、250 | | |
| | | | | | 4 | | | |
| DZ20L-400 | 400 | 800 | | | 3N | 250、315、350、400 | | |
| | | | | | 4 | | | |
| DZ20L-630 | 630 | 800 | | | 3N | 500、630 | 100、200、300、500 | |
| | | | | | 4 | | | |

**一般型剩余电流动作保护器的分断时间** 表 2-34

| 剩余电流 | $1I_{\Delta n}$ | $2I_{\Delta n}$ | $5I_{\Delta n}$ | $10I_{\Delta n}$ |
|---|---|---|---|---|
| 最大分断时间(s) | 0.1 | 0.1 | 0.04 | 0.04 |
| | 0.2 | 0.1 | 0.04 | 0.04 |

**延时型剩余电流动作保护器的分断时间** 表 2-35

| 延时时间 (s) | $I_{\Delta n}$ 时的最大分断时间(s) | $2I_{\Delta n}$ 时 | | $5I_{\Delta n}$ 时的最大分断时间(s) | $10I_{\Delta n}$ 时的最大分断时间(s) |
|---|---|---|---|---|---|
| | | 极限不驱动时间(s) | 最大分断时间(s) | | |
| 0.1 | 0.3 | 0.1 | 0.3 | 0.25 | 0.25 |
| 0.2 | 0.4 | 0.2 | 0.4 | 0.35 | 0.35 |

2) 额定极限短路分断能力、额定运行短路分断能力和额定剩余接通分断能力见表 2-36。

**额定极限短路分断能力、额定运行短路分断能力和额定剩余接通分断能力** 表 2-36

| 型号 | 额定极限短路分断能力 $I_{cu}$(kA) | 额定运行短路分断能力 $I_{cs}$(kA) | 额定剩余接通分断能力 $I_{\Delta n}$(kA) | 飞弧距离 (mm) |
|---|---|---|---|---|
| DZ20L-160 | 12 | 6 | 3 | ≤60 |
| DZ20L-250 | 15 | 8 | 4 | ≤60 |
| DZ20L-400 | 20 | 10 | 5 | ≤80 |
| DZ20L-630 | 20 | 10 | 5 | ≤80 |

3) 剩余电流动作特性。

① 在正常情况下,剩余电流动作保护器的剩余动作电流小于或等于额定剩余动作电流,并大于额定剩余不动作电流。

② 剩余电流动作保护器用主电源作为辅助电源,其要求为剩余电流动作保护器在 $0.85U_e \sim 1.1U_e$ 之间正常工作。

4) 过电流脱扣器的断开特性。

① 过电流脱扣器在短路情况下的断开特性见表 2-37。

**过电流脱扣器在短路情况下的断开特性** 表 2-37

| $I_{nm}$(A) | 动作电流整定值 | 整定值的准确度 |
|---|---|---|
| 160,250,400,630 | $10I_n$ | ±20% |

② 过电流脱扣器在过载反时限下的断开特性。

当周围空气温度在+40℃时，配电用剩余电流动作保护器在过电流脱扣器各极同时通电时，反时限断开动作特性见表2-38。

过电流脱扣器各极同时通电时，反时限断开动作特性      表 2-38

| 试验电流名称 | 整定电流倍数 | 试验时间(h) | | 起始状态 |
| --- | --- | --- | --- | --- |
| | | $I_n \leqslant 63A$ | $I_n > 63A$ | |
| 约定不脱扣电流 | 1.05 | ≥1 | ≥2 | 冷态开始 |
| 约定脱扣电流 | 1.30 | <1 | <1 | 热态开始 |

5）断相保护功能。

三相配电系统中，其中有任一相出现断相故障时，脱扣器能有效切断断路器，起到保护三相电气设备的作用，断相保护特性动作时间≤0.2s。

6）电气间隙和爬电距离。

剩余电流动作保护器的电气间隙不小于5.5mm；爬升距离不小于9mm。

7）机械电气寿命见表2-39。

机械电气寿命      表 2-39

| 壳架电流(A) | 每小时操作循环次数 | 操作循环次数 | | 次数 |
| --- | --- | --- | --- | --- |
| | | 通电 | 不通电 | |
| 160,250 | 120 | 1000 | 7000 | 8000 |
| 400,630 | 60 | 1000 | 4000 | 5000 |

**5. 剩余电流动作保护器的选用原则**

（1）必须选用符合国家技术标准的产品。剩余电流动作保护器是一种关系到人身、设备安全的保护电器，因而国家对其质量的要求非常严格，用户在使用时必须选用符合国家技术标准，并具有国家认证标识的产品。

（2）根据保护对象合理选用。剩余电流动作保护器主要是为了防止人身直接接触或间接接触触电。

1）直接接触触电保护。直接接触触电保护是防止人体直接触及电气设备的带电体而造成触电伤亡事故。直接接触触电电流就是触电保护电器的剩余动作电流，因此，从安全角度考虑，应选用额定剩余动作电流为30mA以下的高灵敏度、快速动作型的剩余电流动作保护器。如对于手持电动工具、移动式电气设备、家用电器等，其额定剩余动作电流一般应不超过30mA；对于潮湿场所的电气设备，以及在发生触电后可能会产生二次性伤害的场所，如高空作业或河岸边使用的电气设备，其额定剩余动作电流一般为10mA；对于医院中的医疗电气设备，由于病人触电时，其心室纤颤阈值比健康人低，容易发生死亡，因此建议选用额定剩余动作电流为6mA的剩余电流动作保护器。

2）间接接触触电保护。间接接触触电保护是为了防止电气设备在发生绝缘损坏时，在金属外壳等外露导电部件上出现持续带有危险电压而产生触电的危险。剩余电流动作保护器用于间接接触触电保护时，主要是采用自动切断电源的保护方式。如对于固定式的电气设备、室外架空线路等，一般应选用额定剩余动作电流为30mA及以上，快速动作型或延时动作型（对于分级保护中的上级保护）的剩余电流动作保护器。

（3）根据使用环境要求合理选用。剩余电流动作保护器的防护等级应与使用环境条件相适应。不同环境下的剩余电流动作保护器的选用可参考表 2-40。

不同环境下的剩余电流动作保护器的选择　　　　　　表 2-40

| 使用环境 | 环境举例 | 用途 | 结构 | 动作类型 | 额定剩余电流动作特性 |
|---|---|---|---|---|---|
| 潮湿有水的地方 | 农村户外变压器下、漏雨可以侵入的地方 | 作电网剩余电流动作保护 | 带通风的防雨外壳 | 延时型、快速动作型 | 100～500mA、0.2～2s 剩余电流 200mA、0.1s 触电 30mA |
| | 处于易导电环境的设备，浴室、游泳池 | 作终端剩余电流动作电流 | 剩余电流动作保护插座携带式触电保护器 | 快速动作型、反时限型 | ≤10mA、0.1s |
| | 地下工程、建筑、矿井等潮湿环境使用的电动手持工具 | 快速动作型、反时限型 | 防水、防潮型剩余电流动作保护器 | 快速动作型、反时限型 | ≤30mA、0.1s |
| 室外 | 露天、屋檐下、简易遮棚 | 用于进线处剩余电流动作保护或室外电器设备作剩余电流动作保护 | 通风良好的防雨结构 | 快速动作型、反时限型 | ≤30mA、0.1s |
| 室内 | 电度表、房间、厨房、卫生间 | 作剩余电流动作保护 | 家用剩余电流动作保护器、剩余电流动作保护插座 | 快速动作型、反时限型 | ≤30mA、0.1s |
| 难以接地的地方 | 木结构房屋、车载电器设备 | 作剩余电流动作保护 | 剩余电流动作保护器 | 快速动作型、反时限型 | ≤30mA、0.1s |
| 可接地的地方 | 固定电器设备、金工车间、水泵房、公共食堂的厨房 | 作间接接触保护用 | 剩余电流动作保护器 | 快速动作型、反时限型 | 安全电压大于 65V：≤100mA、0.1s，接地电阻＜500Ω；≤200mA、0.1s，接地电阻＜250Ω；≤500mA、0.1s，接地电阻＜100Ω |
| | 相对湿度大于 85% 或暂时可达到 100% 的室外设备间（25℃时） | 作间接接触保护用 | 防潮型剩余电流动作保护器或剩余电流动作保护器 | 快速动作型、反时限型 | 安全电压为 36V：≤500mA、0.1s，接地电阻＜500Ω；≤100mA、0.1s，接地电阻＜250Ω；≤200mA、0.1s，接地电阻＜100Ω |
| | 相对湿度处于 100% 的漂染车间、洗衣房 | 作间接接触保护用 | 防水型 | 快速动作型、反时限型 | 安全电压小于 12V：≤30mA、0.1s，接地电阻＜500Ω；≤50mA、0.1s，接地电阻＜250Ω；≤100mA、0.1s，接地电阻＜100Ω |

续表

| 使用环境 | 环境举例 | 用途 | 结构 | 动作类型 | 额定剩余电流动作特性 |
|---|---|---|---|---|---|
| 雷电活动频繁的地方 | 雷暴日大于60%的南方地区 | | 优选电磁式 | 过电压冲击不动作型 | 按实际需要定 |
| 电磁干扰强烈的地方 | 电加工车间、无线电发射台周围 | | 优选电磁式 | | 按实际需要定 |
| 冲击振动强烈的地方 | 发射场、操作力较大的接触器旁、振动型电动设备上 | | 优选电子式结构产品 | | 按实际需要定 |
| 有腐蚀性气体的地方 | 化工厂、电镀车间 | | 防腐蚀型剩余电流动作保护器 | | 按实际需要定 |
| 尘埃较严重的地方 | 水泥厂、采石场 | | 防尘埃型剩余电流动作保护器 | | 按实际需要定 |

（4）根据被保护电网不平衡泄漏电流的大小合理选用。由于低压电网对地阻抗的存在，即使在正常情况下，也会产生一定的对地泄漏电流，并且这个对地泄漏电流的大小还会随着环境气候，如雨雪天气的变化影响而在一定范围内发生变化。

从保护的观点看，剩余电流动作保护器的剩余动作电流选择得越小，安全性越高。但是，任何供电线路和电气设备都存在正常的泄漏电流，当剩余电流动作保护器的灵敏度选取过高时，将会导致剩余电流动作保护器的误动作增多，甚至不能投入运行。

（5）根据剩余电流动作保护器的保护功能合理选用。剩余电流动作保护器按保护功能分，有剩余电流动作保护专用，剩余电流动作保护和过电流保护兼用以及剩余电流动作、过电流、短路保护兼用等多种类型产品。

1）剩余电流动作保护专用的保护器适用于有过电流保护的一般住宅、小容量配电箱的主开关，以及需在原有配电线路中增设剩余电流动作保护器的场合。

2）剩余电流动作、过电流保护兼用的保护器适用于短路电流比较小的分支线路。

3）剩余电流动作、过电流和短路保护兼用的保护器适用于低压电网的总保护或较大的分支保护。

（6）根据负荷种类合理选用。低压电网的负荷有照明负荷、电热负荷、电动机负荷（又称动力负荷）、电焊机负荷、电子计算机负荷和消防负荷等。

1）对于照明、电热等负荷可以选用一般的剩余电流动作保护专用或剩余电流动作、过电流、短路保护兼用的剩余电流动作保护器。

2）剩余电流动作保护器有电动机保护用与配电保护用之分。对于电动机负载应选用剩余电流动作保护、电动机保护兼用的剩余电流动作保护器，保护特性应与电动机过载特性相匹配。

3）电焊机负荷与电动机不同，其工作电流是间歇脉冲式的，应选用电焊设备专用剩余电流动作保护器。

4）对于电子办公设备负荷，应选用能防止直流成分有害影响的剩余电流动作保护器。

5）对于一旦发生剩余电流动作切断电源时，会造成事故或重大经济损失的电气装置或场所，如应急照明、用于消防设备的电源、用于防盗报警的电源以及其他不允许停电的特殊设备和场所，应选用报警式剩余电流动作保护器。

（7）根据电网特点选用：

1）对于中性点接地电网，无论是直接接地电网，还是高阻抗或低阻抗接地电网，只要配电变压器中性点与"地"有人为联系，均可选用剩余电流动作式剩余电流动作保护器。

2）中性点不接地电网有对地电容变化的供电电路（如矿井挖掘设备的供电电缆）和对地电容相对稳定的供电电路两种。对于前者，应选用可进行电容跟踪补偿的专用剩余电流动作断路器；对于后者，则应选用装有对地电容补偿电路的剩余电流动作式断路器。

（8）额定电压与额定电流的选用。剩余电流动作保护器的额定电压和额定电流应与被保护线路（或被保护电气设备）的额定电压和额定电流相吻合。

（9）极数和线数的选用。剩余电流动作保护器的极数和线数型式应根据被保护电气设备的供电方式来选用。

单相 220V 电源供电的电气设备，应选用二极或单极二线式剩余电流动作保护器；三相三线 380V 电源供电的电气设备，应选用三极式剩余电流动作保护器；三相四线 380V 电源供电的电气设备，应选用三极四线或四极式剩余电流动作保护器。

**6. 剩余电流动作保护器在使用中应注意的事项**

（1）安装前的检查

1）检查剩余电流动作保护器的外壳是否完好，接线端子是否齐全，手动操动机构是否灵活有效等。

2）检查剩余电流动作保护器铭牌上的数据是否符合使用要求，发现不相符时应停止安装使用。

（2）安装中注意事项

1）应按规定位置进行安装，以免影响动作性能。在安装带有短路保护的剩余电流动作保护器时，必须保证在电弧喷出方向有足够的飞弧距离。

2）注意剩余电流动作保护器的工作条件，在高温、低温、高湿、多尘以及有腐蚀性气体的环境中使用时，应采取必要的辅助保护措施，以防剩余电流动作保护器不能正常工作或损坏。

3）注意剩余电流动作保护器的负荷侧与电源侧。剩余电流动作保护器上标有负载侧和电源侧时，应按此规定接线，切忌接错。

4）注意分清主电路与辅助电路的接线端子。对带有辅助电源的剩余电流动作保护器，在接线时要注意哪些是主电路的接线端子，哪些是辅助电路的接线端子，不能接错。

5）注意区分工作中性线和保护线。对具有保护线的供电线路，应严格区分工作中性线和保护线。在进行接线时，所有工作相线（包括工作中性线）必须接入剩余电流动作保护器，否则，剩余电流动作保护器将会产生误动作。而保护接地线（PE）绝对不能接入剩余电流动作保护器，否则剩余电流动作保护器将会出现拒动现象。因此，通过剩余电流动作保护器的工作中性线和保护接地线不能合用。

6）剩余电流动作保护器的剩余电流动作、过负荷和短路保护特性均由制造厂调整好，用户不允许自行调节。

7）使用之前，应操作试验按钮，检验剩余电流动作保护器的动作功能，只有能正常动作方可投入使用。

（3）维护中注意事项

剩余电流动作保护器能否起到保护作用及其使用寿命的长短，除决定于产品本身的质量和技术性能以及产品的正确选用外，还与产品使用过程中的正确使用与维护有关。在正常情况下，一般应尽量做到以下几点：

1）对于新安装及运行一段时间（通常是相隔一个月）后的剩余电流动作保护器，需在合闸通电状态下按动试验按钮，检验剩余电流保护动作是否正常。检验时不可长时间按住试验按钮，且每两次操作之间应有 10s 以上的间隔时间。

2）应定期检修剩余电流动作保护器，清除附在剩余电流动作保护器上的灰尘，以保证其绝缘良好。同时应紧固螺钉，以免发生因振动而松脱或接触不良的现象。

3）有过负荷保护的剩余电流动作保护器在动作后需要投入时，应先按复位按钮使脱扣器复位，不应按剩余电流动作指示器，因为它仅指示剩余电流动作。

4）剩余电流动作保护器因被保护电路发生过负荷、短路或剩余电流动作故障而打开后，若操作手柄仍处于中间位置，则应查明原因，排除故障，然后方能再次闭合。闭合时，应先将操作手柄向下扳到"分"位置，使操作机构给予"再扣"后，方可进行闭合操作。

5）剩余电流动作保护器因执行短路保护而分断后，应打开盖子作内部清理。清理灭弧室时，要将内壁和栅片上的金属颗粒和烟灰清除干净。清理触头时，要仔细清理其表面上的毛刺、颗粒等，以保证接触良好。当触头磨损到原来厚度的 1/3 时，应更换触头。

6）大容量剩余电流动作保护器的操动机构在使用一定次数（约 1/4 机械寿命）后，其转动机构部分应加润滑油。

7）使用剩余动作电流能分级可调的剩余电流动作保护器时，要根据气候条件、剩余电流的大小及时调整剩余动作电流值。切忌调到最大一挡便了事，因为这样将失去其应有的作用。

（4）对被保护电网的要求

安装剩余电流动作保护器后，对被保护电网应提出以下要求：

1）凡安装剩余电流动作保护器的低压电网，必须采用中性点直接接地运行方式。电网的中性线在剩余电流动作保护器以下不得有保护接零和重复接地，中性线应保持与相线相同的良好绝缘。

2）被保护电网的相线、中性线不得与其他电路共用。

3）被保护电网的负荷应均匀分配到三相上，力求使各相泄漏电流大致相等。

4）剩余电流动作保护器的保护范围较大时，宜在适当地点设置分段开关，以便查找故障，缩小停电范围。

5）被保护电网内的所有电气设备的金属外壳或构架必须进行保护接地。当电气设备装有高灵敏度剩余电流动作保护器时，其接地电阻最大可放宽到 50Ω，但预期接触电压必须限制在允许的范围内。

6）安装剩余电流动作保护器的电动机及其他电气设备在正常运行时的绝缘电阻值应不小于 0.5MΩ。

7）被保护电网内的不平衡泄漏电流的最大值应不大于剩余电流动作保护器额定剩余动作电流的 25%。当达不到要求时，应整修线路、调整各相负荷或更换绝缘良好的导线。

### 五、互感器

#### 1. 互感器的用途与分类

（1）电压互感器的用途与分类

电压互感器是一种电压变换装置。它将高电压变换为低电压，以便用低压量值反映高压量值的变化。因此，通过电压互感器可以直接用普通电气仪表进行电压测量。

电压互感器变换电压的目的主要是给测量仪表和继电保护装置供电，用来测量线路的电压、功率和电能，电压互感器的容量很小，一般都只有几伏安、几十伏安，最大也不超过 1000VA。电压互感器的分类和它的型号是相对应的，表 2-41 中列出了常用的电压互感器型号及含义。

国产电压互感器代号 表 2-41

| 序号 | 分类含义 | | 代表字母 |
| --- | --- | --- | --- |
| 1 | 用途 | 电压互感器 | J |
| 2 | 结构形式 | 瓷箱式 | C |
| | | 串级式 | C |
| | | 单相 | D |
| | | 三相 | S |
| 3 | 绝缘形式 | 油浸式 | J |
| | | 干式 | G |
| | | 浇注绝缘 | Z |
| | | 电容分压式 | R |
| 4 | 结构特征 | 接地保护 | J |
| | | 补偿绕组 | B |
| | | "五"柱三绕组 | W |

（2）电流互感器的用途与分类

电流互感器也是一种特殊变压器，其一次绕组串联在电力线路中，二次绕组接仪表和继电器。其作用是将一次电流转变为标准的二次电流（如 5A 和 1A），以便用于测量和保护用。电流互感器的分类和其代号也有对应，表 2-42 中列出了其各代号的含义。

电流互感器型号（国产）代号 表 2-42

| 序号 | 分类含义 | | 代表字母 |
| --- | --- | --- | --- |
| 1 | 用途 | 电流互感器 | L |
| 2 | 结构形式 | 穿墙式 | A |
| | | 支持式 | B |
| | | 瓷套式 | C |
| | | 单匝贯穿式 | D |
| | | 复匝贯穿式 | F |
| | | 母线式 | M |
| | | 线圈式 | Q |
| | | 装入式 | R |
| | | 支柱式 | Z |
| | | 低压式 | Y |

| 序号 | 分类含义 | | 代表字母 |
|---|---|---|---|
| 3 | 绝缘形式 | 干式 | G |
| | | 瓷绝缘 | C |
| | | 浇注成型固体 | J 或 Z |
| | | 塑料外壳绝缘 | K |
| 4 | 结构特征 | 带保护级 | B |
| | | 带差动保护 | D |
| | | 加强型 | Q |
| | | 加大容量 | J |

**2. 互感器技术参数**

（1）电压互感器的主要技术参数

1）额定一次电压：由所在系统的标称电压来确定。用相电压时，其电压应除以 $\sqrt{3}$。

2）额定二次电压：供三相系统间连接的单相电压互感器，额定二次电压为 100V；供三相系统与地之间用的单相电压互感器，其额定一次电压为某值的 $1/\sqrt{3}$ 时，额定二次电压为 $100/\sqrt{3}$；剩余电压绕组的额定二次电压，中性点有效接地系统时为 100V，非有效接地系统为 $100/\sqrt{3}$。

3）准确度等级和误差限值：

① 测量用的准确度等级：以该准确度等级规定的电压和负荷范围的最大允许电压误差百分数来标称（即为 0.1、0.2、0.5、1.0、3.0 级）。

② 保护用的准确度等级：以该准确度等级在 5% 额定电压到额定电压因数相对应的电压范围内最大允许电压误差的百分数来标称。标准的为 3P 和 6P。

③ 误差限值：对电压互感器其比差和角差不应超过一定值，如表 2-43 所示。

比差为折算到一次的二次电压与实际一次电压间的差值。角差为一次电压向量与反转 180° 后的二次电压间的夹角（以分表示）。

④ 二次负载：保证二次实接负载在额定输出的百分数范围内。

（2）电流互感器的主要技术参数

1）额定一次电流：指一次绕组通过此电流时，各部温升不超过绝缘材料的允许温升。

2）额定一次电压：由所在系统的标称电压确定（有 0.5kV、3kV、6kV、10kV、15kV、20kV、35kV、60kV、110kV 等）。

3）额定二次电流：有 5A 和 1A 两类。

4）准确度等级和误差限值。电流互感器的准确度等级是以其此差和角差来区分的，在数值上是等于比差限值的最小值，有 0.01、0.02、0.05、0.10、0.20、0.50、1、3、10 级和 0 级之分。表 2-44 表示了电流互感器的准确度等级及允许误差。

比差——折算到一次的二次电流与实际一次电流间的差值。

角差——一次电流向量与反转 180° 后的二次电流向量之间的夹角，以分表示。

5）额定热稳定电流有效值及持续时间。指在二次绕组短路时，互感器在 1s（或 5s）内承受短路电流热作用而无损伤的一次电流有效值。

电压互感器的准确度等级和允许误差　　　　　　　　　表 2-43

| 准确度等级 | 一次电压为额定电压的百分数（%） | 允许偏差 | | 负载导纳为额定导纳的百分数（%） |
|---|---|---|---|---|
| | | 比差（%） | 角差分 | |
| 0.01 | 20 | ±0.030 | ±1.0 | |
| | 50 | ±0.015 | ±0.5 | |
| | 80～120 | ±0.010 | ±0.3 | |
| 0.02 | 20 | ±0.060 | ±2.0 | |
| | 50 | ±0.030 | ±1.0 | |
| | 80～120 | ±0.020 | ±0.6 | |
| 0.05 | 20 | ±0.015 | ±6.0 | |
| | 50 | ±0.075 | ±3.0 | |
| | 80～120 | ±0.050 | ±2.0 | |
| 0.10 | 20 | ±0.300 | ±15.0 | 25～100 |
| | 50 | ±0.015 | ±7.5 | |
| | 80～120 | ±0.010 | ±5.0 | |
| 0.20 | 20 | ±0.600 | ±30.0 | |
| | 50 | ±0.300 | ±15.0 | |
| | 80～120 | ±0.200 | ±10.0 | |
| 0.50 | 85～115 | ±5.0 | ±20.0 | |
| 1.00 | 85～115 | ±1.0 | ±40.0 | |
| 3.00 | 85～115 | ±3.0 | 不规定 | |

注：电压互感器的实际误差曲线，应不超过表列各允许误差点所连成的折线范围。

电流互感器的准确度等级和允许误差　　　　　　　　　表 2-44

| 准确度等级 | 一次电流为额定电流的百分率（%） | 允许误差 | | 负载阻抗为额定值的百分率（%） | 准确度等级 | 一次电流为额定电流的百分率（%） | 允许误差 | | 负载阻抗为额定值的百分率（%） |
|---|---|---|---|---|---|---|---|---|---|
| | | 比差（%） | 角差分 | | | | 比差（%） | 角差分 | |
| 0.01 | 10～120 | ±0.01 | ±0.3 | 25～100 | 0.5 | 10 | ±1 | ±60 | 25～100 |
| 0.02 | | ±0.02 | ±0.6 | | | 20 | ±0.75 | ±45 | |
| 0.05 | | ±0.05 | ±2 | | | 100～120 | ±0.5 | ±30 | |
| 0.1 | 10 | ±0.25 | ±10 | | 1 | 10 | ±2 | ±120 | |
| | 20 | ±0.20 | ±8 | | | 20 | ±1.5 | ±90 | |
| | 50 | ±0.15 | ±7 | | | 100～120 | ±1 | ±60 | |
| | 100～120 | ±0.1 | ±5 | | | | | | |
| 0.2 | 10 | ±0.5 | ±20 | | 3 | 50～120 | ±3 | 不规定 | |
| | 20 | ±0.35 | ±15 | | | | | | |
| | 50 | ±0.3 | ±13 | | 10 | 50～120 | ±10 | | |
| | 100～120 | ±0.2 | ±10 | | | | | | |

注：电流互感器的实际误差曲线，应不超过表列各允许误差点所连成的折线范围。

　　6）额定动稳定电流峰值。指在一次线路发生短路时，互感器所能承受住而无机械损伤的最大一次电流峰值。一般为热稳定电流的 2.55 倍。

　　（3）互感器的选用原则

1）电压互感器的选用原则

① 电压的选择。电压互感器的额定一次电压应与安装地点电网的额定电压相对应，额定二次电压一般为100V（或$100/\sqrt{3}\,V$）。

② 按准确度等级要求选择。电压互感器的二次负荷$S_2$不得大于规定准确度等级所要求的额定二次容量$S_{2N}$，即$S_{2N} \geqslant S_2$。

$$S_2 = \sqrt{(\sum P_u)^2 + (\sum Q_u)^2}$$
$$\sum P_u = \sum (S_u \cos\varphi)$$
$$\sum Q_u = \sum (S_u \sin\varphi)$$

式中　$\sum P_u$——仪表、继电器电压线圈消耗的总有功功率；

　　　$\sum Q_u$——仪表、继电器电压线圈消耗的总无功功率。

计算各相负荷时，应注意连接方式，如图2-41所示。当互感器与负荷接线方式不一致时，可参考表2-45进行计算。

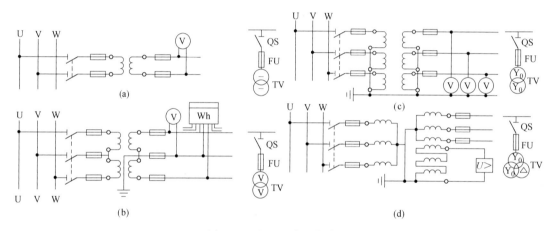

图 2-41　电压互感器接线图

（a）一台单相电压互感器；（b）两台单相构成V/V接线形式；（c）三台单相电压
互感器构成YNyn接线形式；（d）三台单相三绕组电压互感器构成YNynd0接线形式

电压互感器二次绕组负荷计算公式　　　　　　　　　　　　　　　　表 2-45

| 接线 | （图示） | | （图示） | |
|---|---|---|---|---|
| U | $P_U = [S_{UV}\cos(\varphi_{UV} - 30°)]/\sqrt{3}$ $Q_U = [S_{UV}\sin(\varphi_{UV} - 30°)]/\sqrt{3}$ | | UV | $P_{UV} = \sqrt{3}S\cos(\varphi + 30°)$ $Q_{UV} = \sqrt{3}S\sin(\varphi + 30°)$ |
| V | $P_V = [S_{UV}\cos(\varphi_{UV} + 30°) + S_{VW}\cos(\varphi_{VW} - 30°)]/\sqrt{3}$ $Q_V = [S_{UV}\sin(\varphi_{UV} + 30°) + S_{VW}\sin(\varphi_{vw} - 30°)]/\sqrt{3}$ | | VW | $P_{VW} = \sqrt{3}S\cos(\varphi - 30°)$ $Q_{VW} = \sqrt{3}S\sin(\varphi - 30°)$ |
| W | $P_W = [S_{VW}\cos(\varphi_{VW} + 30°)]/\sqrt{3}$ $Q_W = [S_{VW}\sin(\varphi_{VW} + 30°)]/\sqrt{3}$ | | | |

③ 不需进行短路动、热稳定校验。

④ 仪表与配套的电压互感器的准确度等级见表 2-46。

准确度等级的配套　　　　　　　　表 2-46

| 指示仪表 | | 计量仪表 | | TV 准确度等级 |
|---|---|---|---|---|
| 仪表准确度等级 | TV 准确度等级 | 有功电能表 | 无功电能表 | |
| 0.5 | 0.5 | 0.5 | 2.0 | 0.2 |
| 1.0 | 0.5 | 1.0 | 2.0 | 0.5 |
| 1.5 | 1.0 | 2.0 | 2.0 | 0.5 |
| 2.5 | 1.0 | 同回路的无功电能表与有功电能表共用同等级 TV | | |

2）电流互感器的选用原则

① 额定电压应不得低于装设地点电路的额定电压。

② 额定一次电流不应小于电路中的计算电流。

a. 测量表计回路电流选择。测量表计回路用的电流互感器选择应考虑其额定一次电流，应使正常负荷下仪表指示在刻度标尺的 2/3 以上，并考虑过负荷运行时有适当的指示，即：

$$I_1 \geq 1.25 I_N$$

式中　$I_1$——电流互感器的一次电流；

　　　$I_N$——发电机或变压器的额定电流，对线路应取最大负荷电流。

对直接启动电动机应选用 $I_1 > 1.5 I_N$。

b. 继电保护用电流互感器的电流选择。当保护与测量仪表共用一组电流互感器时，只能选用相同的额定一次电流。当电流互感器单独用于保护回路时，其电流应大于该电气主设备可能出现的最大长期负荷电流；对 Yd 接线的变压器差动回路，需计算使所选用的两侧电流互感器在变压器以额定容量运行时，其两侧电流互感器的二次侧的二次电流能使差动继电器达到平衡，一般将 Y 侧的电流互感器的额定一次电流增大 $\sqrt{3}$ 倍。

表 2-47 列出了国产电流互感器的额定一次电压及电流等级。

电流互感器额定一次电压及电流等级　　　　　　表 2-47

| 额定电压等级(kV) | 0.5、10、15、20、35、60、110、220、330、500 |
|---|---|
| 额定电流等级(kA) | 5、10、15、20、30、40、50、75、100、150、200、300、400、500、600、800、1000、1200、1500、2000、3000、4000、5000、6000、8000、10000、12000、15000、20000、25000 |

（4）按准确度等级选择

准确度等级选择应符合下列要求：

1）与仪表连接的电流互感器 TA 应不低于表 2-48 中要求。

2）用于电能测量的互感器的准确级：

① 0.5 级有功电能表应配用 0.2 级互感器；

② 1.0 级有功电能表及 2.0 级无功电能表应配用 0.5 级互感器；

③ 2.0 级有功电能表及 3.0 级无功电能表应配用 1.0 级互感器。

3）一般保护用互感器可用 3 级，差动、距离及高频保护用互感器应用 0.5 级（或 D级），零序接地保护可用专用的电流互感器。

**仪表与配套的 TA 准确度等级** 表 2-48

| 指示仪表 | | | 计量仪表 | | |
|---|---|---|---|---|---|
| | | | 仪表准确度等级 | | |
| 仪表准确度等级 | TA 准确度等级 | 辅助 TA 准确度等级 | 有功电能表 | 无功电能表 | TA 准确度等级 |
| 0.5 | 0.5 | 0.2 | 0.2 | 1.0 | 0.1 |
| 1.0 | 0.5 | 0.2 | 0.5 | 2.0 | 0.2 或 0.2s |
| 1.5 | 1.0 | 0.2 | 1.0 | 2.0 | 0.5 或 0.5s |
| 2.5 | 1.0 | 0.5 | 2.0 | 3.0 | 0.5 或 0.5s |

注：1. s 指特殊用途类，用于工作电流变化范围较大的计算仪表。

2. 无功电能表一般与回路有功电能表采用同一等级 TA。

4）二次负荷 $S_2$ 不得大于额定准确度要求的额定二次负荷，即：$S_{2N} \geqslant S_2$

二次负荷 $S_2$ 可由公式计算：$S_2 \approx \sum S_i + I_{2N}^2 (R_{wl} + R_{xc})$

$$R_{wl} = l / \gamma A$$

式中    $S_i$——仪表、继电器在 $I_{2N}$ 时的功率损耗（查产品样本），W；

     $R_{wl}$——连接导线电阻，Ω；

     $l$——二次电路计算长度，m；

     $\gamma$——导线电导率，53m/(Ω·mm²)；

     $A$——导线截面积，mm²；

     $R_{xc}$——二次回路接头的接触电阻（近似取 0.1Ω），Ω。

对于继电保护用的电流互感器，它和测量仪表用的电流互感器要求是不同的，后者要求在全部测量范围内都必须满足准确度要求。而前者则要求在故障电流下必须有一定的准确度，根据运算校验和理论分析，其变比误差不超过 ±10%，角差不得超过 7°，制造厂按上述条件下允许的各一次电流倍数和相应的二次负荷绘成一条曲线（称为 10%误差曲线）用户根据此曲线选择，使相应的一次电流倍数和二次负荷的交点在曲线以下，如图 2-42 所示。

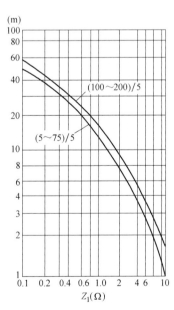

图 2-42 LGC 型电流互感器 10%误差曲线

（5）互感器在安装中应注意的事项

1）电压互感器在安装中应注意的事项

① 电压互感器的一、二次侧必须加熔断器保护，以防止发生短路而烧毁互感器，影响一次电路的正常运行。

② 电压互感器的二次侧有一端必须接地，以防止一次侧高压在绝缘击穿时窜入二次侧而危及人身和设备的安全。

③ 在连接时，应注意端子的极性（即同名端相连），如果接错，则可能发生事故。

2）电流互感器在安装中应注意的事项

① 电流互感器二次侧在工作时不得开路，否则由于励磁电流增大到一次电流使励磁安匝数（磁动势）剧增，

而导致铁芯过热而烧毁互感器；同时在二次绕组（匝数多）中感应出过电压，危及人身和设备安全，为此二次侧不允许串接熔断器和开关。

② 二次侧有一端应接地。

③ 连接时应注意极性（即 P1S1 及 P2S2 为同名端），如果端子极性搞错，则所接仪表、继电器中的电流就不是预计的电流，甚至引起事故。

# 第三节　配电装置的使用

## 一、配电装置的使用规定

（1）施工现场临时用电工程的各级配电箱箱门内侧、外侧均应有名称、用途、回路标识、联系人、联系方式及二次电气系统接线图，以便作业人员使用和专业人员电工维修，避免使用和维修过程误操作。

符合《建筑与市政工程施工现场临时用电安全技术标准》JGJ/T 46—2024：

第 4.3.1 条　配电箱、开关箱应有名称、用途、分路标识及系统接线图。

（2）施工现场临时用电工程各级配电箱均应配锁，所由专业人员电工负责开启和关闭上锁、特别是防止事电工人员随意开启配电装置。随意操作断路器，剩余电流动作保护器闭合与断开，造成电动机械设备、手持式电动工具、照明回路误通电、误断电，甚至引发电动机械设备、手持式电动工具、照明回路短路事故的发生。

符合《建筑与市政工程施工现场临时用电安全技术标准》JGJ/T 46—2024：

第 4.3.2 条　配电箱箱门应上锁，并应设置专人负责管理。

（3）电工作业时，必须按规定穿戴个人防护用具，并使用经检测合格的电工工具。对配电装置检修时，应将其上一级相应的电源隔离开关分闸断电，并悬挂"禁止合闸、有人工作"标识牌，设置专业看护，严禁带电作业。

符合《建筑与市政工程施工现场临时用电安全技术标准》JGJ/T 46—2024：

第 4.3.3 条　配电箱、开关箱应定期检查、维修。检查、维修人员应是专业电工；检查、维修时应按规定穿戴绝缘鞋、绝缘手套，使用电工绝缘工具，并应做检查、维修工作记录。

第 4.3.4 条　对配电箱、开关箱进行定期维修、检查时，应将其前一级相应的电源隔离开关分闸断电，设置专人监护，并悬挂"禁止合闸、有人工作"的停电标识牌，不得带电作业。

（4）配电箱送电和停电时，必须严格遵循下列操作流程：

送电操作流程为：总配电箱（配电柜）→分配电箱→开关箱；停电操作流程为：开关箱→分配电箱→总配电箱（配电柜）。

这里所确定的停、送电操作流程符合一般用电系统停、送电操作流程原则，其目的主要是为了尽量保证配电装置中的断路器、剩余电流动作保护器合闸和分闸时属于空载操作，特别是送电时还能实时监控配电系统的工作状况。如发生作业人员触电或电气火灾时，则可就地、就近迅速切断电源。

符合《建筑与市政工程施工现场临时用电安全技术标准》JGJ/T 46—2024：

第4.3.5条  除出现电气故障的紧急情况外，配电箱、开关箱的操作顺序应符合下列规定：

1  送电操作顺序应为：总配电箱→分配电箱→开关箱；

2  停电操作顺序应为：开关箱→分配电箱→总配电箱。

（5）施工现场下班停止工作时，必须将班后不用的配电箱分闸断电并上锁，并应检查配电箱、开关箱内是否有杂物，如有杂物应清理干净，保持配电箱、开关箱内外无污染和杂物。这些规定主要是为了防止相关配电箱电动建筑机械或手持式电动工具控制回路人为误接通，电动建筑机械或手持式电动工具误动作。

符合《建筑与市政工程施工现场临时用电安全技术标准》JGJ/T 46—2024：

第4.3.6条  施工现场停止作业1h以上时，应将动力开关箱断电上锁。

第4.3.8条  配电箱、开关箱内不得放置杂物，并应保持箱体内外整洁。

第4.3.9条  配电箱、开关箱内不得随意拉接其他用电设备。

（6）施工现场临时用电的配电箱、开关箱应设置在电动建筑机械、手持式电动工具或作业照明区域的附近，配电箱应安装牢固、稳定、端正，并与地面之间保持适宜的安装高度。

符合《建筑与市政工程施工现场临时用电安全技术标准》JGJ/T 46—2024：

第4.1.7条  配电箱、开关箱应装设端正、牢固。固定式配电箱、开关箱的中心点与地面的垂直距离应为1.4m～1.6m。移动式配电箱、开关箱应装设在坚固、水平的支架上，其中心点与地面的垂直距离宜为0.8m～1.6m。

第4.3.11条  配电箱、开关箱的电器进出线端子不得承受外力，不得与金属尖锐断口、强腐蚀介质和易燃易爆物接触。

（7）施工现场临时用电配电箱、开关箱内配置的电器元件和接线严禁随意改动，并不得随意连接其他电动建筑机械、手持式电动工具或作业照明灯具回路线缆，配电箱、开关箱的进出电缆不得承受自身重力，应用线卡或尼龙绑扎带固定。这里所谓"严禁随意改动"是指配电箱、开关箱内电器元件规格型号和接线形式已经按施工现场临时用电工程组织设计加工定制、安装调试，使用和维修过程中必须保持不变。而"随意连接其他电动建筑机械、手持式电动工具或作业照明灯具"等于破坏"三级配电系统，二级剩余电流动作保护"。

符合《建筑与市政工程施工现场临时用电安全技术标准》JGJ/T 46—2024：

第4.3.10条  配电箱、开关箱内的电器配置和接线不得随意改动。熔断器熔体更换时，不得采用不符合原规格的熔体代替。剩余电流动作保护器每天使用前应启动剩余电流试验按钮试跳一次，试跳不正常时不得继续使用。

（8）剩余电流动作保护器（简称RCD）作为一种保护电器，是防止人身电击、线缆火灾及电气设备损坏的有效设施。施工现场临时用电配电箱、开关箱内配置的剩余电流动作保护器应在每天使用前，由专业人员电工启动剩余电流动作保护器试验按钮，人为跳闸的方式进行试验。这种方式，只能检测该保护器的机械操作机构能否正常动作，不能检测其电气装置是否正常工作。

为检验剩余电流装置在运行中的动作特性及其变化，运行管理者应配置专用测试仪器，并应定期进行动作特性试验。功作特性试验项目：

1）测试剩余动作电流值；

2）测试分断时间；

3）测试极限不驱动时间。

电子式 RCD，根据电子元器件有效工作寿命，工作年限一般为 6 年。超过规定年限应进行全面检测，根据检测结果，决定可否继续运行。

因各种原因停运的 RCD 再次使用前，应进行动作特性试验，检查装置的动作情况是否正常。

RCD 进行动作特性试验时，应使用经国家有关部门检测合格的专用测试设备，由专业人员进行。严禁和用相线直接对地短路或利用动物作为试验物的方法。

符合《建筑与市政工程施工现场临时用电安全技术标准》JGJ/T 46—2024：

第 4.3.10 条 配电箱、开关箱内的电器配置和接线不得随意改动。熔断器熔体更换时，不得采用不符合原规格的熔体代替。剩余电流动作保护器每天使用前应启动剩余电流试验按钮试跳一次，试跳不正常时不得继续使用。

## 二、配电装置的维护

（1）配电装置的设置场所应保持干燥、通风、常温，应及时清除周围易燃易爆物，周围无积水、杂草，无码放建筑加工构件、建筑周转材料等，并留有足够二人同时作业的空间和通道。

（2）配电装置内不得放置更换下来的电器元件、导线等其他杂物，箱体内外保持清洁、无污染，箱门锁紧。如周围处于高空坠物的危害环境时，应搭设防护棚进行保护。

（3）配电装置的电器元件端子接线处无松动和电弧烧毁痕迹，进、出端电缆相线、中性线、接地保护线绝缘层颜色正确，采取固定和保护措施防止受自身重力和机械损伤，埋地电缆引出地面以上部分穿保护管保护。

（4）配电装置定期检查、维修时，应将其前一级相应的断路器分断电源，并悬挂"严禁合闸、有人作业"标识牌，严禁带电作业。停、送电必须由专人看护。检查、维修人员应为专业电工，并穿戴个人防护用品，使用合格的电工工具。

（5）配电装置内更换电器元件时，应与原电器元件规格、型号保持一致，不得使用与原规格、型号不一致的电器元件。电器元件端子处连接导线均应外套加强绝缘管，剩余电流动作保护器试验按钮动作灵敏可靠。

## 三、配电装置的安全技术管理

为了确保施工现场临时用电配电箱、开关箱安全可靠地工作，需对配电箱、开关箱采取有效的措施：

（1）完善优化施工现场临时用电工程组织设计。在对施工现场临时用电工程进行组织设计前，必须要对临电工程组织设计（或专项施工方案）涉及的变压器、配电室、配电线路、配电装置、接地保护系统、防雷接地保护系统等进行实地踏勘，对收集到的相关信息进行设备负荷计算和方案优化，对施工现场存在的不利因素进行研讨。要尽可能地对施工现场施工区（电动建筑机械、手持式电动工具、照明）、办公区（办公设备、空调、照明）、生活区（食品加工设备、空调、卫浴、照明）范围覆盖。依据设备计算负荷设计配电系统（选择电线、电缆、配电装置、接地类型），绘制临时用电工程图纸（施工现场临时用电工程总平面布置图、配电装置布置图、配电系统接线图），制定施工现场临时用电安全技术措施，制定施工现场临时用电防火措施。

（2）配电箱、开关箱箱体材料应作合理选择，一般应优先考虑选用具有一定强度的钢板。因钢板加工的配电箱箱体比木质加工的配电箱箱体具有较高的机械强度，能承受一定的高处坠落、物体打击、机械伤害。同时，冷轧钢板配电箱、开关箱便于做整体保护性接地保护或接零保护。也可以选用绝缘材料制作，绝缘材料加工的配电箱箱体、开关箱箱体应具有良好的绝缘性能。这些能够防止因剩余电流造成的电击事故。木质加工定制的配电箱、开关箱不仅其机械强度差，而且容易因潮湿环境而降低其绝缘性能。所以对施工现场临时用电来说，户外的配电箱箱体、开关箱箱体不宜采用木质材料加工定制。

（3）配电箱（柜）、开关箱是经常接通、分断控制电源的电气装置，其内部电器元件能否正常动作与其所处工作位置是否正确关系甚大。因此，配电箱（柜）和开关箱的箱体以及其内部的开关电器应按照设计图纸的要求订制加工。配电箱（柜）、开关箱内装设的电器元件外观应无损伤，电器元件规格型号符合图纸要求。配电箱（柜）内的电器元件、仪表安装应牢固，布局合理，横平竖直。电气间隙、爬电距离应符合国家产品标准规定。箱内配线整齐、牢固，导线绝缘层颜色正确，电器元件接线端子与导线截面匹配，连接牢固，二次多芯软铜导线截面不应小于 $2.5mm^2$。

（4）配电箱、开关箱及其内部电器元件所有正常不带电的金属部件均应作可靠的保护接地，以确保在任何漏电的情况下，铁质配电箱、开关箱箱体及其内部的所有正常不带电的金属部件为零电位。这对于因漏电而造成的意外触电是十分重要。为了明晰起见，保护接地导体（PE）绝缘层颜色应为绿黄组合色，中性导体（N）绝缘层颜色应为淡蓝色，严禁混淆。配电箱（柜）内分别设置中性导体（N）汇流排和保护接地导体（PE）汇流排，中性导体（N）与中性导体（N）汇流排连接、保护接地导体（PE）与保护接地导体（PE）汇流排连接，且标识清晰。配电箱（柜）箱门装有电器元件时，箱门内侧用裸铜软编织线与保护接地导体（PE）汇流排做可靠连接。

（5）配电箱、开关箱箱体内电器元件端子的导线进、出口处易触电，因带电线缆绝缘层损坏，发生外露可导电部分金属外壳短路事故。因此，在电器元件端子处连接的进、出口线缆时，应在线缆的进、出口处套加强绝缘套管，并用线卡将导线卡固，同时为了施工现场临时用电工程标准化管理，所有进、出线缆一律设在箱体的下面，不应当设在配电箱、开关箱的上面和侧面。配电箱箱门关闭时，内部防护等级不应低于 IP44；箱门敞开时，内部防护等级不应低于 IP21。

（6）配电箱、开关箱的安装高度应遵循人体工程学的原理，距地面安装过高，操作、维修不便；距地面安装过低，冬雨季节易受地面积雪、积水的侵入。通常，对于户外固定式配电箱、开关箱来说，其下底面安装高度以 1.3～1.5m 为宜，对于户外移动式配电箱、开关箱来说，其下底的安装高度以 0.6～1.5m 为宜。配电箱、开关箱的进出导线不得承受超过导线自重的重力，以防止电器元件端子线缆连接处长期受到拉力的影响。配电箱、开关箱安装端正、牢固，对于移动式配电箱、开关箱来说，则应将其箱体牢固装设在坚实、稳定的支架上。在任何情况下，配电箱、开关箱及其内部开关电器元件的安装也不得松动和歪斜，更不准将配电箱、开关箱置于地面随意拖拉。

（7）配电箱、开关箱上的配电盘电器元件端子处的连接导线应采用绝缘电线或电缆，电线或电缆接头应采用专用连接附件连接，电线或电缆的连接处应做绝缘处理不得有外露可导电部分。这是因为配电箱、开关箱内的电器元件和线缆都是经常带电工作的，采用裸导体或绝缘差的导体显然是很危险的。另外，线缆接头，尤其是铜芯电缆导线接头松动，因接触电阻阻值高则在接头处发热，使接头绝缘层烧毁，导致对地短路故障。

（8）施工现场临时用电工程布置并投入运行后，施工现场临时用电的配电装置、配电线路的检修工作应该由电工负责，严格执行《建筑与市政工程施工现场临时用电安全技术标准》JGJ/T 46—2024：

第4.3.4条　对配电箱、开关箱进行定期维修、检查时，应将其前一级相应的电源隔离开关分闸断电，并悬挂"禁止合闸、有人工作"停电标识牌，不得带电作业。

第10.2.1条　电工应经职业资格考试合格后，持证上岗工作；其他用电人员应通过相关安全教育培训和技术交底，考核合格后方可上岗工作。

第10.2.2条　安装、巡检、维修临时用电设备和线路，应由电工完成，并应设专人监护。

第10.2.3条　各类用电人员应掌握安全用电基本知识和所用设备的性能，并应符合下列规定：

1　使用电气设备前应按规定穿戴和配备好相应的劳动防护用品，并应检查电气装置和保护设施，不得使设备带"缺陷"运转；

2　保管和维护所用设备，发现隐患应及时报告解决；

3　暂时停用设备的开关箱，应分断电源隔离开关，并关门上锁；

4　移动电气设备时，应经电工切断电源并做妥善处理后进行。

施工现场配电装置、配电线路检修时要注意做好停电工作，办理相关停电检修的手续。配电箱、开关箱进行检修时，送电操作流程为：总配电箱→分配电箱→开关箱；停电操作流程为：开关箱→分配电箱→总配电箱。架空线路验电流程为：先下层→后上层；先低压→后高压。

# 第三章　配电室及自备柴油发电机组

施工现场临时用电工程的电源主要是来自施工现场配电室（或自备柴油发电机组），一旦施工现场配电室停止供电，就会启动自备柴油发电机组。本章将依据《建筑与市政工程施工现场临时用电安全技术标准》JGJ/T 46—2024 的相关规定，重点讲解配电室、自备柴油发电机组等两个方面的内容。

## 第一节　配　电　室

### 一、配电室的位置及布置

配电室是施工现场临时用电的动力枢纽。配电室内装设低压配电柜（箱）等电气设备，一旦发生事故，不仅影响施工生产，还可能导致火灾和人身伤害事故的发生。

**1. 配电室的位置**

通常配电室的选择应根据施工现场负荷的类型、大小和分布特点、环境特征等进行如下综合考虑：

（1）宜接近负荷中心；

（2）宜接近电源侧；

（3）应方便进出线；

（4）应方便设备运输；

（5）不应设在有剧烈振动或高温的场所；

（6）不宜设在多尘或有腐蚀性物质的场所，当无法远离时，不应设在污染源盛行风向的下风侧，或应采取有效的防护措施；

（7）不应设在厕所、浴室、厨房或其他经常积水场所的正下方处，也不宜设在与上述场所相贴邻的地方，当贴邻时，相邻的隔墙应做无渗漏、无结露的防水处理；

（8）当与有爆炸或火灾危险的建筑物毗连时，变电所的所址应符合现行国家标准《爆炸危险环境电力装置设计规范》GB 50058 的有关规定；

（9）不应设在地势低洼和可能积水的场所；

（10）不宜设在对防电磁干扰有较高要求的设备机房的正上方、正下方或与其贴邻的场所，当需要设在上述场所时，应采取防电磁干扰的措施；

（11）满足《建筑与市政工程施工现场临时用电安全技术标准》JGJ/T 46—2024：

第5.1.1条　配电室应靠近电源，宜靠近负荷中心，并应设在灰尘少、潮气少、振动小、无腐蚀介质、无易燃易爆物及道路畅通的地方。

**2. 配电室建筑结构**

配电室的耐火等级不应低于三级，配电室直接通向室外的门应为丙级防火门，配电室的通风窗应采用非燃烧材料，室内配置砂箱和可用于扑灭电气火灾的消防器材，地操作通道铺设橡胶绝缘垫。配电室的门向外开启，并配锁。配电室的照明分别设置正常照明和应急照明，并应满足《建筑与市政工程施工现场临时用电安全技术标准》JGJ/T 46—2024:

第5.1.2条　成列的配电柜和控制柜两端应与保护接地导体（PE）做电气连接。配电室内配电柜的操作通道应铺设橡胶绝缘垫。

第5.1.3条　配电室和控制室应设置通风设施或空调设施，并应采取防止雨雪侵入和小动物进入的措施。

第5.1.4条　配电室布置应符合下列规定：

10　配电室的建筑物和构筑物的耐火等级不应低于3级，室内应配置砂箱和可用于扑灭电气火灾的消防器材；

11　配电室的门应向外开启，并应配锁。

第5.1.9条　配电室应保持整洁，不得堆放任何妨碍操作、维修的杂物。

**3. 配电室配电设备布置**

（1）室内、外配电装置的最小电气安全净距应符合表3-1的规定。

室内、外配电装置的最小电气安全净距（mm）　　　　表3-1

| 监控项目 | 场所 | 额定电压(kV) | | | | | | 符号 |
|---|---|---|---|---|---|---|---|---|
| | | ≤1 | 3 | 6 | 10 | 15 | 20 | |
| 无遮栏裸带电部分至地（楼）面之间 | 室内 | 2500 | 2500 | 2500 | 2500 | 2500 | 2500 | — |
| | 室外 | 2500 | 2700 | 2700 | 2700 | 2800 | 2800 | |
| 裸带电部分至接地部分和不同的裸带电部分之间 | 室内 | 20 | 75 | 100 | 125 | 150 | 180 | A |
| | 室外 | 75 | 200 | 200 | 200 | 300 | 300 | |
| 距地面2500mm以下的遮栏防护等级为IP2X时，裸带电部分与遮护物间水平净距 | 室内 | 100 | 175 | 200 | 225 | 250 | 280 | B |
| | 室外 | 175 | 300 | 300 | 300 | 400 | 400 | |
| 不同时停电检修的无遮栏裸导体之间的水平距离 | 室内 | 1875 | 1875 | 1900 | 1925 | 1950 | 1980 | — |
| | 室外 | 2000 | 2200 | 2200 | 2200 | 2300 | 2300 | |
| 裸带电部分至无孔固定遮栏 | 室内 | 50 | 105 | 130 | 155 | — | — | — |
| 裸带电部分至用钥匙或工具才能打开或拆卸的栅栏 | 室内 | 800 | 825 | 850 | 875 | 900 | 930 | C |
| | 室外 | 825 | 950 | 950 | 950 | 1050 | 1050 | |
| 高低压引出线的套管至户外通道地面 | 室外 | 3650 | 4000 | 4000 | 4000 | 4000 | 4000 | — |

注：1. 海拔高度超过1000m时，表中符号A后的数值应按每升高100m增大1%进行修正，符号B、C后的数值应加上符号A的修正值；

2. 裸带电部分的遮栏高度不小于2.2m。

（2）露天或半露天变电所的变压器四周应设高度不低于1.8m的固定围栏或围墙，变压器外廓与围栏或围墙的净距不应小于0.8m，变压器底部距地面不应小于0.3m。油重小于1000kg的相邻油浸变压器外廓之间的净距、不应小于1.5m；油重1000～2500kg的相邻油浸变压器外廓之间的净距不应小于 3.0m；油重大于 2500kg 的相邻油浸变压器外廓之间的净距不应小于 5m；当不能满足上述要求时，应设置防火墙。

（3）当露天或半露天变压器供给一级负荷用电时，相邻油浸变压器的净距不应小于 5m；当小于 5m 时，应设置防火墙。

（4）油浸变压器外廓与变压器室墙壁和门的最小净距，应符合表 3-2 的规定。

油浸变压器外廓与变压器室墙壁和门的最小净距（mm）　　　表 3-2

| 变压器容量(kVA) | 100~1000 | 1250 及以上 |
|---|---|---|
| 变压器外廓与后壁、侧壁 | 600 | 800 |
| 变压器外廓与门 | 800 | 1000 |

注：不考虑室内油浸变压器的就地检修。

（5）设置在变电所内的非封闭式干式变压器，应装设高度不低于 1.8m 的固定围栏，围栏网孔不应大于 40mm×40mm。变压器的外廓与围栏的净距不宜小于 0.6m，变压器之间的净距不应小于 1.0m。

（6）配电装置的长度大于 6m 时，其柜（屏）后通道应设两个出口，当低压配电装置两个出口间的距离超过 15m 时应增加出口。

（7）高压配电室内成排布置的高压配电装置，其各种通道的最小宽度，应符合表 3-3 的规定。

高压配电室内各种通道的最小宽度（mm）　　　表 3-3

| 开关柜布置方式 | 柜后维护通道 | 柜前操作通道 | |
|---|---|---|---|
| | | 固定式开关柜 | 移开式开关柜 |
| 单排布置 | 800 | 1500 | 单手车长度+1200 |
| 双排面对面布置 | 800 | 2000 | 双手车长度+900 |
| 双排背对背布置 | 1000 | 1500 | 单手车长度+1200 |

注：1. 固定式开关柜为靠墙布置时，柜后与墙净距应大于 50mm，侧面与墙净距宜大于 200mm；
　　2. 通道宽度在建筑物的墙面有柱类局部凸出时，凸出部位的通道宽度可减少 200mm；
　　3. 当开关柜侧面需设置通道时，通道宽度不应小于 800mm；
　　4. 对全绝缘密封式成套配电装置，可根据厂家安装使用说明书减少通道宽度。

（8）配电室内配电设备的布置应符合下列规定：

1）落地式配电箱的底部应抬高，高出地面的高度室内不应低于 50mm，其底座周围应采取封闭措施，并应能防止鼠、蛇类等小动物进入箱内。

2）同一配电室内相邻的两端母线，当任一段母线有一级负荷时，相邻两段母线之间应采取防火措施。

3）高压及低压配电设备设在同一室内，且两者有一侧柜顶有裸露的母线时，两者之间的净距不应小于 2m。

4）当防护等级不低于现行国家标准《外壳防护等级（IP 代码）》GB 4208 规定的 IP2X 级时，成排布置的配电柜通道最小宽度应符合表 3-4 的规定。

5）配电室通道上方裸带电体距地面的高度不应低于 2.5m；当低于 2.5m 时，应设置不低于现行国家标准《外壳防护等级（IP 代码）》GB 4208 规定的 IPXXC 级或 IP2X 级的遮栏或外护物，遮栏或外护物底部距地面的高度不应低于 2.2m。

**成排布置的配电屏通道最小宽度（m）**  表 3-4

| 配电屏种类 | | 单排布置 | | | 双排面对面布置 | | | 双排背对背布置 | | | 多排同向布置 | | | 屏侧通道 |
|---|---|---|---|---|---|---|---|---|---|---|---|---|---|---|
| | | 屏前 | 屏后 | | 屏前 | 屏后 | | 屏前 | 屏后 | | 屏间 | 前、后排屏距墙 | | |
| | | | 维护 | 操作 | | 维护 | 操作 | | 维护 | 操作 | | 前排屏前 | 后排屏后 | |
| 固定式 | 不受限制时 | 1.5 | 1.0 | 1.2 | 2.0 | 1.0 | 1.2 | 1.5 | 1.5 | 2.0 | 2.0 | 1.5 | 1.0 | 1.0 |
| | 受限制时 | 1.3 | 0.8 | 1.2 | 1.8 | 0.8 | 1.2 | 1.3 | 1.3 | 2.0 | 1.8 | 1.3 | 0.8 | 0.8 |
| 抽屉式 | 不受限制时 | 1.8 | 1.0 | 1.2 | 2.3 | 1.0 | 1.2 | 1.8 | 1.0 | 2.0 | 2.3 | 1.8 | 1.0 | 1.0 |
| | 受限制时 | 1.6 | 0.8 | 1.2 | 2.1 | 0.8 | 1.2 | 1.6 | 0.8 | 2.0 | 2.1 | 1.6 | 0.8 | 0.8 |

注：1. 受限制时是指受到建筑平面的限制、通道内有柱等局部突出物的限制；

2. 屏后操作通道是指需在屏后操作运行中的开关设备的通道；

3. 背靠背布置时屏前通道宽度可按本表中双排对背布置的屏前尺寸确定；

4. 控制屏、控制柜、落地式动力配电箱前后的通道最小宽度可按本表确定；

5. 挂墙式配电箱的箱前操作通道宽度，不宜小于 1m。

（9）配电室内配电柜安装应符合下列规定：

施工现场配电室内成排安装的配电柜与保护接地导体（PE）做电气连接，且不少于两处。配电柜应悬挂标识牌，每台配电柜的编号、各回路的用途填写在标识牌上，便于电工检修和处理回路故障。配电室安装应急照明灯具，配电室内设置值班室或检修室时，值班室或检修室应与配电室隔开，配电室不得存放电缆、临时配电箱等其他物品，保持配电室内整洁。配电柜单列布置或双列面对面布置不应小于 0.8m，配电柜双列背对背布置不应小于 1.5m，配电柜侧面的维护通道宽度不应小于 1m，配电柜上端距顶棚不应小于 0.5m，配电柜应安装计量电表，配电柜内的裸母排应涂刷有色油漆，以标识相序，如图 3-1、图 3-2 所示。

满足《建筑与市政工程施工现场临时用电安全技术标准》JGJ/T 46—2024：

第 5.1.2 条 成列的配电柜和控制柜两端应与保护接地导体（PE）做电气连接。配电室内配电柜的操作通道应铺设橡胶绝缘垫。

第 5.1.4 条 配电室布置应符合下列规定：

1 配电柜正面的操作通道宽度，单列布置或双列背对背布置不应小于 1.5m，双列面对面布置不应小于 2m；

2 配电柜后面的维护通道宽度，单列布置或双列面对面布置不应小于 0.8m，双列背对背布置不应小于 1.5m；个别有结构凸出的部位，通道宽度可减少 0.2m；

3 配电柜侧面的维护通道宽度不应小于 1m；

4 配电室顶棚至地面的距离不应小于 3m；

5 配电室内设置值班室或检修室时，值班室或检修室边缘至配电柜的水平距离应大于 1m，并采取屏障隔离；

6 配电室内的裸母线至地面的垂直距离不大于 2.5m 时，应采用遮栏隔离，遮栏或外护物底部距地面的高度不应小于 2.2m；

7 配电室围栏上端与其正上方带电部分的净距不应小于 0.075m；

8 配电装置上端距顶棚不应小于 0.5m；

9 配电室内的裸母线应涂刷有色油漆，以标识相序；以柜正面方向为基准，其涂色应符合表5.1.4规定；

表5.1.4 裸母线涂色

| 相别 | 颜色 | 垂直排列 | 水平排列 | 引下排列 |
|---|---|---|---|---|
| L₁(A) | 黄 | 上 | 后 | 左 |
| L₂(B) | 绿 | 中 | 中 | 中 |
| L₃(C) | 红 | 下 | 前 | 右 |
| N | 淡蓝 | — | — | — |

12 配电室照明应分别设置正常照明和应急照明。

第5.1.5条 配电柜应装设电度表、电流表、电压表。电流表与计费电度表不得共用一组电流互感器。

第5.1.6条 配电柜应装设电源隔离开关及短路、过负荷、剩余电流动作保护电器。电源隔离开关分断时应有明显可见分断点。剩余电流动作保护器可装设于总配电柜或各分配电柜。配电柜的电器配置与接线应符合总配电箱电器配置与接线的规定。

第5.1.7条 多台配电柜应编号，并应有用途标识。

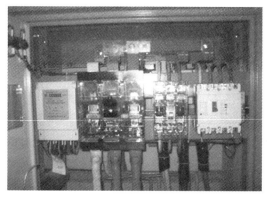

图3-1 配电柜安装计量电表图3-2 裸母排涂色标识

**4. 其他要求**

（1）防水、排水措施：配电室内的电缆沟和电缆室应采取防水、排水措施。

（2）技术资料：配电室应配有低压系统图、检修记录、运行记录等技术资料。

（3）管理制度：配电室应建立并执行各项行之有效的规章制度，例如检修制度、检查制度、防火制度、操作规程等。

（4）标识牌：配电室作业时应悬挂明显标识，并设专人监护，且应满足《建筑与市政工程施工现场临时用电安全技术标准》JGJ/T 46—2024中第5.1.8条规定：配电柜或配电线路停电维修时，应挂接地线，并应悬挂"禁止合闸、有人工作"停电标识牌。停送电应设置专人监护。

## 二、配电室内电气设备安装

### （一）配电室内主接线

（1）配电室的高压及低压母线宜采用单母线或分段单母线接线。当对供电连续性要求很高时，高压母线可采用分段单母线带旁路母线或双母线的接线。

（2）配电室专用电源线的进线开关宜采用断路器或负荷开关-熔断器组合电器。当进线无继电保护和自动装置要求且无须带负荷操作时，可采用隔离开关或隔离触头。

（3）配电室的非专用电源线的进线侧，应装设断路器或负荷开关-熔断器组合电器。

（4）配电室母线的分段开关宜采用断路器；当不需要带负荷操作、无继电保护、无自动装置要求时，可采用隔离开关或隔离触头。

（5）配电室的引出线宜装设断路器。当满足继电保护和操作要求时，也可装设负荷开关-熔断器组合电器。

（6）向频繁操作的高压用电设备供电时，如果采用断路器兼做操作和保护电器，断路器应具有频繁操作性能，也宜采用高压限流熔断器和真空接触器的组合方式。

（7）在架空出线或有电源反馈可能的电缆出线的高压固定式配电装置的馈线回路中，应在线路侧装设隔离开关。

（8）在高压固定式配电装置中采用负荷开关-熔断器组合电器时，应在电源侧装设隔离开关。

（9）接在母线上的避雷器和电压互感器，宜合用一组隔离开关。接在配电室的架空进、出线上的避雷器，可不装设隔离开关。

（10）由地区电网供电的配电室的电源进线处，应设置专用计量柜，装设供计费用的专用电压互感器和电流互感器。

（11）变压器一次侧高压开关的装设应符合下列规定：

1）电源以树干式供电时，应装断路器、负荷开关-熔断器组合电器或跌落式熔断器；

2）电源以放射式供电时，宜装设隔离开关或负荷开关。当变压器安装在本配电所内时，可不装设高压开关。

（12）变压器二次侧电压为 3～10kV 的总开关可采用负荷开关-熔断器组合电器、隔离开关或隔离触头。当有下列情况时应采用断路器：

1）配电出线回路较多；

2）变压器有并列运行要求或需要转换操作；

3）二次侧总开关有继电保护或自动装置要求。

（13）变压器二次侧电压为 1000V 及以下的总开关，宜采用低压断路器。当有继电保护或自动切换电源要求时，低压侧总开关和母线分段开关均应采用低压断路器。

（14）当低压母线为双电源、变压器低压侧总开关和母线分段开关采用低压断路器时，在总开关的出线侧及母线分段开关的两侧，宜装设隔离开关或隔离触头。

（15）有防止不同电源并联运行要求时，来自不同电源的进线低压断路器与母线分段的低压断路器之间应设防止不同电源并联运行的电气连锁。

**（二）变压器安装**

**1. 变压器选型**

施工现场临时用电配电室 0.4kV 的单台变压器的容量不宜大于 1250kVA，当用电设备容量较大、负荷集中且运行合理时，可选用较大容量的变压器。施工现场临时用电主要符合是大型机械设备、手持电工工具、作业面照明、道路照明等，办公区域办公设备、办公室内照明、空调、手机充电器等，生活区域厨房设备、排油烟机、热水器、卫生淋浴器、电视、空调、手机充电器等，按电气负荷分类主要是动力负荷和照明负荷这两大类。施工现场临时用电动力负荷和照明负荷宜共用一台变压器。在低压电网中，施工现场配电室变压器宜选用 D，yn11 接线组别的三相变压器。当施工现场临时用电工程出现下列情况时应考虑设专用变压器：当照明负荷较大或动力和照明采用共用变压器严重影响照明质量及光源寿命时，应设照明专用变压器；单台单相负荷较大时，应设单相变压器；冲击性负荷较大，严重影响电能质量时，应设冲击负荷专用变压器；采用不配出中性线的交流三相中性点不接地系统（IT 系统）时，应设照明专用变压器；采用 660（690）V 交流三相配电系统时，应设照明专用变压器。

**2. 变压器安装**

（1）变压器安装前应根据设计图，核对变压器高、低压侧。

（2）按照设计图纸技术要求，将变压器搬运到配电室内，就位到设计位置。

（3）变压器就位时，应符合距墙及安装维护最小间距及设计要求见表 3-5、图 3-3、图 3-4。

树脂浇铸干式变压器（带和不带外壳）容量、外形尺寸及质量表　　　　表 3-5

| 容量(kVA) | | 200 | 250 | 315 | 400 | 500 | 630 | 800 | 1000 | 1250 | 1600 | 2000 | 2500 |
|---|---|---|---|---|---|---|---|---|---|---|---|---|---|
| 干式变压器不带外壳外形尺寸(mm) | 长($a$) | 1100 | 1120 | 1140 | 1210 | 1260 | 1380 | 1440 | 1500 | 1550 | 1660 | 1670 | 1860 |
| | 宽($b$) | 650 | 750 | 750 | 1000 | 1000 | 1100 | 1150 | 1150 | 1200 | 1200 | 1200 | 1300 |
| | 高($c$) | 1070 | 1130 | 1160 | 1270 | 1360 | 1350 | 1460 | 1520 | 1625 | 1745 | 1770 | 1770 |
| | 参考重量(kg) | 1010 | 1230 | 1340 | 1665 | 1770 | 2355 | 2530 | 2760 | 3510 | 4350 | 4640 | 5680 |
| 干式变压器带外壳外形尺寸(mm) | 长($a$) | 1550 | 1650 | 1750 | 1750 | 1750 | 1850 | 1750 | 1750 | 2050 | 2050 | 2150 | 2250 |
| | 宽($b$) | 750 | 1150 | 1150 | 1150 | 1150 | 1150 | 1300 | 1300 | 1300 | 1550 | 1550 | 1550 |
| | 高($c$) | 1450 | 1450 | 1600 | 1650 | 1750 | 1700 | 1850 | 1750 | 1750 | 2250 | 2300 | 2500 |

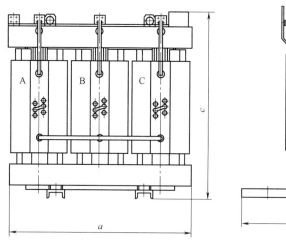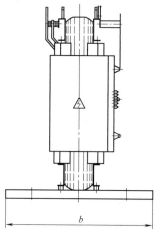

图 3-3　树脂浇铸干式变压器（不带外壳）外形示意图

（4）变压器与封闭母线连接时，其套管中心线应与封闭母线中心线重合；变压器低压侧母排与封闭母线连接应采用软连接过渡。

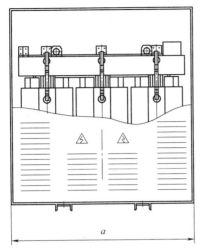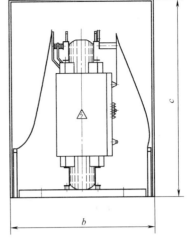

图 3-4  树脂浇铸干式变压器（带外壳）外形示意图

（5）变压器与基础构件间安装，应稳固、防振。

**3. 变压器附件安装**

（1）变压器一（次线）、二次线，中性线母排或导线截面应符合设计要求。

（2）变压器一（次线）、二次导体安装，不应使变压器套管直接承受应力。

（3）变压器中性线、接地线应分别敷设，中性线采用绝缘导线。

（4）靠近变压器中性点的接地回路位置，宜设置一个可拆卸的连接点。

（5）变压器一次电压切换装置各分接点连接线，应正确、紧密、牢固。

**4. 变压器送电试运行**

（1）变压器通电前，高压成套柜、低压成套柜和变压器三个独立单元组合成的箱式变电站高压电气设备部分，通电前，变压器及系统接地的交接试验应合格。

（2）变压器第一次投运全压冲击合闸，受电持续时间不应小于 10min；变压器应进行 3～5 次全压冲击合闸，冲击电流、空载电流、一次电压、二次电压、温度无异常，数据记录应齐全完整。

（3）变压器并列运行前，应核对相位，确保各并列变压器相位一致。

（4）变压器空载运行 24h，无异常情况，方可投入带负荷运行。

（5）当两台或多台箱式变电站互为备用系统时，每台箱式变电站独立试运行合格后，方可通过开关设备将两个独立箱式变电站连接，正常和备用电源切换正常。

（6）保护装置整定值符合规定要求；操作及联动试验正常。

**（三）配电柜安装**

（1）基础型钢的安装应符合下列规定：

1）基础型钢应按设计图纸或设备尺寸制作，其尺寸应与配电柜相符，允许偏差应符合表 3-6 的规定。

2）基础型钢安装后，其顶部宜高出最终地面 10～20mm，如图 3-5、图 3-6 所示。

3）配电柜基础型钢应有明显且不少于两处的可靠接地，配电柜的接地干线应与接地装置连接可靠。

基础型钢安装的允许偏差 表3-6

| 项 目 | 允许偏差 | |
|---|---|---|
| | mm/m | mm/全长 |
| 不直度 | 1.0 | 5.0 |
| 不平度 | 1.0 | 5.0 |
| 不平行度 | — | 5.0 |

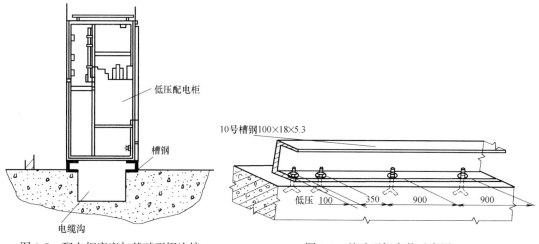

图 3-5 配电柜底座与基础型钢连接

图 3-6 基础型钢安装示意图

（2）配电柜单独或成列安装时，其垂直、水平偏差及盘、柜面偏差和盘、柜间接缝等的允许偏差应符合表3-7的规定。

配电柜安装的允许偏差 表3-7

| 项 目 | | 允许偏差（mm） |
|---|---|---|
| 垂直度（每 m） | | 1.5 |
| 水平偏差 | 相邻两盘顶部 | 2.0 |
| | 成列盘顶部 | 5.0 |
| 盘面偏差 | 相邻两盘边 | 1.0 |
| | 成列盘面 | 5.0 |
| 盘间接缝 | | 2.0 |

（3）装有电器的可开启的门应采用截面不小于 $4mm^2$，且端部压接有终端附件的多股软铜导线与接地的金属构架可靠清晰，标识应明显。

（4）盘、柜内二次回路接地应设接地铜排；静态保护和控制装置屏、柜内部应设有截面不小于 $100mm^2$ 的接地铜排，接地铜排上应预留接地螺栓孔，螺栓孔数量应满足盘、柜内接地线接地的需要；静态保护和控制装置屏、柜接地连接线应采用不小于 $50mm^2$ 的带绝缘铜导线或铜缆与接地装置连接，接地装置设置应符合设计要求。

（5）配电柜上装置的接地端子连接线、电缆铠装及屏蔽接地线应用黄绿绝缘多股接地铜导线与接地铜排相连。电缆铠装的接地线截面宜与芯线截面相同，且不应小于 $4mm^2$，电缆屏蔽层的接地线截面面积应大于屏蔽层截面面积的 2 倍。

# 第二节 自备柴油发电机组

## 一、自备柴油发电机组

### (一) 自备柴油发电机组房

**1. 选址**

(1) 考虑到自备柴油发电机组房的进风、排风、排烟的要求，机房宜设在地上专用机房。如机房设在地下一层时，至少要有一面靠外墙，且最好是在建筑物的背面，以便于处理设备的进出口、通风口和排烟。

(2) 应靠近施工现场的低压配电室，以便于接线，减少线路损耗，同时也便于施工现场临时用电工程的运行管理。

(3) 要便于设备的运输、吊装和检修。

(4) 避开施工现场主要出入口及主要通道，以便大型建筑机械设备的进入，建筑材料的堆放，周转材料的进场与退场。

满足《建筑与市政工程施工现场临时用电安全技术标准》JGJ/T 46—2024：

第5.2.1条 发电机组及其控制、配电、修理室等可分开设置；在保证电气安全距离和满足防火要求情况下可合并设置。

**2. 通风散热**

柴油机、发电机、排烟管在运行时均散发出热量，使室温升高，为了不使室温过高而影响发电机的功效，必须采取机组降温冷却的措施。通常的作法是选用整体式风冷柴油发电机组，将热风通道与机组上的散热器相连，其连接处采用软接头。出风口面积应为散热器面积的1.5倍。当热风通道直接导出室外有困难时，可设置竖井导出。机房要有足够的新风补充，进风口的面积应为散热器面积的1.8倍。进出风口与整体式风冷机组的关系见图3-7。若空气的进、出风口的面积不能满足要求时，需采用机械通风并应进行风量计算。发电机的发热量可按如下进行估算：全封闭机组——取发电机额定功率的0.30～0.35计；半封闭机组——取发电机额定功率的0.50计。

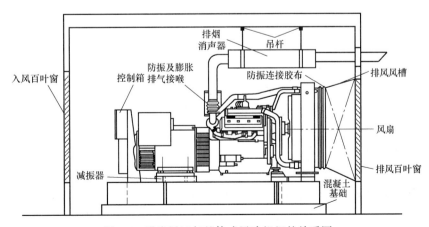

图3-7 进出风口与整体式风冷机组的关系图

**3. 排烟消声**

排烟管路应单独引出，尽量短而直，如必须弯曲时，其弯曲半径要大于排烟管内径的1.5倍。当管子穿墙时应加套管。且应满足《建筑与市政工程施工现场临时用电安全技术标准》JGJ/T 46—2024中第5.2.2条规定：发电机组的排烟管道应伸出室外。发电机组及其控制、配电室内应配置可用于扑灭电气火灾的灭火器，不得存放储油桶。

因排烟口温度约在600℃，故排烟管要采取隔热措施，以减少散热和降低噪声。

为减少机组运行时所产生的噪音和排出的烟气对环境的污染，可采用高空直排或在机房内（或机房外）设置消声消烟池（即封闭小室），如表3-8所示。

机组容量与消声消烟池体积的关系　　　　　表3-8

| 机组容量(kW) | 200 | 250 | 300 | 400 | 500 | 800 | 1000 |
|---|---|---|---|---|---|---|---|
| 消烟池体积(m³) | 3 | 3.5 | 4.5 | 8 | 10 | 14 | 20 |

**4. 燃油及日用油箱**

燃油一般采用"0号"轻柴油。日用油箱的大小按规范需满足3～8h机组运行的燃油量，其日用油箱的容积计算公式：$V = G \times 1/\gamma \times 1/A \times \tau$

式中　$V$——日用油箱的容积，$m^3$；

　　　$G$——柴油机燃油消耗量，kg/h，可从样本上查得。当无资料查找时，可参考如下数据：国产机组耗油量为238～293g/kWh；进口机组耗油量为218g/kWh；

　　　$\gamma$——燃油重度，$kg/m^3$，轻柴油为810～860$kg/m^3$；

　　　$A$——邮箱充满系数，一般情况取0.8；

　　　$\tau$——供油时间，一般情况取3～8h。

**5. 消防**

柴油发电机房的消防要求应满足《建筑与市政工程施工现场临时用电安全技术标准》JGJ/T 46—2024中第5.2.2条规定：发电机组的排烟管道应伸出室外。发电机组及其控制、配电室内应配置可用于扑灭电气火灾的灭火器，不得存放储油桶。

柴油发电机房的消防要求尚应符合下列规定：

（1）柴油发电机房应采用耐火极限不低于2.00h的隔墙和1.50h的楼板与其他部位隔开。

（2）应单独设置储油间，储油量不超过8h需要量，采取防泄、防漏油措施，油箱应有通气管（室外）；储油间应采用防火墙与发电机间隔开。

（3）采用独立防火分隔，单独划分防火分区。

（4）机房外设有消防栓、消防带、消防水枪。

（5）机房内设有油类灭火器干粉灭火器和气体灭火器。

（6）设有醒目严禁烟火安全图标和禁止烟火文字。

（7）机房内设有干燥消防沙池。

（8）与油库要有隔离措施。

（9）发电机组距建筑物和其他设备至少1m，并保持良好的通风。

（10）有应急照明和应急指示，地下室还要有独立排风。

**6. 接地**

柴油发电机房一般应用三种接地方式：工作接地，发电机中性点接地；保护接地，电气设备正常不带电的金属外壳接地；防静电接地，燃油系统的设备及管道接地。各种接地可与其建筑的其他接地共用接地装置，即采用联合接地方式，且应满足《建筑与市政工程施工现场临时用电安全技术标准》JGJ/T 46—2024：

第3.5.1条 单台容量超过100kVA或使用同一接地装置并联运行且总容量超过100kVA的电力变压器或发电机的工作接地电阻值不得大于4Ω。单台容量不超过100kVA或使用同一接地装置并联运行且总容量不超过100kVA的电力变压器或发电机的工作接地电阻不得大于10Ω。在土壤电阻率大于1000Ω·m的地区，当达到上述接地电阻有困难时，工作接地电阻可提高到30Ω。

第5.2.4条 发电机组应采用电源中性点直接接地的三相四线制供电系统和独立设置TN-S系统，其工作接地电阻应符合本标准相关规定。

**（二）自备发电机组容量的选择**

（1）机组的容量应根据应急负荷容量的大小、投入顺序及最大单台电动机或组电动机启动容量等因素综合考虑确定。

（2）在方案或初步设计阶段可按供电变压器容量的10%～20%估算机组容量。

（3）在施工图阶段需根据发电机组的供电范围计算出用电量，使之机组额定功率（$P_e$）大于或等于1.1倍的计算功率（$P_j$）。

当机组为解决消防、保安性质负荷电源时，应统计、计算消防水泵（含喷淋泵）消防电梯、防排烟设备、防盗设备、电视监控设备、应急照明等用电负荷的用电量。

当机组作为备用电源使用时，除计算保安性负荷的用电外，还应统计、计算出所带其他负荷的用电量。

（4）按最大一台电动机启动需要校验发电机组的容量，即：$P_e \geqslant K \times P$

式中 $P_e$——发电机组的额定功率；

$K$——最大一台电动机的启动倍数，$K$值可由表3-9查得；

$P$——最大一台电动机的额定功率。

在不同启动方式下，发电机功率为被启动电动机功率的最小倍数　　表3-9

| 启动方式 | | 全压启动 | Y-Δ启动 | 自耦变压器 | |
|---|---|---|---|---|---|
| | | | | $0.65U_e$ | $0.80U_e$ |
| 母线允许电压降 | 20% | 5.5 | 1.9 | 2.4 | 3.6 |
| | 10% | 7.8 | 2.6 | 3.3 | 5.0 |

例如：某工程消防用电的计算容量为300kW，另所带其他负荷的计算容量为350kW；则发电机组的功率应为：$P=1.1 \times 350=385$kW。根据产品样本查得发电机的额定功率应为400kW。

若消防水泵的额定功率为110kW，采用Y-Δ启动，母线允许压降为20%时，由表3-9可查得发电机功率为被启动发电机功率的最小倍数为1.9，则发电机的功率 $P=1.9 \times 110=299$kW。

经检验所选机组满足要求。

（5）自备发电机组选型应注意的几个问题：

1）要选机组外形尺寸小、结构紧凑、重量轻且辅助设备少的产品，以减少机房的面积和高度。

2）启动装置应保证在市电中断后 15s 内启动且供电，并具有三次自启动功能，具总计时间不大于 30s。

3）自启动方式为电启动直流电压 24V。

4）冷却方式为闭式水循环风冷的整体机组。在没有足够的进、排风通道的情况下，可将排风机、散热管与机组主体分开，单独放在室外，用水管将室外的散热管与室内的柴油机组相连接。

5）发电机宜选用无刷型自动励磁方式。

6）柴油机应选用耗油量少的产品。

7）作为自备电源的柴油发电机组宜采用单台机组，且额定容量不宜超过 1500kVA。为同一系统供电的发电机组总台数不宜超过 2 台，此时单台机组的额定容量不宜超过 1000kVA。

8）满足《建筑与市政工程施工现场临时用电安全技术标准》JGJ/T 46—2024：

第 5.2.5 条　发电机的控制屏宜装设下列仪表：

1　交流电压表；

2　交流电流表；

3　有功功率表；

4　电度表；

5　功率因数表；

6　频率表；

7　直流电流表。

第 5.2.6 条　发电机供电系统应设置电源隔离开关及短路、过负荷、剩余电流动作保护电器。

9）为同一系统供电的发电机组为两台时，应考虑并车运行，但不考虑与当地电力系统的并联运行，其并车的基本条件是：

① 待并机组的相序与系统相序一致；

② 待并机组的电压与系统的电压相等；

③ 待并机组的频率与系统的频率相同；

④ 待并机组的相位与系统的相位一致。

10）机组的运行环境直接影响发电机组的正常工作时，其修正系数参见所选用产品的技术条件。

**（三）柴油发电机组安装**

**1. 机组安装前的准备工作**

（1）机组的搬运

由于机组体积大、重量重，安装前应先安排好二次搬运路线，在机房应预留搬运口。如果门窗不够大，可利用门窗位置预留出较大的搬运口，待机组就位后，再补砌墙和安装门窗。

（2）开箱

开箱前应首先查看箱体有无破损。核实柴油发电机组的规格型号和数量，开箱时切勿损坏机器。开箱顺序是先拆顶板，再拆侧板。拆箱后应做以下工作：

1）根据机组清单及装箱清单清点机组的规格型号及附件数量。

2）查看机组及附件的主要尺寸是否与施工图纸相符。

3）检查机组及附件有无损坏和遗失。

4）如果机组经检查后，不能及时安装，应将拆卸过的机件精加工面上重新涂上防锈油，进行妥善保护。对机组的传动部分和滑动部分，在防锈油尚未清除之前不要转动。若因检查后已除去防锈油，在检查完后应重新涂上防锈油。

5）开箱后的机组必须水平放置，法兰及各种接口必须封盖、包扎、防止杂质进入。

（3）划线定位

按照机组平面布置图所标注的机组与墙或柱中心之间的尺寸，划定机组安装位置的纵、横基准线。机组中心与墙或柱中心之间的允许偏差不得大于20mm。

**2. 机组的安装**

（1）测量基础和机组的纵横中心线

机组在就位前，应依照图纸"放线"画出基础和机组的纵横中心线及减振器定位线。

（2）吊装机组

吊装时应用足够强度的钢丝绳索在机组的起吊位置，防止碰伤油管和表盘，按要求将机组固定，垂直起吊、水平移动过程应保持机组匀速、缓慢运动，不得出现倾斜现象。

（3）机组找平

利用垫铁将机组调整至水平。安装精度是纵向和横向水平偏差每米为0.1mm。垫铁和机座之间不能有间隔，使其受力均匀。

**3. 排烟管安装**

排烟管的周围不得有易燃物，并有防雨措施。排烟管的铺设有两种方式：

（1）水平架空：优点是转弯少、阻力小；缺点是室内散热差、机房温度高。

（2）地沟内铺设：优点是室内散热好；缺点转弯多、阻力大。

**4. 排气系统安装**

（1）柴油发电机组的排气系统工作界定是指柴油发电机组在机房内基础上安装完毕后，由发动机排气口连接至机房的排气管道。

（2）柴油发电机组排气系统包括和发动机标准配置的消声器、波纹管、法兰、弯头、衬垫和机房连接至机房外的排气管道。

**5. 电气系统的安装**

（1）电压和频率性能等级

电压和频率性能等级的运行限值应满足表3-10的规定（表3-10引自《高电压柴油发电机组通用技术条件》（GB/T 31038—2014）。

（2）冷热态电压变化

机组在额定工况下从冷态到热态的电压变化：对采用可控励磁发电机的机组，冷热态电压变化应不超过额定电压的±2%；对采用不可控励磁发电机的机组，冷热态电压变化应不超过额定电压的±5%。

（3）畸变率

机组在空载额定电压时的线电压波形正弦性畸变率应不大于5%。

电压和频率性能等级的运行限值 表 3-10

| 序号 | 参数 | | 符号 | 单位 | 性能等级 | | | |
|---|---|---|---|---|---|---|---|---|
| | | | | | G1 | G2 | G3 | G4 |
| 1 | 频率降 | | $\delta f_{st}$ | % | $\leq 8$ | $\leq 5$ | $\leq 3$ | |
| 2 | 稳态频率降 | | $\beta_t$ | % | $\leq 2.5$ | $\leq 1.5$ | $\leq 0.5$ | |
| 3 | 相对的频率整定下降范围 | | $\delta f_{a,da}$ | % | $>(2.5+\delta f_{st})$ | | | 按制造厂商和用户之间的协议 |
| 4 | 相对的频率整定上升范围 | | $\delta f_{a,up}$ | % | $>+2.5^*$ | | | |
| 5 | (对初始频率的)瞬态频率偏差 | 100%突减功率 | $\delta f_d^+$ | % | $\leq +18$ | $\leq +12$ | $\leq +10$ | |
| | | 突加功率$^c$ | $\delta f_d^-$ | | $\geq -(15+\delta f_{st})^b$ | $\geq -(10+\delta f_{st})^b$ | $\geq -(7+\delta f_{st})^b$ | |
| 6 | (对额定频率的)瞬态频率偏差 | 100%突减功率 | $\delta f_{dyn}^+$ | % | $\leq +18$ | $\leq +12$ | $\leq +10$ | |
| | | 突加功率$^c$ | $\delta f_{dyn}^-$ | | $\geq -15^b$ | $\geq -10^b$ | $\geq -7^b$ | |
| 7 | 频率恢复时间 | | $t_{1,n}$ | s | $\leq 10$ | $\leq 5$ | $\leq 3$ | |
| | | | $t_{t,de}$ | | $\leq 10^b$ | $\leq 5^b$ | $\leq 3^b$ | |
| 8 | 相对的频率时间 | | $\alpha_i$ | % | 3.5 | 2 | 2 | |
| 9 | 稳态电压偏差 | | $\delta U_{pt}$ | % | $\geq -5,\leq 5$ | $\geq -2.5,\leq 2.5$ $(\geq -1,\leq 1)^c$ | $\geq -1,\leq 1$ | |
| 10 | 电压调制 | | $\overline{U}_{end}$ | % | 按协议 | 0.3 | 0.3 | |
| 11 | 瞬态电压偏差 | 100%突减功率 | $\delta U_{dyn}^+$ | % | $\leq +35$ | $\leq +25$ | $\leq +20$ | |
| | | 突加功率$^c$ | $\delta U_{dyn}^-$ | | $\geq -25^b$ | $\geq -20^b$ | $\geq -15^b$ | |
| 12 | 电压恢复时间$^d$ | | $t_{U,in}$ | s | $\leq 10$ | $\leq 6$ | $\leq 4$ | |
| | | | $t_{U,de}$ | | $\leq 10^b$ | $\leq 6^b$ | $\leq 4^b$ | |
| 13 | 相对的电压整定范围 | | $\delta U_z$ | % | $\geq -5,\leq 5$ | | | |
| 14 | 电压整定变化速率 | | $v_k$ | %/s | $0.2\sim 1$ | | | |
| 15 | 频率整定变化速率 | | $v_f$ | %/s | $0.2\sim 1$ | | | |
| 16 | 有功功率分配 | 80%和100%标定定额之间 | $\Delta P$ | % | — | $\geq -5,\leq 5$ | | |
| | | 20%和80%标定定额之间 | | | | $\geq -10,\leq 10$ | | |
| 17 | 无功功率分配 | 20%和100%标定定额之间 | $\Delta Q$ | % | — | $\geq -10,\leq 10$ | | |
| 18 | 电压不平衡度 | | $\delta U_{z,0}$ | % | $1^f$ | | | |

注：a. 就不需要并联运行而言，转速和电压的整定不变是允许的。

b. 对用涡轮增压发动机的发电机组，这些数据适用于按《往复式内燃机驱动的交流发电机组 第5部分：发电机组》GB/T 2820.5—2009图6增加最大允许功率。

c. 当考虑无功电流特性时，对带同步发电机的机组在并联运行时的最低要求；频率漂移范围应不超过±0.5%。

d. 除非另有规定，用于计算电压恢复时间的容差带应等于$2\times\delta U_{st}\times U_r/100$。

e. 当使用该容差时，并联运行机组的有功标定负载或无功标定负载的总额按容差值减小。

f. 在并联运行的情况下，该值应减为0.5。

（4）不对称负载要求

机组在一定的三相对称负载下，在其中任一相（可控硅励磁者指接可控硅的一相）上再加25%额定相功率的阻性负载，当该相的总负载电流不超过额定值时应能正常工作，线电压的最大（或最小）值与三相线电压平均值之差应不超过三相线电压平均值的±5%。

（5）温升

机组在运行中，交流发电机各绕组的实际温升应不超过按《旋转电机 定额和性能》GB 755—2019中对温升限值进行修正后的值；机组其他各部件的温度（或温升）应符合产品说明书的规定。

（6）并联

1）型号规格相同和容量比不大于3∶1的机组在20%～100%总额定功率范围内应能

稳定地并联运行，且可平稳转移负载的有功功率和无功功率，其有功功率和无功功率的分配差度应不大于表3-10中的规定。

2）容量比大于3：1的机组并联，各机组承担负载的有功功率和无功功率分配差度按产品技术条件规定。

（7）并网

1）对于与市电网并联运行的机组，单台机组的性能应符合国家标准以及产品技术说明书的要求。其与电网并联后的技术性能指标应符合国家标准或/和当地供电部门的要求。

2）用于并联并网运行的机组，应安装逆功率保护装置。

3）用于并网运行的机组，应具备有功功率控制或/和功率因数控制或/和无功功率控制等多种运行控制方式。

4）满足《建筑与市政工程施工现场临时用电安全技术标准》JGJ/T 46—2024：

第5.2.3条　发电机组电源不得与市电线路电源并列运行。

第5.2.7条　当多台发电机组并列运行时，应装设同期装置，并在机组同步运行后再向负载供电。

柴油发电机组与市政电网投入并列运行的整个过程叫做并列。柴油发电机组并列试运行成功后，方可与市政电源线路并网供电，避免因电压相位不相同、频率不相同、相序不相同，造成烧毁电气设备的事故。

**6. 油管的安装**

（1）油管应为黑铁无缝钢管而不能采用镀锌管，油管走向应尽可能避免燃油过度受发动机散热的影响。

（2）喷油泵前的燃油最高允许温度为60～70℃，在发动机和输油管之间宜采用软连接，并确保发动机与油箱之间的输油管不发生泄漏。

**（四）柴油发电机组调试与验收**

**1. 污染环境限值**

（1）振动

机组应根据需要设置减振装置，常用发电机组振动加速度、速度、位移有效值范围见表3-11。这些数据可用来评估机组的振动级别和潜在的效应。一般的，对按标准结构和零部件设计的机组，运行时振动级别小于数值1时，将不会发生损坏。

常用发电机组振动加速度、速度、位移有效值　　　　　　　　　　　表3-11

| 内燃机的标定转速 n (r/min) | 发电机组额定功率 P (kW) | 振动位移有效值[a] | | | 振动速度有效值[a] | | | 振动加速度有效值[a] | | |
|---|---|---|---|---|---|---|---|---|---|---|
| | | 内燃机[b,c] (mm) | 发电机[b] | | 内燃机[b,c] (mm/s) | 发电机[b] | | 内燃机[b,c] (mm/s²) | 发电机[b] | |
| | | | 数值1 (mm) | 数值2 (mm) | | 数值1 (mm/s) | 数值2 (mm/s) | | 数值1 (mm/s²) | 数值2 (mm/s²) |
| $1300{\leqslant}n{\leqslant}1800$ | $P=100$ | — | 0.4 | 0.48 | — | 25 | 30 | — | 16 | 19 |
| $1300{\leqslant}n{\leqslant}1800$ | $100{<}P{\leqslant}200$ | 0.72 | 0.4 | 0.48 | 45 | 25 | 30 | 28 | 16 | 19 |
| | $P{>}200$ | 0.72 | 0.32 | 0.45 | 45 | 20 | 28 | 28 | 13 | 18 |
| $720{<}n{<}1300$ | $200{\leqslant}P{\leqslant}1000$ | 0.72 | 0.32 | 0.39 | 45 | 20 | 24 | 28 | 13 | 15 |
| | $P{>}1000$ | 0.72 | 0.29 | 0.35 | 45 | 18 | 22 | 28 | 11 | 14 |

续表

| 内燃机的标定转速 n (r/min) | 发电机组额定功率 P (kW) | 振动位移有效值ᵃ | | | 振动速度有效值ᵃ | | | 振动加速度有效值ᵃ | | |
|---|---|---|---|---|---|---|---|---|---|---|
| | | 内燃机ᵇ·ᶜ (mm) | 发电机ᵇ | | 内燃机ᵇ·ᶜ (mm/s) | 发电机ᵇ | | 内燃机ᵇ·ᶜ (mm/s²) | 发电机ᵇ | |
| | | | 数值1 (mm) | 数值2 (mm) | | 数值1 (mm/s) | 数值2 (mm/s) | | 数值1 (mm/s²) | 数值2 (mm/s²) |
| $n \leqslant 720$ | $P > 1000$ | 0.72 | 0.24 (0.16)ᵈ | 0.32 (0.24)ᵈ | 45 | 15 (10)ᵈ | 20 (15)ᵈ | 28 | 9.5 (6.5)ᵈ | 13 (6.5)ᵈ |

注：a. 表中位移有效值 $s_{rms}$ 和加速度有效值 $a_{rms}$ 可用表中的速度有效值 $v_{rms}$ 按下式求得：$s_{rms} = 0.0159 v_{rms}$；$a_{rms} = 0.628 v_{rms}$。

　　b. 对于法兰止口连接的发电机组，在测点5（见《往复式内燃机驱动的交流发电机组　第9部分：机械振动的测量和评价》GB/T 2820.9—2002图1a）的测量值应满足对发电机所要求的数值。

　　c. 额定功率大于100kW的发电机组有确定的数值。

　　d. 括号内的数值适用于安装在混凝土基础上的发电机组。此时，从《往复式内燃机驱动的交流发电机组　第9部分：机械振动的测量和评价》GB/T 2820.9—2002图1a和图16中7、8两点测得的轴向振动数值应为括号内数值的50%。

机组噪声声压级平均值应不大于110dB（A），对于有特殊要求的机组，其噪声声压级应按产品技术条件的规定。

（2）有害物质浓度及烟度

机组的排气烟度和排出的有害物质允许浓度按产品技术条件的要求。建议相关污染物的排放限值参照表3-12的要求。

有害污染物排放限值　　　　　　　　　　　　　　　表3-12

| 发动机额定功率 P (kW) | CO [g/(kW·h)] | HC [g/(kW·h)] | NOₓ [g/(kW·h)] | PM [g/(kW·h)] |
|---|---|---|---|---|
| $100 \leqslant P_{max} < 130$ | 5.0 | 1.0 | 6.0 | 0.3 |
| $130 \leqslant P_{max} \leqslant 560$ | 3.5 | 1.0 | 6.0 | 0.2 |
| $560 < P_{max}$ | 按产品技术条件规定 | | | |

**2. 接地**

机组应有可靠的接地端子，并有清晰的保护接地标识。

**3. 相序**

面对接线端子看，应自左到右或自上到下排列。

**4. 绝缘电阻**

机组各独立电气回路对地及回路间的绝缘电阻值应符合表3-13的规定。冷态绝缘电阻只供参考，不作考核。

**5. 耐受电压**

机组各独立电气回路对地以及回路间应能承受表3-14所规定的频率为50Hz、波形尽可能为实际正弦波，历时1min的绝缘介电强度试验电压而无击穿或闪络现象。

**6. 电气安全净距**

用《污秽条件下使用的高压绝缘子的选择和尺寸确定　第1部分：定义、信息和一般原则》GB/T 26218.1—2010给出的一般规则选择绝缘子，它们在污秽条件下应当具有良好的性能。爬电距离可按下列选用或由产品技术条件规定：

**机组各独立电气回路对地及回路间的绝缘电阻值**　表3-13

| 条　　件 | | 回路额定电压$U_1$(V) | | | |
|---|---|---|---|---|---|
| | | $U_1 \leqslant 230$ | $U_1 = 400$ | $U_1 = 6300$ | $U_1 = 11000$ |
| 冷态 | 环境温度为15～35℃,空气相对湿度为45%～75% | $\geqslant 2M\Omega$ | $\geqslant 2M\Omega$ | 按产品技术条件的规定 | |
| | 环境温度为25℃,空气相对湿度为95% | $\geqslant 0.43M\Omega$ | $\geqslant 0.8M\Omega$ | $\geqslant 12.6M\Omega$ | $\geqslant 21M\Omega$ |
| 热态 | | $\geqslant 0.3M\Omega$ | $\geqslant 0.4M\Omega$ | $\geqslant 6.3M\Omega$ | $\geqslant 10.5M\Omega$ |

**机组各独立电气回路对地以及回路间的额定电压**　表3-14

| 部位 | 回路额定电压(V) | 试验电压(V) |
|---|---|---|
| 一次回路对地;二次回路对地;一、二次回路之间 | $\geqslant 100$ | (1000＋2倍额定电压)×80%<br>最低1200 |
| 二次回路对地 | ＜100 | 750 |

注：发动机的电气部分,半导体器件及电容器等不做此项试验。

（1）室内、外配电装置的最小电气安全净距见表3-15。

**室内、外配电装置的最小电气安全净距**　表3-15

| 适用范围 | 场所 | 额定电压(kV) | | | |
|---|---|---|---|---|---|
| | | ＜0.5 | 3 | 6 | 10 |
| 裸带电部分至接地部分和不同相的裸带电部分之间 | 室内 | 20mm | 75mm | 100mm | 125mm |
| | 室外 | 75mm | 200mm | 200mm | 200mm |

（2）包括发电机在内的接线端子最小间距应符合《中小型旋转电机通用安全要求》GB 14711—2013 中 18.4 要求。电气间隙与爬电距离应不小于表3-16的要求。

**电气间隙与爬电距离**　表3-16

| 相关部件 | 额定电压(V) | 电压1000V及以上的裸带电部件的最小间距(mm) | | | | | |
|---|---|---|---|---|---|---|---|
| | | 不同极性的裸带电件之间 | | 带电部件与非载流金属之间 | | 带电部件与可移动金属罩壳之间 | |
| | | 电气间隙 | 爬电距离 | 电气间隙 | 爬电距离 | 电气间隙 | 爬电距离 |
| 接线端子 | 1000 | 11 | 16 | 11 | 16 | 11 | 16 |
| | 1500 | 13 | 24 | 13 | 24 | 13 | 24 |
| | 2000 | 17 | 30 | 17 | 30 | 17 | 30 |
| | 3000 | 26 | 45 | 26 | 45 | 26 | 45 |
| | 6000 | 50 | 90 | 50 | 90 | 50 | 90 |
| | 10000 | 80 | 160 | 80 | 160 | 80 | 160 |

注：1. 当电机通电时,由于受机械或电气应力作用,刚性结构件的间距减少量应不大于规定值的10%。

　　2. 表中电气间隙值是按电机工作地点海拔不超过1000m规定的,当超过海拔1000m时,每上升300m,表中的电气间隙增加3%。

　　3. 仅对中性线而言,表中的进线电压除以$\sqrt{3}$。

　　4. 在此表中的电气间隙值可以通过使用绝缘隔板的方式而减小;采用这种防护的性能可以通过耐电压强度试验。

**7. 紧急停机**

机组应能紧急停机，应设有带自锁功能的紧急停机装置，并有明显标识和方便紧急状态下操作。

**8. 安全防护设施**

机组的带电体、旋转部件、摆动部件、发热表面、有可能逸出腐蚀性流体和气体的部位，应有防护技术措施，以防人员意外触及或受飞甩物的伤害，造成安全事故。

**9. 外观质量**

（1）机组的焊接应牢固，焊缝应均匀，无裂纹、药皮、溅渣、焊穿、咬边、漏焊及气孔等缺陷。焊渣、焊药应清除干净。

（2）机组涂漆部分的漆膜应均匀，无裂纹、脱落、流痕、气泡、划伤等现象。

（3）机组的紧固件应有防松措施、无松动，工具及备附件应固定牢固。

（4）机组外表面颜色应符合产品技术条件的规定。

（5）机组的高压柜、控制屏表面应平整，布线合理、安全，接触良好，层次分明，整齐美观，导线颜色符合产品技术条件的规定。

# 第四章 配电线路

施工现场的配电线路按其敷设方式和场所的不同，主要有架空线路、电缆线路、室内配线三种。设有配电室时，还应包括配电母线。本标准"室内"是指施工现场所有的办公、生产和生活区域的临时构筑物，不包括施工现场以外办公、生产和生活区域的临时构筑物。本章将依据《建筑与市政工程施工现场临时用电安全技术标准》JGJ/T 46—2024 的相关规定，重点讲解施工现场架空线路、电缆线路及室内配线等三个方面的内容。

## 第一节 架 空 线 路

### 一、低压架空线路的结构

低压架空线路的组成一般包括五部分，即电杆、横担、绝缘子、绝缘导线和基础。如采用绝缘横担，则架空线路可由电杆、绝缘横担、绝缘导线三部分组成。《建筑与市政工程施工现场临时用电安全技术标准》JGJ/T 46—2024 对架空线路的具体要求如下：

**1. 电杆**

临时用电工程中配电线路所用的电杆有木杆和混凝土杆两种，严禁利用树林、脚手架做电杆。目前配电线路广泛使用的是木杆，其材质必须坚实，不得有腐朽、劈裂及其他损坏，且应满足《建筑与市政工程施工现场临时用电安全技术标准》JGJ/T 46—2024：

第 6.1.2 条 架空线应架设在专用电杆上，不得架设在树木、脚手架及其他设施上。

第 6.1.10 条 架空线路宜采用钢筋混凝土杆、木杆或绝缘材料杆。钢筋混凝土杆表面不得有露筋、宽度大于 0.4mm 的裂纹和扭曲；木杆内部不得腐蚀，其梢径不应小于 140mm。

电杆按其在线路中的作用可分为直线杆、耐张杆、分支杆、转角杆和终端杆等，其适用范围如下：

（1）直线杆，用于支持导线、绝缘子、金具等质量，正常情况下两侧导线的拉力相等，用于线路中间。

（2）耐张杆，即承力杆，它的机械强度要求较高，需承受单方面或两侧不等的拉力，同时将线路分隔成若干段，限制事故范围。

（3）分支杆，为线路分支处的电杆，正常情况下除承受直线杆所承受的荷重外，还要承受分支导线等的垂直荷重、水平风力荷重和侧分支线方向导线的全部拉力。

（4）转角杆，用于线路转弯处，有直线转角和耐张转角两种，正常情况下除承受导线等垂直荷重和内角平分线方向风力水平荷重外，还要承受内角平分线方向导线全部拉力的合力。

（5）终端杆，用于线路的始端或末端，除承受导线的垂直荷重和水平风力外，还要承受顺线路方向全部导线的拉力。

**2. 横担**

横担一般安装在距杆顶 300mm 处，直线横担应装在受电侧，转角杆、终端杆、分支杆的横担应装在拉线侧。直线横担只考虑在正常未断线情况下，承受导线的垂直荷重和水平荷重，如图 4-1、图 4-2 所示。耐张横担承受导线垂直和水平荷重外，还将承受导线的拉力差；转角横担除承受导线的垂直和水平荷重外，还将承受较大的单侧导线拉力，如图4-3、图 4-4 所示。

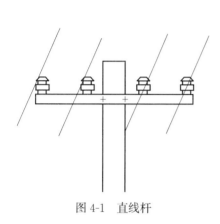

图 4-1　直线杆

图 4-2　单横担

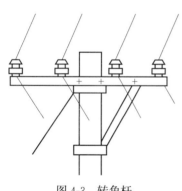

图 4-3　转角杆

图 4-4　双横担

架空线路横担长度、间距及选型应符合《建筑与市政工程施工现场临时用电安全技术标准》JGJ/T 46—2024：

第 6.1.8 条　架空线路横担间的最小垂直距离不应小于表 6.1.8-1 所列数值；横担宜采用角钢或方木，低压铁横担角钢应按表 6.1.8-2 选用，方木横担截面应按 80mm×80mm 选用，横担长度应按表 6.1.8-3 选用。

第 6.1.12 条　架空线路上横担及绝缘子数量设置应符合下列规定：

1　直线杆和15°以下的转角杆，可采用单横担单绝缘子，但跨越机动车道时应采用单横担双绝缘子；

2　15°～45°的转角杆，应采用双横担双绝缘子；

3　45°以上的转角杆，应采用十字横担。

表 6.1.8-1 横担间的最小垂直距离

| 排列方式 | 直线杆(m) | 分支或转角杆(m) |
|---|---|---|
| 高压与低压 | 1.2 | 1.0 |
| 低压与低压 | 0.6 | 0.3 |

表 6.1.8-2 低压铁横担角钢选用

| 导体截面(mm²) | 直线杆 | 分支或转角杆 | |
|---|---|---|---|
| | | 二线及三线 | 四线及以上 |
| 16<br>25<br>35<br>50 | ∟ 50×5 | 2×∟ 50×5 | 2×∟ 63×5 |
| 70<br>95<br>120 | ∟ 63×5 | 2×∟ 63×5 | 2×∟ 70×6 |

表 6.1.8-3 横担长度选用

| 横担长度(m) | | |
|---|---|---|
| 二线 | 三线、四线 | 五线 |
| 0.7 | 1.5 | 1.8 |

**3. 绝缘子**

绝缘子是用来固定架空线路，保持线路与线路间、线路与横担间、线路与电杆间规定的绝缘距离，承受水平方向外界应力和垂直方向的重力。架空线路常用的绝缘子有针式绝缘子、蝶式绝缘子、悬空式绝缘子、拉线式绝缘子等。施工现场临时用电工程架空线路主要有针式绝缘子和蝶式绝缘子两种。直线杆采用针式绝缘子，如图 4-5 所示；终端、转角等耐张杆可采用蝶式绝缘子，如图 4-6 所示，应符合《建筑与市政工程施工现场临时用电安全技术标准》JGJ/T 46—2024：

第 6.1.13 条 架空线路绝缘子应根据线杆类型选择，并应符合下列规定：

1 直线杆应采用针式绝缘子；

2 耐张杆应采用蝶式绝缘子。

图 4-5 直线杆

图 4-6 耐张杆

直线杆采用针式绝缘子，其型号与架设导线的关系为：

（1）PD-1-1型：1号低压针式绝缘子，适用于 50mm² 以上的绝缘导线。

（2）PD-1-2型：2号低压针式绝缘子，适用于 25～50mm² 的绝缘导线。

（3）PD-1-3型：3号低压针式绝缘子，适用于 16mm² 以下的绝缘导线。

耐张杆、终端杆采用蝶式绝缘子，其型号与架设导线的关系为：

（1）ED-1型：1号蝶式绝缘子，适用于 95mm² 以上的绝缘导线。

（2）ED-2型：2号蝶式绝缘子，适用于 50～70mm² 的绝缘导线。

（3）ED-3型：3号蝶式绝缘子，适用于 25～35mm² 的绝缘导线。

（4）ED-4型：4号蝶式绝缘子，适用于 16mm² 以下的绝缘导线。

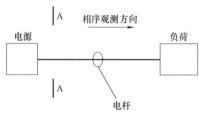

图 4-7 架空线路相序观测方法示意图

当采用木横担时，应使用木横担直脚针式绝缘子，因为它的脚长，可穿过木横担，用螺母拧紧。

### 4. 导线

（1）架空线路相序排列的规定

架空线路相序排列的观测方法如图 4-7 所示。动力、照明架空线路在同一横担相序排列如图 4-8 所示。动力、照明架空线路在二层横担相序排列如图 4-9 所示。

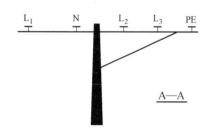

图 4-8 动力、照明线路在
同一横担相序观测方法

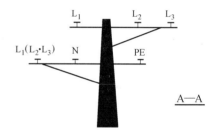

图 4-9 动力、照明线路在二层
横担相序观测方法

电杆上的中性导线（N）应靠近电杆，如线路沿建筑物架设时，保护接地导线（PE）应靠近建筑物。中性导线（N）的位置不应高于同一回路的相线（$L_1$、$L_2$、$L_3$）。在同一施工现场，中性导线（N）的位置应统一，主要是从安全角度考虑，便于电工检修线路。施工现场同时有高压电杆、低压电杆、通信电杆时，我们要遵循："高压线路必须高于低压线路；低压线路必须高于通信线路"的原则。且满足《建筑与市政工程施工现场临时用电安全技术标准》JGJ/T 46—2024：

第 6.1.5 条 架空线路相序排列应符合下列规定：

1 动力、照明线路在同一横担上架设时，导线相序排列应是：面向负荷从左侧起依次为 $L_1$、N、$L_2$、$L_3$、PE；

2 动力、照明线路在二层横担上分别架设时，导线相序排列应是：上层横担面向负荷从左侧起依次为 $L_1$、$L_2$、$L_3$；下层横担面向负荷从左侧起依次为 $L_1$（$L_2$、$L_3$）、N、PE。

（2）架空线路的导线截面应满足下列要求：

临时用电工程配电线路中的架空线路其电压一般为 220V/380V，应采用 500V 及以上电压等级的绝缘铜线或绝缘铝线，气候比较潮湿的地区宜选用绝缘铜导线。架空线路的线间距离不得小于 0.3m。架空线路的导线截面应满足《建筑与市政工程施工现场临时用电安全技术标准》JGJ/T 46—2024：

第 6.1.3 条　架空线导体截面的选择应符合下列规定：

1　导线中的计算负荷电流不得大于其长期连续负荷允许载流量；

2　线路末端电压偏移不应超过其额定电压的 $\pm5\%$；

3　三相四线制线路的中性导体（N）和保护接地导体（PE）截面不应小于相导体截面的 50%，单相线路的中性导体（N）截面应与相导体截面相同；

4　按机械强度要求，绝缘铜线截面不应小于 $10\text{mm}^2$，绝缘铝线截面不应小于 $16\text{mm}^2$；

5　在跨越铁路、公路、河流、电力线路档距内，绝缘铜线截面不应小于 $16\text{mm}^2$，绝缘铝线截面不应小于 $25\text{mm}^2$。

**5. 基础**

电杆基础是指电杆埋入地下的部分，其作用是保证电杆在运行中不发生下沉、变形或倾倒。木杆的基础是指木杆本身的地下部分和地下横木。

## 二、低压架空线路的架设

低压架空线路的架设包括杆位复测、挖坑、排杆、组杆、立杆、拉线、架线和紧线等工序内容。

**1. 杆位复测**

根据临时用电工程施工组织设计，对原钉立的标桩进行复测，检查是否与施工组织设计相符，如有偏差，应进行调整。

**2. 挖坑**

根据选用的电杆类型确定挖坑尺寸。当选用无底盘混凝土杆时，应采用螺旋钻孔器、夹铲等工具挖成圆坑。挖掘时，将螺旋钻孔器的钻头对准杆位标桩，由两人推动旋转，每钻进 150～200mm，拔出钻孔器，用夹铲清土，直到钻到所要求的深度为止。圆坑直径比杆根径大 100mm 为宜。

**3. 排杆**

根据临时用电施工组织设计所列的杆号与杆型，对电杆进行预检和编号，将验收合格的电杆进行编号，并分别运到便于立杆的对应杆坑处。

**4. 组杆**

为提高安装效率，一般应在地面上将杆顶部的横担、绝缘子、金具等全部组装后再整体立杆。横担要用螺栓和铁拉板固定在电杆上，横担的型式要与电杆类别相适应。横担间距应符合表 4-1 的规定。针式绝缘子或蝶式绝缘子要分别用螺栓和铁拉板固定在横担上。

横担间的最小垂直距离 表 4-1

| 排列方式 | 直线杆 | 分支或转角杆 |
|---|---|---|
| 高压与低压 | 1.2m | 1.0m |

直线杆、耐张杆、转角杆、终端杆的杆顶组装分别见图 4-10～图 4-17。表 4-2 为常用低压四线、六线杆型杆顶组装安装主要材料汇总表。

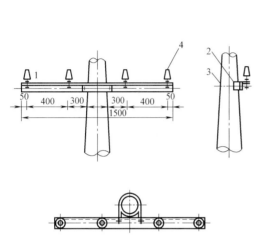

图 4-10　四线直线杆杆顶组装示意
1—横担；2—M 形抱铁；3—U 形
抱箍；4—针式绝缘子

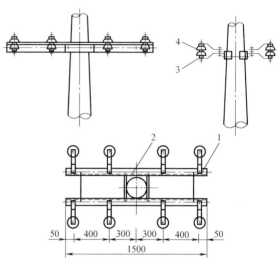

图 4-11　四线耐张杆杆顶组装示意
1—横担；2—M 形抱铁；3—铁拉板；4—蝶式绝缘子

常用低压四线、六线杆型杆顶安装主要材料汇总表 表 4-2

| 编号 | 名称 | 规格型号 | 单位 | 数量 | | | | | | | | 备注 |
|---|---|---|---|---|---|---|---|---|---|---|---|---|
| 1 | 圆水泥杆 | 按实际确定 | 根 | 1 | 1 | 1 | 1 | 1 | 1 | 1 | 1 | |
| 2 | 四、六线铁横担 | 按实际确定 | 根 | 1 | 2 | 2 | 2 | 1 | 2 | 2 | 2 | |
| 3 | 低压针式绝缘子 | PD-1、2、3 PD-1M PD-2M | 个 | 4 | | 4 | | 4 | | 4 | | |
| 4 | 蝶式绝缘子 | ED-1、2、3、4 | 个 | | 8 | 8 | 4 | | 12 | 8 | 6 | |
| 5 | U 形抱箍 | 带螺栓 | 个 | 1 | | | | 1 | | | | |
| 6 | 横担抱箍 | 50×5 | 个 | 1 | 2 | 2 | 2 | 1 | 2 | 2 | 2 | 根据电杆梢径 |
| 7 | 拉线抱箍 | 50×5 | 副 | | 1 | 2 | 1 | | 1 | 2 | 1 | 根据电杆梢径 |
| 8 | 接线 | 按实际确定 | 根 | | 2 | 2 | 1 | | 2 | 2 | 1 | |
| 9 | 铁拉板 | 40×4×250 | 副 | | 8 | 8 | 8 | | 12 | 8 | 12 | |
| 10 | 镀锌螺栓 | AM16×80 | 个 | | 2 | 4 | 2 | | 2 | 4 | 2 | |
| 11 | 镀锌螺栓 | AM16×80 | 个 | | 4 | 4 | 4 | | 4 | 4 | 4 | 根据电杆梢径 |
| 12 | 镀锌螺栓 | AM16×80 | 个 | | 16 | 6 | 8 | | 16 | 6 | 8 | 根据电杆梢径 |
| 13 | 弹簧垫圈 | 16 | 个 | 2 | 4 | 8 | 4 | 2 | 4 | 8 | 4 | |

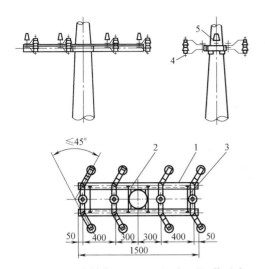

图 4-12　四线转角（45°以下）杆顶组装示意
1—横担；2—M形抱铁；3—铁拉板；
4—蝶式绝缘子；5—针式绝缘子

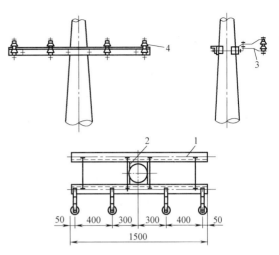

图 4-13　四线终端杆杆顶组装示意
1—横担；2—M形抱铁；3—铁拉板；4—蝶式绝缘子

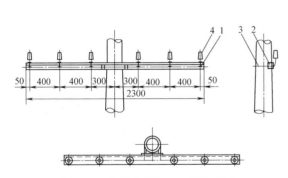

图 4-14　六线直线杆杆顶组装示意
1—横担；2—M形抱铁；3—U形抱箍；4—针式绝缘子

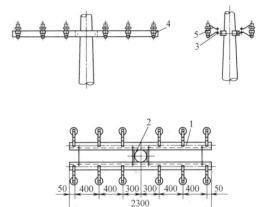

图 4-15　六线耐张杆杆顶组装示意
1—横担；2—M形抱铁

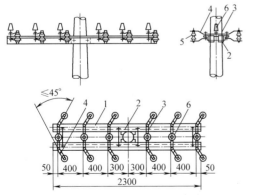

图 4-16　六线转角杆（45°以下）杆顶组装示意
1—横担；2—M形抱铁；3—铁连板；4—铁
拉板；5—蝶式绝缘子；6—针式绝缘子

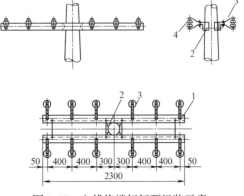

图 4-17　六线终端杆杆顶组装示意
1—横担；2—M形抱铁；3—铁拉板

**5. 立杆**

立杆的方法很多，常用的有汽车起重机立杆、人字抱式立杆、三脚架立杆和倒落式立杆等。

（1）汽车起重机立杆：这种方法适用范围广，而且安全快捷，有条件的施工现场应尽量采用。立杆时，先将汽车起重机开到距坑道的适当位置加以稳固，然后在电杆（从根部量起）1/3～1/2处系一根起吊钢丝绳，再在杆顶向下500mm处临时系3根调整绳。起吊时，由一人负责指挥，当杆顶离地面500mm时对各处绑扎的绳扣进行一次安全检查，确认无误后再起吊，电杆竖立后，调整电杆位于线路中心线上，然后逐层填土。

（2）人字抱式立杆：这种方法主要依靠装在人字式杆顶部的滑轮组，通过钢丝绳穿绕杆脚上的转向滑轮、引向绞磨或手摇卷扬机来吊立杆，如图4-18所示。

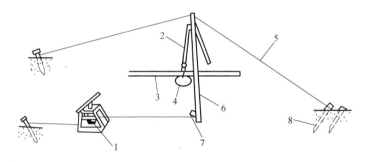

图4-18　人字抱式立杆

1—角磨；2—滑轮组；3—电杆；4—杆坑；5—钢丝绳；6—固定抱杆；7—引导滑轮；8—钢钎

（3）三脚架立杆：主要依靠在三脚架上的卷扬机、上下两只滑轮、牵引钢丝绳等吊立杆。立杆时首先将三脚架以电杆坑为中心竖立并使三脚架稳固。然后在电杆梢部系3根拉绳，以便控制立杆。在电杆杆身1/2处系一根起吊钢丝绳并套在滑轮吊钩上，如图4-19所示。

（4）倒落式立杆：主要依靠抱杆、滑轮、卷扬机、钢丝绳等吊立杆。立杆时将抱杆和电杆同时竖起，当电杆起升至适当位置时，缓慢松动制动绳使电杆根部逐步进入坑内，如图4-20所示。

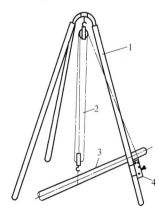

图4-19　三脚架立杆

1—三脚架；2—滑轮组；
3—电杆；4—制动器

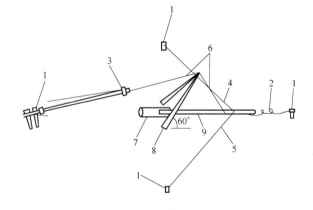

图4-20　倒落式立杆

1—钢钎；2—反面拉绳；3—滑轮组；4、5—侧面拉绳
（纵绳）；6—钢丝绳；7—杆坑；8—脱离式抱杆；9—电杆

（5）立杆时应注意的几个问题：

1）应符合《建筑与市政工程施工现场临时用电安全技术标准》JGJ/T 46—2024：

第6.1.11条　电杆埋设深度宜为杆长的1/10加0.6m，回填土应分层夯实。在松软土质处宜加大埋入深度或采用卡盘等加固措施。

2）电杆高出地面1m左右时，应停止起立，观察立杆工具和绳索受力情况，如有异常，应将电杆放回地面调整。

3）电杆起立后回土前，各方临时拉线不得拆除。指挥人员应检查电杆是否正直，横担与线路是否垂直，如有偏差，应调整后再回填土。

4）埋土夯实，每埋土300～500mm夯实一次，坑内如有积水，应在积水清除后再回填土。回填土应高出地面300～500mm。

**6. 拉线**

拉线的作用是防止电杆架线后出现受力不平衡而使电杆歪斜、倾倒。临时用电工程中的拉线包括普通拉线、侧面拉线、水平拉线和自身拉线四种：

（1）普通拉线。用于终端杆和转角杆，装设在电杆受力的反面，其作用为平衡电杆所受的单向力。

（2）侧面拉线。用于交叉跨越和耐张较长的线路上，其作用是平衡横线路的风力。

（3）水平拉线。多用于跨过道路的电杆上。

（4）自身拉线。也称弓形拉线，常用于场地狭窄、受力不大的电杆上。

镀锌钢绞线施工方便，强度稳定，建议推荐使用，镀锌钢绞线的截面积应不小于25mm$^2$，符合《建筑与市政工程施工现场临时用电安全技术标准》JGJ/T 46—2024中第6.1.14条规定：电杆的拉线宜采用不少于3根直径4.0mm的镀锌钢丝。拉线与电杆的夹角应在30°～45°。拉线埋设深度不应小于1m。电杆拉线从导线之间时，应在高于地面2.5m处装设拉线绝缘子。

拉线固定于电杆上的位置应符合下列规定：

（1）导线三角形排列时，在横担上方距横担中心150～300mm处。

（2）导线水平排列时，在横担下方距横担中心150～300mm处。

拉线坑应设马道，使拉线棒与拉线成一直线，回填土时应将土块打碎后夯实。拉线坑宜设防沉层，连接拉线棒和拉线盘的U形螺丝处应加垫板，并带双螺母。拉线棒外露部分的长度宜为500～700mm。

拉线施工时，应做好以下几项工作：

（1）线路转角在45°及以下时，可以装设合力拉线，即在原线路和转角后的角平分线合力的反方向打一条拉线；45°以上转角时，应分别沿两方向线路张力的反方向各打一条拉线。双排以上横担时，根据需要可以打V字形拉线（共同拉线）。分支杆拉线应装设在电杆线路张力的反方向侧。

（2）拉线应在架设导线前打好。

（3）因受地形的限制而不能装设拉线时，可用撑杆代替拉线。

**7. 撑杆**

满足《建筑与市政工程施工现场临时用电安全技术标准》JGJ/T 46—2024：

第6.1.15条　受地形环境限制不能装设拉线时，可采用撑杆代替拉线，撑杆埋设深度不应小于0.8m，其底部应垫底盘或石块。撑杆与电杆的夹角宜为30°。

**8. 导线架设**

（1）准备工作。放线前应清除沿线的一切障碍物，检查导线的规格是否符合设计要求，有无严重的机械损伤，有无断股、破股、导线扭曲现象，绝缘导线的绝缘电阻常温下应不小于0.5MΩ。

（2）放线。放线是把导线从线盘上放出来架设在电杆上。放线有拖放法和展放法两种。拖放法是将线盘架在放线架上拖放导线；展放法则是将线盘架放在汽车上，行驶中展放导线。施工现场一般采用拖放法施工。

放线时，要逐条施放，避免导线磨损、死弯和断股，宜选用放线车或放线架施放；放线若穿过公路、铁路时，要有专人观看车辆，防止发生事故；放线时须用开口放线滑轮，不得使导线在横担上拖拉。对于低压配电线路，放线时还应注意架空线路的相序：

1）动力、照明线在同一横担上架设时，导线相序排列顺序是：面向负荷从左侧起依次为 $L_1$、N、$L_2$、$L_3$、PE；

2）动力、照明线在二层横担上分别架设时，导线相序排列顺序是：上层横担面向负荷从左侧起依次为 $L_1$、$L_2$、$L_3$；下层横担面向负荷从左侧起依次为 L（$L_1$、$L_2$、$L_3$）、N、PE。

（3）导线连接。绝缘导线的连接一般采用压接法和插接法制作导线接头。多股铜导线一般采用插接法。施工时先拧开两根导线头，把它们交叉在一起，再用绑线在中间缠绕50mm，然后再用导线本身的单股线或双股线向两端逐步缠绕。一股缠完后，将余下的线尾压在下面，再用另一股缠绕，直至缠完为止，全部缠完后的插接接头，导线截面积在50mm² 以下的连接长度一般为200～300mm。

**9. 紧线**

紧线前要先做好耐张杆、转角杆和终端杆的拉线，然后分段紧线，紧线时根据导线截面积的大小和线路的长短，选用人力紧线、紧线器紧线、绞磨紧线或汽车紧线。为防止横担扭转，可同时紧两根线甚至三根线。

紧线时应根据当时的气温，确定导线的弧垂值，临时用电要求220V/380V配电线路在最大弧垂时，导线与地面的最小距离不得小于4m。

**10. 导线固定**

导线在绝缘子上的固定一般采用绑扎方式。绑扎的要求是绑线排列整齐并扎实，绑线与导线选用同一种金属。

（1）档距

架空线敷设时，相邻电杆之间的档距不得大于35m，以减小弧垂，减轻风摆。满足《建筑与市政工程施工现场临时用电安全技术标准》JGJ/T 46—2024：

第6.1.6条 架空线路的档距不应大于35m。

（2）线间距

架空线应分线敷设，不得集束敷设。横担上相邻导线线间距不够小于0.3m，靠近电杆两侧导线的线间距不应小于0.5m。满足《建筑与市政工程施工现场临时用电安全技术标准》JGJ/T 46—2024：

第6.1.7条 架空线路的线间距不应小于0.3m，靠近电杆的两导线的间距不应小于 0.5m。

（3）绝缘线接头

满足《建筑与市政工程施工现场临时用电安全技术标准》JGJ/T 46—2024：

第 6.1.4 条 架空线路在一个档距内，每层导线的接头数不得超过该层导线条数的50%，且一条导线最多只允许有一个接头。在跨越铁路、公路、河流、电力线路档距内，架空线路不得有接头。

（4）架空线路与邻近线路或固定物的防护距离

满足《建筑与市政工程施工现场临时用电安全技术标准》JGJ/T 46—2024：

第 6.1.9 条 架空线路至邻近线路或固定物的距离应符合表 6.1.9 的规定。

表 6.1.9 架空线路至邻近线路或固定物的距离

| 项目 | 距离类别 | | | | | |
|---|---|---|---|---|---|---|
| 最小净空距离(m) | 架空线路的过引线、接下线至邻线 | | 架空线至架空线，电杆外缘 | | 架空线至摆动最大时树梢 | |
| | 0.13 | | 0.05 | | 0.50 | |
| 最小垂直距离(m) | 架空线同杆架设下方的通信、广播线路 | 架空线最大弧垂至地面 | | | 架空线最大弧垂至暂设工程顶端 | 架空线与邻近电力线路交叉 |
| | | 施工现场 | 机动车道 | 铁路轨道 | | 1kV以下 | 1kV～10kV |
| | 1.0 | 4.0 | 6.0 | 7.5 | 2.0 | 1.2 | 2.5 |
| 最小水平距离(m) | 架空线电杆至路基边缘 | | 架空线电杆至铁路轨道边缘 | | 架空线边线至建筑物凸出部分 | |
| | 1.0 | | 杆高＋3.0 | | 1.0 | |

（5）接户线最小截面积、接户线线间及与邻近线路间的距离

施工现场配电室的接户线最小截面积、接户线线间及与邻近线路间的距离，如图 4-21 所示，应符合《建筑与市政工程施工现场临时用电安全技术标准》JGJ/T 46—2024：

第 6.1.16 条 接户线在档距内不得有接头，进线处离地高度不应小于 2.5m。接户线最小截面应符合表 6.1.16-1 的规定。接户线线间及与邻近线路间的距离应符合表 6.1.16-2 的规定。

表 6.1.16-1 接户线最小截面

| 接户线架设方式 | 接户线长度(m) | 接户线截面(mm²) | |
|---|---|---|---|
| | | 铜线 | 铝线 |
| 架空或沿墙敷设 | 10～25 | 6 | 10 |
| | ≤10 | 4 | 6 |

表 6.1.16-2　接户线线间及与邻近线路间的距离

| 接户线架设方式 | 接户线档距(m) | 线间距离(mm) |
|---|---|---|
| 架空敷设 | ≤25 | 150 |
| | >25 | 200 |
| 沿墙敷设 | ≤6 | 100 |
| | >6 | 150 |
| 架空接户线与广播电话线交叉时 | | 接户线在上部,600<br>接户线在下部,300 |
| 架空或沿墙敷设的中性导体和相导体交叉时 | | 100 |

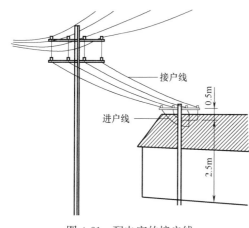

图 4-21　配电室的接户线

（6）架空线路的短路保护和过负荷保护

1）短路保护

《低压配电设计规范》GB 50054—2011 中第 6.2.4 条规定：当短路保护电器为断路器时，被保护线路末端的短路电流不应小于断路器瞬时或短延时过电流脱扣器整定电流的 1.3 倍。

按照现行国家标准《低压开关设备和控制设备　第 2 部分：断路器》GB/T 14048.2 的规定，断路器的制造误差为±20%，再加上计算误差、电网电压偏差等因素，故规定被保护线路末端的短路电流不应小于低压断路器瞬时或短延时过电流脱扣器整定电流的 1.3 倍。

2）过负荷保护

《低压配电设计规范》GB 50054—2011 中第 6.3.3 条规定：过负荷保护电器的动作特性，应符合下列公式的要求：

$$I_B \leqslant I_n \leqslant I_z$$
$$I_2 \leqslant 1.45 I_z$$

式中　$I_B$——回路计算电流，A；

　　　$I_n$——熔断器熔体额定电流或断路器额定电流或整定电流，A；

　　　$I_z$——导体允许持续载流量，A；

　　　$I_2$——保证保护电器可靠动作的电流，A。

当保护电器为断路器时，$I_2$ 为约定时间内的约定动作电流；当为熔断器时，$I_2$ 为约定时间内的约定熔断电流。

架空线路短时间过负荷是难免的，它并不一定会对线路造成损害。但长时间的过负荷将对线路的绝缘造成损害，超过允许温升会加速绝缘层的老化而缩短线路的使用寿命。严重的过负荷将使架空线路绝缘层在短时间内软化变形，耐压能力下降，引起触电事故的发生，过负荷保护的目的在于防止此种情况的发生。

施工现场架空线路的短路保护和过负荷保护应符合《建筑与市政工程施工现场临时用

电安全技术标准》JGJ/T 46—2024：

第 6.1.17 条　架空线路应有短路保护和过负荷保护，短路保护和过负荷保护电器应符合《低压电气装置　第 4-43 部分：安全防护　过电流保护》GB/T 16895.5 的相关规定。电缆的选择应符合《低压电气装置　第 5-52 部分：电气设备的选择和安装　布线系统》GB/T 16895.6 的相关规定。

### 三、低压架空线路的选择

架空线的选择主要是选择架空线路导线的种类和导线的截面，其选择依据主要是《建筑与市政工程施工现场临时用电安全技术标准》JGJ/T 46—2024 对架空线路敷设的要求及线路负荷计算的计算电流。

**1. 导线的选择**

满足《建筑与市政工程施工现场临时用电安全技术标准》JGJ/T 46—2024：

第 6.1.1 条　架空线应采用绝缘导线或电缆。

即为绝缘铜线，或者为绝缘铝线。严禁采用裸导线，因为裸导线在人体碰线触电和线间短路方面潜在的危险性更大。

所谓绝缘导线是指绝缘性能完好的导线。绝缘完好的标志是指绝缘无老化、无裂纹、无破损裸露导体现象，且其绝缘电阻不小于每伏 $1000\Omega$，额定工作电压大于线路工作电压。

由于铜的导电性能远远优于铝，所以有条件时可优先选用绝缘铜线，电气连接性好，电阻率低，机械强度大，并有利于降低线路电压损失。

**2. 导线截面的选择**

导线截面的选择主要是依据线路负荷计算结果，按绝缘导线允许温升初选导线截面，然后按线路电压偏移和机械强度要求校验，按工作制核准，最后综合确定导线截面。

（1）按允许温升初选导线截面

按允许温升初选导线截面，应使所选导线长期连续负荷允许载流量 $I_y$，大于或等于其实际计算电流 $I_j$，即：$I_y \geqslant I_j$

（2）按电压偏移校验导线截面

所谓电压偏移，一般是指负偏移，即电压损失。它是指线路始、末两端电压偏移值占线路额定电压值的百分数，即：$\Delta U\% = (U_1 - U_2)/U_e \times 100\%$

式中　$U_1$——线路始端电压，V；

$\qquad U_2$——线路末端电压，V；

$\qquad U_e$——线路额定电压，V。

按照规定，为了保证配电线路末端用电设备正常工作，其工作电压对始端的电压偏移（损失）不得超过允许的电压偏移 $\Delta U_y = 5\%$。所以，上述 $\Delta U\%$ 如果不大于 $5\%$，则导线截面校验合格，否则为不合格，需再适当加大导线截面，或缩短配电距离。

（3）按机械强度校验导线截面

初选导线截面按机械强度校验，其最小允许截面如表 4-3 所示，即要求初选导线截面必须大于或等于表中所列最小截面值。

（4）按线路工作制核准导线截面

架空线中各导线截面与线路工作制的关系为：三相四线制工作时，N 线和 PE 线截面不小于相线（$L_1$、$L_2$、$L_3$）截面的 50％；单相线路的中性线截面与相线截面相同。

### 3. 架空线的绝缘色

架空线的绝缘层颜色应符合下述规定。当考虑架空线相序排列时，$L_1$（A）—黄色；$L_2$（B）—绿色；$L_3$（C）—红色；N 中性导线—淡蓝色；PE 保护导线—黄绿组合色。

机械强度要求的导线最小截面 表 4-3

| 敷设条件 | | 导线截面(mm$^2$) | | 备 注 |
|---|---|---|---|---|
| | | 铜线 | 铝线 | |
| 架空动力线的相线和零线 | | 10 | 16 | |
| 架空跨越铁路、公路、河流 | | 16 | 25 | |
| 接户线 | 架空敷设 | 4 | 6 | 敷设长度 10m～25m |
| | | 2.5 | 4 | 敷设长度 10m 以下 |
| | 沿墙敷设 | 4 | 6 | 敷设长度 10m～25m |
| | | 2.5 | 4 | 敷设长度 10m 以下 |
| 室内照明线 | | 1.5 | 2.5 | |
| 与电气设备相连的 PE 线 | | 2.5 | 不允许 | |
| 手持式用电设备 PE 线 | | 1.5 | 不允许 | |

# 第二节 电 缆 线 路

## 一、配电线路常用的电线电缆

电线电缆按照其结构特征和使用特性不同，可用在电力系统、信息传输系统、机械设备控制系统、仪器仪表测控系统等，但是无论何种用途的电线电缆，其最基本的功能都是作为电能传输的载体。

### 1. 配电线路的型式

通常配电线路的结构型式有放射式、树干式、链式、环形四种。以下先对其作些简介，然后提出一些选择原则。

（1）放射式配线

放射式配线是指一独立负荷或一集中负荷均由一单独的配电线路供电，如图 4-22 所示。

（2）树干式配线

树干式配线是指一些独立负荷或一些集中负荷按它所在位置依次连接到某一条配电干线上，如图 4-23 所示。

（3）链式配线

链式配线是一种类似树干式的配电线路，但各负荷与干线之间不是独立支接，而是关联链接，如图 4-24 所示。

链式配线适用于相距较近，且不很重要的小容量负荷场所，但链接独立负荷不宜超过3～4个。

（4）环形配线

环形配线是指若干变压器低压侧通过联络线和开关接成环状配电线路，如图 4-25 所示。

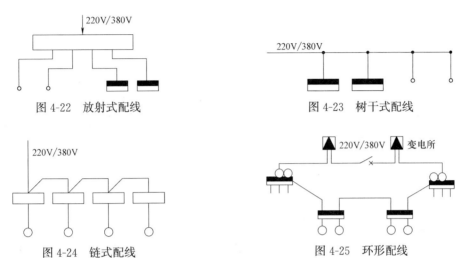

图 4-22　放射式配线　　　　　　　　图 4-23　树干式配线

图 4-24　链式配线　　　　　　　　　图 4-25　环形配线

对于施工现场用电工程环形配线来说，实际采用哪一种配线型式，可考虑下述原则：

1）采用架空线路时，由总配电箱至分配电箱宜采用放射—树干式配线，由分配电箱至开关箱也宜采用放射—树干式配线，或放射—链式配线。

2）采用电缆线路时，由总配电箱至分配电箱宜采用放射式配线，由分配电箱至开关箱也宜采用放射式配线，或放射—链式配线。

3）采用架空—电缆混合线路时，可综合运用上述 1）、2）所确定的原则。

4）采用多台专用变压器供电，规模较大，且属于重要工程的施工现场，可考虑采用环形配线型式。

**2. 电线、电缆的类别**

（1）裸电线：指仅有导体，而无绝缘层的产品，其中包括铜、铝等各种金属以及揽复合金属圆单线、各种结构的架空输电线用的绞线、软接线、型线和型材。产品主要用于户外架空电力线路以及室内汇流排和配电柜、配线箱内连接等用途。

（2）绕组线：以绕组的形式在磁场中切割磁力线感应产生电流，或通以电流产生磁场所用的电线，故又称为电磁线，包括具有各种特性的漆包线、绕包线、无机绝缘线等。

（3）电力电缆：本类产品主要特征是在导体外挤（绕）包绝缘层，如架空绝缘电缆，或几芯绞合（对应电力系统的相线、零线和地线），如二芯以上架空绝缘电缆，或再增加护套层，如塑料/橡套电线电缆。主要的工艺技术有拉制、绞合、绝缘挤出（绕包）、成缆、铠装、护层挤出等，各种产品的不同工序组合有一定区别。产品主要用于电力系统的主干线路中用以传输和分配大功率电能，包括 1～330kV 及以上的各种电压等级、各种绝缘的电力电缆。

（4）通信电缆和通信光缆：通信电缆是传输电话、电报、电视、广播、数据和其他电信息的电缆；通信光缆是以光导纤维（光纤）作为光波传输介质，进行信息传输；射频电缆是适用于无线电通信、广播和有关电子设备中传输射频信号的电缆。

（5）电气装备用电线电缆：该类产品主要特征是品种规格繁多，应用范围广泛，使用电压在 1kV 及以下较多，而对特殊场合不断衍生新的产品，如耐火线缆、阻燃线缆、低烟无卤线缆、防白蚁/防老鼠线缆、耐油/耐寒/耐温/耐磨线缆、医用/农用/矿山用线缆、薄壁电线等。产品主要用于从电力系统的配电点把电能直接传送到各种用电设备、器具的电源连接线路。

**3. 电线、电缆的型号**

电线电缆的分类有许多种，而且每种类别的命名不相同，所以电线电缆的型号也是多种多样。低压配电系统中使用最多的是电力电缆，我们通常用一个简单的名称，结合型号规格来代替完整的名称，如"低压电缆"代表 0.6kV/1kV 级的所有塑料绝缘类电力电缆。电线电缆产品的命名按以下原则：

（1）产品名称中包括的内容：

1）产品应用场合或大小类名称。

2）产品结构材料或形式。

3）产品的重要特征或附加特征。

基本按上述顺序命名，有时为了强调重要或附加特征，将特征写到前面或相应的结构描述前。

（2）结构描述的顺序：从内到外的原则：导体→绝缘→内护层→外护层→铠装形式。

（3）简化：在不会引起混淆的情况下，有些结构描述省写或简写，如汽车线、软线中不允许用铝导体，故不描述导体材料。

如简化型号 ZR—YJV$_{22}$—8.7/15，表示额定电压 8.7kV/15kV 阻燃铜芯交联聚乙烯绝缘钢带铠装聚氯乙烯护套电力电缆。如下进一步解释：

1）额定电压 8.7kV/15kV——使用场合/电压等级；

2）阻燃——强调的特征；

3）铜芯——导体材料；

4）交联聚乙烯绝缘——绝缘材料；

5）钢带铠装——铠装层材料及形式（双钢带间隙绕包）；

6）聚氯乙烯护套——内外护套材料（内外护套材料均一样，省写内护套材料）；

7）电力电缆——产品的大类名称。

电线电缆的型号组成与顺序如下：

1）类别、用途；

2）导体；

3）绝缘；

4）内护层；

5）结构特征；

6）外护层或派生；

7）特殊使用场合或附加特殊使用要求。

1）~5）项和第 7）项用拼音字母表示，高分子材料用英文名的第一位字母表示，每项可以是 1~2 个字母；第 6）项是 1~3 个数字。

型号中的省略原则：电线电缆产品中铜是主要使用的导体材料，故铜芯代号 T 省写，但裸电线及裸导体制品除外。裸电线及裸导体制品类、电力电缆类、电磁线类产品不表明大类代号，电气装备用电线电缆类和通信电缆类也不列明，但列明小类或系列代号等。

第 7 项是各种特殊使用场合或附加特殊使用要求的标记，在"—"后以拼音字母标识。有时为了突出该项，把此项写到最前面。如 ZR—（阻燃）、NH—（耐火）、WDZ—（低烟无卤、企业标准）、TH—（湿热地区用）、FY—（防白蚁、企业标准）等。

**4. 常用的电缆类型**

常用电缆的型号及含义如表 4-4 所示。

（1）塑料绝缘电缆

包括聚氯乙烯、聚乙烯绝缘及护套电缆。其绝缘性能好，抗腐蚀，具有一定的机械强度，制造简单，允许工作温度小于等于 +65℃、环境温度不低于 −40℃ 的条件下使用。其中塑料护套的 VV、VLV 型电缆可以敷设在室内、隧道及管道中；钢带铠装的电缆（如 $VV_{22}$、$VLV_{22}$ 型）可以敷设在地下，能承受机械外力，但不能承受大的拉力。

（2）橡胶绝缘电缆

它柔软性好，易弯曲，橡胶在很大的温差范围内具有弹性，适宜多次拆装，耐寒性好，有较好的电气性能和力学性能，但耐电晕、耐热、耐油的性能较差，只适用于 500V 以下的线路，聚氯乙烯护套的 XV、XLV 型电缆，可以敷设在室内、隧道及管道中，不能承受机械力的作用；钢带铠装的电缆（如 $XV_{22}$、$XLV_{22}$ 型），可以在地下敷设并承受机械力的作用。

（3）控制电缆

它用于连接电气仪表、继电保护和自动控制回路，施工现场升降设备的限位控制线路就采用了控制电缆。

常用电缆的型号及含义　　　　　　　　　　　　　　　表 4-4

| 电缆代号 | 含　义 | 适用场合 |
|---|---|---|
| VV、VLV | 聚氯乙烯绝缘、聚氯乙烯护套铜、铝芯电力电缆 | 室内、隧道及管道中,不能受外力作用 |
| VV22、VLV22<br>$VV_{22}$、$VLV_{22}$ | 聚氯乙烯绝缘、聚氯乙烯护套内钢带铠装铜、铝芯电力电缆 | 地下、可承受机械外力作用,但不能承受大的拉力 |
| VV32、VLV32<br>$VV_{32}$、$VLV_{32}$ | 聚氯乙烯绝缘,聚氯乙烯内细钢丝铠装铜、铝芯电力电缆 | 水中、能承受相当的拉力 |
| XV、XLV | 橡胶绝缘,聚氯乙烯护套铜、铝芯电力电缆 | 室内、隧道及管道中,不能承受机械外力 |
| XF、XLF | 橡胶绝缘,氯丁护套铜、铝芯电力电缆 | 室内、隧道及管道中,不能承受机械外力 |
| XV22、XLV22<br>$XV_{22}$、$XLV_{22}$ | 橡胶绝缘,聚氯乙烯护套内钢带铠装铜、铝芯电力电缆 | 地下,可承受机械外力作用,但不能承受大的拉力 |
| YQ、YQW | 轻型橡套电缆,耐油污轻型橡胶套电缆 | <250V AC 轻型移动电气设备 |
| YZ、YZW | 中型橡套电缆,耐油污中型橡胶套电缆 | <500V AC 移动电气设备 |

| 电缆代号 | 含　义 | 适 用 场 合 |
|---|---|---|
| YC、YCW | 重型橡套电缆、耐油污重型橡胶套电缆 | ≤500V AC 各种移动电气设备、能承受较大的机械外力作用 |
| YH、YHL | 电焊移动电缆（铜、铝芯） | 电焊机二次侧接线电焊钳间 |
| KVV | 聚氯乙烯绝缘、聚氯乙烯护套铜芯控制电缆 | ≤500V 控制回路 |

## 二、低压电线、电缆的选用

### 1. 电线、电缆选用应考虑如下问题

（1）电线、电缆的额定电压要大于或等于安装点供电系统的额定电压。电线、电缆绝缘需具有一定耐受电压的能力，如果电流超过载流量，电线、电缆发热将加剧，其绝缘能力随之迅速降低，绝缘加速老化，最后导致绝缘能力丧失，被电压击穿，使金属线芯直接接触或通过电弧而导通，这称之为短路。电线短路时产生异常高温或电弧电火花，引起近旁可燃物质起火，这就是常说的电气火灾。电气短路也可使电气设备带危险电压，而引起触电事故。通常国内的低压电力系统的工作电压为 220V/380V，而低压电力电缆/电线的额定电压应为 500V 或 1000V。

（2）电线、电缆持续容许电流应等于或大于供电负载的最大持续电流。电线、电缆的截面指的是电线内铜芯的截面。住宅内常用的电线截面积有 1.5mm²、2.5mm²、4mm²、6mm²、10mm²、16mm²、25mm²、35mm²、50mm² 等。

载流量指的是电线、电缆在常温下持续工作并能保证一定使用寿命（按 30 年）的工作电流大小。电线、电缆的载流量的大小与其截面积的大小有关，即导线截面积越大，它所能通过的电流也越大。如果线路电流超过载流量，使用寿命就相应缩短，如不及时换线，就可能引起种种电气事故。导线截面积越大，它所能通过的电流也越大。

从电学角度讲，导线越粗可以通过的电流越大，但导线的截面与载流能力之间的关系要涉及许多因素。一般导线所承载的是交流电流，交流电流存在自感电动势（其作用是阻止电流变化，而交流电流正好是随时间不断变化的），其后果是产生趋肤效应（表面电流密度大），这样就会使导体的载流能力下降；还有一个问题是电流通过导体时会产生热，导体的截面越大，散热能力越差，导体温度就会变高，而温度高的导体其电阻也增大，更不利电流通过。综上所述，导体的截面积与其载流量之间是不成正比的，许多场合，人们喜欢用多根导线并接，不是增大单根导线的截面积。譬如 2 根 95mm² 的电缆的载流量要远远大于 1 根 185mm² 的电缆。

对载流量影响非常大的一个因素是导体和绝缘的材质；同时，电缆横截面的选择同电缆的敷设方式和环境温度有关。明敷和直接敷设在地中的低压绝缘电缆安全载流量也是不一样的。这主要是因为电缆的工作环境不同，电缆在工作时的散热条件是不同的。在不同的运行环境下，环境温度也是影响电缆散热的主要因素之一。

综合上述多种主要因素，根据实际情况估算电线、电缆的载流量。电线、电缆的截面选择可根据我国制定的国家标准规定来估算，可以通过查阅电线、电缆载流量如表 4-5、

表4-6所示，来选择电线、电缆的截面。并根据地温以及平行敷设的电缆情况来校正，如表4-7～表4-10所示。

#### 0.6kV/1kV 铜芯聚氯乙烯护套阻燃绝缘电力电缆或非阻燃绝缘
#### 电力电缆在空气中敷设长期连续负荷允许载流量　　　　表4-5

| 标称截面积(mm²) | 长期连续负荷允许载流量(A) | | | | | | | | | | |
|---|---|---|---|---|---|---|---|---|---|---|---|
| | 无铠装 | | | | | 铠装 | | | | | |
| | 单芯 | | | 双芯 | 三芯四芯(3+1)芯 | 五芯(4+1)芯(3+2)芯 | 单芯* | | | 双芯 | 三芯四芯(3+1)芯 | 五芯(4+1)芯(3+2)芯 |
| | 2根 ○○ | 3根 ○/○○ | ○○○ | | | | 2根 ○○ | 3根 ○/○○ | ○○○ | | | |
| 1.5 | 28 | 23 | 26 | 20 | — | — | 28 | 23 | 26 | — | — | — |
| 2.5 | 36 | 30 | 33 | 26 | — | — | 36 | 30 | 33 | — | — | — |
| 4 | 47 | 39 | 4 | 37 | 30 | 31 | 46 | 39 | 44 | 38 | 31 | 32 |
| 6 | 60 | 49 | 56 | 44 | 37 | 38 | 60 | 49 | 56 | 45 | 38 | 39 |
| 10 | 83 | 68 | 77 | 61 | 53 | 54 | 83 | 68 | 77 | 62 | 54 | 55 |
| 16 | 109 | 89 | 101 | 82 | 69 | 70 | 109 | 89 | 101 | 84 | 70 | 71 |
| 25 | 138 | 113 | 128 | 104 | 89 | 91 | 138 | 113 | 128 | 106 | 91 | 91 |
| 35 | 173 | 142 | 161 | 127 | 109 | 111 | 173 | 142 | 161 | 130 | 111 | 112 |
| 50 | 207 | 170 | 193 | 155 | 132 | 135 | 207 | 170 | 193 | 158 | 135 | 137 |
| 70 | 264 | 216 | 246 | 190 | 167 | 170 | 264 | 216 | 246 | 194 | 170 | 173 |
| 95 | 322 | 264 | 299 | 242 | 213 | 217 | 322 | 264 | 299 | 247 | 217 | 221 |
| 120 | 374 | 307 | 348 | 282 | 242 | 247 | 374 | 307 | 348 | 288 | 246 | 250 |
| 150 | 431 | 353 | 401 | 322 | 282 | 288 | 431 | 353 | 401 | 328 | 287 | 290 |
| 185 | 495 | 406 | 460 | 368 | 322 | 328 | 495 | 406 | 460 | 375 | 327 | 330 |
| 240 | 587 | 481 | 546 | — | 385 | 393 | 587 | 481 | 546 | — | 392 | 398 |
| 300 | 673 | 552 | 626 | — | 431 | 440 | 673 | 552 | 626 | — | 439 | 445 |
| 400 | 794 | 652 | 738 | — | — | — | 794 | 652 | 738 | — | — | — |
| 500 | 20 | 754 | 854 | — | — | — | 920 | 754 | 836 | — | — | — |
| 630 | 1058 | 868 | 984 | — | — | — | 1058 | 868 | 984 | — | — | — |
| 800 | 1219 | 1001 | 1134 | — | — | — | 1219 | 1001 | 1134 | — | — | — |

注：用于交流回路的单芯电缆铠装采用某种电缆载流量仍将大为降低，应慎重选用。除特殊结构外，用于交流回路的单芯电缆铠装应采用非磁性材料。下同。

#### 0.6kV/1kV 铜芯聚氯乙烯护套阻燃绝缘电力电缆或非阻燃绝缘
#### 电力电缆直埋敷设长期连续负荷允许载流量　　　　表4-6

| 标称截面积(mm²) | 长期连续负荷允许载流量(A) | | | | | | | | | | |
|---|---|---|---|---|---|---|---|---|---|---|---|
| | 无铠装 | | | | | 铠装 | | | | | |
| | 单芯 | | | 双芯 | 三芯四芯(3+1)芯 | 五芯(4+1)芯(3+2)芯 | 单芯* | | | 双芯 | 三芯四芯(3+1)芯 | 五芯(4+1)芯(3+2)芯 |
| | 2根 ○○ | 3根 ○/○○ | ○○○ | | | | 2根 ○○ | 3根 ○/○○ | ○○○ | | | |
| 1.5 | 29 | 24 | 27 | 26 | 22 | 22 | 29 | 24 | 27 | 26 | 22 | 22 |
| 2.5 | 38 | 31 | 35 | 34 | 29 | 30 | 38 | 31 | 35 | 34 | 29 | 30 |
| 4 | 49 | 40 | 46 | 44 | 38 | 39 | 49 | 40 | 46 | 44 | 38 | 39 |

续表

| 标称截面积(mm²) | 长期连续负荷允许载流量(A) | | | | | | | | | | | |
| | 无铠装 | | | | | | 铠装 | | | | | |
| | 单芯 | | | 双芯 | 三芯四芯(3+1)芯 | 五芯(4+1)芯(3+2)芯 | 单芯* | | | 双芯 | 三芯四芯(3+1)芯 | 五芯(4+1)芯(3+2)芯 |
| | 2根 ○○ | 3根 ○ ○○ | ○○○ | | | | 2根 ○○ | 3根 ○ ○○ | ○○○ | | | |
| 6 | 61 | 50 | 57 | 56 | 17 | 48 | 61 | 50 | 57 | 56 | 47 | 48 |
| 10 | 83 | 68 | 77 | 76 | 65 | 66 | 83 | 68 | 77 | 76 | 65 | 66 |
| 16 | 105 | 86 | 98 | 100 | 84 | 86 | 105 | 86 | 98 | 100 | 84 | 86 |
| 25 | 135 | 111 | 126 | 125 | 110 | 112 | 135 | 111 | 126 | 125 | 110 | 112 |
| 35 | 160 | 131 | 149 | 155 | 130 | 133 | 160 | 131 | 149 | 155 | 130 | 133 |
| 50 | 195 | 160 | 181 | 185 | 155 | 158 | 195 | 160 | 181 | 185 | 155 | 158 |
| 70 | 240 | 197 | 223 | 230 | 195 | 199 | 240 | 197 | 223 | 230 | 195 | 199 |
| 95 | 285 | 234 | 265 | 275 | 230 | 235 | 285 | 234 | 265 | 275 | 230 | 235 |
| 120 | 325 | 267 | 302 | 310 | 260 | 265 | 325 | 267 | 302 | 310 | 260 | 265 |
| 150 | 365 | 299 | 339 | 350 | 300 | 306 | 365 | 299 | 339 | 350 | 300 | 306 |
| 185 | 415 | 340 | 386 | 395 | 335 | 341 | 415 | 340 | 386 | 395 | 335 | 341 |
| 240 | 480 | 394 | 446 | — | 390 | 398 | 480 | 394 | 446 | — | 390 | 398 |
| 300 | 545 | 447 | 507 | — | 435 | 444 | 545 | 447 | 507 | — | 435 | 444 |
| 400 | 625 | 513 | 581 | — | — | — | 625 | 513 | 581 | — | — | — |
| 500 | 710 | 582 | 660 | — | — | — | 710 | 582 | 660 | — | — | — |
| 630 | 810 | 664 | 753 | — | — | — | 810 | 664 | 753 | — | — | — |
| 800 | 910 | 746 | 846 | — | — | — | 910 | 746 | 846 | — | — | — |

**环境温度变化时载流量的校正系数** 表 4-7

| 线芯工作温度(℃) | 不同环境温度变化时载流量的校正系数 | | | | | | | | |
| | 5 | 10 | 15 | 20 | 25 | 30 | 35 | 40 | 45 |
| +80 | 1.170 | 1.130 | 1.090 | 1.040 | 1.000 | 0.954 | 0.905 | 0.843 | 0.798 |
| +65 | 1.220 | 1.170 | 1.120 | 1.060 | 1.000 | 0.935 | 0.865 | 0.791 | 0.707 |
| +60 | 1.250 | 1.200 | 1.130 | 1.070 | 1.000 | 0.926 | 0.845 | 0.756 | 0.655 |
| +50 | 1.340 | 1.260 | 1.180 | 1.090 | 1.000 | 0.895 | 0.775 | 0.633 | 0.447 |

注：不同环境温度情况下，载流量校正系数可用下列公式

$$I_1/I_2 = (\Delta Q_1/\Delta Q_2)^{1/2}$$

式中　$\Delta Q_1$——载流量表中所规定的载流量最高允许温升，℃；

$\Delta Q_2$——由于环境温度变化载流量最高允许温升改变后所有的温升，℃；

$I_1$——对应 $\Delta Q_1$ 情况下的电流，A；

$I_2$——对应 $\Delta Q_2$ 情况下的电流，A。

**穿电线的黑铁管（钢管）或塑料管在空气中多根并列敷设载流量的校正系数**　表 4-8

| 黑铁管(钢管)或塑料管根数 | 载流量的校正系数 |
| --- | --- |
| 2～4 | 0.95 |
| >4 | 0.90 |

注：表中系数适用于管与管紧靠敷设场合。

电线电缆在空气中多根并列敷设时载流量的校正系数 表 4-9

| 排列 | | 1 | 2 | 3 | 4 | 6 | 4 | 6 |
|---|---|---|---|---|---|---|---|---|
| 配列 | | o | o o | o o o | o o o o | o o o o o o | o o<br>o o | o o o<br>o o o |
| 线缆中<br>心距离 | S=d | 1.00 | 1.90 | 0.85 | 0.82 | 0.80 | 0.80 | 0.75 |
| | S=2d | 1.00 | 1.00 | 0.98 | 0.95 | 0.90 | 0.90 | 0.90 |
| | S=3d | 1.00 | 1.00 | 1.00 | 0.98 | 0.96 | 1.00 | 0.96 |

注：本表系相同外径的电缆并列敷设时的载流量校正系数，为电缆的外径当并列敷设的电缆外径不同时，$d$ 值建议取各电缆外径的平均值。

电缆直埋地多根并列敷设载流量校正系数（电缆相互间净距应不小于 **100mm**） 表 4-10

| 电缆间净距<br>（mm） | 多根并列敷设时载流量校正系数 | | | | |
|---|---|---|---|---|---|
| | 1 根 | 2 根 | 3 根 | 4 根 | 6 根 |
| 100 | 1.00 | 0.88 | 0.84 | 0.80 | 0.75 |
| 200 | 1.00 | 0.90 | 0.86 | 0.83 | 0.80 |
| 300 | 1.00 | 0.92 | 0.89 | 0.87 | 0.85 |

（3）线芯截面要满足供电系统短路时的稳定性的要求。供电系统短路时，在低压线路上会产生比较大的电流。而只有在事故状况下，电缆才允许进行过负载运行，此时所允许通过的电流为短时过载载流量。短时过载载流量和电缆的过载前的实际电流、温度等有关。计算公式如下：

$$I_{sc}=\sqrt{\frac{C_e}{r_{20}+\alpha t}\ln\frac{1+\alpha(\theta_{sc}-20)}{1+\alpha(\theta_0-20)}}$$

式中 $\theta_{sc}$——电缆允许短路温度，℃，

　　　$\theta_0$——短路前电缆温度，℃；

　　　$r_{20}$——20℃时每厘米电缆导线的交流电阻，Ω/cm；

　　　$\alpha$——导线电阻的温度系数，1/℃；

　　　$C_e$——每厘米电缆导线的热容，J/(cm·℃)；

　　　$t$——短路时间，s。

电缆的允许载流量也可以从电缆厂家出场的数据中找到。

（4）根据电缆长度验算电压降是否符合要求。为了保证线路末端的用电设备正常运行，必须保证末端的电压值在允许的范围内（通常要求线路上的电压损失不超过10%）。如果线路的阻抗比较高，可能会在线路上产生比较大的压降，从而影响线路末端用电设备的端电压。一般来说，在电缆线路不是很长的情况下，是没有必要来计算线路上的压降。在线路非常长的情况下（如几千米以上）。根据厂家提供的电缆线路阻抗或电阻的参数（单位长度的阻抗或电阻）。根据负荷的容量以及线缆的阻抗（或电阻）就可以计算出线路上的压降以及线路末端的电压值。如果该电压值低于负荷的最低电压要求，就有必要扩大电缆的截面（并联增加电缆或使用更大截面的电缆）。其校验公式如下：

$$\Delta U \% = B \frac{\Delta U}{U} \times 100\% = B \frac{IR}{U} \times 100\% = B \frac{I\rho \frac{l}{S}}{U} \times 100\%$$

$$= B \frac{P\rho \frac{l}{S}}{U^2} \times 100\% = B \frac{Pl}{CS} \times 100\%$$

$$C = \frac{U^2}{\rho \times 100}(三相四线制)或 = \frac{U^2}{2\rho \times 100}(单相交流或直流)$$

式中　$B$——感性负载线路电压损失校正系数，可由表4-11中查出；

　　　$P$——计算总负荷功率，W；

　　　$l$——电缆长度，m；

　　　$\rho$——电阻率，Ω·m；

　　　$I$——计算电流，A；

　　　$R$——电缆电阻，Ω；

　　　$S$——电缆横截面积，mm$^2$；

　　　$C$——线路电压损失常数，可由表4-12中查出。

感性负载线路电压损失校正系数 B　　　　　　　表 4-11

| 导线截面积（mm$^2$） | 铜或铝导线明敷 | | | | | 电缆明敷或埋地、导线穿管 | | | | | 裸铜线架设 | | | 裸铝线架设 | | |
|---|---|---|---|---|---|---|---|---|---|---|---|---|---|---|---|---|
| | 负荷功率因数 | | | | | 负荷功率因数 | | | | | 负荷功率因数 | | | 负荷功率因数 | | |
| | 0.9 | 0.85 | 0.8 | 0.75 | 0.7 | 0.9 | 0.85 | 0.8 | 0.75 | 0.7 | 0.9 | 0.8 | 0.7 | 0.9 | 0.8 | 0.7 |
| 6 | | | | | | | | | | | | 1.1 | 1.12 | | | |
| 10 | | | | | | | | | | | 1.1 | 1.14 | 1.2 | | | |
| 16 | 1.1 | 1.12 | 1.14 | 1.16 | 1.19 | | | | | | 1.13 | 1.21 | 1.28 | 1.1 | 1.14 | 1.19 |
| 25 | 1.13 | 1.17 | 1.2 | 1.25 | 1.28 | | | | | | 1.21 | 1.32 | 1.44 | 1.13 | 1.2 | 1.28 |
| 35 | 1.19 | 1.25 | 1.3 | 1.35 | 1.4 | | | | | | 1.27 | 1.43 | 1.58 | 1.18 | 1.28 | 1.38 |
| 50 | 1.27 | 1.35 | 1.42 | 1.5 | 1.58 | 1.1 | 1.11 | 1.13 | 1.15 | 1.17 | 1.37 | 1.57 | 1.78 | 1.25 | 1.38 | 1.53 |
| 70 | 1.35 | 1.45 | 1.54 | 1.64 | 1.74 | 1.11 | 1.15 | 1.17 | 1.2 | 1.24 | 1.48 | 1.76 | 2 | 1.34 | 1.52 | 1.7 |
| 95 | 1.50 | 1.65 | 1.8 | 1.95 | 2 | 1.15 | 1.2 | 1.24 | 1.28 | 1.32 | | | | 1.44 | 1.7 | 1.9 |
| 120 | 1.60 | 1.8 | 2 | 2.1 | 2.3 | 1.19 | 1.25 | 1.3 | 1.35 | 1.4 | | | | 1.53 | 1.82 | 2.1 |
| 150 | 1.75 | 2 | 2 | 2.4 | 2.6 | 1.24 | 1.3 | 1.37 | 1.44 | 1.5 | | | | | | |

（5）线路末端的最小短路电流应能使保护装置可靠的动作。如果线路比较长（几千米甚至十几千米），线路阻抗非常大。由于断路器的故障设定值是根据正常运行的电流值进行设定的，通常是正常运行电流的几倍。那么有可能在线路末端故障（如两相短路）的情况下，故障电流值可能会低于断路器的动作设定值。在实际的工程中，在电缆线路非常长的情况下，需要根据电缆的阻抗或电阻（在直流系统中应使用电阻，在交流系统中应使用阻抗）来计算。

（6）安装环境的要求，应考虑以下问题：

1）最大允许敷设位差如表4-13所示。

**线路电压损失常数 C** 表 4-12

| 线路及电流种类 | 额定电压（V） | C 值 | |
| --- | --- | --- | --- |
| | | 铜线 | 铝线 |
| 三相四线制 | 380/220 | 77.000 | 46.300 |
| 单相交流或直流 | 220 | 12.800 | 7.750 |
| | 110 | 3.200 | 1.900 |
| | 36 | 0.340 | 0.210 |
| | 24 | 0.153 | 0.092 |
| | 12 | 0.038 | 0.023 |

**最大允许敷设位差** 表 4-13

| 电缆类型 | | 最大允许位差（m） | |
| --- | --- | --- | --- |
| | | 铅保护层 | 铅保护层 |
| 普通黏性浸电缆 | 铠装 | 25 | 25 |
| | 无铠装 | 20 | 25 |
| 不滴油电缆 | | 无限制 | |
| 塑料绝缘电缆 | | | |
| 橡皮绝缘电缆 | | | |

2）电缆外护层的选择：通常来说聚氯乙烯和聚乙烯绝缘的电缆的防水性能比较好，电缆的铠装也能够得到非常好的防蚀保护；钢带的铠装层的作用是抗压，用于直埋电缆；钢丝铠装的作用是抗拉，用于水下敷设或垂直敷设。

3）电缆最小弯曲半径：

① 黏性浸渍电缆及不滴流电缆：多芯电缆 15（$D+d$），1～10kV 单芯电缆 18（$D+d$），20～35kV 单芯电缆 25（$D+d$），分相电缆 18（$2.15D+d$）；

② 塑料、橡皮电缆：多芯及单芯电缆（交联聚乙烯电缆为 15D）；

③ 自容式充油电缆：单芯电缆（铅护层、皱纹铝护层）25（$D+d$），三芯电缆（铅护层、皱纹铝护层）20（$D+d$），平铝护层电缆 36（$D+d$）。

注：对油浸纸绝缘电缆，D 为电缆金属护套外径，d 为电缆导体外径；对塑料、橡皮电缆 D 为电缆外径。

4）应按照表 4-14 来根据环境和敷设方法选择电缆/电线的类型。

5）中性线和保护接地线截面的选择。对于中性线来说，在我国低压系统通常采用中性点接地系统，一般均配出中性线。运行中该中性线也是一种载流体。在单相回路中流过相线和中性线的电流相同，因此应采用相同材料的相同截面；在三相四线或两相三线系统中当用电负荷大部分为单相负荷或可能产生三次谐波的负荷（如气体放电灯）时，中性线的截面积不应小于相线的截面积；对于采用晶闸管调光的三相四线或两相三线系统中，由于谐波分量较大，中性线的截面积不应小于相线的截面积的两倍。

以上的选择原则是针对载流导体而言的，而对于正常工作时的非载流导体的保护接地线来说，应满足以下条件：

根据环境和敷设方法选择电缆/电线的类型　　　　表4-14

| 环境特征 | 敷设方法 | 常用的电线/电缆型号 | 导线名称 |
|---|---|---|---|
| 正常干燥环境 | 绝缘线瓷珠、瓷夹板或铝皮卡子明敷<br>绝缘线、裸线绝缘子明敷<br>绝缘线穿管明敷或暗敷<br>电缆明敷或放在沟中 | BBLV、BLV、BLVV、BVV<br>BBLX、BLV、LJ、LMY<br>BBLX、BLV、BVV<br>ZLL，ZLL$_{11}$，VLV，YJV，YJLV，XLV，ZLQ | BBLX：铝芯玻璃丝编制橡皮线<br>BLV：铝芯聚氯乙烯绝缘线<br>BLVV：铝芯塑料护套线<br>BVV：铜芯塑料护套线<br>LJ：裸铝绞线<br>LMY：硬铝裸导线<br>ZLL：有近绝缘纸电缆<br>VLV：塑料绝缘铝芯电缆<br>YJV：塑料绝缘铜芯电缆<br>YJLV：塑料绝缘铝芯电缆<br>XLV：橡皮绝缘铝芯电缆<br>ZLQ：油浸纸绝缘电缆<br>BV：铜芯塑料绝缘线<br>XLHF：橡皮绝缘电缆<br>其他类型的电缆可查阅相关的手册，此处略 |
| 潮湿或特别潮湿环境 | 绝缘线、绝缘子明敷（＞3.5m）<br>绝缘线穿管明敷或暗敷<br>电缆明敷 | BBLX、BLV、BVV<br>BBLX、BLV、BVV<br>ZLL$_{11}$，VLV，YJV，XLV | |
| 多尘环境（不包括火灾及爆炸危险尘埃） | 绝缘线瓷珠、绝缘子明敷<br>绝缘线穿钢管明敷或暗敷<br>电缆明敷或放在沟中 | BBLX、BLV、BLVV、BVV<br>BBLX、BLV、BVV<br>ZLL，ZLL$_{11}$，VLV，YJV，XLV，ZLQ | |
| 有腐蚀性环境 | 绝缘线瓷珠、绝缘子明敷<br>绝缘线穿塑料管明敷或暗敷<br>电缆明敷 | BLV、BLVV、BVV<br>BBLX、BLV、BVV<br>VLV、YJV、ZLL$_{11}$、XLV | |
| 有火灾危险的环境 | 绝缘线、绝缘子明线<br>绝缘线穿钢管明敷或暗敷<br>电缆明敷或放在沟中 | BBLX、BLV、BVV<br>BBLX、BLV、BVV<br>ZLL，ZLQ，VLV，YJV，XLV，XLHF | |
| 有爆炸危险的环境 | 绝缘线穿钢管明敷或暗敷<br>电缆明敷 | BBX，BV，BVV<br>ZL$_{120}$，ZQ$_{20}$，VV$_{20}$ | |

① 在系统故障时，应保证在人体触电引起危险的持续时间内保护装置能可靠地切断电路。在这种情况下要求保护线有足够大的截面，使回路的电阻下降。在发生故障时，故障回路有足够大的故障电流使保护装置迅速动作，切断回路。按照有关的规定，230V交流电的最常允许切断时间为0.17s。在选择时应计算能够使保护装置和开关装置动作时间小于上述事件的最小电流。同时应计算发生触电故障时的故障电流应小于该电流。

② 保护接地线应能承受故障电流在故障持续时间内的发热，保证其热稳定。在线路的相线截面积不大于16mm$^2$时，保护接地线截面积应不小于同材料的相线截面积；在线路的相线截面积大于16mm$^2$且不大于35mm$^2$时，保护接地线截面积应不小于16mm$^2$；在线路的相线截面积大于35mm$^2$时，保护接地线截面积应不小于同材料的相线截面积50%。

③ 当保护接地线不属于导体的一部分或不与导体同处于一外护物内，其截面积不应小于以下数值：有防护时铜芯保护接地线2.5mm$^2$，铝芯保护接地线16mm$^2$；无防护时铜芯保护接地线4mm$^2$，铝芯保护接地线16mm$^2$。

施工现场架空线导体截面的选择需要计算导体负荷电流不得大于其长期连续负荷允许

载流量，保证线路末端电压偏移不超过其额定电压的±5％。TN-S 系统采用三相四线配电线路选择五芯电缆时，相导体 $L_1$（A）、$L_2$（B）、$L_3$（C）相序的绝缘层颜色依次为黄、绿、红色；中性导体（N）的绝缘层颜色为淡蓝色；保护接地导体（PE）的绝缘层颜色为绿/黄组合色，上述绝缘层颜色标识严禁混用和互相代用。并应满足《建筑与市政工程施工现场临时用电安全技术标准》JGJ/T 46—2024：

第 6.2.1 条　施工现场临时用电宜采用电缆线路。电缆线路应符合下列规定：

1　电缆芯线应包含全部工作导体和保护接地导体（PE）；

2　TN-S 系统采用三相四线供电时应选择五芯电缆，采用单相供电时应选择三芯电缆；

3　中性导体（N）绝缘层应是淡蓝色，保护接地导体（PE）绝缘层应是黄/绿组合颜色，不得混用。

第 6.2.2 条　电缆线路导体截面的选择应符合本标准第 6.1.3 条中第 1 款、第 2 款、第 3 款的规定，并应根据其长期连续负荷允许载流量和允许电压偏移确定。

第 6.1.3 条　架空线导体截面的选择应符合下列规定：

1　导线中的计算负荷电流不得大于其长期连续负荷允许载流量；

2　线路末端电压偏移不应超过其额定电压的±5％；

3　三相四线制线路的中性导体（N）和保护接地导体（PE）截面不应小于相导体截面的 50％，单相线路的中性导体（N）截面应与相导体截面相同。

**2. 实例分析**

【例】　依据某施工现场临时用电工程的施工现场用电设备（见表 4-15）及施工现场设备布置示意（图 4-26），计算施工现场临时用电工程铜导线应选择多大的截面。

**施工现场用电设备表**　　　　表 4-15

| 序号 | 用电设备名称 | 型号及铭牌技术数据 | 换算后设备容量 $P_N$(kW) |
|---|---|---|---|
| 1 | 塔式起重机 | QT80,100kW,380V,$J_c$=15％ | 77.5 |
| 2 | 室外电梯 | TST-200,11kW,380V | 11.0 |
| 3 | 室外电梯 | TST-300,15kW,380V | 15.0 |
| 4 | 搅拌机 | $J_1$-400;7.5kW,380V,$\cos\varphi$=0.82,$\eta$=0.8 | 7.5 |
| 5 | 搅拌机 | $J_4$-375;7.5kW,380V,$\cos\varphi$=0.82,$\eta$=0.8 | 7.5 |
| 6 | 卷扬机 | JJK-2;14kW,380V,$\cos\varphi$=0.82,$\eta$=0.8 | 14.0 |
| 7 | 电焊机 | 21kVA,$J_c$=65％,380V,$\cos\varphi$=0.87 | $\sqrt{3}\times14.7=25.5$ |
| 8 | 电焊机 | 21kVA,$J_c$=65％,380V,$\cos\varphi$=0.87 | $\sqrt{3}\times14.7=25.5$ |
| 9 | 圆盘锯 | 2.8kW,380V,$\cos\varphi$=0.88,$\eta$=0.85 | 2.8 |
| 10 | 圆盘锯 | 2.8kW,380V,$\cos\varphi$=0.88,$\eta$=0.85 | 2.8 |
| 11 | 钢筋切断机 | 3kW,380V,$\cos\varphi$=0.83,$\eta$=0.84 | 3.0 |
| 12 | 振动棒 | 1.5kW,380V,$\cos\varphi$=0.85,$\eta$=0.85 | 1.5 |
| 13 | 振动棒 | 1.5kW,380V,$\cos\varphi$=0.85,$\eta$=0.85 | 1.5 |
| 14 | 照明 | 白炽灯、碘钨灯，共 3.6kW<br>荧光灯、高压碘钨灯，共 3.4kW | 3.6<br>3.4 |

图4-26 配电线路示意图

**解：**

设备名称和技术参数如表4-15所示，且该现场实测的最大日负荷曲线中的最大负荷为86kW。

我们知道，设备容量$P_N$不包括备用设备在内，且与用电设备的工作性质有关。一般长期和短时工作制的用电设备组，包括一般电动机和电灯，设备容量等于其铭牌容量；对于反复短时工作制的用电设备，设备容量就是将设备在某一暂载率下的铭牌容量（额定容量$P'_N$或$S'_N$）换算成同一工作制的容量，因此有1号设备的设备容量，即

$$P_{N1}=2P'_N\sqrt{J_C}=2\times100\times\sqrt{0.15}=77.5(\text{kW})$$

第7、8号设备弧焊机的设备容量，即

$$P_{N7}=P_{N8}=\sqrt{3}S'_N\cos\varphi_N\sqrt{J_C}=\sqrt{3}\times21\times0.87\times\sqrt{0.65}=25.5\,(\text{kW})$$

（式中$\sqrt{3}$是考虑不平衡负荷大于15%）

所有设备总容量（未计照明）$\sum P_{N1\sim13}$

$P_{N1\sim13}=77.5+11+15+7.5+7.5+14+25.5+25.5+2.8+2.8+3+1.5+1.5=$
195（kW）

据此，由于该现场设备最大日负荷曲线的最大负荷量为86kW（注：86kW依据表4-15中主要机械设备和积分公式估算而来），所以其需要系数为

$$K_x=\frac{\text{负荷曲线最大值}}{\text{所有设备总容量}}=\frac{86}{195}=0.44$$

选择干线导线的截面积，若取$\cos\varphi_P=0.95$，$\eta=0.86$，则通过干线的计算电流为

$$I_{30}=\frac{P_{30}}{\sqrt{3}U_N\cos\varphi_P\eta}=\frac{K_x\sum P_{N1\sim13}}{\sqrt{3}U_N\cos\varphi_P\eta}$$

$$=\frac{0.44\times195}{\sqrt{3}\times0.38\times0.95\times0.86}=178.5\,(\text{A})$$

查本书附表1，可选（按环境温度25℃）BX-35mm²或BXF-35mm²橡胶绝缘线。

**BLX、BX橡胶绝缘线的电阻和电抗（线间均距为0.3m）**     表4-16

| 导线截面积（mm²） | | 16 | 25 | 35 | 50 | 70 | 95 | 120 | 150 | 185 |
|---|---|---|---|---|---|---|---|---|---|---|
| 电阻<br>（Ω/km） | BLX | 1.980 | 1.280 | 0.920 | 0.640 | 0.460 | 0.340 | 0.270 | 0.210 | 0.170 |
| | BX | 1.200 | 0.740 | 0.540 | 0.390 | 0.280 | 0.200 | 0.158 | 0.123 | 0.103 |
| 电抗（Ω/km） | | 0.295 | 0.283 | 0.277 | 0.267 | 0.258 | 0.249 | 0.244 | 0.238 | 0.232 |

校验机械强度：所选绝缘铜线的截面积大于10mm²，满足机械强度要求。

校验电压损失（允许电压损失百分数为5%）。

先求出该现场 B、C 点的计算负荷。

B 点，因 $P_{NB}=77.5kW$，$\cos\varphi_B=0.8$，$\tan\varphi_B=0.75$，$K_x$ 取 0.7（塔式起重机负荷，多台电机往往同时工作，所以取高些）。

$$P_{30B}=K_x\times P_N=0.7\times77.5=54.25(kW)$$

$$Q_{30B}=P_{30B}\times\tan\varphi_B=54.25\times0.75=40.69(kvar)$$

C 点，$P_{NC}=195-77.5=119.5$（kW），$\cos\varphi_C=0.85$，$\tan\varphi_C=0.62$，$K_x$ 取 0.44

所示：$P_{30C}=K_x\times P_{NC}=0.44\times119.5=52.58$（kW）

$$Q_{30C}=P_{30C}\times\tan\varphi_C=52.58\times0.62=32.59\text{（kvar）}$$

画出 B、C 点负荷分布示意，如图 4-27 所示。

图 4-27　B、C 点负荷分布示意图

电压损失计算公式：$\Delta U\%=\dfrac{R_0}{10U_N^2}\sum\limits_1^n P_a l_a+\dfrac{X_0}{10U_N^2}\sum\limits_1^n Q_a l_n$

式中　$\Delta U\%$——电压损失；

$\qquad R_0$——线路单位长度的电阻，$\Omega/km$；

$\qquad X_0$——线路单位长度的电抗，$\Omega/km$；

$\qquad U_N$——线路的额定线电压，kV；

$\qquad P_a$——各支路有用功负荷，kW；

$\qquad l_a$——电源至各支路负荷的距离，km；

$\qquad Q_a$——各支路有无用功负荷，kvar。

查表 4-16，对于 $35mm^2$ 橡胶绝缘铜线，$R_0=0.54\Omega/km$，$X_0=0.277\Omega/km$，则有

$$\Delta U\%=\frac{0.54}{10\times0.38^2}\times(54.25\times0.1+52.58\times0.15)+\frac{0.277}{10\times0.38^2}\times$$

$$(40.69\times0.1+32.59\times0.15)\approx6.7(>5)$$

根据上述计算，选用 $35mm^2$ 橡胶绝缘铜线，电压损失为 6.7%，大于允许的电压损失 $\pm5\%$，故需重选绝缘导线。

查表 4-16，对于 $70mm^2$ 橡胶绝缘铜线，$R_0=0.28\Omega/km$，$X_0=0.258\Omega/km$，则有

$$\Delta U\%=\frac{0.28}{10\times0.38^2}\times(54.25\times0.1+52.58\times0.15)+$$

$$\frac{0.258}{10\times0.38^2}\times(40.69\times0.1+32.59\times0.15)$$

$$=0.19\times13.3+0.178\times8.95\approx4.1(<5)$$

故可选用 $BX-70mm^2$ 或 $BXF-70mm^2$ 的橡胶绝缘导线。零线可选用 $BX-35mm^2$ 橡胶绝缘导线，因为它们既满足了发热条件、机械强度的要求，又满足了电压损失允许值的要求。

### 三、电缆直埋敷设

施工现场临时用电工程前期布置电缆时，主要采取电缆直埋敷设和电缆架空敷设两种形式。主要是基于有效利用空间，保护电缆和节约成本考虑，应符合《建筑与市政工程施工现场临时用电安全技术标准》JGJ/T 46—2024：

**第6.2.3条** 电缆线路应采用埋地或架空敷设，不得沿地面明设，并应避免机械损伤和介质腐蚀。埋地电缆路径应设标识桩。

**1. 电缆壕沟**

按已批准的临时用电施工组织设计复核电缆的走向，确定电缆沟的开挖尺寸。一般情况下，电缆的埋地深度不小于600mm，因此要求电缆沟的开挖深度不小于700mm。电缆壕沟的宽度根据直埋电缆的根数和外径确定，如图4-28所示。

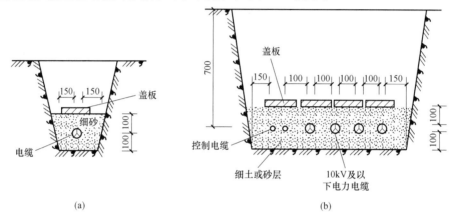

图4-28 直埋电缆沟敷设截面
（a）敷设单根电缆；（b）敷设多根电缆

当采用人工挖土方式且土抛于沟边时，沟槽最大边坡坡度（边坡比）$H:L$的要求应按表4-17确定。

沟槽最大边坡坡度　　　　　　表4-17

| 土壤名称 | 砂土 | 砂质粉土 | 粉质黏土 | 黏土 | 含砾石卵石土 | 泥浆岩垩土 | 干黄土 |
|---|---|---|---|---|---|---|---|
| 边坡比 | 1：1 | 1：0.67 | 1：0.5 | 1：0.33 | 1：0.67 | 1：0.33 | 1：0.25 |

当挖掘电缆沟时如遇垃圾及有腐蚀性杂物，应清除换土，沟底须铲平夯实。

**2. 电缆沟铺细砂或回软土**

敷设电缆前应在电缆壕沟底部铺不小于50mm厚的砂子或软土，砂子及软土内不得含有尖硬石块等物，电缆直接埋地敷设的深度不应小于冻土层0.7m，主要是考虑到我国南北方气候差异很大，且满足《建筑与市政工程施工现场临时用电安全技术标准》JGJ/T 46—2024：

**第6.2.5条** 电缆直接埋地敷设的深度不应小于0.7m，且应在电缆紧邻上、下、左、右侧均匀铺垫不小于50mm厚的细砂，然后覆盖砖或混凝土板等硬质保护层。

**3. 电缆敷设**

（1）敷设电缆前必须检查型号、电压等级、截面、合格证等与施工组织设计是否相符。电缆的绝缘电阻用 500V 绝缘电阻表检测且必须大于 40MΩ。

（2）敷设塑料绝缘电阻表电缆时，敷设现场的温度不低于 0℃。

（3）施放电缆时必须从盘上端引出，禁止在支架底面拖拉，也不应使电缆过度弯曲。

（4）从其他工程周转到施工现场的电缆，施放前应仔细进行外观检查，确认无损伤后再进行绝缘电阻检查，合格后方可使用。在终端与接头处留足备用长度后若仍有富余，可将富余的部分电缆在进配电室前盘绕（单芯电缆除外）。但电缆与电缆之间须留有一定的间隙，盘绕半径也应不小于电缆外径的 20 倍。

（5）电缆敷设的最小弯曲半径应大于供电电缆外径的 10 倍，当为铠装电缆时，其最小弯曲半径应大于电力电缆外径的 20 倍。电缆最小弯曲半径如表 4-18 所示。

电缆最小弯曲半径　　　　　　　　表 4-18

| 电缆形式 | | 电缆外径(mm) | 多芯电缆 |
|---|---|---|---|
| 塑料绝缘电缆 | 无铠装 | — | 15D |
| | 有铠装 | | 12D |
| 橡皮绝缘电缆 | | | 10D |
| 控制电缆 | 非铠装型、屏蔽型软电缆 | | 6D |
| | 铠装型、铜屏蔽型 | | 12D |
| | 其他 | | 10D |
| 铝合金导体电力电缆 | | | 7D |

注：D 为电缆外径。

（6）电缆之间，电缆与其他管道、道路、建筑物等之间平行或交叉时的最小净距，应符合表 4-19 的规定。严禁将电缆平行敷设于热力管道的上方或下方。但当电缆穿入管中或用隔板隔开时，平行净距可降至 0.11m，交叉净距可降至 0.25m。

（7）在引入建筑物或与地下建筑物交叉及绕过地下建筑物处，可浅埋，但一般应采取穿管保护措施。电缆与道路、铁路等交叉时应加保护管，保护管两端伸出路基不应小于 1m，保护管内径应大于电缆外径 1.5 倍，且不得小于 100mm。保护管管口应光滑、无毛刺，两端口应做喇叭口。

（8）电缆敷设应排列整齐，留有适当的余量（蛇形敷设），但不宜交叉。

（9）电缆埋设应符合《建筑与市政工程施工现场临时用电安全技术标准》JGJ/T 46—2024：

电缆之间，电缆与管道、道路、建筑物之间平行和交叉时的最小净距　　表 4-19

| 项　目 | | 最小净距(m) | |
|---|---|---|---|
| | | 平行 | 交叉 |
| 电力电缆间及其控制电缆间 | 10kV 及其以下 | 0.10 | 0.50 |
| | 10kV 以上 | 0.25 | 0.50 |
| 控制电缆沟 | | — | 0.50 |
| 不同使用部门的电缆间 | | 0.50 | 0.50 |
| 热管道(管沟)及热力设备 | | 2.00 | 0.50 |
| 油管道(管沟) | | 1.00 | 0.50 |

续表

| 项　目 | | 最小净距(m) | |
| --- | --- | --- | --- |
| | | 平行 | 交叉 |
| 可燃气体及易燃液体管道(沟) | | 1.00 | 0.50 |
| 其他管道(管沟) | | 0.50 | 0.50 |
| 铁路路轨 | | 3.00 | 1.00 |
| 电气化铁路路轨 | 交流 | 3.00 | 1.00 |
| | 直流 | 10.00 | 1.00 |
| 公路 | | 1.50 | 1.00 |
| 城市街道路面 | | 1.00 | 0.70 |
| 杆基础(边线) | | 1.00 | — |
| 建筑物基础(边线) | | 0.60 | — |
| 排水沟 | | 1.00 | 0.50 |

第6.2.4条　电缆类型应根据敷设方式、环境条件等因素选择。埋地敷设宜选用铠装电缆，架空敷设宜选用无铠装电缆。当选用无铠装电缆时，应采取防水、防腐措施。

**4. 盖板、回填土和标识桩**

（1）直埋电缆的紧邻周围铺垫细砂，上部应加盖保护板，其覆盖宽度应超过电缆两侧各50mm，保护板可采用混凝土盖板或砖。电缆标识桩采用C15钢筋混凝土预制，标识桩埋设于电缆中心位置，标识桩埋设于沿送电方向右侧。

（2）直埋电缆经隐蔽验收合格后方可回填土。回填土应分层夯实。

（3）电缆进入建筑物、低压配电柜以及穿入时，出入口应封闭，管口应密封。

（4）在埋设电缆的转弯处、接头处，直线部分每隔50～100m竖立固定的标识桩，标识桩可采用钢筋混凝土预制，且应满足《建筑与市政工程施工现场临时用电安全技术标准》JGJ/T 46—2024：

第6.2.3条　电缆线路应采用埋地或架空敷设，并应避免机械损伤和介质腐蚀。埋地电缆路径应设置标识桩。

（5）电缆防护

1）施工现场直埋电缆在穿越建筑物、构筑物、道路、电杆等易受机械损伤、介质腐蚀场所，引出地面从2.0m高到地下0.2m处应加设防护套管如图4-37所示，且应满足《建筑与市政工程施工现场临时用电安全技术标准》JGJ/T 46—2024：

第6.2.6条　埋地电缆在穿越建筑物、构筑物、道路、易受机械损伤、介质腐蚀场所及引出地面从2.0m高到地下0.2m处，应加设防护套管。防护套管内径不应小于电缆外径的1.5倍。

2）施工现场埋地电缆与其附近管沟的平行间距不应小于2m，防止电缆沟与管沟距离太近，造成电缆沟或管沟边坡坍塌，掩埋作业人员，且应符合《建筑与市政工程施工现场临时用电安全技术标准》JGJ/T 46—2024：

第6.2.7条　埋地电缆与其附近外电电缆和管沟的平行间距不应小于2m，交叉间距不应小于1m。地下管网较多、有较频繁开挖的地段等区域不宜埋设电缆。

3）施工现场埋地电缆的接头应设置在专用接线盒内，接线盒应具有防水、防尘、防机械损伤等性能，且应符合《建筑与市政工程施工现场临时用电安全技术标准》JGJ/T 46—2024：

第6.2.8条　埋地电缆的接头应设置在专用接线盒内，接线盒应具有防水、防尘、防机械损伤等特性，并应远离易燃、易爆、易腐蚀场所。

4）施工现场架空线路应沿电杆、支架或墙壁敷设，绝缘子绑扎固定，固定点间距保证电缆承载，电缆最大弧垂距地面大于2m。应符合《建筑与市政工程施工现场临时用电安全技术标准》JGJ/T 46—2024：

第6.2.9条　架空电缆应沿电杆、支架或墙壁敷设，并采用绝缘子固定，绑扎线应采用绝缘线，固定点间距应保证电缆能承受自重荷载，敷设高度应符合本标准第6.1节架空线路敷设高度的规定，但沿墙壁敷设时最大弧垂距地面不应低于2.0m。

5）施工现场临时用电工程应永临结合，尽可能降本增效，提高工程项目的经济效益。充分利用建筑电气工程预留的电气管路、电气竖井、配电箱洞口等，减少临时用电工程电线电缆、配电箱的投入，分配电箱的各回路电缆垂直敷设应充分利用在建工程的电气竖井、垂直洞口等，并宜靠近建筑电气设备、手持式电动工具用电负荷中心，且应符合《建筑与市政工程施工现场临时用电安全技术标准》JGJ/T 46—2024：

第6.2.10条　在施工程的电缆线路架设应符合下列规定：

1　应采用电缆埋地敷设，严禁穿越脚手架引入；

2　电缆垂直敷设应充分利用在施工程的竖井、垂直孔洞等，并宜靠近用电负荷中心，固定点每楼层不应少于1处；

3　电缆水平敷设宜沿墙壁或门洞上方刚性固定，最大弧垂距地面不应低于2.0m；

4　装饰装修工程电源线可沿墙壁、地面敷设，但应采取预防机械损伤和电气火灾的措施；

5　装饰装修工程施工阶段或其他特殊施工阶段，应补充编制专项施工临时用电工程方案。

# 第三节　室　内　配　线

"室内"是指施工现场所有的办公、生产和生活区域的临时构筑物，室内配线必须采用绝缘导线或电缆。临时用电工程中常见的室内配线的形式有塑料管配线、塑料线槽配线、钢管配线、瓷瓶配线和钢索配线。

## 一、室内配线

### 1. 塑料管配线

塑料管配线分明配和暗配两种。施工现场临时用电工程由于并不十分强调配线的美观性，因此多采用明配塑料管，不应敷设在高温和易受机械损伤的场所。

（1）配管

1）塑料管的连接一般采用承插法。承插口用加热直接插接或黏结剂连接。塑料管冷弯曲时一般可采用弹簧辅助，避免塑料管子凹陷、断裂。

2）采用塑料管配线时应采用塑料接线盒，禁止使用金属接线盒。

3）当在地面下敷管时，应选用硬质塑料管。

4）塑料管在穿过楼板等易受机械损伤的地方，应用钢管保护。

（2）穿线

1）《民用建筑电气设计标准》GB 51348—2019规定：低压配电导体最小截面应满足机械强度的要求，配电线路每一相导体截面不应小于表4-20的规定。

导体最小允许截面 表 4-20

| 布线系统形式 | 线路用途 | 导体最小截面（mm²） | |
|---|---|---|---|
| | | 铜 | 铝 |
| 固定敷设的电缆和绝缘电线 | 电力和照明线路 | 1.5 | 2.5 |
| | 信号和控制线路 | 0.5 | — |
| 固定敷设的裸导体 | 电力（供电）线路 | 10 | 16 |
| | 信号和控制线路 | 4 | — |
| 软导体及电缆的连接 | 任何用途 | 0.75 | — |
| | 特殊用途和低压电路 | 0.75 | — |

2）管内导线的总截面积不应超过管子截面积的40%。

3）相线、中性线（N）与保护接地线（PE）的颜色应易区分，保护接地线（PE）应采用黄、绿组合色，中性线（N）应采用淡蓝色导线。任何情况下，不准使用黄绿组合色做相线。

4）导线在管内不得有接头和扭转，其接头应在接线盒内连接。

5）管内穿线应采用放线架，以减少导线扭曲。穿线前，应先在管内穿入钢丝，穿线时，应将线芯与钢丝接牢，涂上滑石粉，在一端拉钢丝，在另一端顺势送入导线，拉线时用力不宜过猛，以免损伤导线。导线两端在接线盒内各预留150～200mm的余量，以备连接。导线进配电箱的预留长度不小于配电箱宽与高之和。

**2. 塑料线槽配线**

塑料线槽配线适用于要求美观的干燥场所，施工现场临时用电工程中的办公区和生活区多采用此种配线。

（1）塑料线槽的安装

1）选用的塑料线槽必须是经过阻燃处理的产品，外壁应有不大于1m的连续阻燃标识和制造厂标。

2）线槽安装应横平竖直，其水平和垂直偏差不应大于长度的2/1000，全长最大偏差不应大于20mm。

3）线槽安装完毕后盖好槽盖，槽盖应平整。

（2）塑料线槽的配线

1）包括绝缘层在内的导线总面积不应大于线槽截面积的60%。

2）在不易拆卸盖板的线槽内，导线的接头应置于线槽的接线盒内。

**3. 钢管配线**

适用于线路容易被外力碰撞的线段和地面用电设备的线缆保护。钢管的配管分明配管和暗配管两种。一般采用薄壁钢导管，但潮湿和地下敷设时应采用厚壁钢管。

（1）配管

1）钢管与钢管、钢管与其接线盒应作等电位连接，如图 4-29 所示，应符合《建筑与市政工程施工现场临时用电安全技术标准》JGJ/T 46—2024：

第 6.3.2 条　室内配线应符合下列规定：

1　室内配线可沿瓷瓶、塑料槽盒、钢索等明敷设，或穿保护导管暗敷设；

2　潮湿环境或沿地面配线时，应穿保护导管敷设，管口和管接头应粘接牢固；

3　当采用金属保护导管敷设时，金属保护导管应做等电位连接，且应与保护接地导体（PE）相连接。

2）钢管管口应去除毛刺，进盒留 2～3 丝扣。

3）钢管的弯曲半径应不小于该管直径的 6 倍。

4）明配钢管安装时应横平竖直；暗配钢管安装时，管内壁应作防腐处理。

5）潮湿场所或埋地非电缆（绝缘导线）配线必须穿管敷设，管口和管接头应密封。

（2）穿线

1）暗敷设管路穿线不得有接头。

2）钢管穿线应在管口套护口后穿线。

3）其余操作及要求同塑料管穿线。

**4. 瓷瓶配线**

绝缘子配线适用于用电量较大和线路较长的干燥或潮湿的场所。在施工场地范围较大的室内，为了节约临时用电的投入，可采用本方法。

（1）支架安装

1）支架一般用铁横担制作，横担角钢的规格如表 4-21 所示。

表 4-21

**横担角钢的规格**

| 导线截面积（mm²） | 横担角钢规格（mm） |
|---|---|
| ≤6 | 30×30×4 |
| 10～35 | 40×40×4 |
| ≥50 | 50×50×5 |

2）内侧导线距墙一般为 100～150mm，导线间距不小于 100mm，距地高度不低于 2.5m。

3）根据导线的根数及其间距要求和埋入墙内的长度截取角钢长度，钻好安装孔，防腐处理后定位安装，如图 4-30 所示。

4）固定绝缘子。

（2）架线

1）敷设导线，应尽量沿房屋线脚、墙角及施工现场不致妨碍各专业施工的较隐蔽的地方。

2）导线放开后，先在起点用绑线把导线绑在绝缘子上，再把导线拉直绑在终端瓷瓶上，然后用绑线把导线分别绑在中间的绝缘子上。

3）敷设的导线应平直，无松弛现象，且应符合《建筑与市政工程施工现场临时用电安全技术标准》JGJ/T 46—2024：

图 4-29 金属保护导管做等电位连接

图 4-30 瓷瓶架线

**第 6.3.1 条** 室内配线应采用绝缘电线或电缆。

**第 6.3.3 条** 室内明敷设主干线距地面高度不应小于 2.5m。

**第 6.3.5 条** 室内配线所用导线或电缆的截面应根据用电设备或线路的计算负荷和计算机械强度确定，但铜导线截面不应小于 $2.5mm^2$，铝导线截面不应小于 $10mm^2$。

4）绝缘子配线的支持件固定点间的最大允许距离应符合表 4-22 的要求。

室内支持件固定点间最大允许距离　　　　　　　　　　　　　　　　　表 4-22

| 配线方式 | 线芯截面（$mm^2$） | | | | |
|---|---|---|---|---|---|
| | 1～4 | 6～10 | 16～25 | 35～70 | 95～120 |
| 瓷柱配线 | 1500 | 2000 | 3000 | | |
| 绝缘子配线 | 2000 | 2500 | 3000 | 6000 | 6000 |

5）应符合《建筑与市政工程施工现场临时用电安全技术标准》JGJ/T 46—2024：

**第 6.3.4 条** 架空进户线的室外端应采用绝缘子固定，过墙处应穿管保护，距地面高度不应小于 2.5m，并应采取防雨措施。

6）把需要连接和分支的接头接好，并缠包绝缘带。

## 二、钢索配线

钢索配线一般适用于屋架净空高、跨距较大，灯具安装高度要求较低的工业厂房内。特别适用大跨度的工业厂房。钢索配线就是在钢丝绳上吊瓷瓶配线、吊钢管（或塑料管）配线或吊塑料护套线配线，同时灯具也吊装在钢丝绳上。钢索两端用索具固定在墙或者梁柱上。钢丝绳与终端拉环套接采用心形环。固定钢丝绳的钢丝线卡不应少于 2 个。

高层建筑物、超高层建筑物在我国大中城市不断拔地而起，高层建筑物、超高层建筑物具有跨度超长、高度超高的特点，在主体结构施工阶段、装饰装修施工阶段布置临时配电线路时需要考虑安全、经济、实用，往往采用钢索配线的方式，利用瓷瓶、锁具、钢卡等将电缆明敷在钢索。室内钢索配线应符合《建筑与市政工程施工现场临时用电安全技术标准》JGJ/T 46—2024：

**第 6.3.7 条** 钢索配线应符合下列规定：

  1 钢索截面的选择应根据跨距、荷载和机械强度等因素确定，且截面不宜小于 $10mm^2$；

  2 钢索支持点间距不宜大于 12m；

  3 钢索与终端拉环套接应采用心形环，固定钢索的线卡不应少于 2 个；

  4 钢索端头应用镀锌钢丝绑扎紧密，并与保护接地导体（PE）可靠连接；

  5 当钢索长度不大于 50m 时，应在钢索一端装设索具螺旋扣紧固；当钢索长度大于 50m 时，应在钢索两端装设索具螺旋扣紧固。

  第 6.3.8 条 室内钢索配线距地面应大于 2.5m。当采用瓷夹固定导线时，导线间距不应小于 35mm，瓷夹间距不应大于 800mm；当采用瓷瓶固定导线时，导线间距不应小于 100mm，瓷瓶间距不应大于 1500mm。

# 第五章 电动建筑机械和手持式电动工具

施工现场作业过程中，由于作业者操作电动建筑机械和手持式电动工具不当或因个人安全防护用品不到位，遭受物体打击、起重伤害、触电事故、机具伤害等意外伤亡事故。因此，作业者在施工过程必须要树立安全第一的意识，筑牢安全生产的防线。本章将依据《建筑与市政工程施工现场临时用电安全技术标准》（JGJ/T 46—2024）的相关规定，重点讲解一般规定、起重机械、桩工机械、夯土机械、焊接机械、手持式电动工具及其他电动建筑机械共七个方面的内容。

## 第一节 一般规定

**（一）选购的电动建筑机械、手持式电动工具及其用电安全装置的有关规定**

**1. 电动建筑机械、手持式电动工具安全环境的要求**

（相关内容见《用电安全导则》GB/T 13869—2017：第5.1.1条）

用电产品的安装应符合相应产品标准的规定。

用电产品应按照制造商要求的使用环境条件进行安装，如果不能满足制造商的环境要求，应该采取附加的安装措施，例如，为用电产品提供防止外来电气、机械、化学和物理应力的防护。

一般条件下，用电产品的周围应留有足够的安全通道和工作空间，且不应堆放易燃、易爆和腐蚀性物品。

**2. 电动建筑机械、手持式电动工具电气线路的要求**

（相关内容见《用电安全导则》GB/T 13869—2017：第5.1.2条）

电气线路应具有足够的绝缘强度、机械强度和导电能力，其安装应符合相应产品标准的规定。

当系统接地的形式采用保护接地系统（Ⅱ系统）时，应在电路采用剩余电流保护器进行保护，并且保护应具有选择性。

保护接地线应采用焊接、压接、螺栓联结或其他可靠方法联结，严禁缠绕或挂钩。电缆线中的绿/黄双色线在任何情况只能用作保护接地线。

**3. 电动建筑机械、手持式电动工具插头插座的要求**

（相关内容见《用电安全导则》GB/T 13869—2017：第5.1.3条）

插头插座的安装应符合相应产品标准的规定。

插拔插头时，应保证电气设备和电气装置处于非工作状态，同时人体不得触及插头的导电极，并避免对电源线施加外力。

插头与插座应按规定正确接线，插座的保护接地极在任何情况下都应单独与保护接地线可靠连接，不得在插头（座）内将保护接地线与工作中性线连接在一起。

**4. 电动建筑机械、手持式电动工具通用要求**

（相关内容见《用电安全导则》GB/T 13869—2017：第 5.2.1 条）

正确选用用电产品的规格型式、容量和保护方式（如过载保护等），不得擅自更改用电产品的结构、原有配置的电气线路以及保护装置的整定值和保护元件的规格等。

选择用电产品，应确认其符合产品使用说明书规定的环境要求和使用条件，并根据产品使用说明书的描述，了解使用时可能出现的危险及应采取的预防措施。用电产品检修后重新使用前应再次确认。

用电产品应该在规定的使用寿命期间内使用，超过使用寿命期限的应及时报废或更换，必要时按照相关规定延长使用寿命。

任何用电产品在运行过程中，应有必要的监控或监视措施；用电产品不允许超负荷运行。

用电产品因停电或故障等情况而停止运行时，应及时切断电源。在查明原因、排除故障，并确认已恢复正常后才能重新接通电源。

正常运行时会产生飞溅火花或外壳表面温度较高的用电产品，使用时应远离可燃物质或采取相应的密闭、隔离等措施，用完后及时切断电源。

**5. 电动建筑机械、手持式电动工具使用要求**

（相关内容见《用电安全导则》GB/T 13869—2017：第 5.2.2 条）

移动使用的用电产品，应采用完整的铜芯橡皮套软电缆或护套软线作为电源线，移动时，应防止电源线拉断或损坏。

固定使用的用电产品，应在断电状态移动，并防止任何降低其安全性能的损害。

0 类设备只能在非导电场所中使用，在其他场所不应使用 0 类设备。

Ⅰ类设备使用时，应先确认其金属外壳或构架已可靠接地，或已与插头插座内接地效果良好的保护接地极可靠连接，同时应根据环境条件加装合适的电击保护装置。

自备发电装置应有措施保证与供电电网隔离，并满足用电产品的正常使用要求，不得擅自并入电网。露天（户外）使用的用电产品应采取适用标准的防雨、防雾和防尘等措施。

**（二）电动建筑机械和手持式电动工具用电一般规定**

**1. 电动建筑机械和手持式电动工具的选购、使用、检查和维修**

（1）选购的电动建筑机械、手持式电动工具及其用电安全装置符合现行国家标准有关条款的规定，且产品合格证和产品使用说明书齐全有效。

（2）建立和执行专人负责制，并定期对电动建筑机械、手持式电动工具及其用电安全装置检查和维修保养。

1）电动工具使用和注意事项

（相关内容见《手持式、可移式电动工具和园林工具的安全 第 1 部分：通用要求》GB 3883.1—2014 第 8.14.1.1 款）

① 不要勉强使用电动工具，根据用途使用适当的电动工具。选用合适的按照额定值设计的电动工具会使你工作更有效、更安全。

② 如果开关不能接通或关断工具电源，则不能使用该电动工具，不能用开关来控制

的电动工具是危险的且必须进行修理。

③ 在进行任何调节、更换附件或贮存电动工具之前，必须从电源上拔掉插头和/或卸下电池包（如可拆卸）。这样防护措施降低了电动工具意外起动的危险。

④ 将闲置不用的电动工具贮存在儿童所及范围之外，并且不要让不熟悉电动工具和不了解这些说明的人操作电动工具，电动工具在未经培训的使用者手中是危险的。

⑤ 维护电动工具及其附件。检查运动部件是否调整到位或卡住，检查零件破损情况和影响电动工具运行的其他状况。如有损坏，应在使用前修理好，许多事故是由维护不良的电动工具引发的。

⑥ 保持切削刀具锋利和清洁。保养良好的有锋利切削刃的刀具不易卡住面且容易控制。

⑦ 按照使用说明书，考虑作业条件和进行的作业来使用电动工具，附件和工具的刀头等。将电动工具用于那些与其用途不符的操作可能会导致危险。

2）对人员的要求

（相关内容见《用电安全导则》GB/T 13869—2017：第 9 部分　对人员的要求）

电气作业人员应无妨碍其正常工作的生理缺陷及疾病，并应具备与其作业活动相适应的用电安全、电击救援等专业技术知识及实践经验。

电气作业人员在进行电气作业前应熟悉作业环境，并根据作业的类型和性质采取相应的防护措施；进行电气作业时，所使用的电工个体防护用品应保证合格并与作业活动相适应。

从事电气作业中的特种作业人员应经专门的安全作业培训，在取得相应特种作业操作资格证书后，方可上岗。

当非电气作业人员有需要从事接近带电用电产品的辅助性工作时，应先主动了解或由电气作业人员介绍现场相关电气安全知识、注意事项或要求，由具有相应资格的人员带领和指导下参与工作，并对其安全负责。

3）《建筑与市政工程施工现场临时用电安全技术标准》JGJ/T 46—2024 相关规定：

第 7.1.1 条　施工现场电动建筑机械和手持式电动工具的选购、使用、检查和维修应符合下列规定：

1　选购的电动建筑机械、手持式电动工具及其用电安全装置应符合国家现行有关标准的规定，并具有产品合格证、检测报告和使用说明书，且应与使用环境相适应；

2　应建立和执行专人专机负责制，并定期检查和维修保养；

3　保护接地应符合本标准第 3.2.1 条和 3.2.12 条的规定；运行时产生振动的设备金属基座和外壳，应与保护接地导体（PE）做可靠连接；

4　剩余电流保护应符合本标准第 3.3.1～第 3.3.5 条、第 4.2.4 条的规定；

5　应按使用说明书使用、检查和维修。

（3）接地保护应符合《建筑与市政工程施工现场临时用电安全技术标准》JGJ/T 46—2024：

第 3.2.1 条　在施工现场专用变压器供电的 TN-S 系统中，电气设备的金属外壳应与保护接地导体（PE）连接。保护接地导体（PE）应由工作接地、配电室（总配电箱）电源侧中性导体（N）处引出（图 3.2.1）。

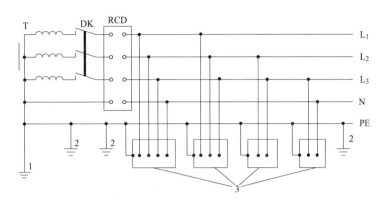

图 3.2.1　专用变压器供电时 TN-S 系统示意

1—工作接地；2—PE 接地；3—电气设备金属外壳（正常不带电的外露可导电部分）；$L_1$、$L_2$、$L_3$—相导体；

N—中性导体；PE—保护接地导体；DK—总电源隔离开关；RCD—总剩余电流动作保护器

（兼有短路、过负荷、剩余电流保护功能的剩余电流动作断路器）；T—变压器

第 3.2.2 条　当施工现场与外电线路共用同一供电系统时，电气设备的接地应与原系统保持一致。

在满足第 3.2.1 条和第 3.2.2 条要求时，电动建筑机械、手持式电动工具运行时产生振动的金属基座、金属外壳与 PE 线的连接点不得少于 2 处，且应连接可靠。

（4）剩余电流动作保护器应符合《建筑与市政工程施工现场临时用电安全技术标准》JGJ/T 46—2024：

第 3.3.3 条　总配电箱中剩余电流动作保护器的额定剩余动作电流应大于 30mA，额定剩余动作时间应大于 0.1s，但其额定剩余动作电流与额定剩余电流动作时间的乘积不应大于 30mA·s。

第 3.3.4 条　开关箱中剩余电流动作保护器的额定剩余动作电流不应大于 30mA，额定剩余电流动作时间不应大于 0.1s。潮湿或有腐蚀介质场所的剩余电流动作保护器应采用防溅型产品，其额定剩余动作电流不应大于 15mA，额定剩余动作时间不应大于 0.1s。

第 3.3.5 条　总配电箱和开关箱中剩余电流动作保护器的极数和线数必须与其负荷侧负荷的相数和线数一致。

第 3.3.6 条　总配电箱、开关箱中的剩余电流动作保护器宜选用电源电压故障时可自动动作的剩余电流动作保护器。

第 3.3.7 条　剩余电流动作保护器应按产品说明书安装、使用。对搁置已久重新使用或连续使用的剩余电流动作保护器，应逐月检测其特性，发现问题应及时修理或更换。剩余电流动作保护器应采用正确的接线方法（图 3.3.7）。

第 3.3.8 条　剩余电流动作保护器安装应符合下列规定：

1　剩余电流动作保护器电源侧、负荷侧端子处接线应正确，不得反接；

2　剩余电流动作保护器灭弧罩应安装牢固，并应在电弧喷出方向留有飞弧距离；

3　剩余电流动作保护器控制回路的铜导线截面不得小于 2.5mm$^2$；

4　剩余电流动作保护器端子处中性导体（N）严禁与保护接地导体（PE）连接，不得重复接地或就近与设备金属外露导体连接。

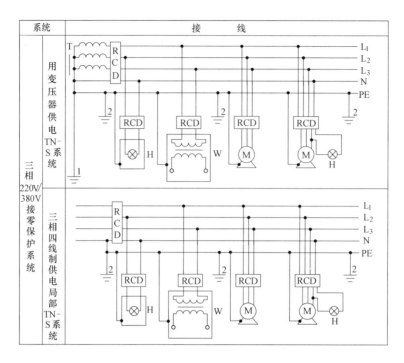

图 3.3.7　剩余电流动作保护器接线方法示意

$L_1$、$L_2$、$L_3$—相导体；N—中性导体；PE—保护接地导体；1—总配电箱电源侧 PEN 重复接地；2—系统中间和末端处 PE 接地；T—变压器；RCD—剩余电流动作保护器；H—照明器；W—电焊机；M—电动机

**2. 电动建筑机械和手持式电动工具的接地保护**

施工现场电动建筑机械和手持式电动工具的接地保护应符合《建筑与市政工程施工现场临时用电安全技术标准》JGJ/T 46—2024：

第 7.1.2 条　塔式起重机、施工升降机、滑升模板的金属操作平台及需要设置防雷装置的物料提升机，除应连接保护接地导体（PE）外，还应与各自的接地装置相连接。塔身标准节、导轨架标准节、滑模提升架等金属结构之间应保证电气通路。

第 7.1.3 条　手持式电动工具中的塑料外壳Ⅱ类工具和一般场所手持式电动工具中的Ⅲ类工具，可不连接保护接地导体（PE）。

第 7.6.1 条　在一般场所使用手持式电动工具，应符合下列规定：

1　宜选用Ⅱ类手持式电动工具；当选用Ⅰ类手持式电动工具时，其金属外壳应与保护接地导体（PE）做电气连接，连接点应牢固可靠；

2　除塑料外壳Ⅱ类工具外，开关箱内剩余电流动作保护器的额定剩余动作电流不应大于 15mA，额定剩余电流动作时间不应大于 0.1s，其负荷线插头应为专用保护触头；

3　手持式电动工具的电源线插头与开关箱内的插座应在结构上保持一致，避免导电触头和保护触头混用。

**3. 电动建筑机械和手持式电动工具的电源线**

施工现场电动建筑机械和手持式电动工具的电源线应符合《建筑与市政工程施工现场临时用电安全技术标准》JGJ/T 46—2024：

第 6.2.1 条　施工现场临时用电宜采用电缆线路。电缆线路应符合下列规定：

1 电缆芯线应包含全部工作导体和保护接地导体（PE）；

2 TN-S 系统采用三相四线供电时应选择五芯电缆，采用单相供电时应选择三芯电缆；

3 中性导体（N）绝缘层应是淡蓝色，保护接地导体（PE）绝缘层应是黄/绿组合颜色，不得混用。

第 7.1.4 条 电动建筑机械和手持式电动工具的电缆线路应符合下列规定：

1 电缆芯线应符合本标准第 6.2.1 条第 1 款规定；

2 橡皮护套铜芯软电缆应无接头，并应满足用电设备的使用要求，其性能应符合现行国家标准《额定电压 450/750V 及以下橡皮绝缘电缆 第 1 部分：一般要求》GB/T 5013.1 和《额定电压 450/750V 及以下橡皮绝缘电缆 第 4 部分：软线和软电缆》GB/T 5013.4 的规定；

3 电缆芯线数应根据负荷及其控制电器的相数和线数确定；

4 三相四线时，应选用五芯电缆；

5 三相三线时，应选用四芯电缆；

6 单相二线时，应选用三芯电缆；

7 当三相用电设备中配置有单相用电器具时，应选择五芯电缆。

**4. 电动建筑机械和手持式电动工具的开关箱**

施工现场电动建筑机械和手持式电动工具的开关箱除应装设过载、短路和剩余电流保护外，还应符合《建筑与市政工程施工现场临时用电安全技术标准》JGJ/T 46—2024：

第 4.2.4 条 开关箱必须装设隔离开关、断路器或熔断器，以及剩余电流动作保护器。隔离开关应采用分断时具有可见分断点，并能同时断开电源所有极的隔离电器，并应设置于电源进线端。

第 4.2.5 条 开关箱中的隔离开关只可直接控制照明电路和容量不大于 3.0kW 的动力电路，但不应频繁操作。容量大于 3.0kW 的动力电路应采用断路器控制，操作频繁时还应附设接触器或其他启动控制装置。

第 7.1.5 条 电动建筑机械或手持式电动工具的开关箱应符合本标准第 4.2.4 条和第 4.2.5 条的规定。开关箱内正、反向运转控制装置中的控制电器应采用接触器、继电器等自动控制电器，不得采用手动双向转换开关作为控制电器。

**（三）手持式电动工具的使用、检查、维修**

**1. 手持式电动工具的分类**

现行国家标准《手持式电动工具的管理、使用、检查和维修安全技术规程》GB/T 3787—2017 将手持式电动工具分为如下三类：

（1）Ⅰ类工具

这样的一类工具：它的防电击保护不仅依靠基本绝缘、双重绝缘或加强绝缘，而且还包含一个附加安全措施，即把易触及的导电零件与设施中固定布线的保护接地导线连接起来，使易触及的导电零件在基本绝缘损坏时不能变成带电体。具有接地端子或接地触头的双重绝缘和/或加强绝缘的工具也认为是Ⅰ类工具。

（2）Ⅱ类工具

这样的一类工具，它的防电击保护不仅依靠基本绝缘，而且依靠提供的附加的安全措施，例如双重绝缘或加强绝缘，没有保护接地措施也不依赖安装条件。

（3）Ⅲ类工具

这样的一类工具：它的防电击保护依靠安全特低电压供电，工具内不产生高于安全特低电压的电压。

**2. 手持式电动工具的管理**

（1）手持式电动工具的管理内容如下：

1）检查工具是否具有国家强制认证标识、产品合格证和使用说明书；

2）监督、检查工具的使用和维修；

3）对工具的使用、保管、维修人员进行安全技术教育和培训；

4）工具应存放在干燥、无有害气体或酸蚀性物质的场所；

5）锂电池的运输要遵循相关国内及国际上的规定；

6）使用单位应建立工具使用、检查和维修的技术档案。

（2）按《手持式电动工具的管理、使用、检查和维修安全技术规程》GB/T 3787—2017 和工具产品使用说明书的要求及实际使用条件，制定相应的安全操作规程，安全操作规程的内容如下：

1）工具的允许使用范围；

2）工具的正确使用方法和操作程序；

3）工具使用前应重点检查使用中可能出现的危险部位及其相应的防护措施；

4）操作者注意事项。

**3. 手持式电动工具的使用**

（1）一般规定

1）工具在使用前，操作者应认真阅读产品使用说明书和安全操作规程，详细了解工具的性能和掌握正确使用方法。

2）Ⅰ类工具电源线中的绿黄组合色线在任何情况下只能用作保护接地导线（PE）。

3）工具的电源线不得任意接长或拆换。当电源离工具操作点距离较远而电源线长度不够时，应采用耦合器进行连接。

4）工具的危险运动零部件的防护装置（如防护罩、盖等）不得任意拆卸。

5）如果进行加工的附件在操作时可能触及暗线或工具自身导线，则要通过绝缘握持面握持电动工具。

6）使用前，操作者应采取必要的防护措施，操作人员在进行操作时须佩戴防护用品。根据适用情况，使用面罩、安全护目镜或安全眼镜。适用时，戴上防尘面具，听力保护器、手套和能阻挡小磨料或者工具碎片的工作围裙。

（2）手持式电动工具应用场合划分

1）一般作业场所，可使用Ⅱ类工具；

2）在潮湿作业场所或金属构架上等导电性能良好的作业场所，应使用Ⅱ类或Ⅲ类工具；

3）在锅炉、金属容器、管道内等作业场所，应使用Ⅲ类工具或在电气线路中装设额定剩余动作电流不大于 30mA 的剩余电流动作保护器的Ⅱ类工具。

（3）手持式电动工具的使用条件

1）在一般场所使用Ⅰ类工具，还应在电气线路中采用剩余电流动作保护器、隔离变压器等保护槽施，其中剩余动作保护器的额定剩余动作电流的要求见《手持式、可移式电动工具和园林工具的安全　第1部分：通用要求》GB 3883.1—2014 的规定；

2）Ⅲ类工具的安全隔离变压器，Ⅱ类工具的剩余电流动作保护器及Ⅱ、Ⅲ类工具的电源控制箱和电源耦合器等应放在作业场所的外面，在狭窄作业场所操作时，应有人在外监护；

3）在湿热、雨雪等作业环境，应使用具有相应防护等级的工具；

4）当使用带水源的电动工具时，应装设剩余电流动作保护器，额定剩余动作电流和动作时间的要求见《手持式、可移式电动工具和园林工具的安全 第1部分：通用要求》GB 3883.1—2014 的规定，且应安装在不易拆除的地方。

（4）手持式电动工具插头和插座要求

1）工具电源线上的插头不得任意拆除或调换；

2）工具的插头、插座应按规定正确接线，插头、插座中的保护接地（PE）线在任何情况下只能单独连接保护接地导（PE）线。严禁在插头、插座内用导线直接将保护接地（PE）线与中性（N）线连接起来。

**4. 手持式电动工具的检查、维修**

（1）工具在发出或收回时，保管人员应进行一次日常检查，在使用前，使用者应进行日常检查。

（2）工具的日常检查至少应包括以下项目：

1）是否有产品认证标识及定期检查合格标识；

2）外壳、手柄是否有裂缝或破损；

3）保护接地导体（PE）联接是否完好无损；

4）电源线是否完好无损；

5）电源插头是否完整无损；

6）电源开关有无缺损、破裂，其动作是否正常、灵活：

7）机械防护装置是否完好；

8）工具转动部分是否转动灵活、轻快，有无阻滞现象；

9）电气保护装置是否良好。

（3）工具的定期检查的要求：

1）工具使用单位应有专职人员进行定期检查。

2）每年至少检查一次。

3）在湿热和常有温度变化的地区或使用条件恶劣的地方还应相应缩短检查周期。

4）在梅雨季节前应及时进行检查。

5）工具的定期检查项目应测量工具的绝缘电阻，绝缘电阻应不小于表 5-1 定的数值，绝缘电阻应使用 500V 兆欧表测量。

6）经定期检查合格的工具，应在工具的适当部位，粘贴检查"合格"标识。"合格"标识应鲜明、清晰、正确并至少应包括：

① 工具编号；

**绝缘电阻值**                    表 5-1

| 被 试 绝 缘 | 绝缘电阻（MΩ） |
|---|---|
| 带电部分与壳体之间： | |
| ——基本绝缘 | 2 |
| ——加强绝缘 | 7 |
| 带电部分与Ⅱ类工具中仅用基本绝缘与带电部分隔离的金属零件之间 | 2 |
| Ⅱ类工具中仅用基本绝缘与带电部分隔离的金属零件与壳体之间 | 5 |

② 检查单位名称或标记；

③ 检查人员姓名或标记；

④ 有效日期。

（4）长期搁置不用的工具，在使用前应测量绝缘电阻。如果绝缘电阻小于表 5-1 规定的数值，应进行干燥处理，经检查合格、粘贴"合格"标识后，方可使用。

（5）工具如有绝缘损坏、电源线护套破裂、保护接地导体（PE）脱落、插头插座裂开或有损于安全的机械损伤等故障时，应立即进行修理，在未修复前，不得继续使用。

（6）工具的维修应由原生产单位认可的维修单位进行。

（7）使用单位和维修部门不得任意改变工具的原设计参数，不得采用低于原用材料性能的代用材料和与原有规格不符的零部件。

（8）在维修时，工具内的绝缘衬垫、套管不得任意拆除或漏装，工具的电源线不得任意调换。

（9）工具的电气绝缘部分经修理后，还应按表 5-2 的要求进行介电强度试验，波形为实际正弦波，频率 50Hz 的电压，历时 1min，试验期间不应发生闪络或击穿。

**介电强度试验电压值**                    表 5-2

| 试验电压的施加部位 | 试验电压(V) | | |
|---|---|---|---|
| | Ⅰ类工具 | Ⅱ类工具 | Ⅲ类工具 |
| 带电零件与外光之间： | | | |
| ——仅由基本绝缘与带电零件隔离 | 1250 | — | 500 |
| ——由加强绝缘与带电零件隔离 | 3750 | 3750 | |

试验变压器应设计成：在输出电压调到适当的试验电压值后，在输出端短路时，输出电流不小于 200mA。当输出电流低于 100mA 时，过电流继电器不应动作。

（10）工具经维修、检查和试验合格后，应在适当部位粘贴"合格"标识；对不能修复或修复后仍达不到应用的安全技术要求的工具应办理报废手续并采取隔离措施。

**（四）手持式电动工具的管理规定**

手持式电动工具主要包括：电钻（含冲击电钻）、电锤（含电镐）、混凝土振动棒、电动砂轮机（含角向磨光机、直向砂轮机、抛光机等）、砂光机、电剪刀、电动螺丝刀和冲击扳手、电动攻丝机、圆锯、电链锯、电刨、电动往复锯、电木铣和修边机、不易燃液体电喷枪等。

**1. 手持式电动工具分类**

（1）Ⅰ类工具

工具在防止触电的保护方面不仅依靠基本绝缘，而且它还包含一个附加的安全预防措施。其方法是将可触及、可导电的零件与已安装的固定线路中的保护（接地）导体连接起来，以这样的方法来使可触及、可导电的零件在基本绝缘损坏的事故中不成为带电体。

（2）Ⅱ类工具

工具在防止触电的保护方面不仅依靠基本绝缘，而且它还提供双重绝缘或加强绝缘的附加安全预防措施和没有保护接地或依赖安装条件的措施。Ⅱ类工具分绝缘外壳类工具和金属外壳类工具，在工具的明显部位标有Ⅱ类结构符号"回"。

（3）Ⅲ类工具

工具在防止触电的保护方面依靠由安全特低电压供电和在工具内部不会产生比安全特低电压高的电压。

**2. 部门职责及分工**

（1）公司安全部是本项作业及文件的归口管理部门，负责本规定文件的制定、修订和监督实施。

（2）安全部应将本作业文件的相关环节列入安全检查范围。

（3）项目部负责手持式电动工具的采购、使用、检查与保养、维护、报废的全过程管理。安全部定期实施手持式电动工具的安全检查。作业队、班组负责手持式电动工具的使用、检查与保养、维护的实施工作。

**3. 采购管理**

（1）项目部依据公司有关规定实施手持式电动工具采购，财务部门按低值易耗品进行管理。

（2）项目部必须选购经检验合格、符合安全技术要求的工具。产品必须具有国家强制认证标识、产品合格证和使用说明书，相关资料由项目部施工现场临时用电专业技术负责人员存档备查。

（3）采购的工具按规定办理验收、入库手续。

**4. 工具的合理选用**

（1）在一般场所，为保证使用的安全，应选用Ⅱ类工具。如果使用Ⅰ类工具，必须采用其他安全保护措施，如剩余电流动作保护器、安全隔离变压器等。否则，使用者必须戴绝缘手套，穿绝缘鞋或站在绝缘垫上。

（2）在潮湿的场所或金属构架上等导电性能良好的作业场所，必须使用Ⅱ类或Ⅲ类工具。如果使用Ⅰ类工具，必须装设额定动作电流不大于 30mA、动作时间不大于 0.1s 的剩余电流动作保护器。

（3）在狭窄场所如锅炉、金属容器、管道内等，应使用Ⅲ类工具。如果使用Ⅱ类工具，必须装设额定动作电流不大于 15mA、动作时间不大于 0.1s 的剩余电流动作保护器。

（4）Ⅲ类工具的安全隔离变压器，Ⅱ类工具的剩余电流动作保护器及Ⅱ、Ⅲ类工具的控制箱和电源联接器等必须放在外面，同时应有专人在外监护。

（5）在狭窄作业场所操作时，应有专人在外监护。

（6）在防爆、湿热、雨雪等作业环境，应使用具有相应防护等级的工具。

**5. 工具的保管**

（1）工具必须存放在干燥、无有害气体和腐蚀性化学品的场所。

（2）应建立工具卡，由具备专业技术知识的人员负责保管，并配备必要的检验设备。

（3）使用单位必须建立工具使用、检查和维修的技术档案。

**6. 安全操作规程**

项目部依据《手持式电动工具的管理、使用、检查和维修安全技术规程》GB/T 3787—2017 规定，制定相应的安全操作规程，内容至少应包括：

（1）工具的允许使用范围。

（2）工具的正确使用方法和操作程序。

（3）工具使用前应着重检查的项目和部位，以及使用中可能出现的危险和相应的防护措施。

（4）工具的存放和保养方法。

（5）操作注意事项。

**7. 安全注意事项**

（1）操作人员在使用工具前，应学习操作规程和使用说明书，在使用电动工具过程中严格按照操作规程进行操作。

（2）使用工具前，必须经过外观和电气检查，其外观应完好、牢固，转动部分应灵活，绝缘强度必须保持在合格状态。

（3）工具必须按要求使用剩余电流动作保护器；导线必须使用橡套软线，禁止用塑料护套线。

（4）应在干燥、无腐蚀性气体、无导电灰尘的场所使用，雨、雪、雾天气不得露天工作。

（5）高空作业应有相应安全措施；必须遵守有关的专业规定，并配备使用相应的安全用具。

（6）挪动手提式电动工具时，只能手提握柄，不得提导线、卡头。

（7）工具使用中运动的危险零件，必须按有关的标准装设机械防护装置（如防护罩、保护盖等），且不得任意拆除。

（8）对软电缆（或软线）、插头、插座的安全要求必须符合《手持式电动工具的管理、使用、检查和维修安全技术规程》GB/T 3787—2017 和产品使用说明书的要求。

（9）使用场所的保护接地电阻值必须小于等于 $4\Omega$。

**8. 日常检查**

（1）日常检查包括以下项目：

1）外壳、手柄是否有裂缝或破损；

2）保护接地或接零线连接是否正确、牢固可靠；

3）软电缆或软线是否完好无损；

4）插头是否完整无损；

5）开关动作是否正常、灵活，有无缺陷、破裂；

6）电气保护装置是否完好；

7）机械防护装置是否完好；

8）工具转动部分是否转动灵活无障碍。

（2）工具必须由专职人员按以下规定进行定期检查：

1）每年至少全面检查一次。

2）在湿热和温差变化大的地区每季度至少全面检查一次。

3）在雨季前后应及时进行检查。

**9. 绝缘电阻检查**

验收及定期检查时，其绝缘电阻值不应小于表 5-3 规定的数值。长期搁置不用的工具，在使用前必须测量绝缘电阻，其绝缘电阻值不应小于表 5-3 规定的数值。如果绝缘电阻小于安全使用说明书规定的数值，必须进行干燥处理和维修，经检查合格后，方可使用。

各类手持式电动工具的绝缘电阻　　　　　　　　　　　　　　表 5-3

| 序号 | 类别 | 测量部位 | 测量器具 | 绝缘电阻（MΩ） |
|---|---|---|---|---|
| 1 | Ⅰ类 | 带电零件与外壳之间 | 500V 兆欧表 | 2 |
| 2 | Ⅱ类 | 带电零件与外壳之间 | 500V 兆欧表 | 7 |
| 3 | Ⅲ类 | 带电零件与外壳之间 | 500V 兆欧表 | 1 |

**10. 检修管理**

手持式电动工具在检查或使用时发现如有绝缘损坏、软电缆或软线护套破裂、保护接地或接零线脱落、插头插座裂开或其他有损于安全的故障时，应立即停止使用，作好标识并对其进行检修。

（1）非专业人员不得擅自拆卸和修理工具。

（2）不得采用低于原用材料性能的代用材料和与原有规格不符的零部件。

（3）在维修时，工具内的绝缘衬垫、套管等不得任意拆除、调换或漏装。

（4）工具的电气绝缘部分修理后，应按《手持式电动工具的管理、使用、检查和维修安全技术规程》GB/T 3787—2017 中第 6.9 节的要求进行介电强度试验，并符合表 5-4 的规定。

介电强度试验　　　　　　　　　　　　　　表 5-4

| 试验电压施加部位 | 试验电压（V） | | |
|---|---|---|---|
| | Ⅰ类工具 | Ⅱ类工具 | Ⅲ类工具 |
| 带电零件与外壳之间： | | | |
| ——仅由基本绝缘与带电零件隔离 | 1250 | — | 500 |
| ——由加强绝缘与带电零件隔离 | 3750 | 3750 | — |

注：1. 波形为实际正弦波，频率为 50Hz 的试验电压施加 1min，不出现绝缘击穿或闪络。

2. 试验变压器应设计成：在输入调到适当的试验电压值后，在输出短路时，输出电流至少为 200mA。

（5）维修人员应作好维修记录存档，见表 5-5、表 5-6 和表 5-7 的内容。

手持式电动工具检查记录　　　　　　　　　　　　　　表 5-5

| 电动工具名称 | | 规格型号 | |
|---|---|---|---|
| 功率（kW） | | 出厂编号 | |
| 制造厂家 | | 出厂时间 | |
| 电动工具类别 | | 使用电源 | |

检查记录

| 检查项目 | 检查要求 | 检查状况 | 检查人员 |
|---|---|---|---|
| 安全标识检查 | 国家强制认证标识、产品合格证和检测报告 | | |
| 外壳、手柄检查 | 完好无损 | | |
| 电源线,保护接地(PE)线检查 | 连接可靠,绝缘保护层完好无损 | | |
| 电源插头检查 | 完好无损,连接正确 | | |
| 电源开关检查 | 动作可靠、灵活 | | |
| 机械防护装置 | 完好 | | |
| 工具转动部分 | 转动灵活、轻快、无卡阻现象 | | |
| 电气保护装置 | 设置漏电保护器,动作可靠 | | |
| 绝缘电阻 | ≥_____ MΩ | | |

注:1. 适用于电动工具的检查;2. 一台电动工具填写一张检查记录表;3. 绝缘电阻为必须检查项目;4. 保存期限按施工现场临时用电工程项目档案管理规定执行。

**手持式电动工具定期检查汇总**　　　　　　　表 5-6

| 序号 | 电动工具名称 | 出厂编号 | 检查内容 | 检查结果 | 检查人员 |
|---|---|---|---|---|---|
| | | | | | |
| | | | | | |
| | | | | | |
| | | | | | |
| | | | | | |
| | | | | | |
| | | | | | |
| | | | | | |
| | | | | | |
| | | | | | |
| | | | | | |

注:1. 适用于电动工具检查;2. 按规定的周期对施工现场实施检查;3. 保存期限按施工现场临时用电工程项目档案管理规定执行。

（6）修理后的工具由设备管理人员进行验收,确认故障排除后方可投入使用。

（7）工具如果不能修复,必须办理报废销账手续。

**11. 报废管理**

（1）对损坏严重、不能进行修复或无维修价值的手持式电动工具,经项目部鉴定并经公司主管领导审批后办理报废销账手续。

（2）对于回收的报废手持式电动工具,严禁变相再次使用。

手持式电动工具维修记录　　　　　　　　表 5-7

| 电动工具名称 | | 规格型号 | |
|---|---|---|---|
| 功率(kW) | | 出厂编号 | |
| 制造厂家 | | 出厂时间 | |
| 电动工具类别 | | 使用电源 | |
| 维修情况 | 维修原因：<br><br><br>设备存在问题：<br><br><br>处理方法：<br><br><br>维修结果： | | |
| 检查人员 | | 检查时间 | |

注：1. 适用于电动工具的检查；2. 每一台维修的手持式电动工具填写一张维修记录表；3. 保存期限按施工现场临时用电工程项目档案管理规定执行。

# 第二节　起重机械

## 1. 塔式起重机安全用电

施工现场塔式起重机电气设备、线缆的安装、敷设应符合《建筑与市政工程施工现场临时用电安全技术标准》JGJ/T 46 和《塔式起重机安全规程》GB 5144 的有关规定，塔式起重机的电缆不得拖地行走，为了保证夜间塔式起重机正常安全运行，面向工作面设置投光灯，安装红色航空障碍灯，航空障碍灯的电源应由消防系统供电回路提供。如图 5-1、图 5-2 所示。满足《建筑与市政工程施工现场临时用电安全技术标准》JGJ/T 46—2024：

第 7.2.1 条　塔式起重机的电气设备应符合现行国家标准《塔式起重机安全规程》GB 5144 中的规定。

第 7.2.3 条　塔式起重机与外电线路间的安全距离应符合本标准第 8.1.4 条的规定。

第 7.2.4 条　塔式起重机垂直方向的电缆应设置固定点，防止电缆结构变形受损，其间距不宜大于 10m；水平方向的电缆不得拖地行走，防止电缆绝缘层受损。

第 7.2.5 条　需要夜间工作的塔式起重机，应设置正对工作面的投光灯。

第 7.2.6 条　塔身高于 30m 的塔式起重机，应在塔顶和臂架端部设红色信号灯。

图 5-1　塔式起重机安装投光灯　　　　　　图 5-2　塔顶部安装航空障碍灯

满足《塔式起重机安全规程》GB 5144—2012：

第 8.1.1 条　电气设备应使塔机的传动性能和控制性能准确可靠，在紧急情况下能切断电源，安全停车，在塔机安装、维修、调整和使用中不应任意改变电路。

第 8.1.4 条　电气设备安装应牢固，需要防震的电器应有防振措施。

第 8.1.5 条　电气连接应接触良好，防止松脱，导线、线束应用卡子固定，以防摆动。

第 8.1.6 条　电气柜（配电箱）应有门锁，门内所有原理图或布线图、操作指示等，门外应有警示标志。

**2. 塔式起重机防雷接地**

施工现场塔式起重机应做重复接地和防雷接地，同一台塔式起重机的重复接地与防雷接地可共用同一接地装置，重复接地电阻不得大于 10Ω，接地电阻不得大于 4Ω。轨道式塔式起重机接地装置的应在轨道两端各设一组接地装置，轨道的接头处作电气连接，两条轨道形成闭环形状的电气通路，如图 5-3、图 5-4 所示。在强电磁场附近工作的塔式起重机，操作人应戴绝缘手套和穿绝缘鞋，并采取绝缘隔离措施。满足《建筑与市政工程施工现场临时用电安全技术标准》JGJ/T 46—2024：

第 7.2.2 条　塔式起重机应按本标准第 3.4.7 条的规定做重复接地和防雷接地。轨道式塔式起重机接地装置的设置应符合下列规定：

1　轨道两端应各设一组接地装置；

2　轨道接头处应做电气连接，两条轨道端部应做环形电气连接；

图 5-3　轨道接头处做电气连接　　　　　　图 5-4　两条轨道端部做环形电气连接

3 轨道较长时，每隔不大于20m的位置应增设一组接地装置。

第7.2.7条 在强电磁波源附近工作的塔式起重机，操作人应戴绝缘手套和穿绝缘鞋，并应在吊钩与机体间采取绝缘隔离措施，或在吊装地面物体时，在吊钩上挂接临时接地装置。

**3. 施工升降机机安全管理**

施工升降机和物料提升使用之前，作业人员应检查升降机进料门限位器、升降机出料门限位器、上下限位开关、极限限位开关、紧急停止开关、防坠安全器和制动器等进行检查，如图5-5～图5-8所示，正常后施工升降机和物料提升机方可使用。检降机进料门限位器：当进料门开启时，升降机断电，停止运行；升降机出料门限位器：当升降机运行时，出料门异常开启，电梯自动停电，停止运行；上限位开关（右侧）：碰到限位碰块后，切断电源，上不冒顶；下限位开关（左侧）：碰到限位碰块后，切断电源，下不撞底；极限限位开关：独立，不能复位，升降机上行或下行最后一道限位保护装置。并应符合《建筑与市政工程施工现场临时用电安全技术标准》JGJ/T 46—2024：

第7.2.8条 施工升降机机笼内外均应安装紧急停止开关。

第7.2.9条 施工升降机和物料提升机的上下极限位置应设置限位开关。

第7.2.10条 每日工作前必须对施工升降机和物料提升机的行程开关、限位开关、紧急停止开关、驱动机构和制动器等进行空载检查，正常后方可使用。检查时必须有防坠落措施。

图5-5 升降机进料门限位器

图5-6 升降机出料门限位器

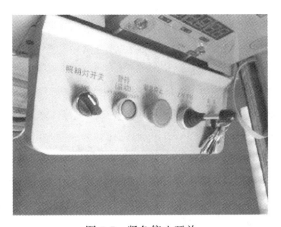

图5-7 紧急停止开关

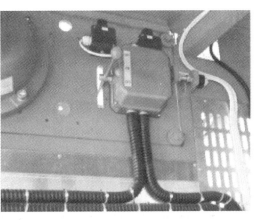

图5-8 限位开关、极限限位开关

# 第三节 桩工机械

打桩施工场地应按坡度不大于 3%，地耐力不小于 8.5N/cm² 的要求进行平实施工现场，施工现场地下不得有障碍物，并在基坑和围堰作业区域内配备潜水泵等排水设备。桩机周围应设置围挡和警示标识，并设有专人巡视严禁非工作人员进入施工现场。作业时，操作人员应在距桩锤中心 5m 以外区域监视。潜水式钻孔机电机的密封性能应符合现行国家标准《外壳防护等级（IP 代码）》GB/T 4208 中 IP68 级的规定。

桩工机械作业完毕应将桩机停放在坚实平整的地面上，将桩锤落下，切断开关箱电源，停机制动后方可离开。高处作业应佩戴安全帽、系好安全带、穿好绝缘鞋。遇有六级以上大风、雨、雪、雷电等恶劣气候时，应停止作业。应符合《建筑与市政工程施工现场临时用电安全技术标准》JGJ/T 46—2024：

第 7.3.2 条 潜水电机的负荷线应采用防水橡皮护套铜芯软电缆，长度不应小于1.5m，且接线端子不得承受外力。

第 7.3.3 条 桩工机械开关箱内的剩余电流动作保护器应符合本标准第 3.3 节的规定，且应与保护接地导体（PE）可靠连接，电缆不得随意拖地。

第 3.3.4 条 开关箱中剩余电流动作保护器的额定剩余动作电流不应大于 30mA，额定剩余电流动作时间不应大于 0.1s。潮湿或有腐蚀介质场所的剩余电流动作保护器应采用防溅型产品，其额定剩余动作电流不应大于 15mA，额定剩余动作时间不应大于 0.1s。

# 第四节 夯土机械

施工现场夯实机作业时，夯实机扶手上的按钮开关和电动机的接线绝缘保护层应无损伤，当发现电缆绝缘保护层有磨损时，应立即切断电源，更换绝缘保护层良好的耐候型橡皮护套铜芯软电缆。夯实机作业时，应一人扶夯，一人传递电缆，并应戴绝缘手套和穿绝缘鞋。传递电缆人员应在夯实机后捋顺电缆线。电缆不得出现扭结或缠绕现象，并应与夯实机保持 3～4m 的距离。

满足《建筑与市政工程施工现场临时用电安全技术标准》JGJ/T 46—2024：

第 7.4.1 条 夯土机械开关箱中的剩余电流动作保护器应符合本标准第 3.3.4 条的规定。

第 7.4.2 条 夯土机械保护接地导体（PE）的连接点应牢固可靠。

第 7.4.3 条 夯土机械的负荷线应采用耐候型橡皮护套铜芯软电缆。

第 7.4.4 条 使用夯土机械时，作业人员应按规定穿戴防护用品，作业过程应设有专人调整电缆，电缆长度不应大于 50m。电缆不得缠绕、扭结或被夯土机械跨越。

第 7.4.5 条 多台夯土机械并列工作时，其间距不应小于 5m；前后工作时，其间距不应小于 10m。

第 7.4.6 条 夯土机械的操作扶手应绝缘良好。

# 第五节　焊 接 机 械

**1. 焊接机械安全用电**

（1）焊接作业前，应履行动火审批程序；确认焊接现场防火措施，应配备消防器材和个人安全防护用品，如图 5-9 所示。设有专人监护，开具动火证。

（2）电焊机应有完整的防护外壳，一次、二次接线柱处应有保护罩，安装二次侧触电保护装置，如图 5-10 所示。

（3）电焊机绝缘电阻不得小于 0.5MΩ，导线绝缘电阻不得小于 1MΩ，接地电阻不得大于 4Ω。

图 5-9　焊工佩戴安全防护用品

图 5-10　二次侧安装触电保护器

**2. 焊接机械作业要求**

（1）电焊机导线和接地线不得搭在钢筋、模板等处；不得利用建筑物的主体结构钢筋、水电管道、塔式起重机轨道或其他金属，形成焊接回路，并不得将电焊机械和工件双重接地。

（2）电焊机的一次侧电源长度不应大于 5m，二次侧应采用防水橡皮护套铜芯软电缆，电缆长度不应大于 30m，并应双线到位。

（3）电焊钳应有良好的绝缘和隔热能力。电焊钳握柄应绝缘良好，握柄与导线连接应牢靠，连接处应采用绝缘布包好。

（4）电焊机应按额定焊接电流和暂载率操作，并应控制电焊机的温升。

（5）施焊时，焊工应佩戴安全帽、护目镜、焊接手套、安全绝缘鞋，避免焊渣飞溅灼伤。

满足《建筑与市政工程施工现场临时用电安全技术标准》JGJ/T 46—2024：

第 7.5.1 条　电焊机械应放置在防雨、干燥和通风良好的地方。焊接现场周围不得存放易燃、易爆物品。

第 7.5.2 条　交流电焊机一次侧电源线长度不应大于 5m，其电源进线处应设置防护罩。发电机式直流电焊机的换向器应经常检查和维护，消除可能产生的异常电火花。

第 7.5.3 条　电焊机械开关箱内的剩余电流动作保护器应符合本标准第 3.3.4 条的规定。交流电焊机械应配装防二次侧触电保护器。

第7.5.4条　电焊机械的二次线应采用防水橡皮护套铜芯软电缆，电缆长度不应大于30m，不得采用金属构件或结构钢筋代替二次线的中性导体。

第7.5.5条　使用电焊机械焊接时，焊工应穿戴防护用品，不得冒雨从事电焊作业。

# 第六节　手持式电动工具

### 1. 手持式电动工具分类

（1）Ⅰ类工具在防止触电的保护方面不仅依靠基本绝缘，而且它还包含一个附加的安全预防措施。其方法是将可触及、可导电的零件与已安装的固定线路中的保护（接地）导线联接起来，以这样的方法来使可触及、可导电的零件在基本绝缘损坏的事故中不成为带电体。

（2）Ⅱ类工具在防止触电的保护方面不仅依靠基本绝缘，而且它还提供双重绝缘或加强绝缘的附加安全预防措施和没有保护接地或依赖安装条件的措施。Ⅱ类工具分绝缘外壳类工具和金属外壳类工具，在工具的明显部位标有符号"回"。

（3）Ⅲ类工具在防止触电的保护方面依靠由安全特低电压供电和在工具内部不会产生比安全特低电压高的电压。

### 2. 手持式电动工具特征

手持式电动工具特征见表5-8。

手持式电动工具特征　　　　　　　　　　　　　　表5-8

| Ⅰ类工具 | Ⅱ类工具 | Ⅲ类工具 |
|---|---|---|
| 单绝缘工具，明显特征：带有接地线（插头有3个桩头） | 双绝缘工具，明显特征：铭牌上有个"回"字形标志 | 使用安全电压作为电源的工具，明显的特征：带有电池 |
| | | |

### 3. 手持式电动工具安全用电要求

在一般场所使用手持式电动工具宜选用Ⅱ类手持式电动工具，当选用Ⅰ类手持式电动工具时，其金属外壳应与保护接地导体（PE）做电气连接。开关箱内剩余电流动作保护器的额定剩余动作电流不应大于15mA，额定剩余电流动作时间不应大于0.1s。手持式电动工具的电源线插头与开关箱内的插座应在结构上保持一致。

在潮湿场所或金属构架上使用手持式电动工具应选用Ⅱ类或由安全隔离变压器供电的Ⅲ类手持式电动工具，作业前应对手持式电动工具外壳、手柄检查，不得裂缝、破损。作业人员应佩戴好安全帽、绝缘手套、绝缘鞋、护目镜、口罩等个人安全防护用品，防止触电事故的发生。手持式电动工具的电缆采用耐气候型的橡皮护套铜芯软电缆，不得有接头。

且应符合《建筑与市政工程施工现场临时用电安全技术标准》JGJ/T 46—2024：

第7.6.1条　在一般场所使用手持式电动工具，应符合下列规定：

1　宜选用Ⅱ类手持式电动工具；当选用Ⅰ类手持式电动工具时，其金属外壳应与保护接地导体（PE）做电气连接，连接点应牢固可靠；

2　除塑料外壳Ⅱ类工具外，开关箱内剩余电流动作保护器的额定剩余动作电流不应大于15mA，额定剩余电流动作时间不应大于0.1s，其负荷线插头应为专用的保护触头；

3　手持式电动工具的电源线插头与开关箱内的插座应在结构上保持一致，避免导电触头和保护触头混用。

第7.6.2条　在潮湿场所或金属构架上使用手持式电动工具，应符合下列规定：

1　应选用Ⅱ类或由安全隔离变压器供电的Ⅲ类手持式电动工具；

2　开关箱和控制箱应设置在作业场所外干燥区域。

第7.6.4条　手持式电动工具的负荷线应采用耐气候型的橡皮护套铜芯软电缆，并不得有接头。

第7.6.5条　手持式电动工具的标识、外壳、手柄、插头、开关、负荷线等应完好无损，使用前对工具外观检查合格后进行空载检查，空载运转正常后方可使用。应定期对工具绝缘电阻进行测量，绝缘电阻不应小于表7.6.5规定的数值。

表7.6.5　手持式电动工具绝缘电阻限值

| 被试绝缘 | | 绝缘电阻（MΩ） |
|---|---|---|
| 带电部分与壳体之间 | 基本绝缘 | 2 |
| | 加强绝缘 | 7 |
| 带电部分与Ⅱ类工具中仅用基本绝缘与带电部分隔离的金属零件之间 | | 2 |
| Ⅱ类工具中仅用基本绝缘与带点部分隔离的金属零件与壳体之间 | | 5 |

注：绝缘电阻用500V兆欧表或绝缘电阻测试仪测量。

第7.6.6条　使用手持式电动工具时，作业人员应按规定穿戴安全防护用品。

**4. 受限空间安全用电**

在受限空间场所使用手持式电动工具不仅要符合在一般场所、潮湿场所和金属构架上的规定，而且还要符合受限空间场所的特殊规定。选用由安全隔离变压器供电的Ⅲ类手持式电动工具，其开关箱和安全隔离变压器均应设置在受限空间之外便于操作的地方，如图5-11所示。操作过程中，应设置专人在受限空间外监护，如图5-12所示。

受限空间是指进出受限，通风不良，其作业空间聚集有毒有害、易燃易爆气体或氧含量不足，对作业人员的身体健康和生命安全构成威胁的封闭、半封闭设施或场所。

（1）受限空间分为三类

1）密闭设备作业：熔炼车间的艾萨炉、余热锅炉、电炉、转炉、沉降室、钟罩阀、烟管、水渣池及制氧站塔、罐、管等。

图 5-11　安全隔离变压器供电　　　　　　图 5-12　受限空间作业

2）地下有限空间作业：各密闭或半密闭的水箱、化粪池、暗沟等。

3）地上有限空间作业：硫酸车间的各电收尘、塔、罐、管、污水池、浓缩池等。

（2）受限空间作业危害性

1）空气缺氧：耗氧化学反应，氧气因气化消耗，例如焊接、气焊切割、锈蚀、发酵、发霉。

2）易燃性空间：受限空间有易燃气体可引起爆炸及火灾。

3）危害物质：接触危害物质的主要途径是经呼吸、皮肤吸收等。

4）其他危害：佩戴个人防护用品时会增加人体的负重，受限空间内的工作环境一般都狭窄且须要大量体力操作。

需满足《建筑与市政工程施工现场临时用电安全技术标准》JGJ/T 46—2024：

第7.6.3条　在受限空间使用手持式电动工具，应符合下列规定：

1　应选用由安全隔离变压器供电的Ⅲ类手持式电动工具，其开关箱和安全隔离变压器均应设置在受限空间之外便于操作的地方，且与保护接地导体（PE）的连接应符合本标准第3.2.5条的规定；

2　剩余电流动作保护器的选择应符合本标准第3.3.4条的规定；

3　操作过程中，应设置专人在受限空间外监护。

# 第七节　其他电动建筑机械

建筑与市政工程施工现场设置的混凝土搅拌站、钢筋加工场和木工加工场，以及施工过程建筑与市政工程机械设备、手持式电动工具临时用电安全管理工作十分重要，认真执行《建筑与市政工程施工现场临时用电安全技术标准》JGJ/T 46有关规定，严格落实施工现场临时用电工程管理制度和标准规定，做好工程项目安全生产检查、安全标准化考评、季度检查等工作，突出雨季汛期和高温季节临时用电工程安全检查，加大临时用电工程隐患排查整治力度，对发现的临时用电工程隐患要及时采取有效措施，督促整改并消除安全隐患，减少和杜绝触电伤亡事故的发生。

## 一、其他电动建筑机械安全用电

建筑与市政工程施工现场设置的混凝土搅拌站、钢筋加工场和木工加工场，以及施工过程的建筑与市政工程机械设备、手持式电工工具应采用 TN-S 系统，三级配电系统，二级剩余电流动作保护。

配电箱、开关箱内的电器外观表面完好，不得使用破损、不合格的电器。总配电箱的电器具备电源隔离，正常接通与分断电路，以及短路、过载、剩余电流保护功能。总配电箱、开关箱在靠近负荷的一侧设置剩余电流动作保护器。总配电箱中剩余电流动作保护器的额定剩余动作电流应大于 30mA，额定剩余电流动作时间应大于 0.1s，但其额定剩余动作电流与额定剩余电流动作时间的乘积不应大于 30mA·s。开关箱中的设置剩余电流动作保护器的额定剩余动作电流小于 30mA，额定剩余动作时间小于 0.1s。使用于潮湿场所的设置剩余电流动作保护器应采用防溅型产品，其额定剩余动作电流小于 15mA，额定剩余动作时间小于 0.1s。总配电箱与开关箱中两级剩余电流动作保护器的额定剩余动作电流和剩余动作时间，合理配合，具有分级分段保护功能。

施工现场用电线缆、电气元件具有国家强制性认证证书、产品检测报告、产品合格证等，进场合格材料、设备填写进场记录表格，分类归档保管。施工现场供电线路及用电设备停电检修时，应严格执行停送电管理制度，一人作业，一人监护，并悬挂"禁止合闸、有人工作"标识牌，严禁带电作业。

施工总承包单位项目经理部电气专业技术负责人负责施工现场临时用电工程的安全技术管理，以及临时用电工程组织设计的编制工作。具有电气专业中级职称以上人员可负责施工现场临时用电工程的安全技术资料的填写、收集和归档工作；施工现场日常的电工安装、巡检、维修、拆除工作记录可由电工填写。项目经理作为安全生产的第一责任人，应每周组织对施工现场临时用电工程的实体安全、内业资料进行检查。内业资料包括：临时用电工程组织设计、审批表、监理单位审核表的全部资料；施工现场临时用电工程主要设备、材料的产品合格证、相关认证报告、检测报告等；临时用电工程技术交底资料；临时用电工程检查验收表；电气设备的试验、检验凭单和调试记录；接地电阻、绝缘电阻和剩余电流动作保护器的剩余电流动作参数测定记录表；定期检（复）查表；电工安装、巡检、维修、拆除工作记录；施工现场临时用电工程管理制度、分包单位临时用电安全生产协议、电工特种作业操作资格证等。

混凝土搅拌站、钢筋加工场、木工加工场、混凝土的结构的工程施工机械设备、建筑地面工程施工机械设备、市政工程施工机械设备等应满足《建筑与市政工程施工现场临时用电安全技术标准》JGJ/T 46—2024 要求：

第 7.7.1 条　混凝土搅拌机、插入式振动器、平板振动器、地面抹光机、水磨石机、钢筋加工机械、木工机械和水泵等设备的剩余电流保护应符合本标准第 3.3.2 条的规定。

第 3.3.2 条　剩余电流动作保护器应装设在总配电箱、开关箱靠近负荷的一侧，且不得用于启动电气设备的操作。

第 7.7.2 条　混凝土搅拌机、插入式振动器、平板振动器、地面抹光机、水磨石机、钢筋加工机械和木工机械的供电线路应采用耐候型橡皮护套铜芯软电缆，并不得有任何破损和接头。水泵的供电线路应采用防水橡皮护套铜芯软电缆，不得有任何破损和接头，且不得承受任何外力。

第 7.7.3 条　对混凝土搅拌机、钢筋加工机械、木工机械等设备进行清理、检查、维修时，应先将其开关箱内电器分别断电，呈现可见电源分断点，再关闭箱门上锁。

## 二、施工现场钢筋加工场建筑机械作业安全要求

### 1. 钢筋调直机

（1）钢筋加工场电动建筑机械作业准备

1）钢筋调直机应安装在平坦坚实的水泥地面；

2）安装承重架时，承重架料槽的中心线应与导向筒、调直筒和下切刀孔的中心线在同一水平轴线上；

3）钢筋调直机安装后，应检查电气线路连接是否正确，保护接地导体（PE）与电动机接线盒 PE 连接点、接地装置（镀锌接地扁钢 25mm×4mm）做可靠连接；

4）钢筋调直机做空载试运行，齿轮啮合良好，不得有异常噪声，确认试运行正常后方可送料作业。

（2）钢筋加工场电动建筑机械作业要求

1）按调直钢筋的直径选择适配的调直块、曳引轮槽及传动速度。调直块的孔径应比钢筋直径大 2~5mm，曳引轮槽宽应与钢筋的直径相同。

2）调直块的调整：调直桶内有五个调直块，第1、第5两个调直块应放在中心线上，中间三个调直块可偏离中心线。先将钢筋偏移 3mm 左右，如调直后的钢筋仍有慢弯时，逐渐增加调直块的偏移量，直至调直为止。

3）切断 3~4 根钢筋后，应停机检查其长度，当超过允许偏差时，应调整限位开关或定尺板。

4）送料前，应将弯曲的钢筋端头切除。导向筒前部应安装一根 1m 左右的钢管，调直的钢筋应先通过钢管，在传导至导向筒和调直桶，防止每盘钢筋调直完毕时弹出伤人。

5）调直块未固定、防护罩未盖好，不得穿入钢筋，防止开机后，调直块飞出伤人。

6）钢筋穿入后，手与曳轮应保持一定的安全距离。

7）钢筋调直过程应采取有效的防尘措施，防止氧化铁屑污染周围环境。

### 2. 钢筋切断机

（1）钢筋加工场电动建筑机械作业准备

1）钢筋切断机应安装在平坦坚实的水泥地面。接送料的工作台面应和切刀下部保持水平，工作台的长度应保证钢筋切断机周围有足够的钢筋堆放空间。

2）钢筋切断机作业前，应检查切刀无裂纹，刀架螺栓紧固，防护罩安装牢固。

3）钢筋切断机应空载试运行，检查各传动部分及轴承运转正常后，方可投入使用。

（2）钢筋加工场电动建筑机械作业要求

1）作业人员应使用切刀的中、下部位切料，紧握钢筋对准刃口迅速投入，并应站在固定刀片一侧用力压住钢筋，防止钢筋末端弹出伤人。

2）切断短料时，作业人员手握钢筋末端的距离不得小于 400mm，手和切刀之间的距离不应小于 150mm，并采用夹具将切断的短料夹牢。

3）作业人员不得剪切超过机械性能规定强度及直径的钢筋或烧红的钢筋。一次剪切多根钢筋时，其总截面积应在规定范围内。否则调整刀片，防止意外伤人事故的发生。

4）作业人员不得站立在钢筋切断机刀片的两侧，严禁用两手分别握住钢筋的两端送料。

5) 钢筋切断机运转时，严禁作业人员用手直接清除切刀附近的断头和杂物。在钢筋切断机加工周围严禁非作业人员进入。

6) 当发现钢筋切断机电动机有异常噪声或电动机表面温升大于60℃，或切刀斜歪等现象时，应立即切断电源。

**3. 钢筋弯曲机**

（1）钢筋加工场电动建筑机械作业准备

1) 钢筋弯曲机应安装在平坦坚实的水泥地面。工作台和弯曲机台面应保持水平。

2) 作业前应准备好各种芯轴及工具，并应按加工钢筋的直径和弯曲半径的要求，安装相应规格的芯轴、成型轴和挡铁轴。

3) 芯轴直径应为钢筋直径的2.5倍。挡铁轴应有轴套，挡铁轴的直径和强度不得小于被弯钢筋的直径和强度。

4) 钢筋弯曲机应空载试运行，检查各传动部分及轴承运转正常后，方可投入使用。

5) 作业前应检查芯轴、挡铁轴、转盘等不得有裂纹和损伤现象，防护罩安装牢固。

（2）钢筋加工场电动建筑机械作业要求

1) 钢筋弯曲机作业时，应将需弯曲的一端钢筋插入在转盘固定销的间隙内，另一端紧靠机身固定销，并用手压紧，检查并确认机身固定销安放在挡住钢筋的一侧后，开启弯曲机开关箱开关。

2) 钢筋弯曲机作业过程不得更换轴芯、销子和变换角度以及调速，不得进行清扫和加油。转盘换向应在钢筋弯曲机停电后进行更换。

3) 在弯曲高强度钢筋时，应进行钢筋直径换算，钢筋直径不得超过机械允许的最大弯曲能力，并应及时调换相应的芯轴。

4) 作业人员应站在机身设有固定销的一侧。成品钢筋应堆放整齐，弯钩不得朝上。

## 三、木工加工场电动建筑机械作业安全要求

木工圆盘锯要求：

（1）木工加工场电动建筑机械作业准备

1) 圆盘锯应安装在平坦坚实的水泥地面。圆盘锯上的旋转锯片必须设置防护罩。

2) 锯片安装时，锯片圆心应与轴同心，夹持锯片的法兰盘直径应为锯片直径的1/4。

3) 锯片表面不得有锈蚀、裂纹等现象。锯齿不得连续出现2个以上的断齿现象。

4) 作业人员应佩戴安全帽、护目镜、口罩，手臂不得跨越靠近锯片，非作业人员严禁进入木工加工场。

（2）木工加工场电动建筑机械作业要求

1) 圆盘锯作业时，锯片应露出木料10～20mm，被锯木料长度不应小于500mm；

2) 作业人员应平稳送料，不得左右晃动或上下移动；遇木节时，应缓慢送料；接近木料末端头时，应采用推棍送料；

3) 当锯线走偏时应逐渐纠正，不得施力过大，防止锯片损坏伤人。

# 第六章　外电线路及电气设备防护

基于我国大中城市在施工程项目周围设有高压线路及电气设备（箱式变压器、杆上变压器）现状，为了确保大型建筑机械塔式起重机的运行安全以及运输车辆现场材料装卸安全等，防止外电线路及电气设备对周围作业者产生的安全隐患，必须对施工现场外电线路及电气设备采取有效的防护措施。本章将依据《建筑与市政工程施工现场临时用电安全技术标准》JGJ/T 46—2024 的相关规定，重点讲解外电线路防护及电气设备防护等两个方面的内容。

## 第一节　外电线路防护

在施工现场周围往往有高、低压电力线路通过，这些不属于施工现场的高、低压电力线路统称为外电线路。外电线路一般为架空线路，个别施工现场会遇到电缆线路。为了防止外电线路对施工现场塔式起重机正常作业的影响，施工过程高空坠物造成外电线路的损害，以及高空作业人员触电伤害事故的发生，施工现场必须对其采取有效的防护措施，防止外界因素对外电线路的损害，造成作业人员触电事故的发生，简称外电线路防护。外电线路防护实质上属于直接接触防护，直接接触防护可采用以下措施：

（1）绝缘；

（2）屏护；

（3）安全距离；

（4）限制放电能量；

（5）24V 及以下安全特低电压。

上述直接接触防护的五项基本措施具有普遍适用的意义。但是对于施工现场外电防护这种特殊的直接接触防护来说，主要应从绝缘、屏护、安全距离这三方面考虑。不仅如此，还应考虑到作业现场人员移动、操作、运送物料器材、搭设脚手架具、开挖沟槽和建造临时设施、车辆通行等诸多动态防护因素。《建筑与市政工程施工现场临时用电安全技术标准》JGJ/T 46 结合施工现场实际，以外电线路防护为切入点，具体确立外电防护三原则，即保证安全操作距离、架设安全防护设施、无防护措施时禁止强行施工。

### 一、保证安全操作距离

保证安全操作距离就是充分考虑各种操作因素的影响，确立外电线路与施工现场的各种位置关系，它是外电防护的首要措施，且满足《建筑与市政工程施工现场临时用电安全技术标准》JGJ/T 46—2024：

第8.1.1条　在施工程外电架空线路正下方不得有人作业、建造生活设施，或堆放建筑材料、周转材料及其他杂物等。

本条依据《电力设施保护条例》（第二次修订）和《中华人民共和国电力法》的现行规定，对施工现场外电架空线路的保护区提出了明确的要求，不得在其下搭设作业棚、建造生活设施或堆放构件、架具、材料及其他杂物等。

2011年1月8日，中华人民共和国国务院令（第588号）《国务院关于废止和修改部分行政法规的决定》《电力设施保护条例》（第二次修订）：

**第十五条**　任何单位或个人在架空电力线路保护区内，必须遵守下列规定：

（一）不得堆放谷物、草料、垃圾、矿渣、易燃物、易爆物及其他影响安全供电的物品；

（二）不得烧窑、烧荒；

（三）不得兴建建筑物、构筑物；

（四）不得种植可能危及电力设施安全的植物。

2018年12月29日，第十三届全国人民代表大会常务委员会第七次会议通过第十三届全国人民代表大会常务委员会第七次会议决定，对《中华人民共和国电力法》作出修改。

**第五十三条**　电力管理部门应当按照国务院有关电力设施保护的规定，对电力设施保护区设立标志。

任何单位和个人不得在依法划定的电力设施保护区内修建可能危及电力设施安全的建筑物、构筑物，不得种植可能危及电力设施安全的植物，不得堆放可能危及电力设施安全的物品。

在依法划定电力设施保护区前已经种植的植物妨碍电力设施安全的，应当修剪或者砍伐。

在建工程的周边与架空线路的边线之间的安全操作距离应符合《房屋与市政工程施工现场临时用电安全技术标准》JGJ/T 46—2024：

**第8.1.2条**　在施工程（含脚手架）的周边与外电架空线路的边线之间的最小安全操作距离应符合表8.1.2规定。

表8.1.2　在施工程（含脚手架）的周边与架空线路的边线之间的最小安全操作距离

| 外电线路电压等级(kV) | <1 | 1~10 | 35~110 | 220 | 330~500 |
|---|---|---|---|---|---|
| 最小安全操作距离(m) | 7.0 | 8.0 | 8.0 | 10 | 15 |

注：上、下脚手架的斜道不宜设在有外电线路的一侧。

本条规定符合现行国家标准《电击防护 装置和设备的通用部分》GB/T 17045—2020和《66kV及以下架空电力线路设计规范》GB/T 50061—2010的规定。

本条结合施工现场在施工程搭设外电防护架及作业人员等因素，为防止人体直接或通过金属器材间接接触或接近外电架空线路，规定最小安全操作距离，如图6-1所示。本条规定较《66kV及以下架空电力线路设计规范》GB 50061—2010的要求高，一方面为了保障施工作业人员安全；另一方面，当不满足本规范要求时，为搭设防护设施提供空间。

《66kV及以下架空电力线路设计规范》GB 50061—2010第12.0.10条规定：架空电力线路在最大计算风偏情况下，边导线与城

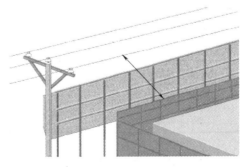

图6-1　在建工程围挡与外电架空线路的距离

市多层建筑或城市规划建筑线间的最小水平距离，以及边导线与不在规划范围内的城市建筑物间的最小距离，应符合表12.0.10的规定。架空电力线路边导线与不在规划范围内的建筑物间的水平距离，在无风偏情况下，不应小于表12.0.10所列数值的50%。

表 12.0.10　边导线与建筑物间的最小距离（m）

| 线路电压 | 3kV | 3kV～10kV | 35kV | 66kV |
|---|---|---|---|---|
| 距离 | 1.0 | 1.5 | 3.0 | 4.0 |

《电击防护装置和设备的通用部分》GB/T 17045—2008 第7.6条规定：

高压装置的设计应能限制对危险区域的接近，应考虑到关于熟练技术人员和受过培训的人员为操作和维护而必备的安全间距，对于安全距离无法满足的场合，应安装永久性的防护设施。

应由相应的技术委员会规定如下值：

——遮栏的间距；

——阻挡物的间距；

——外栅栏和进出门的尺寸；

——最低高度和与接近危险区域的距离；

——与建筑物的间距。

警示牌应明显地显示在所有的进入口的门、围墙、遮栏、架空线电杆以及铁塔等上面。

施工现场的机动车道与架空线路交叉的最小垂直距离应符合《建筑与市政工程施工现场临时用电安全技术标准》JGJ/T 46—2024：

第8.1.3条　施工现场的机动车道与外电架空线路交叉时，架空线路的最低点与路面的最小垂直距离应符合表8.1.3规定。

表 8.1.3　施工现场的机动车道与架空线路交叉时的最小垂直距离

| 外电线路电压等级(kV) | <1 | 1～10 | 35 |
|---|---|---|---|
| 最小垂直距离(m) | 6.0 | 7.0 | 7.0 |

本条符合现行国家标准《66kV 及以下架空电力线路设计规范》GB 50061—2010第12.0.7条：导线与地面的最小距离，在最大计算弧垂情况下，应符合表12.0.7的规定。

表 12.0.7　导线与地面的最小距离（m）

| 线路经过区域 | 最小距离 | | |
|---|---|---|---|
| | 线路电压 | | |
| | 3kV 以下 | 3kV～10kV | 35kV～66kV |
| 人口密集地区 | 6.0 | 6.5 | 7.0 |
| 人口稀少地区 | 5.0 | 5.5 | 6.0 |
| 交通困难地区 | 4.0 | 4.5 | 5.0 |

本条规定高于现行国家标准《66kV 及以下架空电力线路设计规范》GB 50061 的有关规定，主要是基于有些工程施工场地狭窄，以及运输车辆现场装卸材料等因素，制定出防

止人体直接或间接接近外电架空线路的最
小安全距离规定，如图 6-2 所示。

施工现场塔式起重机与架空线路边线
的最小安全距离应符合《建筑与市政工程
施工现场临时用电安全技术标准》JGJ/T
46—2024：

第 8.1.4 条　起重机不得越过无防护
设施的外电架空线路作业。在外电架空线
路附近吊装时，塔式起重机的吊具或被吊
物体端部与架空线路边线之间的最小安全
距离应符合表 8.1.4 规定。

图 6-2　架空线路的最低点与路面的距离

表 8.1.4　塔式起重机的吊具或被吊物体端部与架空线路边线之间的最小安全距离

| 电压(kV) | <1 | 10 | 35 | 110 | 220 | 330 | 500 |
| --- | --- | --- | --- | --- | --- | --- | --- |
| 沿垂直方向(m) | 1.5 | 3.0 | 4.0 | 5.0 | 6.0 | 7.0 | 8.5 |
| 沿水平方向(m) | 1.5 | 2.0 | 3.5 | 4.0 | 6.0 | 7.0 | 8.5 |

本条符合现行国家标准《塔式起重机安全规程》GB 5144—2006：第 10.4 条　有架
空输电线的场合，塔机的任何部位与输电线的安全距离，应符合表 6-1 的规定，如图 6-3
所示。如因条件限制不能保证表 6-1 中的安全距离，应与有关部门协商，并采取安全防护
措施后方可架设。

安全距离　　　　　　　　　　　　　　　　　　　　　　　　　表 6-1

| 安全距离(m) | 电压(kV) | | | | |
| --- | --- | --- | --- | --- | --- |
| | <1 | 1~15 | 20~40 | 60~110 | 220 |
| 沿垂直方向 | 1.5 | 3.0 | 4.0 | 5.0 | 6.0 |
| 沿水平方向 | 1.0 | 1.5 | 2.0 | 4.0 | 6.0 |

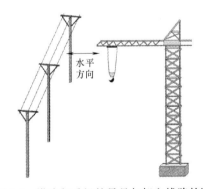

图 6-3　塔式起重机的吊具与架空线路的距离

图 6-4　施工现场开挖沟槽

同时考虑到大风环境下，起重机械（塔式起重机）起重臂吊装起重物出现变幅，为防
止起重机械（塔式起重机）钢丝绳吊具及其起重物接近外电架空线路和起重落物砸毁外电
架空线路而进行规定。

施工现场开挖沟槽应符合《建筑与市政工程施工现场临时用电安全技术标准》JGJ/T 46—2024：

**第8.1.5条** 施工现场开挖沟槽边缘与外电埋地电缆沟槽边缘之间的距离不应小于0.5m。

本条基于防止因施工现场开挖沟槽边缘与外电埋地电缆沟槽边缘较近，造成沟槽或电缆沟边坡塌陷，故作出沟槽或电缆沟之间的距离不得小于0.5m的规定，如图6-4所示。防护措施符合现行国家标准《民用建筑电气设计标准》GB 51348—2019第8.7.2条规定。

施工现场外电架空线路附近开挖沟槽应符合《建筑与市政工程施工现场临时用电安全技术标准》JGJ/T 46—2024：

**第8.1.8条** 当在外电架空线路附近开挖沟槽时，施工现场应设有专人巡视，并采取加固措施，防止外电架空线路电杆倾斜、悬倒。

本条明确指出当在外电架空线路附近开挖沟槽前，施工单位应编制专项施工方案，并报送监理单位（或当地供电管理部门）批准，方案实施过程应采取有效的杆基加固措施，施工单位、监理单位会同当地供电管理部门共同巡视检查，防止外电架空线路电杆出现倾斜、悬倒等安全事故的发生。项目经理部电气专业技术负责人应向作业人员做安全技术交底，交底人与被交底人签字确认。外电架空线路附近开挖沟槽时，项目经理部的安全员、电气专业技术负责人在施工现场巡视检查，并应在作业区域设置警戒标识线，采取加固措施。

## 二、架设安全防护设施

架设安全防护设施是一种绝缘隔离防护措施，宜通过采用木、竹或其他绝缘材料增设屏障、遮栏、围栏、保护网等与外电线路实现强制性绝缘隔离，并须在隔离处悬挂醒目的警示标识牌。为防止因电场感应可能使防护设施带电，防护设施不宜采用金属材料架设。且应满足《建筑与市政工程施工现场临时用电安全技术标准》JGJ/T 46—2024：

**第8.1.6条** 当本标准第8.1.2条、第8.1.3条及第8.1.4条的规定不能实现时，应采取绝缘隔离防护措施，并应悬挂醒目的警告标识。架设防护设施时，应经有关部门批准，采用线路暂时停电或其他可靠的安全技术措施，并应有电气工程技术人员和专职安全人员监护。防护设施与外电线路之间的安全距离不应小于表8.1.6所列数值。防护设施应坚固、稳定，且对外电线路的隔离防护应达到IP30级。

表8.1.6 防护设施与外电线路之间的最小安全距离

| 外电线路电压等级(kV) | ≤10 | 35 | 110 | 220 | 330 | 500 |
|---|---|---|---|---|---|---|
| 最小安全距离(m) | 2.0 | 3.5 | 4.0 | 5.0 | 6.0 | 7.0 |

## 三、无任何防护措施时严禁强行施工

如果防护设施无法架设，则必须实施第三项防护措施，也是最后一项防护措施，即无任何措施时不得强行施工，且应符合《建筑与市政工程施工现场临时用电安全技术标准》JGJ/T 46—2024：

**第8.1.7条** 当本标准第8.1.6条规定的防护措施不能实现时，应与有关供电部门协商，采取停电、迁移外电线路等措施。

本条指明达不到第 8.1.6 条防护要求时应采取进一步措施，强调在无任何措施的情况下不允许强行施工，应与工程项目属地的供电部门协商，采取停电或迁移外电线路等措施。

### 四、外电架空线路防护架

施工现场除因现场施工需要而敷设的临时用电线路以外，还有原来就已经存在的高压或低压电力线路，这在城市道路旁的建筑工程几乎都要遇到不同的电力线路，这些不为施工现场提供电能的原有电力线路统称为外电线路。外电线路一般为架空线路，也有个别施工现场会遇到地下电缆线路，甚至有两者都存在的情况发生，如果在建工程距离外电线路较远，那么外电线路不会对现场施工构成很大威胁。

而有些外电线路紧靠在建工程，外电线路在塔式起重机的回转半径范围内。外电线路给施工安全带来了非常不安全的因素，极易酿成触电伤害事故。为了确保现场的施工安全，防止外电线路对施工机械、人员带来危害，在建工程的现场各种大型机械设备与外电线路之间必须保持可靠的安全距离，同时，避免因构件垂直吊装失落砸坏外电线路事故的发生，外电架空线路防护架顶部应平铺木板等，采取必要的安全防护措施。外电架空线路防护架搭设应符合以下规定：

（1）外电架空线路防护架搭设前，应编制专项施工方案，并经上一级部门的审批，方可组织实施。电气专业技术人员和安全员应共同负责防护架搭设过程的监护。外电架空线路防护架应由专业架子工搭设，并应持证上岗，搭设人员应佩戴个人安全防护用品。

（2）外电架空线路防护架宜采用木、竹或其他绝缘材料搭设，不宜采用钢管等金属材料搭设，严禁钢竹、钢木混搭。

（3）外电架空线路防护架搭设应符合下列规定：

外电架空线路防护架搭设如图 6-5～图 6-7 所示。

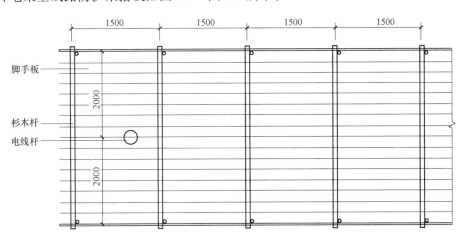

图 6-5　外电架空线路防护架平面图

1）应使用烘干、剥皮的杉木、落叶松等作为防护架杆件，未烘干、腐朽、折裂等的杉木、落叶松严禁使用。

2）立杆坑内垂直埋深不得小于500mm，立杆间距不宜大于1.5m，立杆底部设置扫地杆；两立杆间的搭接长度不得小于1.5m，绑扎不得少于三道，防护架设有排水沟。

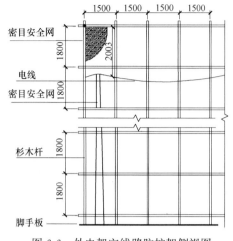

图6-6　外电架空线路防护架侧视图

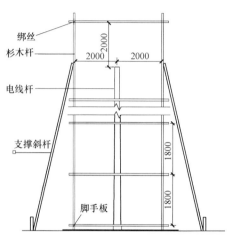

图6-7　外电架空线路防护架正视图

3）大横杆的大头端应朝外，伸出立杆长度为200～300mm，大横杆步距不宜大于1.8m，两大横杆间的搭接长度不得小于1.5m，绑扎不得少于三道，上下相邻大横杆的接头应错开一个立杆。

4）小横杆应绑扎在立杆上，大头朝里，均匀布置，小横杆伸出立杆长度不得小于300mm。

5）防护架顶部与外电线路之间的安全距离不应小于表6-2所列数值。

**防护设施与外电线路之间的最小安全距离**　　　　表6-2

| 外电线路电压等级(kV) | ≤10 | 35 | 110 | 220 | 330 | 500 |
|---|---|---|---|---|---|---|
| 最小安全距离(m) | 1.7 | 2.0 | 2.5 | 4.0 | 5.0 | 6.0 |

6）防护架顶部应满铺木脚手板，脚手板两端部悬空长度为100～150mm，并用10号镀锌铅丝绑扎牢固。

7）防护架必须用密目式安全网沿外立杆内侧进行封闭，相邻密目式安全立网之间应连接牢固，接缝严密，采用专用绑绳与架体固定。

8）如施工现场夜间作业，应在架体上方设置航空障碍指示灯，在架体面对施工现场一侧应悬挂醒目的安全警示标识，所有警示标识应安装牢固。

9）外电架空线路防护架搭至第三步以上，水平长度大于15m时，设置的斜撑、剪刀撑和抛撑应符合下列规定：

① 斜撑设置在脚手架的外侧，与地面成45°倾斜，底端埋深不得低于500mm；

② 剪刀撑设置在脚手架外侧，与地面成45°～60°的交叉杆件；

③ 抛撑与地面成45°～60°脚手架搭设到第3步架高时，全高步大于7m，现场没有墙体无法设置连墙点，应每隔7根立杆设置一根抛撑，其底脚埋深不得低于500mm；

④ 防护架搭设完毕，施工单位应组织电气专业技术负责人、安全员、搭设架子班长进行质量验收，整体质量检验合格后方可使用。

### 五、外电架空线路防护架的搭设应符合现行标准的规定

施工现场外电架空线路防护架的搭设不仅应符合现行行业标准《建筑与市政工程施工现场临时用电安全技术标准》JGJ/T 46—2024，而且应符合现行行业标准《建筑施工木脚手架安全技术规范》JGJ 164—2008 的有关规定。

# 第二节 电气设备防护

## 一、电气设备周围易燃易爆物及腐蚀介质防护

施工现场易燃易爆环境下的电气设备应满足《建筑与市政工程施工现场临时用电安全技术标准》JGJ/T 46—2024：

**第 8.2.1 条** 电气设备现场周围不得存放易燃易爆物、污源和腐蚀介质，并应采取防护措施，其防护等级应与环境条件相适应。

本条依据现行国家标准《爆炸危险环境电力装置设计规范》GB 50058—2014 第 5.1.1 条和《电气装置安装工程 爆炸和火灾危险环境电气装置施工及验收规范》GB 50257—2014 相关条文编制。

对易燃易爆物的防护，所规定的防护处置和防护等级是指电气设备的防护结构和措施与危险类别和区域范围相适应；对污源及腐蚀介质的防护，所规定的防护处置和防护等级是指在原已存在污源和腐蚀介质的环境中，电气设备应具备与环境条件相适应的防护结构或措施。

（1）易燃易爆物防护

对易燃易爆物的防护，概括起来可归纳为以下防护措施：

1）电气设备现场周围应无易燃易爆物。

电气设备现场周围应无易燃易爆物是指电气设备设置或工作现场周围没有因电火花或电弧可能点燃或引起爆炸的物品，也包括对该类物品的清除。

2）电气设备对其周围易燃易爆物应采取阻断、阻燃隔离。

电气设备对其周围易燃易爆物的阻断、阻燃隔离是指当电气设备周围的易燃易爆物无法清除和回避时，要根据防护类别采取绝热隔温及阻燃隔弧、隔爆等措施，包括设置阻燃隔离板和采用防爆电机、电器、灯具等。

（2）腐蚀介质防护

对腐蚀介质的防护，概括起来可归纳为以下防护措施：

1）电气设备现场周围应无污源和腐蚀介质。

电气设备现场周围应无污源和腐蚀介质是指电气设备设置或工作现场周围没有能对设备造成腐蚀作用的酸、碱、盐等污源和介质，也包括对该类介质的清除。

2）电气设备对其周围污源和腐蚀介质应采取阻断隔离。

电气设备对其周围污源和腐蚀介质应采取阻断隔离是指当设备周围的污源和腐蚀介质无法清除和回避时，应采取有针对性的隔离接触措施。例如配电装置箱体结构做到能防雨、防雪、防雾、防尘，金属箱体涂刷防腐油漆；导线连接点做防水绝缘包扎；地面上的

用电设备防止被雨水、污水冲洗；酸雨、酸雾和沿海盐雾多的地区采用相应的耐腐电缆代替绝缘导线等。在污源和腐蚀介质相对集中的场所，则应采用具有相应防护结构、适应相应防护等级的电气设备。

## 二、电气设备遭受机械损伤防护

机械损伤防护主要是指对施工现场临时用电工程配电装置、配电线路、用电设备可能遭受机械损伤的防护。主要防护措施如下：

（1）电气设备的设置位置应能避免各种施工落物的物体打击或设置防护棚。

（2）塔式起重机回转跨越现场露天配电线路上方应有防护隔离设施。

（3）用电设备负荷线不应拖地放置。

（4）电焊机二次线应避免在钢筋网面上拖拉和踩踏。

（5）穿越道路的线路或者架空，或者穿管埋地保护，严禁直铺地面。

（6）加工钢筋、模板和施工材料要远离电气设备和线路，不得有任何接触。

**1. 施工现场配电箱防护**

施工现场配电柜、配电箱设置场所易受高空物体打击或机械损伤时应采取防护措施，且应符合《建筑与市政工程施工现场临时用电安全技术标准》JGJ/T 46—2024：

第8.2.2条 电气设备设置场所应采取防护措施，避免物体打击和机械损伤。

本条是针对施工现场电气设备露天设置及各工种交叉作业实际，为防止电气设备因机械损伤而引发电气事故所作的规定。

**2. 施工现场变压器防护**

施工现场变压器防护设施的设置应符合下列规定：

（1）室外箱式变压器四周应设置不低于1.8m高的防护栏，如图6-8～图6-10所示；箱式变压器外廓与防护栏的净距不应小于0.8m，如图6-11所示，并应满足《建筑与市政工程施工现场临时用电安全技术标准》JGJ/T 46—2024：

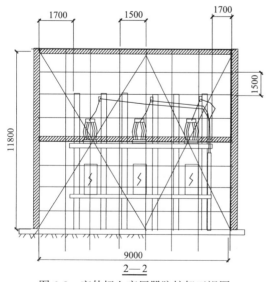

图 6-8 室外杆上变压器防护架正视图

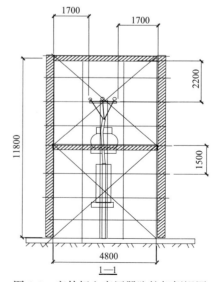

图 6-9 室外杆上变压器防护架侧视图

图 6-10 室外杆上变压器防护架

图 6-11 室外箱式变压器

第 8.2.1 条 电气设备现场周围不得存放易燃易爆物、污源和腐蚀介质，并应采取防护措施，其防护等级应与环境条件相适应。

（2）杆上变压器防护架搭设应符合现行行业标准《建筑与市政工程施工现场临时用电安全技术标准》JGJ/T 46—2024、《建筑施工木脚手架安全技术规范》JGJ 164—2008 的有关规定。

**3. 施工现场电焊机防护**

施工现场电焊机防护设施的设置应符合下列规定：

（1）施工现场电焊机均应采取防砸、防雨、防机械伤害措施，保证使用安全；

（2）电焊机防护应满足标准化、规范化、工具化要求，实现统一制作，规范管理；

（3）电焊机防护棚的制作要求焊点饱满打磨光滑，除锈后应做防腐处理，表面刷黄色油漆；

（4）根据电焊机的型号不同，对图 6-12 和图 6-13 中的规格尺寸进行调整，但保证整体风格不变，同时保证电焊机外边缘与防护车栏杆保持 100mm 的间距。

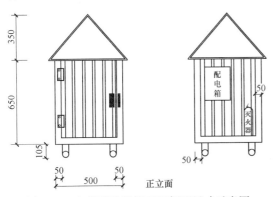

图 6-12 电焊机防护棚正面侧面尺寸示意图

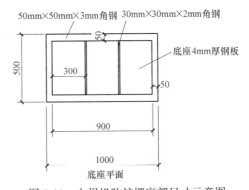

图 6-13 电焊机防护棚底部尺寸示意图

# 第七章 照　　明

施工现场的照明包括施工作业面上的照明，大型建筑机械塔式起重机的工作照明，钢筋加工场、木材加工场和材料堆放场地的照明，坑、洞、井、隧道、管廊等有限空间的照明，道路、警戒区域的照明，施工现场办公区照明以及生活区照明等。本章将依据《建筑与市政工程施工现场临时用电安全技术标准》JGJ/T 46—2024 的相关规定，重点讲解一般规定、照明供电及照明装置等三个方面的内容。

## 第一节　一般规定

### 一、照明器的分类

照明器（灯具）的规格型号很多，技术性能指标不尽相同。因此，照明器（灯具）的分类方法也是多种多样，照明器（灯具）可进行如下分类。

**1. 按照明器外壳防护（防尘、防固体异物和防水）等级分类**

根据国家现行标准《外壳防护等级（IP 代码）》GB/T 4208 的规定，防护等级"代号"用"IP"字母和两个特征数字组成，第一位特征数字指防护型式（a）项中的防护等级；第二位特征数字指防护型式（b）项中的防护等级，其特征数字含义如表 7-1 和表 7-2 所示；（c）项中所述防护型式称为防湿型，是指灯具能在相对湿度为 90% 以上的湿气中正常工作的灯具。

第一位特征数字所表示的防止固体异物进入的防护等级　　　　　表 7-1

| 第一位特征数字 | 防护等级 | |
| --- | --- | --- |
| | 简短说明 | 含义 |
| 0 | 无防护 | — |
| 1 | 防止直径不大于 50mm 的固体异物 | 直径 50mm 球形物体试具不得完全进入壳内 |
| 2 | 防止直径不小于 12.5mm 的固体异物 | 直径 12.5mm 的球形物体试具不得完全进入壳内 |
| 3 | 防止直径不小于 2.5mm 的固体异物 | 直径 2.5mm 的球形物体试具不得完全进入壳内 |
| 4 | 防止直径不小于 1.0mm 的固体异物 | 直径 1.0mm 的球形物体试具不得完全进入壳内<br>厚度大于 1mm 的线材或片条。固体异物直径超过 1mm |
| 5 | 防尘 | 不能完全防止尘埃进入，但进入量不得影响设备正常运行，不得影响安全 |
| 6 | 尘密 | 无尘埃进入 |

注：物体试具的直径部分不得进入外壳的开口。

第二位特征数字所表示的防止水进入的防护等级 表 7-2

| 第二位特 | 防护等级 | |
|---|---|---|
| 征数字 | 简短说明 | 含义 |
| 0 | 无防护 | — |
| 1 | 防止垂直方向滴水 | 垂直方向滴水应无有害影响 |
| 2 | 防止当外壳在 15°倾斜时垂直方向滴水 | 当外壳的各垂直面在 15°倾斜时,垂直滴水应无有害影响 |
| 3 | 防淋水 | 当外壳的各垂直面在 60°范围内淋水,应无有害影响 |
| 4 | 防溅水 | 向外壳各方向溅水无有害影响 |
| 5 | 防喷水 | 向外壳各方向喷水无有害影响 |
| 6 | 防强烈喷水 | 向外壳各方向强烈喷水无有害影响 |
| 7 | 防短时间浸水影响 | 浸入规定压力的水中,经规定时间后外壳进水量不致达到有害程度 |
| 8 | 防持续浸水影响 | 按生产厂和用户双方同意的条件(应比例特征数字为 7 时严酷)持续潜水后外壳进水量不致达到有害程度 |
| 9 | 防高温/高压喷水的影响 | 向外壳各方向喷射高温/高压无有害影响 |

如"IP45"式中"IP"为特征字母;"4"为第一位特征数字;"5"为第二位特征数字。整体表示为"能防止大于 1mm 的固体进入内部,并能防喷水的灯具"。

如果 IP 代码省略了第一位(或第二位)数字,则该省略数字应由字母"X"取代,例如 IPX5。

**2. 按防触电保护等级分类**

《灯具 第 1 部分:一般安全要求与试验》GB 7000.1—2015 标准中,灯具按防触电保护型式分为如下 0 类灯具、Ⅰ类灯具、Ⅱ类灯具和Ⅲ类灯具:

(1)0 类灯具

依靠基本绝缘作为防触电保护的灯具。这意味着,灯具的易触及导电部件(如有这种部件)没有连接到设施的固定线路中的保护导线,万一基本绝缘失效,就只好依靠环境了。

(2)Ⅰ类灯具

灯具的防触电保护不仅依靠基本绝缘,而且还包括附加的安全措施,即把易触及导电部件连接到设施的固定线路中的保护导线上,使易触及的导电部件在基本绝缘失效时不致带电。

(3)Ⅱ类灯具

防触电保护不仅依靠基本绝缘,而且具有附加安全措施,例如双重绝缘或加强绝缘,但没有接地或依赖安装条件的保护措施。

(4)Ⅲ类灯具

防触电保护依靠电源电压为安全特低电压(SELV),并且其中不会产生高于 SELV 的电压的一类灯具。

**3. 按防爆等级分类**

照明器按防爆等级分类主要有5种：隔爆型、增安型、正压型、无火花型和粉尘防爆型。其中用于气体爆炸危险场所的主要是增安型与隔爆型，用于粉尘爆炸危险场所是粉尘防爆型。

（1）隔爆型照明器（灯具）：具有隔爆外壳，能承受内部爆炸性气体混合物的爆炸并阻隔其向外壳周围爆炸性混合物传播的电气照明器具。

（2）增安型照明器（灯具）：在正常运行条件下不会产生电弧、火花或可能点燃爆炸性混合物的高温的电气照明器具。

（3）正压型照明器（灯具）：具有正压外壳以保持内部保护气体的压力高于周围爆炸性环境的压力，阻止外部混合物进入外壳的电气照明器具。

（4）无火花型照明器（灯具）：在正常运行条件下不会点燃周围混合物，且一般不会产生有点燃作用的故障的电气照明器具。

（5）粉尘防爆型照明器（灯具）：密封性能好，能防止粉尘进入照明器（灯具）内，且通过合理设计，使灯具表面温度控制在一定值内。

**4. 按防燃等级分类**

火灾危险区域划分为21区、22区、23区，火灾危险场所照明灯具防护结构型式见表7-3。

**电气设备防护结构的选型** 表 7-3

| 电气设备 | | 火灾危险区域防护结构 | | |
| --- | --- | --- | --- | --- |
| | | 21 区 | 22 区 | 23 区 |
| 电机 | 固定安装 | IP44 | IP54 | IP21 |
| | 移动式、携带式 | IP54 | | IP54 |
| 电器和仪表 | 固定安装 | 充油型、IP54、IP44 | IP54 | IP44 |
| | 移动式、携带式 | IP54 | | IP44 |
| 照明灯具 | 固定安装 | IP2X | IP5X | IP2X |
| | 移动式、携带式 | | | |
| 配电装置 | | IP5X | | |
| 接线盒 | | | | |

注：1. 在火灾危险环境21区内固定安装的正常运行时有滑环等火花部件的电机，不宜采用IP44结构。

2. 在火灾危险环境23区内固定安装的正常运行时有滑环等火化部件的电机，不应采用IP21型结构，而应采用IP44型。

3. 在火灾危险环境21区内固定安装的正常运行时有火花部件的电器和仪表，不宜采用IP44型。

4. 移动式和携带式照明灯具的玻璃罩，应有金属网保护。

5. 表中防护等级的标志应符合现行国家标准《外壳防护等级（IP代码）》GB 4208 的规定。

**5. 按防腐蚀等级分类**

（1）化学腐蚀环境的划分：根据化工设计标准，化学腐蚀环境可划分为3类：轻腐蚀环境（0类）、中等腐蚀环境（Ⅰ类）、强腐蚀环境（Ⅱ类）。

（2）防腐灯具的防护类型分类：户外防轻腐蚀型（代号为W）；户外防中等腐蚀型（代号为$WF_1$）；户外防强腐蚀型（代号为$WF_2$）；户内防中等腐蚀型（代号为$F_1$）；户内

防强腐蚀型（代号为 $F_2$）。

（3）防腐灯具标识及选型：防腐灯具安装场所属于哪一类腐蚀环境，再按表 7-4 选择相应的灯具。

户内外腐蚀环境用灯具 表 7-4

| 名称 | | 环境类别 | | |
|---|---|---|---|---|
| | | 0 类 | Ⅰ 类 | Ⅱ 类 |
| 灯具（含开关、接线盒等） | 户内 | 普通型或防水防尘型 | $F_1$ 级防腐型 | $F_2$ 级防腐型 |
| | 户外 | 防水防尘型 | $WF_1$ 级防腐型 | $WF_2$ 级防腐型 |

注：在选用防腐灯具时，必须由生产企业提供经国家确认的环境适应性检测部门所签发的试验合格文件。

## 二、常用照明光源

### 1. 白炽灯

白炽灯由于光效低、寿命短，一般情况下不应采用普通白炽灯，特殊情况下采用时其额定功率不超过 100W。目前，普通型白炽灯是我们国家强制淘汰性照明产品，通常以紧凑型、节能型荧光灯替代白炽灯，以节约能源。

（1）规格

白炽灯的规格很多，分类方法不一，总的可分为真空灯泡和充气灯泡。但一般的分类基本上是根据用途和特性而定的，从大的类别来说可分为普通照明灯泡、电影舞台用灯泡、照相用灯泡、铁路用灯泡、船用灯泡、汽车用灯泡、仪器灯泡、指示灯泡、红外线灯泡、标准灯泡等数种。

（2）型号

白炽灯型号含义如下：

例如，220V、100W 普通照明灯泡的型号为"PZ220—100"。其中，P—"普（Pu）"的第一个字母；Z—"照（Zhao）"的第一个字母；220—灯泡的额定电压（V）；100—灯泡额定功率（W）。白炽灯部分型号说明如表 7-5 所示。

白炽灯部分型号说明 表 7-5

| 型号 | 意义 | 说明 |
|---|---|---|
| PZS220-40 | 双螺旋普通照明白炽灯泡 | S—双（shuang） |
| JZ36-60 | 普通低压照明白炽灯泡 | J—降压（jiang） |
| JZS36-40 | 双螺旋低压照明白炽灯泡 | — |
| PZF220-300 | 反射型普通照明白炽灯泡 | F—反射（fan） |
| ZSQ220-15 | 球型装饰照明白炽灯泡 | ZS—装饰（zhuang shi），Q—球（qiu） |
| JG220-1000 | 聚光型照明白炽灯泡 | JG—聚光（ju guang） |
| JGF220-1000 | 反射型聚光照明白炽灯泡 | — |

续表

| 型号 | 意义 | 说明 |
|---|---|---|
| HW220-250 | 红外线白炽灯泡 | HW—红外（hong wai） |
| ZX220-200 | 照相白炽灯泡 | ZX—照相（zhao xiang） |
| ZF220-200 | 照相放大白炽灯泡 | F—放大（fang da） |

（3）光电参数

通常制造厂给出一些参数，以说明光源的特性，便于用户选用光源。光源特性的主要参数有以下几个方面。

1）额定电压

灯泡的设计电压称为"额定电压"。光源（灯泡）只能在额定电压下工作，才能获得各种规定的特性。使用时若低于额定电压，光源的寿命虽可延长，但发光强度不足，光效率降低；若在高于额定电压下工作，发光强度变强，但寿命缩短。因此，要求电源电压能达到规定值。

2）额定功率

灯泡（管）的设计功率称为"额定功率"，单位为 W（给定某种气体放电灯的额定功率与其镇流器损耗功率之和称为灯的"全功率"）。

3）额定光通量

在额定电压下工作，灯泡辐射出的是"额定光通量"，通常是指点燃 100h 以后，灯泡的初始光通量，以 lm（流明）为单位。对于某些灯泡，例如反射型灯泡还应规定在一定方向的发光强度。

由于灯丝形状的变化、真空度（或充气纯度）的下降、钨丝蒸发黏附在灯泡内壁等因素，白炽灯在使用过程中光通量会衰减。充气白炽灯内的气体可以抑制钨丝的蒸发，因而光通量衰减较少。通常还引入"光通量维持率"这一概念，它是指灯在给定点燃时间后的光通量与其初始光通量之比，用百分比表示。

4）发光效率

用灯泡发出的光通量和消耗的电功率的比值来表示灯的效率，称作发光效率（简称"光效"），单位为 lm/W。普通白炽灯泡的光效很低，约为 9～12lm/W。

5）寿命

灯泡的寿命是评价灯的性能的一个重要指标，它有"全寿命"和"有效寿命"之分。

① 灯泡从开始点燃到不能工作的累计时间称为灯泡的"全寿命"（或者根据某种规定标准点燃到不能再使用的状态的累计时间）。

② 有效寿命是根据灯的发光性能来定义的。灯泡从开始点燃到灯泡所发出的光通量衰减至初始光通量的某一百分数（70%～85%）时的累计时间，称为灯的"有效寿命"。所谓"平均寿命"是指每批抽样试验产品有效寿命的平均值，产品样本上列出的光源寿命一般指平均寿命。白炽灯的有效寿命为 1000h。

白炽灯的寿命受电源电压的影响，随着电源电压升高，灯泡寿命将大大降低。随着灯丝温度的变化，灯泡的寿命和发光效率都将产生变化，同一个灯泡发光效率越高，寿命就越短。

6）光谱能量分布

白炽灯是热辐射光源，具有连续的光谱能量（功率）分布。

7）色温 $T_c$、显色指数

白炽灯是低色温光源，一般为 2400～2900K；一般显色指数为 95～99。当电源电压变化时，白炽灯除了寿命有很大变化外，光通、光效、功率等也都有较大的变化。

（4）特点

白炽灯的特点是，具有高度的集光性，便于控光，适于频繁开关，点燃或熄灭对灯的性能、寿命影响较小，辐射光谱连续，显色性好，价格便宜，使用极其方便。缺点是光效较低。高色温（约 3200K）灯主要用于摄影、舞台和电视照明以及电影放映光源等。一般照明用白炽灯色温较低，为 2700～2900K。白炽灯适用于家庭、旅馆的照明以及艺术照明、信号照明、投光照明等。色温在 2500K 以下的红外线灯，主要用于红外加热干燥、温室保温和医疗保健等。白炽灯还有良好的调光性能，常被作为剧场舞台布景照明。白炽灯发出的光与天然光比较呈红色，如果用在商店照明，红光多反而成了优点，因为它可以使肉色更鲜艳，但不适宜于布店照明，因为它的光色会使人发生错觉，感到红布更红，蓝布变紫。

**2. 卤钨灯**

卤钨灯分为主高压卤钨灯（可直接接入 220～240V 电源）及低电压卤钨灯（需配相应的变压器）两种，低电压卤钨灯具有相对更长的寿命、安全性能好等优点。卤钨灯是一种在石英玻璃泡内充有卤元素（碘或溴）的白炽光源。当灯内钨丝通电加热使泡壳壁达到一定温度后，从钨丝上蒸发的钨元素就能和卤元素结合成卤化钨分子，然后再回到钨丝附近，被那里的高温分解为钨原子和卤原子，从而形成卤钨循环。这样可有效地抑制钨的蒸发，提高光源的寿命和发光效率。其一般作室内、外大面积泛光照明使用，由于光效较高，光色好，对照度要求较高，照射距离远的场所可选用该种光源。

（1）卤钨灯的结构、型号

1）卤钨灯的结构

其结构有双端直管形、单端圆柱形和反射形。由于使用石英玻璃作玻壳，卤素灯又常称石英灯。其中反射形卤素灯因带有反射杯，又常称杯灯。

2）卤钨灯的型号

卤钨灯功率有 5W、10W、15W、20W、25W、30W、35W、40W、45W、50W、60W、70W、100W、150W、200W 和 250W 等多种。工作电压有 6V、12V、24V、28V、110V 和 220V 等多种。灯头有螺口式（E10、E11、E14 等）、插入式（GU5.3、GX5.3、GY6.35、GZ4 和 G8 等）和直接引出式。其中，杯灯有带前罩与不带前罩之分，杯口直径有 25mm（MR8）、35mm（MR11）和 50mm（MR16）等几种，反射角有 8°、10°、12°、20°、24°、30°、36°、40°和 60°等多种。

（2）卤素的选择

1）碘钨灯

碘钨灯是所有卤钨灯中最先取得商业价值的，其主要原因是由于维持碘再生循环的温度很适合许多实用灯泡的设计，特别适用于寿命超过 1000h 和钨蒸发速率不大的灯。

2）溴钨灯

溴钨灯的寿命一般限制在1000h以内，钨丝的蒸发速率也比碘钨灯高，一般灯丝温度在2800℃以上。在室温下，溴呈液体状，熔点是−7.3℃，沸点是58.2℃，25℃时的蒸气压是30800Pa。溴钨循环和碘钨循环极为相似，在此循环中形成 $WBr_2$，所需温度约为1500℃。采用溴化物的优点是它们能在室温下以气体的形式填充入泡壳内，从而简化了生产过程。此外，灯内充入少量溴，实际上不会造成光吸收。因此光效的数值可比碘钨灯高4%～5%，它形成再生循环的泡壳温度范围也比较宽，一般约为200～1100℃。主要缺点是溴比碘的化学性能要活泼得多，若充入量稍微过量，即使灯的温度低于1500℃时也会对灯丝的冷端产生腐蚀。

由于碘在温度为1700℃以上的灯丝和250℃左右的泡壳壁间循环，对钨丝没有腐蚀作用，因此，需要灯管寿命长些就采用碘钨灯；需要光效高的灯管可用溴钨灯，但寿命就短些。

（3）结构

卤钨灯分为两端引出和单端引出两种，两端引出的灯管用于普通照明，单端引出的用于投光照明、电视、电影、摄影等场所。

（4）卤钨灯的使用要求

卤钨灯与一般白炽灯相比光效高、体积小、便于光控制、显色性好，特别适用于电视转播照明、绘图、摄影及建筑物泛光照明等。卤钨灯由于其工作特性在使用时要注意下列几点：

1）为维持正常的卤钨循环，管形卤钨灯工作时需水平安装，倾角不得大于±4°，以免缩短灯的寿命；

2）管形卤钨灯正常时管壁温度在600℃左右，不能与易燃物接近，且灯脚引入线应用耐高温导线，灯脚与灯座之间的连接应良好；

3）卤钨灯灯丝细长又脆，要避免振动和撞击。

**3. 荧光灯**

荧光灯是一种利用管内低压汞蒸气，在电过程中汞原子被电离，辐射出紫外线去激发管内壁上的荧光粉而发出可见光的一种气体放电灯。

（1）结构与材料

荧光灯的结构如图7-1所示。它由内壁涂有荧光粉的钠钙玻璃管组成，其两端封接上涂覆三元氧化物电子粉的双螺旋形的钨电极，电极常常套上电极屏蔽罩。尤其在较高负荷的荧光灯中，电极屏蔽罩一方面可以减轻由于电子粉蒸发而引起的荧光灯两端发黑，使蒸发物沉积在屏蔽罩上；另一方面可以减少灯的闪烁现象。灯管内还充有少量的汞，所产生的汞蒸气放电可使荧光灯发光。

图 7-1　荧光灯的结构

1—氩和汞蒸气；2—荧光粉涂层；3—电极屏罩；4—芯柱；5—两极线引帽；6—汞；7—阴极；8—引线

在荧光灯工作时，汞的蒸气压仅为 1.3Pa，在这种工作气压下，汞电弧辐射出的绝大部分辐射能量是波长为 253.7nm 的紫外线特征谱线，再加上少量的其他紫外线，也仅有 10％在可见光区域。若灯管内没有荧光粉涂层，则荧光灯的光效仅为 6lm/W，这只是白炽灯泡的一半。为了提高光效，必须将 253.7nm 的紫外线辐射转换成可见光，这就是玻璃管内要涂荧光粉的原因，荧光粉可使灯的发光效率提高到 80lm/W，差不多是白炽灯光效的 6 倍还多。

另外，荧光灯内还充有氩、氪、氖之类的惰性气体，以及这些气体的混合气体，其气压在 200～660Pa 之间。由于室温下汞蒸气压较低，惰性气体有助于荧光灯的启动。

由于气体放电的伏安特性，荧光灯必须与镇流器配合才能稳定地工作。此外，镇流器或诸如启动开关等附加电器配件也会起到加热电极、提供热电子发射，使灯管开始放电，故荧光灯的工作线路比热辐射光源较为复杂。

（2）按灯管形状和结构分类

1）直管型荧光灯

普通照明中使用广泛的灯管长度为：600mm、1200mm、1500mm、1800mm 及 2400mm，灯管直径有 38mm（T12）、25mm（T8）、15mm（T5）。

T12 灯管。灯管多数是涂卤磷酸盐荧光粉，填充氩气。其规格有：20W（长 600mm）、30W（长 900mm）、40W（长 1200mm）、65W（长 1500mm）、75W/85W（长 1800mm）、125W（长 2400mm）、100W（长 2400mm）填充氖—氩混合气，它可以安装在 125W 荧光灯具里，以替代 125W 的灯管。

T8 灯管。灯管内充氪—氩混合气体。它可直接取代以开关启动电路工作的充氩气的 T12 灯管（具有同样的灯管电压与电流），但取用的功率比 T12 灯管少（氪气使电极损耗减小）。

T5 灯管。T5 灯管比 T8 灯管节电 20％，使用三基色稀土荧光粉，$R_a > 85$，寿命可达 7500h。

2）高光通量单端荧光灯

这种灯管在一端有四个插脚。主要灯管有 18W（255mm）、24W（320mm）、36W（415mm）、40W（535mm）、55W（535mm）。它与直管型荧光灯相比具有结构紧凑、光通量输出高、光通量维持好、在灯具中的布线简单了许多、灯具尺寸与室内吊顶可以很好地配合等特点。

3）紧凑型荧光灯

这种灯使用 10～16mm 的细管弯曲或拼接成一定形状（有 U 形、H 形、螺旋形等），以缩短放电管线形长度。

目前，紧凑型荧光灯可以分为两大类：一类灯和镇流器是一体化的，另一类灯和镇流器是分离的。在达到同样光输出的前提下，这种灯耗电仅为白炽灯的 1/4，故又称它为"环保节能灯"。另外，这种灯的寿命也较长，可达 8000～10000h。一体化的紧凑型荧光灯装有螺旋灯头或插式灯头，可以直接替代白炽灯泡。

（3）荧光灯的工作特性

1）电源电压变化的影响

电源电压变化对荧光灯光电参数是有影响的，供电电压增高时灯管电流变大，电极过热促使灯管两端早期发黑，寿命缩短。电源电压低时，启动后由于电压偏低工作电流小，不足以维持电极的正常工作温度，因此加剧了阴极发射物质的溅射，使灯管寿命缩短。因此要求供电电压偏移范围为±10%。荧光灯光电参数随电压变化的情况，如图 7-2 所示。

2）光色

荧光灯可利用改变荧光粉的成分来得到不同的光色、色温和显色指数。

① 常用的是价格较低的卤磷酸盐荧光粉，它的转换效率较低，一般显色指数 $R_a$ 为 51~76，有较多的连续光谱。

② 另一种窄带光谱的三基色稀土荧光粉，它转换效率高、耐紫外线辐射能力强，用于细管径的灯管可得到较高的发光效率（紧凑型荧光灯内壁涂的是三基色稀土荧光粉），三基色荧光灯比普通荧光灯光效高 20%左右。不同配方的三基色稀土荧光粉可以得到不同的光色，灯管一般显色指数 $R_a$ 为 80~85，线光谱较多。

③ 多光谱带荧光粉，$R_a>90$，但与卤磷酸盐粉、三基色粉相比，效率低。

无论灯管的内壁涂敷何种荧光粉，都可以调配出三种标准的白色，它们是暖白色（2900K）、冷白色（4300K）、日光色（6500K）。

3）环境温、湿度的影响

① 环境温度对荧光灯的发光效率是有很大影响的。荧光灯发出的光通量与汞蒸气放电激发出的 254nm 紫外线辐射强度有关，紫外线辐射强度又与汞蒸气压有关，汞蒸气压与灯管直径、冷端（管壁最冷部分）温度等因素有关（冷端温度与环境温度有关）。对常用的水平点燃的直管型荧光灯来说，环境温度 20~30℃，冷端温度 38~40℃时的发光效率最高（相对光通输出最高）。对细管荧光灯，最佳工作温度偏高一点。对紧凑型细管荧光灯，工作的环境温度就更高些。

一般来说环境温度低于 10℃还会使灯管启动困难，灯管工作的最佳环境温度为 20~35℃。管壁温度及环境温度对荧光灯光输出的影响如图 7-3 所示。

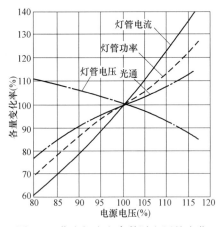

图 7-2　荧光灯光电参数随电压的变化

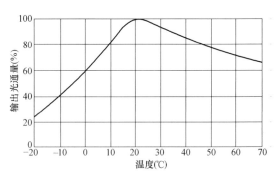

图 7-3　荧光灯光输出随环境温度的变化

② 相对湿度过高（75%~80%），对荧光灯的启动和正常工作也是不利的。湿度高时空气中的水分在灯管表面形成一层潮湿的薄膜，相当于一个电阻跨接在灯管两极之间，提高了荧光灯的启动电压，使灯启动困难。由于启动电压升高，使灯丝预热启动电流增大，阴极物理损耗加大，从而使灯管寿命缩短。一般相对湿度在 60%以下对荧光灯工作是有

利的，75%～80%时是最不利的。

4）控制电路的影响

荧光灯所采用的控制电路类型对荧光灯的效率、寿命等都有一定的影响。

① 在启辉器预热电路中，灯的寿命主要取决于开关次数。优质设计的电子启动器，可以控制灯丝启动前的预热，并当阴极达到合适的发射温度时，发出触发脉冲电压，使灯更为可靠地启动，从而减少了对电极的损伤，有效地延长了荧光灯的寿命。

② 应用高频电子镇流器的点灯电路也同样对灯丝电极的损伤极小，不会因为频繁开关而影响灯管寿命。大多数的电路在灯点燃期间提供了一定的电压持续辅助加热，它帮助阴极灯丝维持所需的电子发射温度。电极损耗的减少必然能提高荧光灯的总效率。

5）寿命

当灯管的一个或两个电极上的发射物质耗尽时，电极再也不能产生足够的电子使灯管放电，灯的寿命即终止。当灯工作时，阴极上的发射物质不断消耗；当灯启动时，尤其在开关启动电路工作时，阴极上还会溅射出较多的发射物质，这种溅射会使灯管的寿命缩短。我们知道，发射物质蒸发的速度在一定程度上也是依赖于充气压力的，充气压力减少会使蒸发速度增大，从而降低灯的寿命。

影响荧光灯寿命的另一个因素是开关灯管的次数。灯管开关次数越多，寿命则越短。

### 4. 气体放电光源

2013 年 10 月 10 日，我国作为首批签约国签署了《关于汞的水俣公约》。该公约明确了相应添汞产品应于 2020 年完成其生产和进出口的淘汰。荧光灯产品和高压汞灯被该公约列入被限制和淘汰的产品，涉及的照明产品包括用于普通照明用途的紧凑型荧光灯，用于普通照明用途的直管荧光灯和用于普通照明用途的高压汞灯，禁止其产品的生产、进口或出口。目前，我国国家标准中对该公约中相关产品的限制要求严于公约的限制要求，随着 LED 照明技术的推广与应用，添汞荧光灯产品的生产和销售都将逐步退出我国的照明市场。

高强度气体放电灯（High Intensity Discharge）是高压汞灯、高压钠灯和金属卤化物灯的统称，它适用于照度要求高、照射距离远的泛光照明场所。高压汞灯其主要辐射来源于汞原子激发后产生的紫外线和可见光，高压钠灯的辐射来自金属钠蒸气的激发，金属卤化物灯的主要辐射来自各种金属（如铟、镝、铊、钠等）的卤化物在高温下分解后产生的金属蒸气（包括汞）混合物的激发。高强度气体放电灯是在白炽灯和荧光灯的基础上发展起来的，其共同的特点是光效高、寿命长，各类气体放电灯具有各自特有的特点。

（1）高压汞灯光源

1）高压汞灯的结构

高压汞灯又称高压水银灯，是一种应用较广的电光源。高压汞灯具有发光效率高、寿命长、省电、耐振、耐热等优点。高压汞灯由灯头、石英放电管和玻璃外壳等组成。石英放电管内有 2 个主电极和 1 个辅助电极，抽成真空后除了充入一定量的汞外，同时还充入少量氩气以降低启动电压和保护电极。工作时放电管内压力可升高到 2～6MPa。放电管一般封装在椭圆形的外泡中，外泡壳除了起保温作用外，还可防止环境对灯的影响。其内壁涂有荧光粉，以提高高压汞灯的发光效率和改善光色。

2）高压汞灯的特点

① 普通照明用高压汞灯的色温约5500K，紫外线辐射较强，平均显色指数为35～45，光效为30～50lm/W，平均寿命5000h。高压汞灯由于显色性差，只适用于街道、广场、车站及施工现场等对颜色分辨要求不高的场所。

② 电压偏移对高压汞灯正常工作影响较大，若电压下降超过5%时，灯泡可能自熄。高压汞灯可在任意位置点燃，在水平位点燃时，光通减少7%，电压降低更易自熄。

③ 高压汞灯启燃时间，即从接通电源后，辉光放电到弧光放电过程所需的时间为4～8min，再启燃时间为5～10min。灯泡自熄后，经过冷却后才能再次启动，因而再启燃时间比启燃时间更长，频繁开关对高压汞灯寿命极为不利。

图7-4　高压钠灯

（2）高压钠灯光源

1）高压钠灯的结构

高压钠灯是利用高压钠蒸汽放电的气体放电灯，具有光效高、紫外线辐射小、透雾性好、寿命长、耐振、亮度高等特点。高压钠灯的构造与高压汞灯类似。因为钠对金属有较强的腐蚀作用，所以它的放电管采用半透明多晶氧化铝陶瓷制成，两端装钨丝电极，放电管内抽成真空后充入氙气和钠汞合金，如图7-4所示。

由于其放电管细而长，没有可以帮助启动的辅助电极，所以灯的启燃必须由一个约6kV，10～100μs的高压脉冲触发。产生的高压脉冲使放电管击穿放电，刚开始时通过汞和氙气进行放电，随着放电管内温度上升，汞和氙气放电向高压钠蒸气放电转移，经过5min左右趋于稳定。

2）高压钠灯的特点

① 高压钠灯的光色为黄色，色温在2000～2100K，显色性很差，$R_a$为20～25。它的光效很高，为90～150lm/W。高压钠灯的寿命很长，国外的可达20000h，国产的寿命也在10000h左右。

② 高压钠灯由点亮到稳定工作需4～8min，灯熄灭后不能立即点燃，再启动时间为10～15min，电压下降5%时，可能自熄。高压钠灯能在－40℃～＋100℃环境温度下工作。与其配套的灯具应特殊设计，不能将大部分光反射回灯管，否则灯管因吸收热量而温度升高，破坏灯口的封接。

③ 高压钠灯适用于需要高照度和高光效，且对显色性要求不高的场所，如机场、码头和车站等。其安装时，一般为灯头在上。灯头在下时，灯管轴线与水平线夹角不宜超过20°。

（3）金属卤化物灯光源

1）金属卤化物灯的结构

金属卤化物灯主要由一个透明的玻璃外壳和耐高温的石英玻璃管组成，如图7-5所示。壳与管之间充入氮气或其他惰性气体，石英管内充有惰性气体、汞蒸气和金属卤化物。如果选择几种金属卤化物并控制它们的比例，可得到不同的光色。

2) 金属卤化物灯的特点

① 其发光原理与高压汞灯相似，灯启燃后，先由惰性气体放电，待放电管内温度升高后，转为汞与金属卤化物蒸气参与放电。

图 7-5 金属卤化物灯

② 金属卤化物灯光色较好，色温为 5500K，显色性良好，$R_a$ 为 60～90。与高压汞灯相比，其发光效率更高，平均值为 70～100lm/W，最高可达 150lm/W。寿命比高压汞灯低，且光通保持性及光色一致性较差。

③ 由于金属卤化物的蒸发较汞困难，金属卤化物灯启燃并达到完全稳定需 15min。电源电压变化对灯的光效与光色都有影响。电压变化时，比高压汞灯更容易引起自熄。因此，使用时要求电压偏移不能超过 5%。

**5. LED 光源**

发光二极管是一种将电能直接转换为光能的固体元件，也就是说它可作为有效的辐射光源。与所有半导体二极管一样，LED 具有体积小、寿命长、可靠性高等优点，能在低电压下工作，不仅如此，它还能与集成电路等外部电路配合使用，便于实现控制。目前，随着新型半导体材料的不断涌现，以及加工工艺和封装技术水平的进一步提高，人们不仅可以得到高亮度的红、黄、绿发光二极管，而且还能制造出极为重要的高亮度蓝色发光二极管，以及白光二极管。

（1）LED 其结构

白色 LED 自 1996 年诞生以来，其光效不断地提高，1999 年达到 151m/W，截至 2001 年，发光效率已达到 50～400lm/W。白色 LED 与白炽灯的性能比较，如表 7-6 所示。显然，LED 的性能绝对优于白炽灯。

白色 LED 与白炽灯的性能比较 　　　　　　　　　　　　　表 7-6

| 性能 | 发光二极管 | 白炽灯 |
|---|---|---|
| 色温(K) | 3000～10000 | 2500～3000 |
| 光效(lm/W) | ＞15 | 15 |
| 冲击电流 | 无 | 额定电流的 10 倍 |
| 寿命(h) | ＞20000 | ＜1000 |
| 耐冲击性 | 很强 | 封接玻璃、灯丝易断裂 |
| 可靠性 | 非常高 | 较低 |

（2）LED 特性

1) 安全可靠无灯丝、不用充气、无玻璃外壳，耐受冲击和振动；

2) 寿命长，正常工作条件下，可达 50000～100000h；

3) 电光转换率很高，接近 100%，发热量低；

4) 体积小，发光效率高，便于设计和安装；

5）内置微处理芯片，可通过程序控制光色的变化；

6）节能，一种直流驱使超低功耗器件；

7）环保、无汞化，发光后不会形成磁场；

8）维护方便、运营成本低。

## 三、照明的主要方式

### 1. 一般照明

不考虑局部的特殊需要，为照亮整个室内而采用的照明方式。一般照明由对称排列在顶棚上的若干照明灯具组成，室内可获得较好的亮度分布和照度均匀度，所采用的光源功率较大，而且有较高的照明效率。这种照明方式耗电大，需要均匀布置灯具。一般照明方式适用于无固定工作区或工作区分布密度较大的房间，以及照度要求不高但又不会导致出现不能适应的眩光和不利光向的场所，如施工现场办公区域、生活区域的照明等。均匀布灯的一般照明，其灯具距离与高度的比值不宜超过所选用灯具的最大允许值，并且边缘灯具与墙的距离不宜大于灯间距的 1/2。

为提高特定工作区域照度，常采用分区域一般照明。根据室内工作区域布置的情况，将照明灯具集中或分区集中设置在工作区域的上方，以保证工作区域的照度，并将非工作区域的照度适当降低为工作区域的 1/3～1/5。分区域一般照明不仅可以改善照明质量，获得较好的光环境，而且节约能源的目的。

### 2. 局部照明

为满足室外某一工作区域的特殊需要，在一定范围内设置照明装置的照明方式。通常将照明装置装设在靠近工作面的上方。局部照明方式在局部范围内以较小的光源功率获得较高的照度，同时也易于调整和改变光的方向。局部照明方式常用于在坑、井、洞、孔等有限空间内作业、局部需要有较高照度的，由于遮挡而使一般照明照射不到某些范围的，需要减小工作区域内反射眩光的，为加强某方向光照以增强作业者对实体的辨识。作业人员在坑、井、洞、孔等有限空间内长时间持续作业，作业面仅以局部照明容易引起作业人员视觉的疲劳，需要采用一般照明方式加局部照明方式，即混合照明方式。

### 3. 混合照明

混合照明是由一般照明方式和局部照明方式组成的照明方式。混合照明是在一定的工作区内由一般照明和局部照明的配合起作用，保证施工现场照明能够为施工人员提供应有的视觉工作环境。良好的混合照明方式可以做到：增加工作区的照度，减少工作面上的阴影和光斑，在垂直面和倾斜面上获得较高的照度，减少照明光源的功率，节约能源。混合照明方式的缺点是视野内亮度分布不匀。

为了减少光环境中的不舒适程度，混合照明照度中的一般照明的照度应占该等级混合照明总照度的 5%～10%，且不宜低于 20lx。混合照明方式适用于有固定的工作区，照度要求较高并需要有一定可变光的方向照明的施工现场作业面。如结构工程墙体土建专业与水电专业配合施工、土建专业钢筋绑扎、电气专业钢管敷设、给水排水专业孔洞预留、作业面需要局部照明，为各专业人员提供良好的视觉工作环境，提高工作效率，便于各专业施工人员正常作业，在其他区域采用一般照明，不影响塔式起重机正常吊运建筑材料、机械设备、电焊机、模板等。

因此，我们在布置施工现场作业面照明，大型建筑机械塔式起重机照明，施工现场钢筋加工场、木工加工场照明，以及办公区域、生活区域照明时，应根据实际情况出发，既要做到便于工作生活，又要符合《建筑与市政工程施工现场临时用电安全技术标准》JGJ/T 46—2024。

第9.1.1条　坑、洞、井、隧道、管廊、厂房、仓库、地下室等自然采光差的场所或需要夜间施工的场所，应设一般照明或混合照明。在一个工作场所内，不得只设局部照明。停电后，操作人员需及时撤离施工现场，必须装设自备电源的应急照明。

第9.1.3条　照明器的选择应符合下列规定：

1　潮湿场所应选择密闭型防水照明器；

2　含有大量尘埃但无爆炸和火灾危险的场所，应选择防尘型照明器；

3　有爆炸和火灾危险的场所，应按危险场所等级选择防爆型照明器；

4　存在较强振动的场所，应选择防振型照明器；

5　有酸碱等强腐蚀介质的场所，应选择耐酸碱型照明器。

同时施工现场临时用电工程应做到绿色节能降耗，落实"推进工程建设绿色高质量发展，保障工程质量安全，促进产业转型升级，加强生态环境保护"的精神，符合《建筑与市政工程施工现场临时用电安全技术标准》JGJ/T 46—2024：

第9.1.2条　现场照明应采用高光效、长寿命的照明光源，对需大面积照明的场所，宜采用安全节能光源。

第9.1.4条　照明器具和器材的质量应符合国家现行有关标准的规定，不应使用绝缘老化或破损的器具和器材。

施工现场临时用电工程不得使用淘汰的照明光源以及辅材，照明装置、电线电缆以及低压配电系统应满足《建筑节能工程施工质量验收标准》GB 50411—2019 相关规定：

第12.2.2条　配电与照明节能工程使用的照明光源、照明灯具及其附属装置等进场时，应对其下列性能进行复验，复验应为见证取样检验：

1　照明光源初始光效；

2　照明灯具镇流器能效值；

3　照明灯具效率；

4　照明设备功率、功率因数和谐波含量值。

第12.2.5条　照明系统安装完成后应通电试运行，其测试参数和计算值应符合下列规定：

1　照度值允许偏差为设计值的±10%；

2　功率密度值不应大于设计值，当典型功能区域照度值高于或低于其设计值时，功率密度值可按比例同时提高或降低。

第12.2.3条　低压配电系统使用的电线、电缆进场时，应对其导体电阻值进行复验，复验应为见证取样检验。

第12.2.4条　工程安装完成后应对配电系统进行调试，调试合格后应对低压配电系统以下技术参数进行检测，其检测结果应符合下列规定：

1　用电单位受电端电压允许偏差：三相 380V 供电为标称电压的±7%；单相 220V 供电为标称电压的−10%～+7%；

2 正常运行情况下用电设备端子处额定电压的允许偏差：室内照明为±5%，一般用途电动机为±5%、电梯电动机为±7%，其他无特殊规定设备为±5%；

3 10kV及以下配电变压器低压侧，功率因数不低于0.9；

4 380V的电网标称电压谐波限值：电压谐波总畸变率（THDu）为5%，奇次（1次～25次）谐波含有率为4%，偶次（2次～24次）谐波含有率为2%；

5 谐波电流不应超过表12.2.4中规定的允许值。

**表 12.2.4 谐波电流允许值**

| 标准电压（kV） | 基准短路容量（MVA） | 谐波次数及谐波电流允许值 | | | | | | | | | | | |
|---|---|---|---|---|---|---|---|---|---|---|---|---|---|
| 0.38 | 10 | 谐波次数 | 2 | 3 | 4 | 5 | 6 | 7 | 8 | 9 | 10 | 11 | 12 | 13 |
| | | 谐波电流允许值（A） | 78 | 62 | 39 | 62 | 26 | 44 | 19 | 21 | 16 | 28 | 13 | 24 |
| | | 谐波次数 | 14 | 15 | 16 | 17 | 18 | 19 | 20 | 21 | 22 | 23 | 24 | 25 |
| | | 谐波电流允许值（A） | 11 | 12 | 9.7 | 18 | 8.6 | 16 | 7.8 | 8.9 | 7.1 | 14 | 6.5 | 12 |

在无自然采光的大跨度地下设施如地下大空间、隧道、地下管廊等施工时，应编制单项照明用电施工方案。主要是基于地下地质环境十分复杂，高温、潮湿、渗漏、瓦斯、流沙、岩爆等无不威胁着作业人员的安全。为保障作业人员安全，应考虑到这些不利因素，并采取相关技术措施，包括：采用照明安全电压，穿戴安全防护用品，对电动机械设备、手持电动工具进行剩余电流保护；配电箱、开关箱重复接地等，并应符合《建筑与市政工程施工现场临时用电安全技术标准》JGJ/T 46—2024：

第9.1.5条 无自然采光的地下大空间施工场所，应编制专项施工照明方案。

# 第二节 照 明 供 电

## 一、照明供电电压的规定

**1. 一般场所选用额定电压为 220V 的照明器**

照明系统一般采用单相交流220V的两线制、220V/380V三相四线制或带接地保护线PE的三相四线制中性点直接接地系统，一般场所照明灯具线路选择电压为220V。即应符合《建筑与市政工程施工现场临时用电安全技术标准》JGJ/T 46—2024：

第9.2.1条 一般场所宜选用额定电压为220V的照明器。

**2. 特殊场所使用安全电压照明器**

隧道、人防工程、高温、有导电灰尘、潮湿施工现场的照明电压应为安全电压，不大于AC 36V。照明变压器选用双绕组型隔离变压器，双绕组型隔离变压器有两个绕组分别为输入（初级）绕组和输出（次级）绕组，并且这两个绕组之间是彼此绝缘，通过电磁转换的方式供电，次级绕组和大地不构成回路，安全性能良好，一次侧电源线长度不宜超过3m。

使用照明变压器 380V 降 220V、36V、24V、12V 低压安全隔离行灯变压器，应使用双绕组型变压器，严禁使用自耦变压器，且应满足《建筑与市政工程施工现场临时用电安全技术标准》JGJ/T 46—2024：

第 9.2.2 条　下列特殊场所应使用安全特低电压照明器：

1　隧道、人防工程、高温、有导电灰尘、潮湿场所的照明，电源电压不应大于 AC 36V；

2　灯具离地面高度小于 2.5m 场所的照明，电源电压不应大于 AC 36V；

3　易触及带电体场所的照明，电源电压不应大于 AC 24V；

4　导电良好的地面、锅炉或金属容器等受限空间作业的照明，电源电压不应大于 AC 12V。

第 9.2.5 条　照明变压器应使用双绕组型安全隔离变压器。

第 9.2.7 条　携带式变压器的一次侧电源线应采用橡皮护套或塑料护套铜芯软电缆，中间不得有接头，长度不宜超过 3m，其中绿/黄组合双色线只可作保护接地导体（PE）使用，电源插头应有保护触头。

## 二、照明线路配置、敷设的规定

### 1. 照明线路的保护

（1）照明线路的保护一般分为短路保护和过荷保护。照明回路中需要电气保护的是小型断路器、光源、开关及其连接导线。小型断路器是连接在照明回路上的短路保护。且应符合《建筑与市政工程施工现场临时用电安全技术标准》JGJ/T 46—2024：

第 9.2.9 条　室内外照明线路的敷设应符合本标准第 6 章的相关规定。

第 6.2.11 条　电缆线路应有短路保护和过负荷保护，短路保护和过负荷保护电器与电缆的选择应符合本标准第 6.1.17 条的规定。

第 6.1.17 条　架空线路应有短路保护和过负荷保护，短路保护和过负荷保护电器应符合现行国家标准《低压电气装置　第 4-43 部分：安全防护　过电流保护》GB/T 16895.5 的相关规定。电缆的选择应符合现行国家标准《低压电气装置　第 5-52 部分：电气设备的选择和安装　布线系统》GB/T 16895.6 的相关规定。

（2）在三相四线制线路中，当光源为白炽灯时，中性线截面应不小于相线截面的 50%；当光源为气体放电灯时，中性线截面按最大负载相的电流选择；在逐相切断的三相照明电路，中性线截面与最大负载相相线截面相同。

（3）为了保证导线能承受一定的机械应力和可靠地安全运行，根据灯具的安装场所及用途，引向每个灯具的导线线芯最小截面应符合表 7-7 的规定。

导线线芯最小截面积　　　　　　　　　　　　　　　表 7-7

| 灯具安装场所及用途 | | 导线线芯最小截面积（mm²） | | |
| --- | --- | --- | --- | --- |
| | | 铜芯软线 | 铜芯硬线 | 铝线 |
| 照明灯头线 | 民用建筑室内 | 0.5 | 0.5 | 2.5 |
| | 工业建筑室内 | 0.5 | 1.0 | 2.5 |
| | 室外 | 1.0 | 1.0 | 2.5 |

（4）导线与设备接线端子接触不良，导线与接线端子之间易产生火花，发生事故。为确保安全，电气照明装置的接线应牢固，电气接触应良好；需保护接地或保护接零的灯具、开关、插座等非带电金属部分，应有明显标识的专用接地螺钉作接地引下线。

（5）施工现场办公区域、生活区域的照明线路，橡套软电缆和塑料护套线均应固定在绝缘子上，并应分开敷设，电线应穿保护管敷设。

（6）为防止绝缘降低或绝缘破坏，照明电源线路不得接触潮湿地面，并不得接近热源和直接绑扎在金属构架上。

（7）不应将线缆敷设在高温灯具的上部。接入高温灯具的线路应采用耐热线缆配线或采取其他隔热措施。要求功率为100W以上的卤钨灯、节能灯的引入线应采用石等阻燃材料作隔热保护。

（8）局部照明灯的线路敷设：

1）线路的截面不得低于规定的最小截面规定，绝缘性能不得低于500V的绝缘电线；电压超过36V时，线路应穿入保护管或采用其他保护措施，以防机械损伤；

2）移动构架上的局部照明灯具需随着使用方向的变化而转动，在使用时，为了能确保导线不受机械应力和磨损，固定在移动结构上的灯具，其电线宜敷设在移动构架的内侧。

**2. 照明系统的三相平衡**

（1）照明系统宜采用三相负荷平衡，最大相负荷不宜超过三相负荷平均值的115%，最小相负荷不宜小于三相负荷平均值的85%。每条支路上的负荷不应过大，一般支路上的电流不宜超过16A，灯具和插座的数量不宜超过25个。工作场地、道路照明、门卫照明额定电压为36V，如图7-6～图7-9所示。且应符合《建筑与市政工程施工现场临时用电安全技术标准》JGJ/T 46—2024：

图7-6　墙面基层处理工作场地照明

图7-7　墙砖粘贴工作场地照明

第9.2.4条　远离电源的小面积工作场地、道路照明、警卫照明或额定电压为12V～36V照明的场所，其电压允许偏移值应为额定电压值的-10%～+5%；其余场所电压允许偏移值应为额定电压值的±5%。

第9.2.6条　照明系统宜使三相负荷平衡，其中每一单相回路上，灯具和插座数量不宜超过25个，工作电流不宜超过16A。

（2）若采用动力系统与照明系统混合的方式供电时，动力系统与照明系统应分路配电。

图 7-8　施工现场道路照明　　　　　图 7-9　大门闸机照明

（3）在照明回路中应避免采用三相低压断路器为三个单相分支回路进行控制和保护。因照明负荷主要是单相设备，因采用三相断路器时如其中任一相出现故障时，就会产生三相跳闸，扩大停电范围，应避免这种现象的发生。

（4）重要场所和负载为气体放电灯的照明线路，考虑照明负荷使用的不平衡性以及气体放电灯线路由于电流波形畸变产生高次谐波，即使三相平衡中性线中也会流过 3 的倍数的奇次谐波电流。有可能达到相电流的数值，故要求中性线截面应与相线规格相同，单相二线及二相三线线路中，中性线截面与相线截面相同。且应符合《建筑与市政工程施工现场临时用电安全技术标准》JGJ/T 46—2024：

第 9.2.8 条　中性导体截面应符合下列规定：

1　单相供电时，中性导体截面应与相导体截面相同；

2　三相四线制线路中，当照明器为节能型灯具时，中性导体截面不应小于相导体截面的 50%；当照明器为气体放电灯时，中性导体截面应与最大负载相相导体截面相同；

3　在逐相切断的三相照明电路中，中性导体截面应与最大负载相相导体截面相同。

### 三、照明器（灯具）选用规定

（1）《建筑照明设计标准》GB/T 50034—2024：第 4.3.1 条　长期工作或停留的房间或场所，灯具遮光角或表面亮度应符合下列规定：

1　选用开敞式或格栅式灯具的遮光角不应小于表 4.3.1-1 的规定。

表 4.3.1-1　开敞式或格栅式灯具的遮光角

| 发光体平均亮度（cd/m²） | 遮光角（°） |
| --- | --- |
| 1~20 | 10 |
| 20~50 | 15 |
| 50~500 | 20 |
| ≥500 | 30 |

2　选用带保护罩灯具的表面亮度不应大于表 4.3.1-2 的规定。

（2）《建筑照明设计标准》GB/T 50034—2024：第 4.3.2 条　防止或减少光幕反射和反射眩光应采用下列措施：

**表 4.3.1-2　带保护罩灯具的表面亮度**

| 与灯具中垂线的夹角(°) | 规定角度范围内灯具表面平均亮度的最大值<br>（cd/m²） |
|---|---|
| 75～90 | 20 |
| 70～75 | 50 |
| 60～70 | 500 |

1　应将灯具安装在不易形成眩光的区域内；

2　可采用低光泽度的表面装饰材料；

3　应限制灯具出光口表面发光亮度。

（3）《建筑照明设计标准》GB/T 50034—2024：第 4.3.3 条　有视觉显示终端的工作场所，在与灯具中垂线成 65°～90°内的灯具平均亮度限值应符合表 4.3.3 的规定。

**表 4.3.3　灯具平均亮度限值（cd/m²）**

| 屏幕分类 | 灯具平均亮度限值 | |
|---|---|---|
| | 屏幕亮度大于 200cd/m² | 屏幕亮度小于或等于<br>200cd/m² |
| 亮背景暗字体或图像 | 3000 | 1500 |
| 暗背景亮字体或图像 | 1500 | 1000 |

（4）《建筑照明设计标准》GB/T 50034-2024：第 4.5.1 条　室内照明光源色表特征及适用场所宜符合表 4.5.1 的规定。

**表 4.5.1　光源色表特征及适用场所**

| 相关色温（K） | 色表特征 | 适用场所 |
|---|---|---|
| ＜3300 | 暖 | 客房、卧室、病房、酒吧 |
| 3300～5300 | 中间 | 办公室、教室、阅览室、商场、诊室、检验室、实验室、控制室、机械加工车间、仪表装配 |
| ＞5300 | 冷 | 热加工车间、高照度场所 |

# 第三节　照　明　装　置

## 一、照明系统的设计

### 1. 照明负荷计算

照明线路的计算负荷，是以该线路连接的照明器具（包括插座）的容量，计入需要系数而得，其公式为：

$$R_c = K_x P_d$$

式中　$P_d$——线路上装灯容量，kW；

$K_x$——需要系数，如表 7-8 所示；

$R_c$——照明线路的计算负荷，kW。

照明负荷需要系数　　　　　　　　　　表 7-8

| 建筑物分类 | 需要系数 $K_x$ |
|---|---|
| 小车间 | 1.00 |
| 有几个大跨度组成的车间 | 0.95 |
| 有很多个厂房组成的车间 | 0.85 |
| 公共设施 | 0.90 |
| 实验室、办公楼及其生活设施 | 0.80 |
| 变电室、仓库 | 0.60 |
| 外部照明 | 1.00 |

当三相负荷不平衡时，按最大一相负荷计算三相负荷，其公式为 $P_c = 3K_x P_{d\phi}$

式中　　$P_{d\phi}$——最大一相的装灯容量，kW；

　　　　$P_c$——照明线路的计算装灯容量，kW。

当采用荧光灯等气体放电灯时，尚应计及镇流器的功率损耗，一般较灯管容量增大 20%，计算可参照表 7-9 所示。

**2. 保护照明线路用熔断器熔丝或空气断路器脱扣器电流的整定**

应根据计算功率 $P_c$ 求出计算电流，其公式为：

$$I_c = \frac{P_c}{U\cos\varphi}$$

常用气体放电灯、镇流器功率损耗及功率因数　　　　　　　表 7-9

| 光源类型 | 额定功率<br>(W) | 功率因数<br>($\cos\varphi$) | 镇流器功率损耗<br>(W) | 总计算功率<br>(W) |
|---|---|---|---|---|
| 荧光灯 | 30 | 0.4 | 10 | 40 |
| | 40 | 0.5 | 10 | 50 |
| | 85 | 0.5 | 15 | 100 |
| | 125 | 0.5 | 25 | 150 |
| 高压汞灯 | 125 | 0.5 | 15 | 140 |
| | 250 | 0.5 | 30 | 280 |
| | 400 | 0.6 | 40 | 440 |
| 高压钠灯 | 100 | 0.4 | 20 | 120 |
| | 250 | 0.4 | 30 | 200 |
| | 400 | 0.5 | 40 | 440 |
| 金属卤化物灯 | 250 | 0.6 | 30 | 280 |
| | 400 | 0.6 | 50 | 450 |
| | 1000 | 0.6 | 100 | 1100 |

（1）熔断器熔体额定电流（$I_{rN}$）

对于白炽灯和荧光灯，$I_{rN} \geqslant I_c$

对于高压水银灯、高压钠灯，$I_{rN} \geq 1.2 I_c$

式中    $I_c$ ——照明线路计算负荷电流，A；

       $I_{rN}$ ——熔断器熔丝额定电流，A。

（2）空气断路器

$$I_{g.zd} \geq 1.1 I_c$$

式中    $I_{g.zd}$ ——空气断路器热脱扣器整定电流，A。

熔断器或空气断路器，应能在线路过负荷时可靠动作，使导线或电缆不致过热损坏，造成火灾危险，为此还须满足：$I_{rN} \leq (0.8 \sim 1) I_{al}$

式中    $I_{al}$ ——导线允许电流。

**3. 导线截面积选择**

照明线路导线截面积选择按以下原则。

（1）选择截面积

选择截面积应符合下列规定：

1）允许最大电压损失：照明线路最大允许电压损失百分数，自变压器低压侧至最远一灯的电压，不应低于额定电压的97.5%，即允许电压损失为2.5%；

2）按机械强度允许的最小截面积，如表7-10所示。

根据机械强度允许导线最小截面积      表7-10

| 用途 | 最小截面积($mm^2$) | | |
|---|---|---|---|
| | 铜芯软线 | 铜芯硬线 | 铝导线 |
| 照明用灯头线 | | | |
| 1. 室内 | | | |
|   民用建筑 | 0.4 | | |
|   工业建筑 | 0.5 | 0.5 | |
| 2. 室外 | 1.0 | 0.8 | 2.5 |
|   移动式用电设备 | | 1.0 | 2.5 |
|   生活用 | 0.2 | | |
|   生产用 | 1.0 | | |
| 敷设在绝缘支持件上的绝缘导线,其支持间距为: | | | |
| 1. 室内 | | | |
|   1m 以下室内 | | 1.0 | |
|   2m 以下室内 | | 1.5 | 2.5 |
| 2. 室外 | | | |
|   6m 以下 | | 2.5 | 4.0 |
|   10m 以下 | | 2.5 | 6.0 |
| 穿管敷设的绝缘导线 | 1.0 | 1.0 | 2.5 |
| 固定敷设的护套线及电缆 | | 1.00 | 2.5 |

（2）校验

校验应符合下列规定：

1）计算负荷电流，不应大于导线长期允许电流；

2）导线截面积应不小于保护设备（熔断器或空气断路器）所允许的最小截面积。

**【例】** 某施工现场钢筋加工场照明电源为单相交流 220V，允许电压偏移值为 2.5%，用 BLV 导线沿屋架瓷瓶明敷设，其白炽灯分布如图 7-10 中的圆圈所示。若每灯功率为 200W，试求 AB 长为 50m 或 10m 时，干线 AB 和各支线的截面积（环境温度为 25℃）。

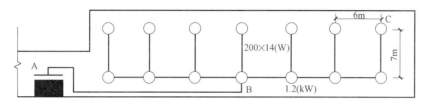

图 7-10　施工现场钢筋加工场白炽灯照明装置分布

**解：**

电流由电源（如变压器）、线路流向负荷，由于电源和线路存在阻抗而产生了电压损失，使照明端处发生了电压偏移，即照明端处的实际电压与额定电压有了偏差。因照明器（光源）不变，若减少电压损失，则必须减小线路阻抗。为此，只能增加导线的截面积。

关于选择导线、电缆截面的分析，当不计线路感抗时，对于 220/380V 低压线路的电压损失计算公式为：$\Delta U_x\% = \dfrac{1}{10S\gamma U_{ex}^2}\sum_1^n PL = \dfrac{\sum M}{CS}$

式中　$\sum M = \sum_1^n PL$ 为总负荷矩，kW·m；

$S$——导线截面积，$mm^2$；

$U_{ex}$——线电压，kV；

$\gamma$——导电系数，在25℃时，铜线 $\gamma_{Cu}=53\ [m/\Omega\cdot mm^2]$，铝线 $\gamma_{Al}=32\ [m/\Omega\cdot mm^2]$；

$C$——系数，根据电压和导线材料而定，可查表 7-11。

计算线路电压损失公式中系数 C 值　　　　　　　　　表 7-11

| 线路额定电压<br>（V） | 线路系统及<br>电流种类 | 系数 C 的公式 | 系数 C 值 | |
|---|---|---|---|---|
| | | | 铜芯绝缘电线 | 铝芯绝缘电线 |
| 220/380 | 三相四线制,交流 | $10\gamma U_{ex}^2$ | 77 | 46.3 |
| 220/380 | 二相三线制,交流 | $\dfrac{10\gamma U_{ex}^2}{2.25}$ | 34 | 20.5 |
| 220 | | | 12.800 | 7.750 |
| 110 | | | 3.200 | 1.900 |
| 36 | 单相或直流 | $5r\gamma U_{exa}^2$ | 0.340 | 0.210 |
| 24 | | | 0.153 | 0.092 |
| 12 | | | 0.038 | 0.023 |

**1. 当 AB＝50m 时的干线截面积**

（1）按照题意，对于白炽灯，$\cos\varphi=1$，查表 7-11 可得 $C=7.75$。

（2）求总负荷矩 $\sum M$。

1）a 方法。

$\sum PL = (75+69+63+68+62+56)\times 0.2\times 2 + 57\times 0.2 + 50\times 0.2$

$\qquad = 393\times 0.4 + 11.4 + 10$

$$=178.6 \text{kW} \cdot \text{m}$$

这种方法对于计算某一段导线的电压损失来说是比较麻烦的。如欲求 AB 段导线（当 $S$ 一定时）的电压损失，需用总负荷矩减去各照明到点 B 的负荷矩，即还需计算一次。

2) b 方法。

$$\sum PL = [0.2 \times 7 \times 3 + (0.4 + 0.8 + 1.2) \times 6] \times 2 + 0.2 \times 7 + 2.8 \times 50$$
$$= 18.6 \times 2 + 1.4 + 140$$
$$= 178.6 \text{kW} \cdot \text{m}$$

可见 a 方法、b 方法的 $\sum PL = \sum PL = \sum M$

(3) 确定导线截面积。按公式有

$$S = \frac{\sum M}{C \Delta U\%} = \frac{178.6}{7.75 \times 2.5} = 9.22 \text{mm}^2$$

可采用标称截面 $S = 10 \text{mm}^2$ 的 BLV 导线。

**2. 当 AB＝10m 时的干线截面积**

(1) 求总负荷矩 $\sum M$。除 AB 段外，其他负荷矩无变化。所以

$$\sum M = 178.6 - 2.8 \times 50 + 2.8 \times 10 = 66.6 \text{kW} \cdot \text{m}$$

(2) 确定导线截面积。

$$S = \frac{\sum M}{C \Delta U\%} = \frac{66.6}{7.75 \times 2.5} = 3.44 \text{mm}^2$$

考虑到机械强度的要求，查有关设计资料，对绝缘子间隔 6m 的屋内配线，必须采用标准截面积为 $S = 4 \text{mm}^2$ 及以上的 BLV 导线。现采用标称截面积 $S = 4 \text{mm}^2$。

**3. 确定各支线截面积**

按照机械强度的要求，可确定各支线截面积为 $4 \text{mm}^2$。

**4. 校验导线的允许载流量**

查有关设计资料，对环境温度为 25℃ 的 BLV 导线，当其截面积 $S = 4 \text{mm}^2$ 时，允许载流量 $I_y = 32\text{A}$；而实际上，$I = \frac{2800}{220} = 12.7\text{A} < I_y$，故满足发热要求。

由上可知，确定照明导线截面积（因分回路线路较长）必须按允许电压损失值来计算，才能保证照明的供电质量。

**5. 校验电压损失**

(1) AB＝50m 时，有：

AB 段 $\Delta U_{AB}\% = \frac{2.8 \times 50}{7.75 \times 10} \doteq 1.8$

BC 段 $\Delta U_{BC}\% = \frac{(1.2 + 0.8 + 0.4) \times 6 + 0.2 \times 7}{7.75 \times 4} \doteq 0.51$

所以整个照明回路（AC 段）的电压损失为

$$\Delta U = 1.8 + 0.51 = 2.31 < 2.5$$

符合要求

(2) AB＝10m 时，有：

$$\Delta U_{AB}\% = \frac{2.8 \times 10}{7.75 \times 4} = 0.90$$

所以整个照明回路的电压损失为：

$$\Delta U\% = \Delta U_{AB}\% + \Delta U_{BC}\% = 0.90 + 0.51 = 1.41 < 2.5$$

符合要求。

对于安全电压照明线路的导线截面积，可按本例的计算方法，运用表 7-11 中所列的数值进行计算确定。

## 二、室内照明器具的安装

**1. 配电箱安装应符合下列规定：**

（1）配电箱不宜预埋在预制混凝土剪力墙内。

（2）箱体安装位置、安装高度应符合设计要求。

（3）导管与箱体连接应采用专用开孔器开孔，箱体开孔与导管管径应相适配，一管一孔。多根导管与箱体连接应排列整齐、间距合理，箱体接地应可靠。

（4）箱体安装应牢固，垂直度允许偏差应为 1.5‰。

（5）垫圈下压接的不同导线截面应相同，同一端子上导线连接不得多于 2 根，且防松零件应齐全。

（6）箱内配线应整齐，无交叉现象。端子处导线连接应牢固，不得有伤线芯、断股等现象。

（7）配电箱内电器元件应空间布局合理，安装应牢固。

（8）配电箱内应分别设置中性导体（N 线）和保护接地导体（PE 线）汇流排，汇流排上同一端子不应连接不同回路的中性导体（N）或保护接地导体（PE），且应符合《建筑与市政工程施工现场临时用电安全技术标准》JGJ/T 46—2024：

第 9.3.1 条 照明灯具的金属外壳应与保护导体（PE）电气连接，照明开关箱内应装设隔离开关、短路与过载保护电器和剩余电流动作保护器。

（9）低压配电箱线路的线间和线对地间绝缘电阻，馈电线路不应小于 0.5MΩ；二次回路不应小于 1MΩ；二次回路的交流试验电压应为 1000V；当回路绝缘电阻值在 10MΩ 以上时，可采用 2500V 兆欧表代替，试验持续时间应为 1min。

**2. 灯具安装应符合下列规定：**

（1）悬吊式灯具安装应符合下列规定：

1）带升降器的灯具在吊线展开后，灯具下沿距工作台面不得小于 0.3m；

2）对质量大于 0.5kg 的灯具，其电源线不得承受额外应力作用；

3）对质量大于 3kg 的灯具，其固定螺栓或预埋吊钩的直径不得小于 6mm；

4）当灯具与固定装置之间采用螺纹丝扣连接时，丝扣啮合不得少于 5 扣。

（2）吸顶式或壁装式安装的灯具，其固定的螺栓或螺钉不应少于 2 个，灯具应紧贴装饰面，固定应牢固。

（3）嵌入式灯具安装应符合下列规定：

1）灯具的外罩边框应紧贴装饰面；

2）当灯具固定在专设的框架或吊杆时，其固定螺钉不应少于 4 个；

3）当灯具引出线穿阻燃套管时，软线端部应做搪锡处理，电源线与灯具引出软线宜采用导线连接器连接；

4）当采用柔性导管做照明系统的保护管时，其长度不宜大于 1.2m。

（4）轨道灯具安装应符合下列规定：

1）应按照轨道孔距在金属龙骨开孔，应采用螺栓或螺钉直接将轨道固定在金属龙骨上；

2）当灯具引出线穿阻燃套管时，软线端部应做搪锡处理，电源线与灯具引出软线宜采用导线连接器连接；

3）当灯具的轨道接头卡入轨道槽时，转动卡头手柄 90°，灯具应卡在轨道上；

4）调整轨道灯具水平及垂直方向的角度，确保光源投射在有效区域内；

5）导轨灯的灯具功率和载荷应与导轨额定载流量和最大允许载荷相适配。

（5）LED 灯具安装应符合下列规定：

1）灯具散热片周围空间应通风顺畅；

2）灯具的弹簧卡应固定到位，灯具罩壳应紧贴吊顶饰面；

3）当灯具引出线穿阻燃套管时，软线端部应做搪锡处理，电源线与灯具引出软线宜采用导线连接器连接；

4）安装在卫生间等潮湿场所时，应选用防水防潮灯具，灯具内的 LED 模块、LED 驱动控制器等接头应密封完好；灯具的固定螺栓、螺钉应采用热镀锌制品。

（6）应急照明灯具安装应符合下列规定：

1）当应急照明灯具无设计要求时，宜安装在墙面或顶棚，灯具上边距顶棚距离不宜小于 200mm，且应均匀布置，安装应牢固可靠；

2）当应急照明灯具沿墙面安装时，灯具底边距地面距离不得小于 2m；当在距地面 1m 以下墙面安装时，灯具表面嵌出墙面不应大于 20mm，且应保证光线照射在安装灯具的水平线以下；

3）当安全出口标志灯具无设计要求时，宜安装在安全出口的顶棚，灯具上边距顶棚距离不宜小于 200mm，灯具底边距地面安装高度不宜小于 2m；

4）当顶棚高度低于 2m 时，安全出口标志灯具宜安装在门的两侧，且不应被门所遮挡；

5）当疏散标志灯具低位安装在疏散走道及其转角处时，应安装在距地面 1m 以下的墙内，灯具表面嵌出墙面不应大于 20mm，其间距不应大于 10m；

6）当灯具引出线穿阻燃套管时，软线端部应做搪锡处理，电源线与灯具引出软线宜采用导线连接器连接。

（7）当照明灯具表面温度大于 60℃时，最低悬挂高度应符合表 7-12 的规定，其靠近周围有易燃物时应取隔热防火等措施。

照明器具最低悬挂高度 表 7-12

| 光源种类 | 反射器类型 | 保护角（度） | 光源容量（W） | 最低悬挂高度（m） |
|---|---|---|---|---|
| 白炽灯 | 搪瓷反射器 | 10～30 | ≤100 | 2.5 |
| | | | 150～200 | 3 |
| | | | 300～500 | 3.5 |
| | | | >500 | 4 |

| 光源种类 | 反射器类型 | 保护角<br>（度） | 光源容量<br>（W） | 最低悬挂高度<br>（m） |
|---|---|---|---|---|
| 白炽灯 | 乳白玻璃漫射罩 | — | ≤100 | 2 |
| | | | 100～200 | 2 |
| | | | 300～500 | 3 |
| 高压水银灯 | 搪瓷反射器<br>铝抛光反射器 | 10～30 | ≤250 | 5 |
| | | | ≤400 | 6 |
| 卤钨灯 | 搪瓷反射器<br>铝抛光反射器 | ≥30 | 500 | 6 |
| | | | 1000～2000 | 7 |
| 荧光灯 | 无反射器 | — | ≤40 | 2 |
| 金属卤化物灯 | 搪瓷反射器<br>铝抛光反射器 | 10～30<br>＞30 | 400 | 6 |
| | | | 1000 | ＞14 |
| 高压钠灯 | 搪瓷反射器<br>铝抛光反射器 | 10～30 | 250 | 6 |
| | | | 400 | 7 |

（8）施工现场办公区域荧光灯具可采用吸顶式安装或吊链式安装。螺口灯头接线时，相线应接在螺口灯具的中心触头一端，中性导体应接在与螺纹口相连的另一端。室外220V灯具距地面应大于3m，室内220V灯具距地面应大于2.5m，并应符合《建筑与市政工程施工现场临时用电安全技术标准》JGJ/T 46—2024：

第9.3.4条　荧光灯具应采用管座固定或用吊链悬挂。荧光灯具的镇流器不得安装在易燃的结构物上。

第9.3.7条　螺口灯头及其接线应符合下列规定：

1　灯头的绝缘外壳应完好、无破损；

2　相线应接在与中心触头相连的一端，中性导体应接在与螺纹口相连的一端。

第9.3.2条　室外220V灯具距地面不应小于3m，室内220V灯具距地面不应小于2.5m。普通灯具与易燃物之间的距离不宜小于300mm；自身发热较高灯具与易燃物之间的距离不宜小于500mm，且不得直接照射易燃物。

达不到上述安全距离时，应采取隔热措施。

**3. 开关与插座面板安装应符合下列规定**

（1）插座面板安装应符合下列规定：

1）单相两孔插座，面对插座面板的右孔或上孔应与相线连接，左孔或下孔应与中性线（N）连接；单相三孔插座，面对插座面板的右孔应与相线接连，左孔应与中性线（N）连接；

2）单相三孔、三相五孔插座保护接地线（PE）应接在上孔，插座的保护接地端子不得与中性线（N）连接；

3）保护接地线（PE）在插座间不得串联连接，相线与中性线（N）不应利用插座本体的接线端子转接供电；

4）当设计无要求时，插座面板的安装高度距地面应为300mm，同一室内的插座面板高度宜一致；

5）卫生间应选用防水型插座，底边距地面安装高度不得低于1.5m；

6）地面插座应紧贴饰面，盖板应固定牢固，防水橡胶密封垫应齐全；

7）当插座面板安装周围有易燃物时，应采取隔热防火等措施。

（2）开关面板安装应符合下列规定：

1）预制混凝土墙体接线盒内的填充物应清理干净、无锈蚀现象；开关面板与饰面间安装应牢固，表面应无污染；

2）当设计无要求时，开关面板边缘距门框边缘的距离应为0.15～0.20m，底边距地面安装高度应为1.3m；

3）相线应经开关控制，开关面板的位置应与灯位相对应，同一室内的开关面板高度宜一致。且应符合《建筑与市政工程施工现场临时用电安全技术标准》JGJ/T 46—2024：

第9.3.9条　灯具的相线应经开关控制，不得将相线直接引入灯具接线端子。

## 三、室外照明器具的安装

室外照明装置的安全要求比室内严格。环境恶劣，风吹日晒，线路绝缘易老化，漏电也较严重，尤其是在施工现场，照明装置移动性较大，可能与人接触，尤其是对非电气专业人员，更增加电击的可能。为了从技术上尽可能减少电击事故，所以对室外照明及施工现场临时装置，除一般照明安全技术外，还需符合以下要求：

**1. 室外照明**

（1）灯具、开关选型与环境相适应，如室外常用的马路弯灯、防水拉线开关。

（2）固定安装的灯具应符合最低高度要求，例如路灯距地不低于3m，其他灯具按其型式容量参见表7-12。

（3）明敷导线接入室外灯具时，应做防水弯，为防止灯具有可能进水，应在灯箱底部设置泄水孔。室外照明，除各回路应有保护外，路灯的每一个灯具，还应单独装设熔断器保护，如图7-11、图7-12所示。且应满足《建筑与市政工程施工现场临时用电安全技术标准》JGJ/T 46—2024：第9.3.3条　路灯的每个灯具应单独装设熔断器保护，灯头线应做防水弯。

（4）室外施工现场安装的钠、铊、铟等金属卤化物灯具应有稳固的支持支架，灯具安装应牢固，如图7-13、图7-14所示。其金属支架应做可靠保护接地，连接牢固，如图7-15、图7-16所示。且应符合《建筑与市政工程施工现场临时用电安全技术标准》JGJ/T 46—2024：

第9.3.5条　钠、铊、铟等金属卤化物灯具的安装高度宜在3m以上，灯线应固定在接线柱上，不得靠近灯具表面。

第9.3.6条　投光灯的底座应安装牢固，并应按需要的投光方向将枢轴拧紧固定。

第9.3.8条　灯具内的接线应牢固，灯具外的接线应做可靠的防水绝缘包扎。

**2. 临时照明和移动照明装置**

（1）施工现场临时照明线路，必须由现场电工按照电气安装规程的要求敷设，不许私拉乱接，严禁沿脚手架、树木或其他设施敷设，并且应经常检查，完工后立即拆除。应符合《建筑与市政工程施工现场临时用电安全技术标准》JGJ/T 46—2024：

图 7-11　明敷接入线做防水弯

图 7-12　路灯单独装设熔断器

图 7-13　施工现场固定灯具

图 7-14　施工现场移动灯具

图 7-15　灯具金属外壳可靠保护接地

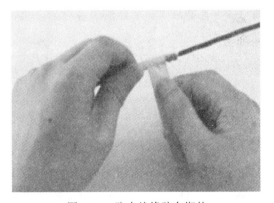

图 7-16　防水绝缘胶布绑扎

第6.2.9条　架空电缆应沿电杆、支架或墙壁敷设，并采用绝缘子固定，绑扎线应采用绝缘线，固定点间距应保证电缆能承受自重荷载，敷设高度应符合本标准第6.1节架空线路敷设高度的规定，但沿墙壁敷设时最大弧垂距地面不应小于2.0m。

（2）施工现场照明电压规定如下：

1）一般场所工作手持式行灯的照明采用36V（利用行灯变压器供电），如图7-17和图7-18所示。灯体应与手柄绝缘良好，灯头不得设置开关，灯泡外部应有金属保护网。

且应符合《建筑与市政工程施工现场临时用电安全技术标准》JGJ/T 46—2024：

第9.2.3条　使用行灯应符合下列规定：

1　电源电压不应大于AC 36V；

2　灯体应与手柄连接牢固、绝缘良好并耐热防水；

3　灯头应与灯体结合牢固，灯头不应设置开关；

4　灯泡外部应有金属保护网；

5　金属保护网、反光罩、悬吊挂钩应固定在灯具的绝缘部位。

　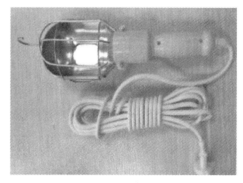

图 7-17　低压变压器　　　　　　　　　　图 7-18　移动式低压行灯

2）工作面狭窄，特别潮湿场所和金属容器等有限空间中，应采用12V或以下电压，如图7-19和图7-20所示。且应符合《建筑与市政工程施工现场临时用电安全技术标准》JGJ/T 46-2024：

第7.6.3条　在受限空间使用手持式电动工具，应符合下列规定：

1　应选用由安全隔离变压器供电的Ⅲ类手持电动工具，其开关箱和安全隔离变压器均应设置在受限空间之外便于操作的地方，且与保护接地导体（PE）的连接应符合本标准第3.2.5条的规定；

2　剩余电流动作保护器的选择应符合本标准第3.3.4条的规定；

3　操作过程中，应设置专人在受限空间外监护。

图 7-19　地下室低压照明　　　　　　　　图 7-20　36V低压行灯

（3）施工现场大型机械设备夜间运行影响周边临空飞机或车辆通过应设置航空障碍灯。施工现场大型机械设备位于航线及飞行区域周围影响临空飞机或车辆安全通过时，在大型机械设备的顶部应设置航空障碍灯。以保证夜间临空的飞机或车辆安全通过。应符合《建筑与市政工程施工现场临时用电安全技术标准》JGJ/T 46—2024：

第 9.3.10 条 对夜间影响飞机或车辆通行的在施工程及机械设备，应设置醒目的红色信号灯，其电源应由施工现场总电源开关的电源侧提供。

航空障碍标志灯的设置要求见《民用建筑电气设计标准》GB 51348—2019 第 10.2.7 条。

**3. 行灯变压器的安装要求**

（1）变压器应具有加强绝缘结构。

（2）变压器二次保持独立，既不接地也不接零，更不接其他用电设备。

（3）当变压器不具备加强绝缘结构时，其二次的一端应接地（接零）。

（4）一次和二次最好分开敷设，一次采用护套三芯软铜线，长度不宜超过 3m；二次应采用不小于 $0.75mm^2$ 的软铜线或护套软线。

（5）一次和二次均应装短路保护。

（6）不宜将变压器带入金属容器中使用。

（7）绝缘电阻应合格。

1）加强绝缘的变压器：

① 一次和二次之间不低于 $5M\Omega$。

② 一次和二次分别对外壳不低于 $7M\Omega$。

2）普通绝缘的变压器，上述各部位绝缘电阻均不应低于 $0.5M\Omega$。

（8）行灯应有完整的保护网，有耐热、耐湿的绝缘手柄。

## 四、照明装置的巡视检查

（1）灯具、开关、插座环境适应性的检查：是否适应环境的需要，如在特别潮湿有腐蚀性蒸汽和气体、易燃易爆的场所和户外，应分别采用合适的防潮、防爆、防雨的灯具、开关、插座。

（2）开关和插座离地高度的检查：开关距地高度 1.3～1.4m，插座距地高度 0.3m。

（3）插座和开关的检查：是否完整无损、安装牢固，操作是否灵活，相序接线正确。

（4）露天灯具和开关的检查：是否采用了防雨式，安装是否牢靠。

（5）普通灯具、高热灯具与易燃物的距离检查：普通灯具为 0.3m，高热灯具为 0.5m。

（6）36V 以下低电压线路的检查：装设是否整齐清楚，所用插座是否都采用专插座。

（7）220V 灯头离地面高度的检查：室内和潮湿、危险场所、户外安装高度是否符合规定（潮湿、危险场所、户外不低于 3m；室内不低于 2.5m）；需要低位使用时，是否不低于 1m，且从灯头到离地 2m 处的灯线是否加装了绝缘套管，并对灯具采取了防护措施，最好采用安全电压。

（8）局部照明、移动式和手提灯的检查：是否按其工作环境选择适当的安全电压（比较潮湿或灯具离地面高度低于 2.5m 等场所的照明灯电压不大于 36V；生活区厨房、卫生间等特别潮湿场所的行灯电压不大于 12V；潮湿和易触及带电体的照明电压不大于 24V）。

（9）临时线缆的检查：是否采用了绝缘良好的橡皮绝缘线；是否采用钢索架空或沿墙敷设；临时线缆与设备、水管、热水管、门窗之间的距离是否满足安全要求。

# 第八章　临时用电工程管理

为了确保施工现场临时用电工程的安全、可靠运行与维护，防止电击事故的发生，必□对施工现场临时用电工程进行计算、设计、审批和实施，并对安全技术内业资料标准化管理。本章将依据《建筑与市政工程施工现场临时用电安全技术标准》JGJ/T 46—2024 的相关规定，重点讲解临时用电工程组织设计、电工及用电人员、临时用电工程的检查与拆除及安全技术档案等四个方面的内容。

## 第一节　临时用电工程组织设计

### 一、临时用电工程的施工组织准备阶段

编制施工现场临时用电工程的施工组织设计是为了使施工现场临时用电工程管理走上安全科学管理之路，保障施工现场用电的安全性与可靠性。同时，施工现场临时用电工程施工组织设计作为施工现场临时用电工程的实施依据，其内容应包括：施工现场变配电室或自备电源的设计与计算；施工现场临时用电电气设备防雷与接地保护设计；施工现场临时用电设备配电装置的设计与优化；施工现场（办公区、生活区）临时用电架空线路、电缆线路的设计与敷设；施工现场大型机械设备、手持式电动工具安全用电与过程管理；施工现场外电线路及电气设备的防护设计与布置；施工现场生产区（办公区、生活区）照明光源、线路的设计与布置；施工现场临时用电工程施工过程安全与技术管理等。编制临时用电工程施工组织设计的目的：

一方面为施工现场临时用电工程提供一个科学的依据，从而保障其运行、维护的安全可靠性；另一方面有助于加强对临时用电工程的安全技术管理，从而保障其施工现场使用过程的安全可靠性。且应满足《建筑与市政工程施工现场临时用电安全技术标准》JGJ/T 46—2024：

第 10.1.1 节　施工现场临时用电设备在 5 台及以上或设备总容量在 50kW 及以上者，应编制临时用电工程组织设计（或施工现场临时用电工程方案）。

第 10.1.2 节　临时用电工程组织设计应在现场勘测和确定电源进线、变电所或配电室位置及线路走向后进行，并应包括下列主要内容：

1　工程概况。

2　编制依据。

3　施工现场用电容量统计。

4　负荷计算。

5　选择变压器。

6 设计配电系统和装置：

1）设计配电线路，选择电线或电缆；

2）设计配电装置，选择电器；

3）设计接地装置；

4）设计防雷装置；

5）绘制临时用电工程图纸，主要包括临时用电工程总平面图、配电装置布置图、配电系统接线图、接地装置设计图。

7 确定防护措施。

8 制定安全用电措施和电气防火措施。

9 制定临时用电设施拆除措施。

10 制定应急预案，并开展应急演练。

第10.1.6条 施工现场临时用电设备在 5 台以下或设备总容量在 50kW 以下的，应制定安全用电和电气防火措施，并应符合本标准第 10.1.4 条、第 10.1.5 条的规定。

因此，编制临时用电工程施工组织设计是工程项目施工部署前不可缺少的基础性技术工作，临时用电的施工组织设计编制程序：

**1. 施工现场踏勘**

进行施工现场踏勘，是为了编制临时用电施工组织设计而进行第一个步骤，即现场调查研究工作。施工现场踏勘可以和建筑施工组织设计的现场踏勘工作同时进行或直接借用其踏勘的资料。如在编制中发现遗漏的踏勘资料，应重新施工现场踏勘，补齐缺失资料。

现场踏勘的主要内容有：调查在建工程的施工现场地形、地貌及施工周围环境；查看、了解现场或附近的电源情况，拟定变配电设置的位置；结合正式工程的位置及施工现场平面布置图确定的范围，调查有无高、低压的架空线路或地下输电电缆、通信电缆或其他市政地下管线；地下有无已经废弃的旧建筑基础、井、沟道、洞等，了解施工现场人行、车行施工道路；结合建筑施工组织设计中所确定的用电设备、建筑机械的布置情况和照明供电等总容量，合理调整用电设备的施工现场平面及立面的配电线路；调查施工地区的气象情况，雷暴日情况，土壤的电阻率和土壤的土质是否具有腐蚀性等。

**2. 确定电源进线、变电站、配电室、总配电箱、分配电箱的设置及线路走向**

（1）根据电源的实际情况和当地供电部门的意见，确定电源进线的路径及线路敷设方式，是架空线路还是埋设电缆线路。进线尽量选择现场用电负荷的中心或临时线路的中央。

（2）确定变配电室的位置时应考虑变压器与其他电气设备安装、拆卸的运输通道问题，进线与出线方便无障碍。尽量远离施工现场振动场所，周围无爆炸、易燃物品、腐蚀性气体，地势选择不要设在低洼区和冬季雨季可能出现积水的区域。

（3）总配电箱要设置在靠近电源的地方，分配电箱应设置在用电设备或负荷相对集中的地方。分配电箱与开关箱之间的距离不应超过 30m，开关箱应装设在用电设备附近便于操作处，与所操作使用的用电设备水平距离不宜大于 3m。总配电箱的设置地方，应考虑有两人同时操作的作业空间和行走通道，周围不得堆放任何妨碍操作、维修，以及易燃、易爆的物品，不得有杂草和灌木丛。

（4）线路走向设计时，应根据施工视场设备的布置，施工现场车辆、人员的流动、物料的堆放以及地下情况来确定线路的走向与敷设方法。线路设计尽量考虑架设在道路的一侧，不妨碍现场道路通畅和大型建筑机械的运行、装拆与运输。同时又要考虑与建筑物和构筑物、起重机械、构架保持一定的安全距离和怎样防护的问题。采用地下埋设电缆的方式，应考虑地下情况，同时做好过路及进出地下口等处的安全防护。

**3. 负荷计算**

对施工现场用电设备总用电的计算负荷来确定其容量，对高压用户来说，可以根据用电负荷来选择变压器的容量和高低压并关的规格。对低压用户来说，可以依照总用电负荷来选择总开关、主干线的规格。通过对分路电流的计算，确定分路导线的型号、规格和分配电箱设置的个数。总之，负荷计算要和变配电室，总、分配电箱及配电线路、接地装置的设计结合起来进行计算。

**4. 选择变体器容量、导线截面和电器的类型、规格**

（1）变压器的选样是根据用电的计算负荷来确定其容量。当现场用电设备容量在250kW或选择变压器容量在160kVA以下时，一般供电部门不会以高压方式供电，这是《供电营业规则》（电力工业部令第8号）的规定。

（2）导线截面与电器选择。导线中通过的负荷电流不大于其允许载流量；线路末端电压偏移不大于额定电压的5%，对于单台长期运转的用电设备所使用的导线截面和电气装置的类型、规格，应按用电设备的额定容量选择；对于3台及3台以上的用电设备所使用的导线截面和电气装置的类型、规格，可按单台用电设备的容量选择方法来选择。

**5. 绘制电气平面图、立面图和接线系统图**

对于临时用施工组织设计，均应绘制电气平面图、立面图和变配电所的接线系统图。以前的施工组织设计中的用电情况、线路走向往往只是在施工现场总平面图上，沿道路一侧画出几个线条，用"S"与"D"来表示排水、供水和用电临时线路的走向，有些还画一些配电箱的位置情况，这对临时用电的施工和安全用电起不到具体的指导作用。

正规的平面图上应画出所有的用电设备、大型建筑机械的具体位置，反映出布线的具体方式，导线的规格、尺寸，使施工的电气操作人员一看就明白如何按图施工。平面图中除电气线路、电气设备以外一律用细实线绘制。立面图是在有配电室成列的配电柜及对高层建筑配电时才绘制的。接线系统图表示负荷分配和控制顺序的图示法，它标明电气控制设备的型号、规格和电气线路的型号、规格及所采用护套管的规格、型号，不注明线的敷设方法和走向，也不注明用电设备的位置。平面图和系统图中的一些符号应按国家标准绘图。

**6. 制订安全用电技术措施和电气防火措施**

制订安全用电技术措施和电气防火措施要结合施工现场的实际情况决定。重点是线路安装的质量，标准的控制，总、分配电箱的材质，配电盘的材质及安装的位置，电器元件的规格是否匹配，是否使用伪劣产品，对外电架空线路防护的具体要求、措施等。属于易发生触电危险场所的用电设备、手持式电动工具的安全使用，以及容易引起火灾的地方和如何同易燃易爆物品保持一定的安全距离都需要编制在措施内，特别是对供电、用电人员如何开展教育及安全用电提出具体的要求。

临时用电施工组织设计的任务是为工程项目设计一个实用的临时用电工程专项方案，制定有效的安全用电技术措施和电气防火措施，编制的临时用电工程专项方案应兼顾技术性和经济性，具有如下要求：

（1）要有超前性。安全技术措施要在工程开工前编制好，并经过审批。对于在施工过程中，由于工程更改等情况的变化，安全技术措施也必须作相应补充完善。

（2）要有针对性。编制安全技术措施的技术人员必须掌握工程情况、场地环境和条件等第一手资料，并熟悉安全法规、标准等才能编写出有针对性的安全技术措施。针对不同工程的特点可能造成施工的危害，从技术上采取措施，消除危险，保证施工安全。针对施工中有可能给施工人员造成的危害，从技术上采取防护措施，防止伤害事故。

（3）要有可靠性。安全技术措施均应贯穿于全部施工工序之中，力求细致、全面、具体。只有把多种因素和各种不利条件，考虑周全，有对策措施，才能真正做到预防事故。

（4）要有操作性。临时用电专项方案应结合工程项目施工现场的特点编制，做到切实可行，保证施工单位有能力落实临时用电专项方案，保证施工现场临时用电布置严格满足专项方案的要求，符合《建筑与市政工程施工现场临时用电安全技术标准》JGJ 46—2024的规定，临时用电工程的分部分项内容质量验收合格。

供电、用电人员准确按照用电施工组织设计的具体要求及措施执行，确保施工现场临时用电工程的安全、可靠地运行、维护管理。

## 二、临时用电工程的施工组织计算阶段

### 1. 临时用电负荷分类

施工现场临时用电负荷分为两大类：一类是动力负荷，动力负荷包括：混凝土地泵、电动打夯机、塔式起重机、卷扬机、钢筋加工机械、木工加工机械、电焊机、水泵、混凝土振动棒电锤、套丝机等；另一类是照明负荷，照明负荷包括：施工现场照明、道路照明、办公区照明、生活区照明、钢筋加工区照明、木工加工区照明等。由于施工现场照明负荷随意性较大，伴随土建结构施工期间变化大，不能准确计算，常用动力负荷的计算负荷总量的10%作为照明负荷的估算负荷，所以照明负荷计算时可简化计算过程。

### 2. 临时用电负荷计算方法

对施工现场临时用电设备的总用电的计算负荷来确定其容量，对高压侧来说，可以根据用电负荷来选择变压器的容量、低压配电柜、配电箱的主母线最大额定电流等。对低压侧来说，可以依照总用电负荷来选择总开关的额定电流、额定电压、脱扣电流等、主干线电缆的截面积。通过对分路电流的计算，确定分路电缆、电线的截面积和分配电箱设置的台数，如图8-1所示。总之，负荷计算要与变压器、总配电箱（或柜）、分配电箱、配电线路、接地装置的设计结合考虑，通过负荷计算，优化配电系统、配电装置、配电线路等，实现施工现场临时用电工程的最优设计，达到施工现场临时用电工程安全、可靠运行与维护管理的目标。

施工现场临时用电工程负荷计算的方法主要有需要系数法、二项式法和利用系数法，其中需要系数法具有计算比较简单、应用广泛广的特点，适用于长期运行且负载相对平稳的用电设备的负荷计算。它不适合用电设备台数少，各台间容量相差悬殊且工作制度不同时的用电设备负荷计算，多用于临时用电工程的施工现场初步设计。

### 3. 用电负荷的设备功率或设备容量计算

（1）对于一般长期和短时工作制的用电设备，如一般电动机、灯具等，其设备、光源功率在其铭牌上标明的额定功率 $P_e$。

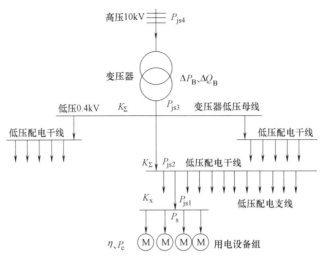

图 8-1 施工现场临时用电负荷计算流程

（2）对于反复短时工作制的用电设备，设备容量是指将设备在某一暂载率下的铭牌功率统一换算到一个新的暂载率下的功率。

$$\varepsilon = \frac{t}{T} \tag{8-1}$$

式中 $t$——工作时间；

$T$——工作时间与停歇时间之和。

1）对电焊机负荷，就要换算到 $\varepsilon_{100}=100\%$ 的功率，则电焊机的设备功率为 $p_s$（kW）为

$$p_s = \sqrt{\varepsilon_e} \times S_e \times \cos\varphi_e \tag{8-2}$$

式中 $p_s$——电焊机的设备功率，kW；

$\varepsilon_e$——与 $S_e$ 相对应的暂载率（计算中用小数）；

$S_e$——电焊机额定容量（铭牌容量），kVA；

$\varepsilon_{100}$——其值为 100% 的暂载率（计算值为1）；

$\cos\varphi_e$——电焊机满载（容量为 $S_e$ 时）的功率因数。

2）对于起重用电机，其设备功率 $p_s$（kW）就要换算到 $\varepsilon_{25}=25\%$ 时功率，即

$$p_s = 2\sqrt{\varepsilon_e} \times p_e \tag{8-3}$$

式中 $p_s$——起重机的设备功率，kW；

$\varepsilon_e$——起重电机的额定暂载率（计算中用小数）；

$p_e$——起重电动机额定功率（铭牌容量），kW；

$\varepsilon_{25}$——其值为 25% 的暂载率（计算中用小数）。

（3）整流器的设备功率为额定直流功率。

（4）白炽灯的设备功率为灯泡上标出的功率，对于荧光灯光源功率为灯管功率再加灯管功率的 20%，对高压汞灯光源功率为灯管功率再加 8% 的灯管功率。

（5）成组用电设备的设备功率（kW）是不包括备用设备在内的所有单个用电设备的设备功率之和。

**4. 采用需要系数法进行设备负荷计算**

（1）单台用电设备的负荷计算

1）对于一般设备的电动机

对于一般长期连续工作制和短时工作制的用电设备，设备容量就是其铭牌额定容量。

2）对于电焊机

对于一般工作制下的电焊机要统一换算到 $\varepsilon=100\%$，其设备容量

$$P_s=\sqrt{\varepsilon_e}S_e\times\cos\varphi \tag{8-4}$$

式中 $P_s$——电焊机的设备容量，kW；

$S_e$——电焊机的铭牌额定容量，kVA；

$\cos\varphi$——满负荷时的额定功率因数；

$\varepsilon_e$——电焊机的额定暂载率。

3）对于卷扬机

对于一般工作制下的卷扬机的电动机要统一换算到 $\varepsilon=25\%$，其设备容量

$$P_s=2\sqrt{\varepsilon_e}P_e \tag{8-5}$$

式中 $P_s$——用电设备的设备容量，kW；

$P_e$——卷扬机的电动机铭牌的额定容量，kW；

$\varepsilon_e$——用电设备的额定暂载率。

（2）用电设备组的负荷计算

用电设备组的负荷计算公式：

$$P_{js1}=K_x\times P_s \tag{8-6}$$

式中 $P_{js1}$——有功计算负荷，kW；

$P_s$——有功计算负荷，设备功率，kW；

$K_x$——需要系数，见表 8-1。

表 8-1 中设备组的 $K_x$ 需要系数是指设备数量较多时需要考虑的影响因素。当设备较少时，$K_x$ 需要系数可选取大点；当设备只有 1~2 台时，$K_x$ 需要系数可选取 1，相应的功率因数可选取大点。

用电设备组需要系数 $K_x$ 与功率因数 $\cos\varphi$　　　　　表 8-1

| 设备组名称 | 用电设备台数 | 需要系数 $K_x$ | 功率因数 $\cos\varphi$ |
|---|---|---|---|
| 混凝土搅拌机、砂浆搅拌机 | 10 台以下 | 0.70 | 0.70 |
| | 10~30 台 | 0.60 | 0.65 |
| | 30 台以上 | 0.50 | 0.60 |
| 破碎机、泥浆泵、空压机、输送机、水泵 | 10 台以下 | 0.75 | 0.75 |
| | 10~50 台 | 0.70 | 0.70 |
| | 50 台以上 | 0.65 | 0.65 |
| 提升机、塔式起重机、电梯 | — | 0.70 | 0.60~0.75 |
| 电焊机 | 2 台 | 0.65 | 0.60 |
| | 3 台及以上 | 0.35 | 0.50 |

| 设备组名称 | 用电设备台数 | 需要系数 $K_x$ | 功率因数 $\cos\varphi$ |
|---|---|---|---|
| 加工动力设备 | — | 0.50 | 0.60 |
| 移动式机械 | — | 0.10 | 0.45 |
| 消防泵 | — | 0.75～0.85 | 0.70 |
| 室内照明 | — | 0.80 | 1.00 |
| 室外照明 | — | 0.10 | 1.00 |

应注意，用电设备组的划分可按负荷性质分类、设备分类和设备分布区域就近配电的原则，同类设备可划分为一类设备组。因一台塔吊由多电动机构成，故每台塔吊均按一类设备组考虑。

（3）低压配电干线负荷计算

有功计算负荷的公式：

$$P_{js2} = K_\Sigma \cdot \sum P_{js1} \tag{8-7}$$

无功计算负荷的公式：

$$Q_{js2} = K_\Sigma \cdot \sum Q_{js1} \tag{8-8}$$

视在计算负荷的公式：

$$S_{js2} = \sqrt{P_{js2}^2 + Q_{js2}^2} \tag{8-9}$$

计算电流的公式：

$$I_{js2} = S_{js2}/\sqrt{3}U_e \tag{8-10}$$

式中　$P_{js2}$——有功计算负荷，kW；

　　　$Q_{js2}$——无功计算负荷，kvar；

　　　$S_{js2}$——视在计算负荷，kVA；

　　　$I_{js2}$——计算电流，A；

　　　$K_\Sigma$——同时系数，一般情况下，总干线取 0.8～0.9，支干线取 0.9～1。

（4）变压器损耗计算

在选择变压器时，要考虑到变压器本身的有功损耗 $\Delta P_B$ 和无功损耗 $\Delta Q_B$。其数值可通过查阅电力变压器的技术手册得到数据。在负荷计算时，变压器的有功损耗和无功损耗可分别用下列近似公式计算：

$$\Delta P_B \approx 0.02 \times S_{js3} \tag{8-11}$$

$$\Delta Q_B \approx 0.08 \times S_{js3} \tag{8-12}$$

$$\Delta S_a = \sqrt{\Delta P_B^2 + \Delta Q_B^2} \tag{8-13}$$

式中　$\Delta P_B$——电力变压器的有功损耗，kW；

　　　$\Delta Q_B$——电力变压器的无功损耗，kvar；

一般情况下，变压器运行过程高压侧、低压侧均存在铁损和铜损，需要对变压器高压侧、低压侧母线进行损耗计算，为了简化计算过程，故变压器运行过程低压侧的铁损和铜损暂不考虑。

（5）变压器高压侧负荷计算

有功功率

$$P_{js3} = K_\Sigma \sum_1^i P_{js2} \tag{8-14}$$

无功功率

$$Q_{js3} = K_\Sigma \sum_1^i Q_{js2} \tag{8-15}$$

视在功率

$$S_{js3} = \sqrt{P_{js3}^2 + Q_{js3}^2} \tag{8-16}$$

功率因数

$$\cos\varphi = \frac{P_{js3}}{S_{js3}} \tag{8-17}$$

计算电流

$$I_{js3} = \frac{P_{js3}}{\sqrt{3} U_n \cos\varphi} \tag{8-18}$$

式中　$P_{js3}$——有功计算负荷，kW；

　　　$Q_{js3}$——无功计算负荷，kvar；

　　　$S_{js3}$——视在计算负荷，kVA；

　　　$I_{js3}$——计算电流，A；

　　　$K_\Sigma$——同时系数，一般取 0.9～1。

（6）变压器容量的选择

安装一台电力变压器，其容量一般不宜大于 1000kVA，电力变压器容量的选择应满足下列不等式：

$$S_N \geqslant S_c，其中 S_c = S_{js3} + \Delta S_B \tag{8-19}$$

式中　$S_N$——选择的电力变压器容量，参见附表 2，kVA；

　　　$S_{js3}$——电力变压器高压侧计算负荷，kVA；

　　　$\Delta S_B$——电力变压器的损耗计算负荷，kVA。

建筑施工现场用电负荷计算时，应考虑：建筑工程及设备安装工程的工作量与施工进度；各个阶段投入的用电设备需要的数量要有充分的预计；用电设备在施工现场的布置情况和距离电源的远近；对施工现场大型机械设备、小型手持电动工具、生活用电设备、办公用电设备、现场照明等的容量进行统计。对这些情况掌握后，就可以计算进入设计阶段。

**5. 施工现场临时用电工程负荷计算案例分析**

【例】某工程为 16 层剪力墙结构的住宅楼，建筑面积为 $12000m^2$，所选用的施工机械如表 8-2 所示。假定所有的施工用机组为同类用电设备组，现场提供的总需要系数的实测数据为 $K_x = 0.47$，$\cos\varphi = 0.6$，试求该现场的变压器容量。

**解：**不同暂载率（$J_c$）的用电设备的容量换算为

1 号塔式起重机容量 $P_N = P_N = 2P'_N \sqrt{J_C} = 2 \times 100 \times \sqrt{0.15} = 77.5kW$

7 号电焊机容量 $P_N = P_N = S'_N \sqrt{J_C} \cos\varphi = 21 \times \sqrt{0.65} \times 0.87 = 14.7kW$

某施工现场用电设备参数表 $P_N$ （kW）

表 8-2

| 序号 | 用电设备名称 | 型号及铭牌技术数据 | 换算后设备容量 $P_N$(kW) |
|---|---|---|---|
| 1 | 塔式起重机 | QT80, 100kW, 380V, $J_c = 15\%$ | 77.5 |
| 2 | 施工升降机 | TST-200, $2 \times 11$kW, 380V | 22 |
| 3 | 搅拌机 0.4L | $J_1$-400: 7.5kW, 380V, $\cos\varphi = 0.82$, $\eta = 0.8$ | 7.5 |
| 4 | 搅拌机 0.375L | $J_1$-400: 7.5kW, 380V, $\cos\varphi = 0.82$, $\eta = 0.8$<br>$J_4$-375: 10kW, 380V, $\cos\varphi = 0.82$, $\eta = 0.8$ | 10 |
| 5 | 砂浆搅拌机 0.2L | 3kW, 380V, $\cos\varphi = 0.82$, $\eta = 0.8$ | 3 |
| 6 | 卷扬机 | JJK-2: 14kW, 380V, $\cos\varphi = 0.82$, $\eta = 0.8$ | 14 |
| 7 | 电焊机(2台) | 21kVA, $J_c = 65\%$, 380V, $\cos\varphi = 0.87$ | $4 \times 14.7 = 25.5$<br>$25.5 \times 2 = 51$ |
| 8 | 圆盘锯(2台) | 2.8kW, 380V, $\cos\varphi = 0.88$, $\eta = 0.85$ | $2 \times 2.8 = 5.6$ |
| 9 | 钢筋切断机 | 7.5kW, 380V, $\cos\varphi = 0.83$, $\eta = 0.84$ | 7 |
| 10 | 振捣棒(4台) | 1.5kW, 380V, $\cos\varphi = 0.85$, $\eta = 0.85$ | $4 \times 1.5 = 6$ |
| 11 | 照明 | 白炽灯、碘钨灯，共 4kW<br>荧光灯、高压水银(汞)灯，共 38kW | 4<br>3.8 |

从表 8-2 的 7 号设备中可以看出，单相用电设备的不对称容量即两台焊机 29.4kW 大于三相用电设备总容量的 15%，所以电弧焊机的三相等效设备容量为：

$$P_N = \sqrt{3} P'_{Nx} = \sqrt{3} \times 14.7 = 25.5 \text{kW}$$

荧光灯和高压水银（汞）灯的设备容量可按其总功率的 1.2 倍计算为：

$$P_N = 1.2 \times 3.8 = 4.6 \text{kW}$$

除照明外，所有用电的施工机械设备的总容量为：

$$\sum P_N = 77.5 + 22 + 7.5 + 10 + 3 + 14 + 51 + 5.6 + 7 + 6 = 203.6 \text{kW}$$

由式（8-7、8-8、8-9），求得计算负荷为

$$P_{c1} = K_x \times \sum P_N = 0.47 \times 203.6 = 95.7 \text{kW}$$

$$Q_{c1} = P_{c1} \times \tan\varphi = 95.7 \times 1.33 = 127.3 \text{kvar}$$

$$S_{c1} = \sqrt{P_{c1}^2 + Q_{c1}^2} = \sqrt{95.7^2 + 127.3^2} = 159.3 \text{kVA}$$

照明的计算负荷为：

$$P_{c2} = 4 + 3.8 = 7.8 \text{kW}$$

查照明用电设备手册的表，取荧光灯、高压水银灯的 $\cos\varphi = 0.55$，即 $\text{tg}\varphi = 1.52$。则：

$$Q_{c2} = 3.8 \times 1.52 = 5.8 \text{kvar}$$

$$S_{c2} = \sqrt{7.8^2 + 5.8^2} = 9.7 \text{kVA}$$

整个施工现场的计算负荷为：

$$S_c = \sqrt{(95.7 + 7.8)^2 + (127.3 + 5.8)^2} = 168.6 \text{kVA}$$

由式（8-4）、式（8-5）得所选电力变压器的损耗为

$$\Delta P_T = 0.02 \times S_c = 0.02 \times 168.6 = 3.37 \text{kW}$$

$$\Delta Q_T = 0.08 \times S_c = 0.08 \times 168.6 = 13.5 \text{kvar}$$

$$\Delta S_T = \sqrt{3.37^2 + 13.5^2} = 13.9 \text{kVA}$$

电力变压器的容量主要根据 $S_c$ 的量值和 $\Delta S_T$ 的值来选择。考虑到变压器的经济运行容量，查附表 2 可得采用 $SL_7$-200/10 低损耗、高效率的电力变压器。

【例】 某工程为 16 层剪力墙结构的住宅楼，建筑面积为 12000m²，根据某施工现场用电设备参数表 8-2 和施工现场用电设备组的参数表 8-3，计算负荷和确定变压器容量。

解：关于不同暂载率的用电设备的容量换算和单相设备不对称容量换算，均按上例计算数据，在此不再重作计算。先求设备组的容量：

某施工现场用电设备组的 $K_x$、$\cos\varphi$ 及 $tg\varphi$     表 8-3

| 用电设备组名称 | 数量 | $K_x$ | $\cos\varphi$ | $tg\varphi$ |
| --- | --- | --- | --- | --- |
| 卷扬机 | 9 台 | 0.30 | 0.45 | 1.98 |
| 爬 塔 | 1 台 | 0.30 | 0.65 | 1.17 |
| 电焊机 | 2 台 | 0.35 | 0.60 | 1.33 |
| 搅拌机 | 1 台 | 0.60 | 0.40 | 2.29 |
| 砂浆机 | 5 台 | 0.70 | 0.65 | 1.17 |
| 喷浆机 | 2 台 | 0.80 | 0.80 | 0.75 |
| 排水泵 | 4 台 | 0.80 | 0.80 | 0.75 |
| 圆盘锯 | 3 台 | 0.70 | 0.75 | 0.88 |
| 电 钻 | 1 台 | 0.70 | 0.75 | 0.88 |

(1) 塔式起重机、施工升降机、卷扬机，查表得 $K_x=0.3$、$\cos\varphi=0.7$、$tg\varphi=1.02$，依据下列公式有功计算负荷公式：

$$P_{js2} = K_\Sigma \cdot \sum P_{js1}$$

无功计算负荷公式：

$$Q_{js2} = K_\Sigma \cdot \sum Q_{js1}$$

视在计算负荷公式：

$$S_{js2} = \sqrt{P_{js2}^2 + Q_{js2}^2}$$

计算负荷为

$P_{c1} = 0.3 \times (77.5 + 22 + 14) = 34.1 \text{kW}$

$Q_{c1} = P_{c1} \times tg\varphi = 34.1 \times 1.02 = 34.73 \text{kvar}$

(2) 搅拌机、砂浆搅拌机，查表得 $K_x=0.7$、$\cos\varphi=0.68$、$tg\varphi=1.08$，则

$P_{c2} = 0.7 \times (7.5 + 10 + 3) = 14.35 \text{kW}$

$Q_{c1} = 14.35 \times 1.08 = 15.5 \text{kvar}$

(3) 电焊机，查表得 $K_x=0.45$、$\cos\varphi=0.45$、$tg\varphi=1.98$，则

$P_{c3} = 0.45 \times (25.5 + 25.5) = 22.95 \text{kW}$

$Q_{c3} = 22.95 \times 1.98 = 45.44 \text{kvar}$

(4) 圆盘锯、切断机，查表 $K_x=0.7$、$\cos\varphi=0.75$、$tg\varphi=0.88$，则

$P_{c4} = 0.7 \times (2.8 + 2.8 + 7) = 8.82 \text{kW}$

$Q_{c4}=8.82×0.88=7.76\text{kvar}$

（5）振捣器：查表$K_x=0.7$、$\cos\varphi=0.65$、$\text{tg}\varphi=1.17$，则：

$P_{c5}=0.7×(1.5+1.5+1.5+1.5)=4.2\text{kW}$

$Q_{c5}=0.42×1.17=4.91\text{kvar}$

由式（8-7、8-8、8-9），计算以上5组用电设备的计算负荷，取同期系数$K_p=K_Q=0.9$，则：

$P_{c(1\sim5)}=0.9×(34.1+14.35+22.95+8.82+4.2)=84.42\text{kW}$

$Q_{c(1\sim5)}=0.9×(34.37+15.5+45.44+7.76+4.91)=108.31\text{kvar}$

上例中已算出照明的计算负荷为：

$P_{c0}=7.8\text{kW}$，$Q_{c0}=5.8\text{kvar}$，所以整个施工现场的计算负荷为：

$S_c=\sqrt{(84.82+7.8)^2+(108.31+5.8)^2}=146.97\text{kVA}$

考虑变压器本身的损耗，由式（8-4）和式（8-5）得

$\Delta P_T=0.02×146.97=2.94\text{kW}$

$\Delta Q_T=0.08×146.97=11.76\text{kvar}$

$\Delta S_T=\sqrt{2.94^2+11.76^2}=12.1\text{kVA}$

考虑电力变压器的容量，应根据$S_c$的量值和$\Delta S_T$的量值来选择，再考虑变压器经济运行的容量。查附表2可得采用$SL_7$-160/10低损耗、高效率的电力变压器。

上述计算结果同上例相比较。本例取用的$K_x$值和$\cos\varphi$值是查表选定的，而上例则是在施工现场实测得出的。因此，上例求得的数据是符合实际的，而本例求得的计算负荷比上例小21.64kVA，计算得出约小13%。

两个例子求得的计算负荷的值相差较大的主要原因是没有对施工现场的施工进度。劳动力的安排、施工的工艺等作详细调查造成的。不管什么施工现场，凡是同一种用电设备，都采用一样的$K_x$值和$\cos\varphi$值，显然是脱离实际情况的。

实际上，在现场施工中按照土建施工组织设计的方案，模板工程、钢筋绑扎工程、焊接及浇筑混凝上等工程的工序安排往往不受干扰，除非为了避免立体交叉施工和安全防护设施不到位时。所以，施工现场的高车、电焊设备的$K_x$值要大于0.30~0.45的选用值。同样，在选择$\cos\varphi$值时也存在着这个问题。关键在于取用$K_x$和$\cos\varphi$值时，一定要进行研究，结合施工实际情况来确定，否则就很难达到供电可靠、安全、经济合理的目标。

### 三、临时用电工程的施工组织设计阶段

临时用电图纸绘制是施工现场临时用电工程施工组织设计（或专项施工方案）的重要组成部分，临时用电图纸的绘制必须在临时用电计算书完成以后进行，并对施工现场临时用电工程初步设计方案进行论证、优化，要保证其具有社会效益、经济效益和生态效益，形成具有指导意义的施工组织设计（或专项施工方案）。并符合《建筑与市政工程施工现场临时用电安全技术标准》JGJ/T 46—2024：

第10.1.3条　临时用电工程图纸应单独绘制，临时用电工程应按图施工。

第10.1.4条　临时用电工程组织设计编制及变更时，应按照《危险性较大的分部分项工程安全管理规定》要求，履行"编制、审核、审批"程序。变更临时用电工程组织设

计时，应补充有关图纸资料。

第 10.1.5 条 临时用电工程应经总承包单位和分包单位共同验收，合格后方可使用。

**1. 临时用电图纸绘制基本规定**

（1）图线

1）施工现场临时用电工程的图线宽度（$b$）应根据图纸的类型、比例和复杂程度，应符合现行国家标准《房屋建筑制图统一标准》GB/T 50001 的规定，宜为 0.5mm、0.7mm 或 1.0mm。

2）施工现场临时用电工程总平面图和临电平面图宜采用三种及以上的线宽绘制，其他图样宜采用两种及以上的线宽绘制。

3）同一张图纸内，相同比例的各图样，宜选用相同的线宽组。

4）同一个图样内，各种不同线宽组中的细线，可统一采用线宽组中较细的细线。

（2）比例

1）施工现场临时用电工程总平面图、临电平面图应按比例制图，并应在图样中标注制图比例。

2）一个图样宜选用一种比例绘制。选用两种比例绘制时，应做说明。

（3）编号和参照代号

1）当同一类型或同一系统的临电设备、线缆回路、电器元件等的数量大于或等于 2 时，应进行编号。

2）当临电设备的图形符号在图样中不能清晰地表达其信息时，应在其图形符号附近标注参照代号。

3）编号宜选用 1、2、3……数字顺序排列。

4）参照代号采用字母代码标注时，参照代号宜由前缀符号、字母代码和数字组成。当采用参照代号标注不会引起混淆时，参照代号的前缀符号可省略。

（4）标注

1）临电设备的标注应符合下列规定：

① 宜在临电设备的图形符号附近标注其名称、额定功率、参照代号；

② 对于总配电箱（柜）、分配电箱和开关箱应在其图形符号附近标注参照代号，并应标注总配电箱（柜）、分配电箱和开关箱的用途；

③ 对于照明灯具，宜在其图形符号附近标注灯具的数量、光源数量，光源安装容量、安装高度、安装方式，以及线缆敷设方式及敷设部位。

2）临电线路的标注应符合下列规定：

① 应标注临电回路的编号或参照代号、线缆型号及规格、根数、敷设方式、敷设部位等信息；

② 对于封闭母线、电缆梯架、托盘和槽盒应标注其规格及安装高度。

**2. 临时用电图样画法规定**

（1）一般规定

1）同一个施工现场临时用电工程项目使用的图纸幅面规格应一致。

2）同一个施工现场临时用电工程项目所用的图形符号、文字符号、参照代号、术语、线型、字体、制图方式等应一致。

3）图样中临电专业的汉字标注字高应大于 3.5mm，主要功能用房的汉字标注字高应大于 3.0mm，字母或数字标注字高应大于 2.5mm。

4）主要设备表应注明序号、名称、型号、规格、单位、数量，可按表 8-4 绘制。

施工现场临时用电工程主要设备表　　　　　表 8-4

| 序号 | 名称 | 型号、规格 | 单位 | 数量 | 备注 |
|---|---|---|---|---|---|
| | | | | | |
| | | | | | |
| | | | | | |
| | | | | | |
| | | | | | |

5）图形符号表应注明序号、名称、图形、符号、参照代号、备注等。施工现场临时用电工程主要设备表和图形符号表宜合并，可按表 8-5 绘制。

施工现场临时用电工程主要设备、图形符号表　　　　　表 8-5

| 序号 | 名称 | 图形、符号 | 参照代号 | 型号、规格 | 单位 | 数量 | 备注 |
|---|---|---|---|---|---|---|---|
| | | | | | | | |
| | | | | | | | |
| | | | | | | | |
| | | | | | | | |
| | | | | | | | |

6）施工现场的电气设备安装、电线电缆敷设等信息应以临电平面图为准，其安装高度应标注清晰，安装高度可在配电装置布置图、配电系统图、主要设备表或图形符号备注处标注。

（2）图号和图纸编排

1）临电设计图纸应有图号标识。图号标识应表示出施工阶段、设计信息、图纸编号。

2）临电设计图纸应编写图纸目录，并宜符合下列规定：

① 图纸目录宜以单位工程进行编写；

② 应根据主体结构施工阶段、装饰装修施工阶段的特点，分别编制临时用电工程总平面图、配电装置布置图、配电系统图、防雷与接地系统图等；

③ 制定临时用电安全用电措施和电气防火措施。

3）临电设计图纸宜按图纸目录、主要设备表、图形符号、使用标准图目录排列，设计说明宜在前，设计图样宜在后。

4）临电设计图样宜按下列规定进行编排：

① 临电系统图应编排在前，电路图、接线图、电气平面图、剖面图、电气详图、电气大样图、通用图宜编排在后；

② 临电系统图应按强电系统、防雷系统和接地系统等依次编排；

③ 临电平面图应按地面下各层依次编排在前，地面上各层由低向高依次编排在后。

5）临电专业的总图宜按图纸目录、主要设备表、图形符号、设计说明、临时用电工程总平面图、配电装置布置图、配电系统图、防雷与接地系统图等依次编排。

（3）图样布置

1）同一张图纸内绘制多个临电平面图时，应自下而上按建筑物层次由低向高顺序布置。

2）临电详图和临电大样图宜按索引编号顺序布置。

3）每个图样均应在图样下方标注出图名，图名下应绘制一条中粗横线（0.7b），长度宜与图名长度相等。图样比例宜标注在图名的右侧，字的基准线应与图名取平；比例的字高宜比图名的字高小一号。

4）图样中的文字说明宜采用"附注"形式书写在标题栏的上方或左侧，当"附注"内容较多时，宜对"附注"内容进行编号。

（4）系统图

1）临电系统图应表示出系统的主要组成、主要特征、功能信息、位置信息、连接信息等。

2）临电系统图宜按功能布局、位置布局绘制，连接信息可采用单线表示。

3）临电系统图可根据系统的功能的不同层次分别绘制。

4）临电系统图宜标注电气设备、回路等的参照代号、编号等，并应采用用于系统的图形符号绘制。

（5）电路图

1）电路图应便于理解电路的控制原理及其功能，可不受电器元件实际物理尺寸和形状的限制。

2）电路图应表示电器元件的图形符号、连接线、参照代号、端子代号、位置信息等。

3）电路图应绘制主回路系统图。电路图应标注其控制过程或信号流的方向，并可增加端子接线图、设备表等内容。

4）电路图中的电器元件可采用单个符号或多个符号组合表示，同一个参照代号不宜表示不同的电器元件。

5）电路图中的电器元件可采用集中表示法、分开表示法、重复表示法表示。

6）电路图中的图形符号、文字符号、参照代号等如附表3所示。

（6）接线图

1）接线图应包括电气设备单元接线图、互连接线图、端子接线图、电缆图。

2）接线图应能识别每个连接点上所连接的线缆，并应表示出线缆的型号、规格、根数、敷设方式、端子标识，宜表示出线缆的编号、参照代号及补充说明。

3）连接点的标识宜采用参照代号、端子代号、图形符号等表示。

4）接线图中电器元件、单元或组件宜采用正方形、矩形或圆形等简单图形表示，也可采用图形符号表示。

（7）临电平面图

1）临电平面图应表示出建筑物轮廓线、轴线号、楼层标高和绘图比例等。

2）临电平面图应绘制出安装在本层的配电箱、敷设在本层和连接本层配电箱的线缆、路由等信息。进出建筑物的线缆，其保护管应注明与建筑轴线的定位尺寸、穿越建筑外墙的标高和防水要求。

3）临电平面图应标注配电箱、线缆敷设路由的安装位置、参照代号等，并应采用用于平面图的图形符号绘制。

4）临电平面图需另绘制临电详图或临电大样图时，应在局部部位处标注临电详图或临电大样图编号，在临电详图或临电大样图下方标注其编号和比例。

5）配电箱布置不相同的楼层应分别绘制其临电平面图；配电箱布置相同的楼层可只绘制其中一个楼层的临电平面图。

6）建筑专业的建筑平面图采用分区绘制时，临电平面图也应分区绘制，分区部位和编号宜与建筑专业一致，并应绘制分区组合示意图。各区配电箱线缆连接处应加标注。

7）防雷接地平面图应在建筑物或构筑物建筑专业的顶部平面图上绘制接闪器、引下线、断接卡、连接板、接地装置等的安装位置及电气通路。

（8）临电总平面布置图

1）临电总平面布置图应表示出建筑物的名称、外形、编号、坐标、道路形状、比例等，指北针或风玫瑰图宜绘制在临电总平面布置图图样的右上角。

2）临电总平面布置图中配电箱（柜）、分配电箱、大型机械设备、电杆、架空线路、路灯、线缆敷设路由、电缆沟等，其图形符号和标注方法如本书附表3所示。

**3. 制定施工现场临时用电工程安全用电和电气防火措施**

# 第二节 电工及用电人员

## 一、专业技术负责人的要求

为了确保施工现场临时用电安全，防止电气事故的发生，首先必须加强临时用电的技术管理工作，严格执行《建筑与市政工程施工现场临时用电安全技术标准》JGJ/T 46 的规定，施工现场临时用电的技术管理工作主要包括对施工现场的专业人员提出了明确要求和职责，建立健全各种用电管理制度以及建立临时用电技术档案资料等。

**1. 施工现场临时用电工程安全措施**

（1）施工现场临时用电工程专用的电源中性点直接接地的 220V/380V 三相四线制系统，三级配电系统，TN-S 系统，二级剩余电流动作保护系统，三相四线制五芯电缆。

（2）配电室内应设有电工工具、安全防护用具和消防灭火器材，且齐全有效。

（3）TN-S 系统，总配电箱（配电柜）处做重复接地，分配电箱、开关箱处做重复接地，每一处接地装置的接地电阻值不应大于 10Ω。

（4）总配电箱（或配电柜）内的电器元件应具备电源隔离，正常接通与分断电路，以及短路、过负荷、剩余电流保护功能。当总路设置总剩余电流动作保护器时，还应装设总隔离开关、分路隔离开关以及总短路、过负荷保护电器元件，分路短路、过负荷保护电器元件；当各分路设置分路剩余电流动作保护器时，还应装设总隔离开关、分路隔离开关以及总短路、过负荷保护电器元件，分路短路、过负荷保护电器元件。

（5）剩余电流保护系统应由总配电箱（或配电柜）总剩余电流动作保护器和开关箱末

端剩余电流动作保护器二级组成:

1)第一级总剩余电流动作保护器的额定剩余动作电流应大于30mA,额定剩余电流动作时间应大于0.1s,其额定剩余动作电流与额定剩余动作时间的乘积不应大于30mA·s;

2)第二级剩余电流动作保护器的额定剩余动作电流不应大于30mA,额定剩余电流动作时间不应大于0.1s;

3)潮湿或有腐蚀介质场所的剩余电流动作保护器应具有防溅措施,其额定剩余动作电流不应大于15mA,额定剩余电流动作时间不应大于0.1s。

(6)施工现场临时用电投入使用前,要经过总包单位、监理单位验收合格后方可使用,电气专业技术负责人对施工现场临时用电工程组织实施过程应进行技术交底。

(7)施工现场布置的配电箱、开关箱等电气设备易受高空物体打击,应采取防护棚等有效措施,发现问题应立即整改。

(8)电工应随时掌握施工现场所有配电装置、配电线路、用电设备的剩余电流动作保护、接地保护等及其使用运行情况,总配电箱、分配电箱和开关箱内电器元件的完好性,如发现有损坏时应及时更换。

(9)严格做到"三级配电、二级保护"。施工现场临时用电工程应设置总配电箱、分配电箱和开关箱,不得超越开关箱,直接由总配电箱、分配电箱向施工现场大型机械设备、手持电动工具供电。

(10)施工现场布置分配电箱与开关箱水平距离不得大于30m,开关箱与大型机械设备、手持电动工具水平距离不得大于5m。

(11)施工现场临时用电工程线路应采用埋地敷设或架空敷设,有限空间场所的临时照明回路应采用安全电压:

1)隧道、人防工程、高温、有导电灰尘、潮湿场所的照明回路电压不应大于36V;

2)灯具离地面高度低于2.5m的场所,照明回路电压不应大于36V;

3)易触及带电体场所的照明回路电压不应大于24V;

4)导电良好的地面、锅炉或金属容器内的照明回路电压不应大于12V。

(12)施工现场临时用电工程的配电线路、配电装置的安装、测试、维修、保养及拆除工作,应由持有效证件的电工作业,并做好施工现场临时用电工程的安全技术档案资料。

**2. 电气专业技术负责人基本要求**

(1)受过系统的电气专业培训,掌握安全用电的基本知识和各种机械设备、电气设备的性能,熟知《建筑与市政工程施工现场临时用电安全技术标准》JGJ/T 46及其他用电标准;

(2)能独立编制临时用电工程施工组织设计;

(3)熟知电气事故的种类、危害,掌握事故的规律性和处理事故的方法,熟知事故报告程序;

(4)掌握人员触电急救的方法;

(5)掌握调度管理要求和用电管理规定;

(6)熟知用电安全操作规程及技术、组织措施等。

**3. 电气专业技术负责人职费要求**

（1）编制施工现场临时用电工程施工组织设计并指导安全施工；

（2）对电工和安装人员进行安全技术交底；

（3）对临时用电设施和用电设备进行验收；

（4）定期组织参加施工现场的电气安全检查活动，发现问题及时予以解决；

（5）制订施工现场临时用电工程管理制度和责任制度；

（6）对施工现场进行用电管理和调度管理；

（7）参与电气事故的处理，分析事故原因，找出薄弱环节，采取针对性措施，预防同类事故的发生；

（8）建立健全施工现场临时用电工程的技术档案；

（9）经常性地对电工及其他用电人员进行安全用电教育。

## 二、电工的要求

施工现场临时用电工程的电工和其他用电作业人员应身体健康，无妨碍从事本职工作的病症和生理缺陷，具有电工安全技术、电工基础理论等专业技术知识，并有一定的实践经验，必须通过专业培训、体验和考试等，考核合格后持有特种作业操作证上岗，且在有效期内。且应满足《建筑与市政工程施工现场临时用电安全技术标准》JGJ/T 46—2024：

第10.2.1条　电工应经职业资格考试合格后，持证上岗工作；其他用电人员应通过相关安全教育培训和技术交底，考核合格后方可上岗作业。

第10.2.2条　安装、巡检、维修临时用电设备和线路，应由电工完成，并应设有专人监护。

第10.2.3条　各类用电人员应掌握安全用电基本知识和所用设备的性能，并应符合下列规定：

1　使用电气设备前，应按规定穿戴、配备好相应的安全防护用品，并应检查电气装置和保护设施，不得使设备带"缺陷"运转；

2　保管和维护所用设备，发现隐患应及时报告解决；

3　暂时停用设备的开关箱，应分断电源隔离开关，并关门上锁；

4　移动电气设备，应在电工切断电源并做妥善处理后进行。

**1. 施工现场电工基本要求**

（1）年满十八周岁，身体健康，无妨碍从事本职工作的病症和生理缺陷，具有初中以上文化程度和具有电工安全技术、电工基础理论等专业技术知识，并有一定的实践经验；

（2）维修、安装或拆除临时用电工程必须由电工完成，该电工必须持有特种作业操作证，且在有效期内；

（3）电工等级应同临时用电工程的技术难易程度和复杂性相适应，对于由高等级电工完成的不能由低一级的电工去操作；

（4）应了解电气事故的种类和危害，知道电气安全的特点及重要性，能正确处理电气事故；

（5）熟悉触电伤害的种类、发生原因及触电方式，了解电流对人体的危害，触电事故发生的规律，并能对触电者采取紧急救护措施；

（6）掌握安全电压的选择及使用；

（7）应了解绝缘、屏护、安全距离等防止直接电击的安全措施，熟悉绝缘指标及损坏的原因，掌握防止绝缘损坏的技术要求及绝缘测试方法；

（8）了解各种保护系统，掌握应用范围、基本技术要求和使用、维护方法；

（9）了解剩余电流动作保护器的类型、原理和特性，能根据实际情况合理选用剩余电流动作保护器，能正确接线、使用、维护和测试；

（10）了解雷电流形成的原因及其对用电设备、人畜的危害，掌握防雷保护的要求及预防措施；

（11）了解电气火灾形成的原因及预防措施，懂得电气火灾的救援程序，合理选择、使用及保管消防灭火器材；

（12）了解静电的特点、危害性及产生原因，掌握防静电的基本方法；

（13）了解电气安全保护用具的种类、性能及用途，掌握使用、保管方法和试验周期、试验标准；

（14）了解施工现场特点，了解潮湿、高温、易燃、易爆、导电性、腐蚀性气体或蒸汽、强电磁场、导电性物体、金属容器、地沟、隧道、井下等环境条件对电气设备和安全操作的影响，能知道在相应的环境条件下设备运行、维修的安全技术要求；

（15）了解施工现场周围环境对电气设备安全运行的影响，掌握相应的防范事故的措施；

（16）了解电气设备的过载、短路、欠压、失压、断相等保护的原理，掌握本岗位中电气设备保护方式的选择和保护装置及二次回路的安装调试技术，掌握本岗位中电气设备的性能、主要技术参数及其安装、运行、检修、维护、测试等技术标准和安全技术要求；

（17）掌握照明装置、电动建筑机械、手持式电动工具及临时供电线路安装、运行、维修的安全技术要求；

（18）掌握与电工作业有关的登高、机械、起重、搬运、挖掘、焊接、爆破等作业的安全技术要求；

（19）掌握静电感应的原理及在临近带电设备或有可能产生感应电压的设备上工作时的安全技术要求；

（20）了解带电作业的理论知识，掌握相应的带电操作技术和安全要求；

（21）了解本岗位内电气系统的线路走向、设备分布情况、编号、运行方式、操作步骤和事故处理程序；

（22）了解用电管理规定和调度要求；

（23）了解施工现场用电管理各项制度；

（24）了解电工作业安全的组织要求和技术措施。

**2. 施工现场电工职责要求**

（1）根据施工图纸和施工组织设计进行电气安装；

（2）做好巡视工作，定期对电气设备进行检查；

（3）做好剩余电流动作保护器的测试并记录；

（4）定期做接地电阻测试并记录；

（5）定期做绝缘电阻测试并记录；

（6）做好日常电气设备的维修并记录；

（7）参与用电事故的处理，分析原因。

## 三、电击伤亡事故的现场抢救

电击者现场急救是整个电击急救过程中的一个关键环节。如处理得当及时正确，就能挽救许多电击者的生命，反之不考虑实际情况，不采用有效抢救措施，将电击者送往医院抢救或单纯等待医务人员到来，那必然会丧失抢救的黄金时间，带来永远弥补的损失，不少惨痛的教训已证明了这一点。因此现场急救法是每一名电工必须熟练掌握的急救技术，一旦发生事故，就能立即正确地在现场实施急救，同时向医疗机构求援，这对保障电击者康复身体健康有极为重要的。施工现场临时用电发生电击事故时，现场急救具体方法如下：

**1. 迅速切断电源**

发生电击事故时，切不可惊慌失措，束手无策，首先要及时切断电源，使电击者脱离受电体，这是能否抢救成功的首要因素。因为当电击事故发生时，电流会持续不断地通过电击者，电击时间越长，对人体损害越严重。其次，当电击者电击时，身上有电流通过，成为一个带电体，对救护者也是一个严重威胁，如不注意安全，同样会使抢救者电击。所以，必须先使电击者脱离受电体方可抢救。

（1）电击者脱离受电体的方法

1）出事附近有电源开关和电源插头时，可立即将塑壳开关（漏电断路器）开关断开或将插头拔掉，以切断电源。但普通的电灯开关（如拉线开关）只能关断一根线，有时不一定关断的是相线，所以不能认为是关断了电源。

2）当有电的电线触及人体引起电击，不能采用其他方法脱离受电体时，可用绝缘的物体（如木棒、竹竿、手套等）将电线移开，使电击者脱离受电体。

3）必要时可用绝缘工具（如带有绝缘柄的电工钳、木柄斧头等）切断电线，以断电源。总之在现场可因地制宜，灵活运用各种方法，及时切断电源。

（2）实施救助需注意个问题

1）脱离受电体后，人体不再受到电流的通过引起肌肉刺激而立即放松，电击者会自行摔倒，造成二次伤害（如颅底骨折），特别是在高空作业时更加危险。所以脱离受电体时需要有相应的保护措施配合，避免此类情况的发生，加重电击者的伤害程度。

2）脱离受电体时要注意个人安全防护，绝不可误伤他人，将电击事故扩大。

**2. 简单诊断**

脱离受电体后，电击者往往处于昏迷状态，故应尽快对心跳和呼吸的状态做出进一步的判断，看看是否处于"假死"状态。因为只有明确地诊断，才能及时采取正确地方法施救。其具体方法如下：

（1）将脱离受电体的病人迅速移至比较通风、干燥的地方，使其仰卧，将上衣与裤带放松。

（2）检查一下有无呼吸存在。当有呼吸时，我们可看到胸廓和腹部的肌肉随呼吸能上下运动，用手放在胸部可感到胸廓在呼吸时的运动，将手放在鼻孔处可感到呼吸时气体的流动。相反，无上述现象，则往往是呼吸已停止。

（3）摸一摸颈部的颈动脉或腹股沟处的股动脉有没有搏动，因为有心跳时，就一定有脉搏。颈动脉和股动脉都是大动脉，很容易感觉到它们的搏动，因此常常以此作为有无心跳的依据。另外，也可在心前区听一听有无心音，有心音则有心跳。

（4）看看瞳孔是否扩大。瞳孔扩大说明大脑组织细胞严重缺氧，人体处于"假死"状态。

通过以上简单的检查，即可判断病人是否处于"假死"状态，并依据"假死"的分类标准，可知其属于"假死"的哪种类型。这样在抢救时便可有的放矢，对症治疗。

**3. 处理方法**

经过简单诊断后的电击者，一般可按下述情况分别处理：

（1）电击者神志清醒，但感觉乏力、头昏、心悸、出冷汗，甚至有恶心或呕吐。此类电击者使其就地安静休息，减轻心脏负担，加快恢复；情况严重时，及时将电击者送往就近医院，请医护人员检查治疗。

（2）电击者呼吸、心跳尚存在，但神志昏迷。此时应将电击者仰卧，周围的空气要流通，并注意保暖。除了要严密地观察外，还要做好人工呼吸和心脏挤压的准备工作，并立即通知医疗救护机构或用担架将电击者送往就近医院救治。

（3）如经检查后电击者处于假死状态，则应立即针对不同类型的"假死"进行对症处理。心跳停止的，用体外人工心脏挤压法来维持血液循环；如呼吸停止，则用口对口的人工呼吸法来维持气体交换；呼吸、心跳全停时，则需同时进行体外心脏挤压法和口对口人工呼吸法，并向医疗机构联系抢救。

在抢救过程中，任何时刻抢救工作都不能中止；即使在送往医院的途中，也必须继续进行抢救。

**4. 口对口人工呼吸法**

人工呼吸的目的是用人工的方法来代替肺的呼吸活动，使气体有节律地进入和排出肺脏，供给体内足够的氧气，充分排出二氧化碳，维持正常的通气功能。人工呼吸的方法很多，目前认为口对口人工呼吸法效果最好。

（1）口对口人工呼吸法的操作方法

1）将电击者仰卧，解开衣领，松开紧身上衣，放松裤带，以免影响呼吸时胸廓的自然扩张。然后将电击者的头偏向一边，张开其嘴，用手指清除口腔中的假牙、血块、呕吐物等，使呼吸道畅通。

2）抢救者在电击者的一边，以靠近其头部的一只手紧捏电击者的鼻子（避免漏气），并将手掌外缘压住其额部，另一只手托在电击者的颈后，将颈部上抬，使其头部充分后仰，以防止舌部下坠导致呼吸道梗阻。

3）急救者先深吸一口气，然后用嘴紧贴电击者的嘴（或鼻孔）大口吹气，同时观察胸部是否隆起，以确保吹气是否有效和适度。

4）吹气停止后，急救者头稍侧转，并立即放松捏紧鼻孔的手，让气体从电击者肺部排出。此时应注意胸部复原情况，倾听呼气声，观察有无呼吸道梗阻。

5）如此反复进行，每分钟吹气12次，即每5s吹气一次。

（2）注意事项

1）口对口吹气时的压力需掌握好，刚开始时可略大一些，频率稍快一些。经10～20

次后可逐步减小压力，维持胸部轻度升起即可。对幼儿吹气时，不能捏紧鼻孔，应让其自然漏气，为了防止压力过高，急救者仅用颊部力量即可。

2）吹气时间宜短，约占一次呼吸周期的 1/3，但也不能过短，否则影响通气效果。

3）如遇到牙关紧闭者，可采用口对鼻吹气，方法与口对口基本相同。此时可将电击者嘴唇紧闭，急救者对准鼻孔吹气。吹气时压力应稍大，时间也应稍长，以利气体进入肺内。

**5. 体外心脏挤压法**

体外心脏挤压是指有节律地对心脏挤压，用人工的方法代替心脏的自然收缩，从而达到维持血液循环的目的。此法简单易学，效果好，不需设备，易于普及推广。

（1）体外心脏挤压法操作方法

1）使电击者仰卧于硬板上或地上，以保证挤压效果。

2）抢救者跪跨在病人的腰部。

3）抢救者以一手掌根部按于病人胸骨下 1/2 处，即中指指尖对准其颈部凹陷的下缘，当胸一手掌。另一只手压在该手的手背上，肘关节伸直。依靠体重和臂、肩部肌肉的力量，垂直用力，向脊柱方向压迫胸骨下段，使胸骨下段与其相连的肋骨下陷 30～40mm，间接压迫心脏使心脏内血液搏出。

4）挤压后突然放松（要注意掌根不能离开胸壁），依靠胸廓的弹性，使胸骨复位。此时心脏舒张，大静脉的血液回流到心脏。

5）按照上述步骤，连续操作每分钟需进行 60 次，即每秒 1 次。如图 8-2 所示，是体外心脏挤压法操作流程。

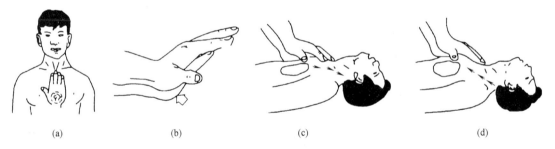

图 8-2　体外心脏挤压法操作流程
(a) 中指对凹腔，当胸一手掌；(b) 掌根用力向下压；(c) 慢慢向压下；(d) 突然放松

（2）注意事项

1）挤压时位置要正确，一定要在胸骨下 1/2 处的压区内。接触胸骨应只限于手掌根部，故手掌不能平放，手指向上与肋骨保持一定距离。

2）用力一定要垂直，并要有节奏，冲击性。

3）对小儿只用一个手掌根部即可。

4）挤压时间与放松的时间应大致相同。

5）为提高效果，应增加挤压频率，最好能达每分钟 100 次。

6）有时电击者心跳、呼吸全停止，单人操作时，先吹气 2 次，再挤压 15 次，反复交替进行；双人操作时，每 5s 吹气 1 次，每 1s 挤压 1 次，两人同时进行。

**6. 电灼伤与其他伤的处理**

高压电击时（1000V 以上），两电极间电弧的温度可高达 1000～4000℃，接触处可造成十分严重的烧伤，往往深达骨骼，处理较复杂。现场抢救时，要用干净的布或纸类进行包扎，减少污染，以利于后面的治疗。其他外伤和脑震荡、骨折等，应参照外伤急救的情况，做相应处理。现场抢救往往时间很长，且不能中断，一定要坚持下去，往往经过较长时间的抢救后，电击者面色好转，口唇潮红，瞳孔缩小，四肢出现活动，心跳和呼吸恢复正常。这时可暂停数秒钟进行观察，有时电击者就此复活，如果正常心跳和呼吸仍不能维持，必须继续抢救，绝不能贸然放弃，要一直坚持到医务人员到现场接替抢救。

总之，电击事故的发生总是不好的。要预防为主，消除发生事故的隐患，防止事故的发生。要广泛宣传安全用电知识，宣传电击现场急救的知识，不但要防患于未然，而且当发生电击事故，也能及时正确进行施救，尽最大可能挽救电击者的生命。

## 四、常用电工仪器仪表

### （一）电工仪表的分类与符号

**1. 电工仪表的分类**

电工仪表按其测量方式不同可分为以下四种基本类型：

（1）直读指示仪表。直读指示仪表是利用将被测量直接转换成指针偏转角的方式进行测量的一类电工仪表，具有使用方便、精确度高的优点。例如 500 型万用电表、钳形电流表、绝缘电阻表等均属于直读指示仪表。

（2）比较仪表。比较仪表是利用被测量与标准量的比值进行测量的一类电工仪表，常用的比较仪表有 QJ-23 电桥、QS-18A 万用电桥等。

（3）图示仪表。图示仪表是通过显示两个相关量的变化关系进行测量的一类电工仪表。各种示波器，如 SC-16 光线示波器、XJ-16 通用示波器等都属于图示仪表。

（4）数字仪表。数字仪表是通过将模拟量转换成数字量显示的一类电工仪表，具有使用方便、精确度高的优点。例如 P28 数字电压表、IM2215 数字万用表等属于数字仪表。

施工现场所用的电工仪表绝大多数是采用直接方式测量的直读式仪表。

电工仪表按其工作原理不同还可分为磁电式仪表、电磁式仪表、电动式仪表、感应式仪表、电子式仪表等。还可有其他分类方式和方法，这里不再赘述。

直读式电工仪表，依据所测电流的种类不同分为直流表、交流表和交直两用表。施工现场所用的电工仪表绝大部分为交流表。

直读式电工仪表根据其测量的准确度或精度不同可分为七级（用数字表示）：0.1、0.2、1.0、1.5、2.5、4.0 和 5.0 级，这些代表准确度或精度等级的数字实际上表示仪表本身在正常工作条件下（位置正常，周围环境温度为 20℃，几乎没有外磁场的影响等）进行测量时可能发生的最大相对误差。所谓最大相对误差是指仪表进行测量时被测量的最大绝对误差与仪表额定值（满标值）的百分比，如下式所示：

$$A = \frac{\Delta X_{max}}{X_{max}} \times 100\% \tag{8-20}$$

式中　$\Delta X_{max}$——仪表在满标（全量程）范围内的最大绝对误差；

　　　$X_{max}$——仪表的满标（全量程）值；

$A$——仪表的最大相对误差或仪表的准确度（精度）等级。

例如，一只满标值为100A的安培表（电流表），接在实际电流为100A的电路中测量的电流值比用标准安培表测量的电流值差1A，则该表测量的绝对误差为1A，相对误差为：

$$A = \frac{\Delta X_{max}}{X_{max}} \times 100\% = \frac{1}{100} \times 100\% = 1\%$$

该安培表即为1级表。

在正常工作条件下，仪表的最大绝对误差是不变的，即准确度（精度）不变。所以在满标值范围内，被测量的值越小，相对误差就越大。因此，在选用仪表时，实际被测量值应尽量接近其满标值。但是，实际被测量值也不能太接近满标值，一方面这是因为仪表指针示数不易读出；另一方面被测量易因电路工作状态受干扰而波动并超出仪表的测量范围（满标值）。实际上，在选用仪表时，其满标值或量程应略大于被测量值。粗略估算时，可按被测量值为满标值（量程）的3/4考虑。

**2. 电工仪表的符号**

任何一只直读式仪表，在其表面上都标有若干图形符号和数字、文字符号，用以标示该表的性能、结构、原理和使用要求等。常见符号的意义见表8-6所示。

**仪表表面符号的意义**　　　　　　　　　　　　　　表8-6

| 结构形式及图形符号 | 名称 | 结构形式及图形符号 | 名称 |
|---|---|---|---|
| ⌒ | 磁电式（永磁式） | ⋈ | 电动式 |
| ⚡ | 电磁式（动铁式） | ⊗ | 铁磁电动式 |
| ⊕ | 感应式 | ⚡2kV | 仪表绝缘试验电压2000V |
| — | 直流 | ↑ | 仪表垂直安放时使用 |
| ∼ | 交流 | | |
| ≂ | 交直流 | ∠60° | 仪表倾斜60° |
| ∼50 | 交流50Hz | → | 仪表水平安放时使用 |

**（二）交流电流表**

**1. 分类及常用型号**

低压交流电流表按其接线方式，可分为直接接入和经电流互感器二次绕组接入等两种，直接接入式一般最大满偏电流为200A，经电流互感器二次接入的电流表，量程可达10kA。

常用的交流电流表主要有1T1型、42型方形仪表、44型和59型矩形仪表。

**2. 结构原理**

建筑施工现场常用的电磁式交流电流表的结构型式主要有：吸引型和排斥型。

（1）吸引型结构原理：吸引型结构主要有固定线圈、可动铁片、指针、阻尼片、游丝、永久磁铁、磁屏蔽体等组成，其主要特点就是固定线圈为扁型线圈结构。当固定线圈中通入电流时，线圈产生磁场，并使可动铁片磁化，其极性与线圈的磁场方向一致，即铁片靠近线圈一侧的磁极性与该侧线圈的磁极性相反，互相吸引，使可动铁片移动，产生力矩使指针偏转，当此力矩与游丝产生的反作用力矩平衡时，指针便稳定在某一位置，从而指示出数值。

（2）排斥型结构原理：排斥型结构主要有固定线圈、固定铁片、可动铁片、转轴、游丝、指针、阻尼片、平衡锤、磁屏蔽体组成，主要特点是固定线圈为圆形线圈结构。当线圈中通入电流时，产生磁场，使固定铁片和可动铁片磁化，两者极性相同，相互排斥，产生转动力矩，使可动铁片带动转轴和指针偏转，当偏转到一定角度与游丝产生的反作用力矩平衡时，指针平衡，即指示出数值。

（3）特点：

1）由于可动部分都不随电流方向的变化而变化，所以两者既可测交流，又可测直流，测直流时，不存在极性问题。

2）结构简单，过载能力强。

3）标度尺的刻度不均匀。

4）防外界磁场干扰性能差。

**3. 使用**

（1）交流电流表应与被测电路或负载串联，严禁并联，如果将电流表并联入电路，则由于电流表的内电阻很小，相当于将电路短接，电流表中将流过短路电流，导致电流表被烧毁并造成短路事故。

（2）一般直接接入电路的交流电流表测量的范围最大不超过200A，要测量大电流就必须扩大其量程，采用经电流互感器二次绕组再接入电流表，这种接法，测量电流可达10kA。电流互感器是一种类似于变压器的电器装置，将高电压系统中电流或低压系统中的大电流变成低电压标准小电流的电流变换装置，国家标准代号为"TA"，主要有一次绕组、二次绕组、铁芯以及绝缘支持物等构成。工作时，一次绕组匝数很少，串联在被测电路中，流过被测电路的全部负荷电流；二次绕组匝数较多，其两端与仪表或继电器的电流线圈相连接。由于二次侧所接负载的阻抗非常小，几乎等于零，故正常工作时的电流互感器二次侧基本上处于短路状态。

借助电流互感器测量大电流时应注意：

1）电流互感器的一次绕组应串接入被测电路中，副绕组与电流表串接。

2）电流互感器的变流比应大于或等于被测电流与电流表满偏值之比，以保证电流表指针在满偏值以内。

3）电流互感器的二次绕组必须通过电流表构成回路并接地，二次侧不得装设熔丝。

（3）交流电流表的测量接线如图8-3所示。

**（三）交流电压表**

**1. 分类及常用型号**

交流电压表按接线方式可分为低压直接接入测量和高压经电压互感器后在二次侧间接测量两种方式，低压直接接入式一般用在380V或220V电路中。

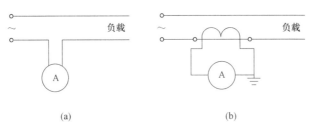

图 8-3　交流电流表的测量电路

（a）交流电流表直接接入电路；（b）借助电流互感器接入电路

常用的交流电压表主要有 1T1 型、42 型方形仪表、44 型和 59 型矩形仪表。

**2. 结构原理**

电磁式交流电压表和电流表的构造原理基本上相同，不同的地方主要是仪表的内电路部分，电流表的内电路部分具有很小的内阻和较大的导体截面，而电压表则要求内电路具有大内阻和小截面。

**3. 电压互感器**

（1）用途：一般电磁式电压表只能测量 500V 以下的电压，当所测电压较大时，常使用电压互感器，将高压降为 100V，再进行连接测试，这样可以降低仪表的绝缘强度，仪表的体积相对缩小，测量时也相对安全。

（2）原理：电压互感器的结构与降压变压器相似，也是由一次绕组、二次绕组、铁芯、接线端子（瓷套管）以及绝缘支持物等组成。

电压互感器的一次绕组匝数较多，与被测电路并联。二次绕组匝数较少，与测量仪表的电压线圈并联。铁芯是电压互感器产生电磁感应的磁路部分，一、二次绕组都绕在铁芯上。

当电压互感器工作时，一次绕组加载交流电压后，一次绕组中通过交变电流，在铁芯中产生交变磁通，因为一、二次绕组在同一铁芯上，主磁道同时穿过一、二次绕组，在二次绕组中产生感应电动势，如二次侧有闭合回路，则就产生电流。其工作原理如图 8-4 所示。

一次绕组与二次绕组额定电压之比叫变压比，用公式表示为：

$$K = \frac{U_{1N}}{U_{2N}} \tag{8-21}$$

（3）使用注意事项：

1）电压互感器的接线必须遵守并联连接的原则；

2）电压互感器的外壳和二次绕组应进行接地；

3）电压互感器的一次绕组和二次绕组不允许短路，一、二次侧必须装设熔断器；

4）电压互感器的变压比应大于或等于被测电压与电压表满偏值之比，以保证电压表指针在满偏刻度以内。

**4. 接线**

交流电压表测量时，和直流电压表一样，也是并联接入电路，而且只能用于交流电路测量电压，当将电压表串联接入电路时，则由于电压表的内阻很大，几乎将电路切断，从而使电路无法正常工作，所以在使用电压表时，忌与被测电路串联。借助电压互感器测量交流电压如图 8-5 所示。

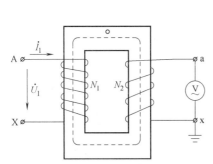

图 8-4 电压互感器工作原理

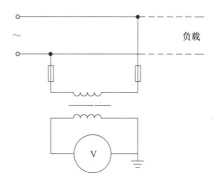

图 8-5 借助电压互感器测量交流电压

### （四）绝缘电阻表

绝缘电阻表又称摇表或绝缘电阻表，是专门用来测量电动机、电器和线路绝缘电阻的仪表，常用的型号有 ZC-7、ZC-11、ZC-25、ZC-40 型等，还有晶体管绝缘电阻表 ZC-30、ZC-44 型和市电式绝缘电阻表 ZC-42 型。绝缘电阻表是一种具有高电压而且使用方便的测量大电阻值的指示仪表，它的刻度尺的单位是兆欧，用 MΩ 表示，1MΩ 等于 $10^6 Ω$，所以称为"高阻计"。

**1. 结构**

绝缘电阻表的基本结构由一台手摇发电机、磁电式流比计和附加电阻组成。

手摇发电机有直流和交流两种，绝缘电阻表需要的是直流电源，最常用的交流发电机都配有整流装置，经整流后提供直流电源。手摇发电机的容量较小，但输出电压却很高，绝缘电阻表的额定电压和测量范围就是根据手摇发电机输出的最高电压分类的，电压越高，能测量的绝缘电阻的阻值越高。

磁电式流比计是一种特殊形式的磁电式测量机构，它是绝缘电阻表的测量机构，该计区别于其他测量机构的特殊性在于非工作状态下指针可停留在刻度尺上的任意位置，而不像其他仪器必须停在零位上。

**2. 工作原理**

绝缘电阻表的电路原理图如图 8-6 所示，发电机摇动时产生的电压为 $U$，如两个线圈的内阻分别为 $r_1$ 和 $r_2$，限电阻是 $R_1$、$R_2$，则流经两个线圈的电流分别为：

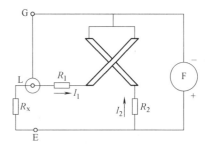

图 8-6 绝缘电阻表工作原理

$$I_1 = \frac{U}{r_1 + R_1 + R_x} \tag{8-22}$$

$$I_2 = \frac{U}{r_2 + R_2} \tag{8-23}$$

得

$$\frac{I_1}{I_2} = \frac{r_2 + R_2}{r_1 + R_1 + R_x} \tag{8-24}$$

即两个线圈电流之比是被测电阻 $R_x$ 的函数。通电线圈在永久磁铁磁场作用下产生两个方向相反又与偏转角度 $\alpha$ 有关的转矩 $M_1$、$M_2$，通常 $M_1 \neq M_2$，仪表可动部分在（$M_1 - M_2$）作用下发生偏转，直至 $M_1 - M_2 = 0$（即 $M_1 = M_2$）时为止。此时：

$$\frac{I_1}{I_2} = f(x) \tag{8-25}$$

即电流比不但是被测电阻 $R_x$ 的函数，也是偏移转角的函数。

**3. 绝缘电阻表的选择**

选择绝缘电阻表主要应考虑绝缘电阻表的额定电压、测量范围与被测电气设备或线路是否相适应。

选用绝缘电阻表额定电压的原则是，额定电压高的电气设备或线路，其对绝缘电阻值的要求要大一些，所以应使用额定电压高的绝缘电阻表进行测量。对低压电气设备或线路，内部绝缘所承受的电压低；为了保证电气设备不被绝缘电阻表的电源电压所击穿，应选用额定电压低的绝缘电阻表。表 8-7 是常用绝缘电阻表的数据，供选用时参考。

选用绝缘电阻表　　　　　　　　　　　　　　　　　　表 8-7

| 选用型号 | 电气设备或回路额定电压 | 选用型号 | 电气设备或回路额定电压 |
|---|---|---|---|
| 500V | ≤500V | 2500V | >1000V |
| 1000V | >500V，且≤1000V | — | — |

绝缘电阻表测量范围的选用原则是：测量范围不能过多超出被测绝缘电阻值，避免产生较大误差。

**4. 绝缘电阻表的使用**

（1）用前检查：

1）检查绝缘电阻表外观完好无损，指针转动灵活，摇动手柄自如，无异常现象。

2）开始试验，在不接任何电器的情况下，以 120r/min 的转速摇动手柄，指针应指向"∞"。

3）短路试验：

① 将 L 和 E 短接，缓慢摇动手柄，指针指向零位。

② 以较快转速摇动手柄，瞬间将 E 和 L 短接，指针应指向零。

（2）注意事项：

1）测量前必须先切断被测电器的电源，并且要充分放电，对于电容性负载，测量后还必须进行放电。

2）表的测量引线应使用绝缘良好的单根导线，且应充分分开，不得与被测设备的其他部位接触。

3）在潮湿场所或降雨状况下，应使用保护环来消除表面剩余电流。

4）摇测时避免人体碰触导线和被测物，以免电击。

（3）摇测塔式起重机线路：

1）切断塔式起重机电源，将塔式起重机司机室开关调回零挡。

2）将绝缘电阻表放在平衡水平面上。

3）将 L 端和 E 端分别接在塔式起重机专用开关箱出线的 $L_1$ 相和 $L_2$ 相上。

4）转动手柄，由慢至快，如发现指针已指向零，不转动了，说明已短路。

5）将相线调换，再进行摇测，测出 U 与 V、U 与 W、V 和 U 对地、W 和 U 对地、V 对地、W 对地共六组数据。

6）塔式起重机线路的绝缘电阻最小值为 0.5MΩ，但三相之间的绝缘电阻值应比较一致，若不一致，则不平衡系数不得大于 2.5。

（4）摇测三相异步电动机：

1）对新安装的电动机选用 1000V 绝缘电阻表，运行中的用 500V 绝缘电阻表。

2）定子绕组：测三相绕组对外壳（即相对地）及三相绕组之间的绝缘电阻。

转子绕组：绕线式电动机的转子绕组进行摇测，项目是相对相。

3）正确摇测：

① 断开电源接线。

② 测相对地时，绝缘电阻表"E"测试线接电动机外壳，"L"测试线接三相绕组，即三相绕组对外壳一次摇成，若不合格时则拆开单相分别摇测。

③ 测相间绝缘时首先应将相间联片取下，然后再进行相与相测试。

④ 大型电动机测试前应进行放电。

4）绝缘电阻值标准：

① 新安装的电动机用 1000V 绝缘电阻表，绝缘不得低于 1MΩ。

② 旧电动机绝缘一般不低于 0.5MΩ。

（5）当下列情况时需进行摇测：

1）新安装的投入运行前。

2）停用 3 个月以上再次使用前。

3）电动机进行大修后。

4）发生故障时。

**（五）万用表**

万用电表又称万用表，是一种带整流器的磁电式仪表，常用来测量交流、直流电流、电压和电阻，有的还可以测量电感、电容、音频电平、晶体管等，是一种多用途多量程的便携式仪表，因此常用在电气维修和无线电维修调试中。

万用表除了常用的模拟式外，还有晶体管万用表和数字万用表。晶体管万用表的灵敏度更高，数字式万用表的功能更多，除常用的功能外还可测频率、周期、时间间隔、晶体管参数和温度等。

**1. 结构**

万用表主要由表头、测量线路、转换开关及外壳等组成。

（1）表头要求灵敏度高、准确度好，以满足各量程的需要。表头一般就是一个磁电式直流微安表。满偏电流为几微安至几十微安，满偏电流越小，灵敏度就越高，测量电压时的电阻就越大，电表对被测线路的工作状态的影响就越小。目前一般国产万用表的表头灵敏度在 10～200mA，测量电压时的电阻为 2000～20000Ω/V。

表头上刻有多条标度尺，每条标尺对应不同的测量值，一般电流、电压挡都是均匀刻置的，而对于电阻则是不均匀刻置。

（2）测量线路是万用表的心脏部分，一只万用表它的功能测量范围都与测量线路的复杂程度直接相关，各种万用表的基本电路是相似的。一只万用表实质就是由电流表、电压表、欧姆表等组合而成，因此其线路就是上述几种表的线路复杂组合而成的。

测量线路中的元件绝大部分是各种类型和具有不同数值的电阻元件，如线绕电阻、金属膜电阻、电器膜电阻等，测量交流电压的线路中还有整流元件，它们与表头通过串、并联回路的线路，组成多量限的直流电压、交流电压及多量限欧姆表等测量线路。如图8-7所示为万用表简单测量的原理图。

（3）转换开关是用来选择各种测量种类和量限的，这种开关大多为多刀多位型，各刀之间相互同步联动，旋转开关位置相应接通所要求的测量线路。

**2. 工作原理**

（1）测量电阻：万用表测量电阻的原理与兆欧表不同，与多量程欧姆表相似，图8-8所示是测量电阻的简单原理图，万用表中的电源用的是干电池，当被测电阻接入电路后，形成回路，则电路的工作电流为：

$$I = \frac{U}{R + R_x + R_c} \tag{8-26}$$

式中　$U$——干电池电压，V；
　　　$R$——串联电阻，Ω；
　　　$R_c$——干电池内阻，Ω；
　　　$R_x$——被测电阻，Ω。

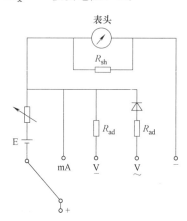

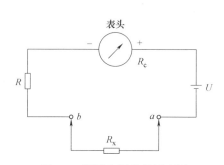

图8-7　万用表简单测量原理图　　　　图8-8　测量电阻简单原理图

由上式可知，工作电流与电源电压及内阻、串联电阻、被测电阻有关，当$U$、$R$、$R_c$已知并固定时，工作电流$I$只能与$R_x$有关，且一一对应，$R_x$越大$I$越小，$R_x$越小$I$越大，指针就满偏，这就使万用表欧姆挡刻度尺的"0"位在右侧，而电压"0"位在左侧，且由于测量电阻时的工作电流$I$与被测电阻$R_x$不成比例，所以，刻度尺是不均匀的。在"0"到"∞"这个范围内，从"0"开始，随着刻度值的增大，刻度线越来越密，每格代表的阻值越来越大。通常所用的刻度都在靠近中心刻度两侧范围内，若是测量大阻值，当指针偏向左时，因为密度很大，很难读数，造成测量不准。所以为了测量更多的电阻，采用了多量限电路，共用一刻度线，以$R\times1$挡为基础，按10倍来扩大量程，如$R\times1$、$R\times10$、$R\times100$、$R\times1000$等，增大了被测电阻值后，工作电流势必要减小，为了保证

工作电流不变,通常采取两种措施:

1) 保持电压不变。改变与表头并联的分流电阻,即低阻挡用阻值较小的电阻,高阻挡用阻值较大的分流电阻,这样虽然高阻挡总电流减小了,但通过表头的电流仍不变。

2) 提高电源测试压。在万用表中因为使用的是干电池,电池电压会随着电能的消耗而逐渐降低,测量电阻值时就会造成测量误差,所以电阻测量挡有一个零点调整电位器。具体使用方法是测量电阻前,将万用表的测试表短接,同时调整零点调整器的旋钮,使指针指向"0"位。常用的是分压式零欧姆调整器。

(2) 测量直流电流。万用表的直流电流挡一般设计都是用于测量小电流的,通常都在1A以下,以毫安为单位的居多,它的实质是一个多量限的直流电流表,是应用分流器与磁电式测量机构并联来实现扩程的,分流器电阻值越小,相应的电流量程越大。所以配不同阻值的分流器,就可得到不同的测量范围。

(3) 测量直流电压。直流电压测量时,仪表便成为一个磁电式直流电压表,工作原理也完全一样,采用附加电阻以扩大量程,附加电阻的阻值越大,能扩大的测量电压的范围也越大,配不同的附加电阻,就得到不同的测量范围。

(4) 测量交流电压。由于万用表的表头是磁电式测量机构,只能用于直流电流或直流电压,所以要测交流就必须对电压采取整流措施,交流电压挡就是直流电压挡外加一整流器,其他与直流电压挡相差无几。

**3. 使用**

(1) 用前检查:

1) 检查万用表外观完好无损,指针摆动自如。

2) 转换开关切换灵活。

3) 进行机械调零,将万用表水平放置转动机械调零螺丝,使指针指在零位。

4) 若进行电阻测量,则必须进行欧姆调零,若再调指针也不能指向零,则应更换电池。

(2) 电阻测量:

1) 切断被测电阻与电源的连线。

2) 估计所测电阻阻值,选择合适的标准。

3) 使表笔与电阻接触良好,注意手及其他部位不得接触表笔的金属部分。

4) 读取结果时指针在刻度中心两侧为宜。

5) 测量结束,应将转换开关打到空挡或交流电压最大挡。

6) 测量中每调换一个欧姆挡必须重新进行欧姆调零。

(3) 测量电流:

1) 估计所测电流大小,合理选择挡位,当无法估计时,应选最大挡位。

2) 分清电流极性。

3) 将万用表串联接入电路。

4) 正确读数。

5) 测量中不得带电换挡,测量较大电流后,应断开电源后再撤表笔。

(4) 电压测量:

1) 估计所测电压值,选择合适的电压挡。

2）分清极性，若无法分清可采取一支表笔触牢，另一表笔轻点，看指针转向，若反偏，则调换表笔。

3）将表笔并联入电路。

4）正确读数。

5）测量时应注意与带电体保持安全距离，严禁用手触及金属部分，测高压时，应戴绝缘手套，站在绝缘垫上进行，并应使用高压测试表笔，测量中不得换挡。

### （六）接地电阻测试仪

接地电阻测试仪又称接地摇表，目前国产常用的为 ZC-8 型和 ZC-29 型，如表 8-8 所示，它们具有体积小、重量轻、便于携带、使用方便等特点。下面以 ZC-8 型为例，介绍其结构原理及使用方法。

常见接地电阻测试仪型号 表 8-8

| 型号 | 量程 （Ω） | 最小刻度分格 （Ω） | 准确度（%） | | 电源 |
|---|---|---|---|---|---|
| | | | 额定值30%以下 | 额定值30% | |
| ZC-8 | 0～1 | 0.01 | 为额定值的±1.5 | 为指示值的±5 | 手摇发电机 |
| | 0～10 | 0.10 | | | |
| | 0～100 | 1.00 | | | |
| | 0～10 | 0.10 | | | |
| | 0～100 | 1.00 | | | |
| | 0～1000 | 10.00 | | | |
| ZC-29 | 0～10 | 0.10 | 为额定值的±1.5 | 为指示值的±5 | 手摇发电机 |
| | 0～100 | 1.00 | | | |
| | 0～1000 | 10.00 | | | |

### 1. 结构原理

（1）结构。ZC-8 型接地电阻测试仪主要由手摇交流发电机、相敏整流放大器、电位器、电流互感器、检流计及量程挡位转换开关等组成，全部结构密封于铝合金铸造的携带式外壳内，如图 8-9 所示。

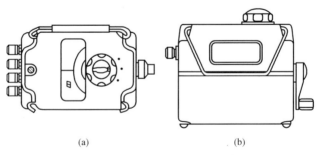

(a)             (b)

图 8-9　ZC-8 型接地电阻测试仪

(a) 俯视图；(b) 侧视图

仪器附件包括：接地极探测针两根，测试导线三根，长度分别为 5m、20m、40m。

ZC-8 型接地电阻测试仪接线端钮有三线和四线两种：三个接线端钮（E、P、C），其量程挡位开关的倍率为：×1（0～10Ω）、×10（0～100Ω）、×100（Ω～1000Ω），最小分辨率为 0.1Ω；四个接线端钮（C1、P1、P2、C2），其量程挡位开关的倍率为：×0.1（0～1Ω）、×1（0～10Ω）、×10（0～100Ω），最小分辨率为 0.01Ω，在实际使用中，常将 P2、C2 短接，即相当于 E 端钮。

（2）工作原理。测量接地电阻的基本原理如图 8-10 所示。在两根接地体 P1、P2 之间加上固定电压后，就产生电流流过 P1 和 P2，它们各自的电压 $U_1$ 和 $U_2$ 是与接地电阻的数据成正比的，所以只要测出电压降（一般把距离它们 20m 处的土看成零电位，再以它为基准分别

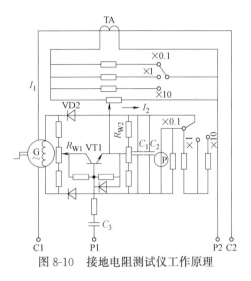

图 8-10  接地电阻测试仪工作原理

测出 $U_1$ 和 $U_2$），由欧姆定律，利用电压和电流值便能推算出接地电阻值。

在用 ZC-8 型接地电阻测试仪测量接地电阻时，仪表的接线端钮 P2、C2 短接后与接地极 E 相连，另外两个端钮 P1、C1 连接相应的电压探测针和电流探测针，电流从发电机流出，经过电流互感器的一次绕组、接地极 E、大地和电流探测针再回到发电机，电流互感器二次绕组产生的电流通过电位器，当检流计指针偏转时，借助调节电位器的触点，以使其达到平衡，读出调节旋钮的读数，即为所测电阻值。

所以，ZC-8 型接地电阻测试仪可以测量各种接地装置的接地电阻值，四个接线端钮可以测量土的电阻率，同时还可测量低值电阻。

**2. 使用**

（1）用前检查：

1）检查外观完好无损，量程挡位转动灵活，刻度盘转动灵活。

2）将仪表水平放置，检查指针是否与刻度中心线重合，若不重合，进行机械调零。

3）做短路试验，挡位开关旋至最低挡，将仪表的接线端钮全部短接，摇动摇把后，指针应与刻度中心线重合，若不重合，则说明仪表本身就不准。

（2）测接地电阻：

1）切断接地装置与电源或电气设备的所有连接。

2）放线，将 20m 测试线与 40m 测试线依直线的排列形式放好，将探测针打入土中，至少为探测针长度的 2/3，测试线端的鳄鱼夹子应夹在探测针的接地装置上。

3）将 5m 测试线一端夹在接地装置上。

4）将测试线与仪表相连接，正确接线方式如图 8-11 所示。

5）在测试时将挡位打到最大位数，慢慢转动发电机摇把，同时转动测量刻度盘，使指针指在中心线上，当指针接近于平衡时，加快转速，达到 120r/min，同时调整测量刻度盘，使指针指向中心线。

若测量刻度盘读数小于 1 应换挡，减小倍数，再继续上述步骤，使指针指向中心线，用测量刻度盘的读数乘以"倍率"的倍数，即为所测接地电阻值。

（3）测量土壤电阻率：用带 4 个接线端钮的接地电阻测试仪，可以测量土的电阻率

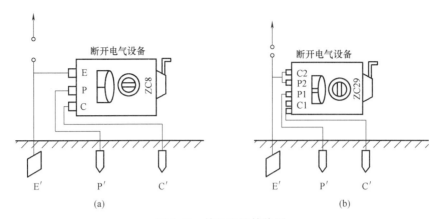

图 8-11　接地电阻接线图

（a）三个端钮；（b）四个端钮

$\rho$，接线方式如图 8-12 所示。在被测区域沿直线插入 4 根接地极，彼此距离为 $a$，其埋入深度不应超过接地极之间距离的 1/20。接线时应打开 C2 和 P2 端钮间的短路连接片，用 4 根导线将 4 个接地探测针连接到仪表的四个接线端钮上，测量方法与接地电阻的测量方法相同，只是最后要进行以下计算：

所测土壤电阻率为：
$$\rho = 2\pi a R_x \tag{8-27}$$

式中　$\rho$——该地区土壤电阻率，$\Omega \cdot m$；

　　　$a$——接地极之间的距离，m；

　　　$R_x$——接地电阻测试仪上的读数，$\Omega$。

一般情况下重复测量几次，取平均值。

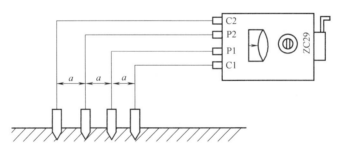

图 8-12　测量土壤的电阻率接线图

（4）测量低值电阻：接地电阻测试仪允许测量低值电阻的阻值，测量时，应将 C1 和 P1、P2 和 C2 分别短接，然后将电阻接于 C1P1 和 P2C2 两端，接线方式如图 8-13 所示，

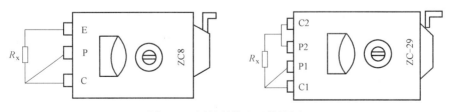

图 8-13　测量低值电阻接线图

测量方法和接地电阻测量方法相同，读出的数值即为电阻值。

（5）测量注意事项：

1）不准带电测量接地装置的接地电阻，测量前必须断开电源。

2）雷雨天气不得测量防雷装置的接地电阻。

3）易燃易爆场所和有瓦斯爆炸危险的场所，应使用 EC-18 型安全火花型接地电阻测试仪。

4）测试线不应与高压架空线或地下金属和地下金属管道平行，以防止干扰，影响准确度。

5）测试时应防止在 P2C2 与被测接地断开的情况下继续摇测。

**3. 最新产品简介**

目前，国际上最先进的是数字式单钳接地电阻计，如 CA6411/CA6415 系列、CE4107 等，都不必使用辅助接地棒，只要卡住接地线或接地棒，就能测出接地电阻，电阻分辨率可达 0.01Ω，测量范围为 0.1～1200Ω，并且还能测量交流电流。

**（七）钳形电流表**

在用电流表测量电流时，通常需要停电后将电流表或电流互感器的一次绕组串接到被测电路中去，然后再进行测量，而钳形电流表测量电流时，不需要切断电路而直接测量电路中的电流。虽然钳形电流表的准确度不高，一般为 2.5 级或 5 级，由于其不需要切断电流的优点，从而得到广泛应用。

**1. 结构原理**

（1）互感器式钳形电流表。国产 T301、T302 型交流钳形电流表是互感器式钳形电流表，主要由电流互感器、整流器、磁电式电流表和分流器组成，如图 8-14 所示。

互感器式钳形电流表的电流互感器的铁芯呈钳口状，当捏紧扳手时铁芯可以张开，被测电流的导线放入钳口中，松开手将钳口闭合，这样被测电流导线就成为互感器的一次绕组，二次绕组与电流表及整流器相连，当一次绕组中有负载电流时就在闭合的铁芯中产生磁通，使二次绕组中产生感应电动势，测量电路中就产生感应电流，电流经整流后变成直流，流过表头，使指针偏转，表的示值是考虑了整流器的影响和互感器的变化而进行刻度的，所以可直接从表示标尺上读出被测电流值。若在钳形电流表线路中串联几个附加电阻，即可测量交流电压，不需要用互感器部分。

（2）电磁式钳形电流表。国产 MG20、MG21 型交直流两用的钳形电流表是电磁式钳形电流表，其外形与互感式差不多，但内部结构和工作原理都不尽相同，如图 8-15 所示。

电磁式钳形电流表的铁芯也呈钳口形，但没有二次绕组，而是在铁芯缺口中央的电磁式测量机构的可动铁片，当被测导线穿过铁芯时，被测导线的电流在铁芯中产生磁场，使可动铁片被磁化并产生电磁力，从而产生转动力矩，驱动可动部分使指针偏转，便可读出数值。因为电磁式仪表可动部分的偏转和电流方向无关，因此，它可以交、直流两用。

**2. 正确使用及注意事项**

（1）正确使用：

1）测量前应估计被测电流的大小，选择量程合适的钳形电流表；

2）根据被测电流的频率，选择互感式或电流式钳形电流表；

3）在正式使用前必须将表放平进行机械调零；

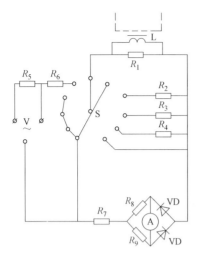

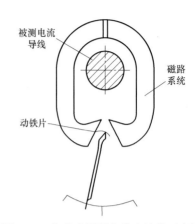

图 8-14 互感器式钳形电流表工作原理图　　　图 8-15 电磁式钳形电流表结构示意图

4）根据电流大小选择量程挡位，在无法估计时，选择最大挡；

5）被测载流导线应放在钳口的中央，钳口应紧密闭合；

6）在测量小电流时，为得到较准确的读数，在条件许可时可将导线向同一方向多绕几圈放进钳口进行测量，这时所测电流实际值应等于电流表读数除以放进钳口中的导线根数；

7）使用中在测完大电流测小电流前，应将钳口闭合多次进行去磁；

8）正确读出数值；

9）测量完成后，应将挡位打到最大值，以免下次使用时由于未选择量程而损坏仪表。

（2）注意事项：

1）使用前检查钳形电流表外观应完好，钳口铁芯无污垢、锈蚀；

2）钳形电流表一般只能用于测低压电流，所测电路的电压不能超过钳形电流表所规定的数值，当被测电路电压较高时应严格按有关规定进行测量；

3）测量中不得换挡，必须将导线退出钳口后方可换挡；

4）不得测量裸导线，以防止短路事故；

5）不准将钳口套在开关的闸嘴上或保险管上进行测量。

## 五、常用电工安全用具

### （一）安全用具的分类和作用

所谓安全用具，对电工而言，是指在带电作业或停电检修时，用以保证人身安全的用具，其分类如下：

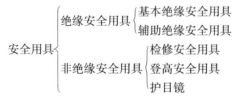

用具本身的绝缘足以抵御工作电压的，称为基本绝缘安全用具。可见，在带电作业时

必须使用基本绝缘安全用具。对低压带电作业而言，带有绝缘柄的工具、绝缘手套属于此类。

用具本身的绝缘不足以抵御工作电压，但当操作人不慎触电时，可减轻危险的一类绝缘安全用具称为辅助绝缘安全用具。对低压带电作业而言，绝缘靴、鞋，绝缘台、垫属于此类。

检修安全用具是在停电检修作业中用以保证人身安全的一类用具。它包括验电器、临时接地线、标识牌、临时护栏等。

登高安全用具，是用以保证在高处作业时防止跌落的用具，如电工安全带。

护目镜，是防止电弧或其他异物伤眼的用具。

为正确使用绝缘安全用具，需注意以下两点：

（1）绝缘安全用具本身必须具备合格的绝缘性能和机械强度（合格的绝缘用具）。

（2）只能在和其绝缘性能相适应的电压等级的电气设备上使用。

过去的分类方法，常将验电器笼统地归为"基本安全用具"，近来则归为检修安全用具。

### （二）验电器

验电器是检验电气设备是否确无电压的一种安全用具，可大致分为低压验电器和高压验电器两类，根据验证的电压等级来选用。验电器一般利用电容（电阻）电流经氖气灯泡发光的原理制成，称为发光型验电器。这种验电器在我国沿用多年，低压验电器使用此类。而高压验电器使用发光型则观察困难，因为高压验电器氖管离人较远，观察其发光时比较困难，尤其在光线强的室外更是如此。近年来随着电子科技的不断发展，研制出的声光验电器和其他型号的验电器给验电工作带来很大方便，颇受欢迎。下面主要介绍低压验电器。

低压验电器又称低压试电笔，是低压作业人员判断被检修的设备或线路是否带电的重要测试用具。

图 8-16 所示为钢笔式低压验电笔，它由工作触头、降压电阻、氖泡、弹簧等部件组成。验电时，手握笔帽端金属挂钩，笔尖金属探头接触被测设备。可根据氖泡的发亮程度来判断有无电压和电压的高低。

低压验电器除主要用来检查、判断低压电气设备或线路是否带电外，还有下列用途：

图 8-16　钢笔式低压验电器
1—工作触头；2—降压电阻；3—氖泡；
4—金属笔卡；5—弹簧

#### 1. 区分相线和中性线

对于三相四线而言，氖泡发亮的是相线，不亮的则是中性线。但当有一相发生对地故障时，由于三相电流不平衡，则线上可能出现电压，当用验电器检测时氖泡发亮，据此可以判断出系统出现了故障或三相四线制的负荷配置有严重的不平衡现象。当设备内部发生匝间短路时，由于短路时三相电流不平衡，用验电器测量中性线时也可以发现中性线有电压。

#### 2. 区分交流电和直流电

交流电通过氖泡时，氖泡的两极都会发亮；当直流电通过时，由于电流只是单方向流动，则只有一个电极发亮。如将验电器的两端分别接到正、负两极之间，发亮的一端是负极，另一端是正极。

#### 3. 判断电压的高低

如氖泡发暗红，轻微亮，则电压低；如氖泡发黄红亮色或很亮时，则电压高。

特别提出注意的是：低压验电器在使用前应在已知带电的线路或设备上校验，检验其是否完好。防止因氖泡损坏而造成误判断，甚至引起电击事故。

### （三）带绝缘柄的工具

电气作业人员常用的各种工具中，凡带有合格的绝缘柄的工具均可作为基本安全用具。如各种带有绝缘手柄的钳子、改锥等常用工具，但应注意保持绝缘手柄完好，不得使用绝缘破损的工具作业。

**1. 活扳手**

活扳手又称为活络扳手，采用优质钢锻造，头部倾角 $20°30'$，热处理强化，表面、周界及头部抛光，镀镍或铬。

（1）用途：开口宽度可以调节，可用于装拆一定尺寸范围内的六角螺栓或六角螺母。

（2）规格：见表8-9。

活扳手规格 表8-9

| 长度(mm) | 100 | 150 | 200 | 250 | 300 | 375 | 450 | 600 |
|---|---|---|---|---|---|---|---|---|
| 最大开口宽度(mm) | 13 | 18 | 24 | 30 | 36 | 46 | 55 | 65 |
| 试验扭矩(N·m) | 33 | 85 | 180 | 320 | 515 | 920 | 1370 | 1975 |

**2. 电工刀**

电工刀又称为水手刀，采用特殊硬质钢材料制造，含锰元素，韧性好。刃部硬度大于54HRC（洛氏硬度），耐用，切割力强。

（1）用途：适用于电工割削电线、电缆绝缘保护层外皮、绳索、木条等。

（2）规格：电工刀规格见表8-10。

电工刀规格 表8-10

| 型式 | 规格代号 | 刀柄长度(mm) |
|---|---|---|
| 单用电工刀 | 1 | 115 |
| | 2 | 105 |
| | 3 | 95 |

**3. 螺钉旋具**

螺钉旋具采用优质碳钢挤冲成型，热处理强化，表面抛光，镀镍或铬，有一字槽旋具和十字槽旋具，手柄分为木制和塑制两种。螺钉旋具又称为螺丝起子、螺丝刀、改锥等。

（1）用途：是用来旋转固定或拆卸螺钉的工具。一般螺钉为顺时针旋转是固定锁紧，逆时针旋转是放松退出。

（2）规格：螺钉旋具规格见表8-11。

螺钉旋具规格 表8-11

| 槽号 | 0 | 1 | 2 | 3 | 4 |
|---|---|---|---|---|---|
| 旋杆长度(mm) | 75 | 100 | 150 | 200 | 250 |
| 圆旋杆直径(mm) | 3 | 4 | 6 | 8 | 9 |
| 方旋杆边宽(mm) | 4 | 5 | 6 | 7 | 8 |
| 适用螺钉规格 | ≤M2 | M2.5、M3 | M4、M5 | M6 | M8、M10 |

#### 4. 电工钳

电工钳又称为钢丝钳、克丝钳，采用优质碳钢锻造，热处理强化，周界抛光。钳的两平面磨光，柄部套塑柄或沾塑。

（1）用途：用来剪断较粗的电线、电缆、钢丝等，以及固定锁紧或放松退出螺母或螺栓。一般适用在 $\phi 3.2mm$ 以下导线；电工配线上可以用来扭转两条导线；可以夹持钢丝及螺丝等硬质物品。

（2）规格：手柄部带有绝缘套的电工钳，按其长度分为 160mm、180mm、200mm。

#### 5. 斜嘴钳

斜嘴钳又称为斜口钳，采用优质碳钢锻造，热处理强化，周界抛光。钳的两平面磨光，柄部套塑柄。

（1）用途：剪导线与剥导线的绝缘保护层外皮；斜口钳的刀刃锋面有圆孔，它的作用是方便剥线；有的斜口钳在握把处附有弹簧，使用时会自动弹开；有的斜口钳的刀锋内侧有防止剪断的导线弹跳装置。

（2）规格：手柄部带有绝缘套的斜嘴钳，按其长度分为 125mm、140mm、160mm、180mm、200mm。

#### 6. 尖嘴钳

尖嘴钳又称为尖头钳，采用优质碳钢锻造，热处理强化，周界抛光。钳的两平面磨光，柄部套塑柄。

（1）用途：夹持要焊接的电器元件；弯线、整线；整理电子元件的接脚；弯口型的尖嘴钳用于人手不易操作的地方，能握住或夹持住小物品。

（2）规格：手柄部带有绝缘套的尖嘴钳，按其长度分为 125mm、140mm、160mm、180mm、200mm。

#### 7. 圆嘴钳

圆嘴钳又称为圆头钳，采用优质碳钢锻造，热处理强化，周界抛光。钳的两平面磨光，柄部套塑柄。

（1）用途：用于金属细丝煨成圆弧或其他形状，适宜于电气元件的装配与维修作业。

（2）规格：手柄部带有绝缘套的圆嘴钳，按其长度分为 125mm、140mm、160mm、180mm、200mm。

#### 8. 扁嘴钳

扁嘴钳又称为扁口钳，采用优质碳钢锻造，热处理强化，周界抛光。钳的两平面磨光，柄部套塑柄。

（1）用途：用于金属细丝煨成直线形或呈一定角度的直线形状，适宜于电气元件的装配与维修作业。

（2）规格：手柄部带有绝缘套的扁嘴钳规格见表 8-12。

扁嘴钳规格                                                    表 8-12

| 全长（mm） | | 125 | 140 | 160 | 180 | 200 |
|---|---|---|---|---|---|---|
| 钳头长度（mm） | 短嘴式 | 25 | 32 | 40 | — | — |
| | 长嘴式 | 32 | 40 | 50 | 63 | 80 |

### 9. 剥线钳

剥线钳又称为剥皮钳，采用优质碳钢锻造，热处理强化，周界抛光。钳的两平面磨光，柄部套塑柄。

（1）用途：在不带电的条件下，用于导线线芯直径 0.5～2.5mm 的外部绝缘保护层的剥离。

（2）规格：手柄部带有绝缘套的剥线钳，其长度为 170mm。

## 六、常用电工辅助安全用具

### 1. 电工绝缘用具

辅助安全用具，包括绝缘鞋、绝缘靴、绝缘手套、橡胶绝缘垫（绝缘毡）等，如图 8-17 所示。它们的用途是隔离地面，阻断电流通过人体的回路，防止人身电击事故发生。常用的电工绝缘用具使用一定时间，应定期到国家或电工行业核准的检测机构进行检测，如表 8-13 所列。

### 2. 接地线

对可能送电至停电设备或停电设备可能产生感应电压的都要装设接地线，它是保护工作人员在工作地点防止突然来电的可靠安全措施，同时还能放尽设备断电后的剩余电流。

防止突然来电所采取的措施，一是采用三相短路接地开关；二是采用作为安全用具的携带型三相短路接地线（简称携带型接地线），如图 8-18 所示。

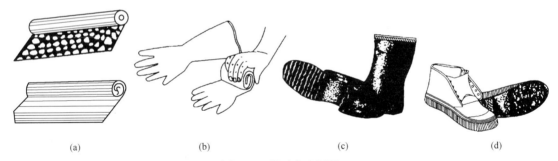

图 8-17　辅助安全用具

（a）绝缘垫；（b）绝缘手套；（c）绝缘靴；（d）绝缘鞋

常用电工绝缘用具试验表　　　　　　表 8-13

| 序号 | 名称 | 电压等级(kV) | 测试周期 | 交流耐压(kV) | 时间(min) | 泄漏电流(mA) | 备注 |
|---|---|---|---|---|---|---|---|
| 1 | 绝缘棒 | 6～10 | 6个月 | 40 | 5 | — | — |
| | | 0.5 | | 10 | | | |
| 2 | 验电笔 | 6～10 | 6个月 | 10 | 5 | — | 发光电压不大于额定电压的25% |
| | | 0.5 | | 4 | 1 | | |
| 3 | 绝缘手套 | 低压 | | 2.5 | 1 | <2.5 | — |
| 4 | 橡胶绝缘鞋 | 低压 | | 2.5 | 1 | <2.5 | |
| 5 | 绝缘绳 | 低压 | | 105/0.5m | 5 | — | |

携带型接地线一般由以下几个部分组成。

（1）夹头部分：根据夹头部分的形状不同，可分为悬挂式、平口式、螺旋式、弹力式等几种形式。夹头部分大多采用铝合金铸造抛光后制成，它是与设备导体的连接部件，要求连接紧密，接触良好，并保证具有足够的接触面积。

（2）绝缘棒或操作杆部分：绝缘棒或操作杆应由绝缘材料制成，其作用是保持一定的绝缘安全距离和起到操作手柄的作用，因此，其长度在除去握手长度（握手长度可取200～400mm）以后，应保持有效绝缘距离。

**3. 梯子**

电工常用的梯子有直梯和人字梯两种。直梯的两脚应各绑扎胶皮之类的防滑材料，如图 8-19（a）所示。人字梯应在中间绑扎一根绳子防止自动滑开，如图 8-19（b）所示。工作人员在直梯子上作业时，必须登在距梯顶不小于 1m 的梯蹬上工作，且用脚勾住梯子的横档，确保站立稳当。直梯靠在墙上工作时，其与地面的斜角度以 60°左右为宜。人字梯也应注意梯子与地面的夹角，适宜的角度范围同直梯，即人字梯在地面张开的距离应等于直梯与墙间距离范围的两倍。人字梯放好后，要检查四只脚是否都稳定着地，而且也应避免站在人字梯的最上面一档作业，站在人字梯的单面上工作时，也要用脚勾住梯子的横档。

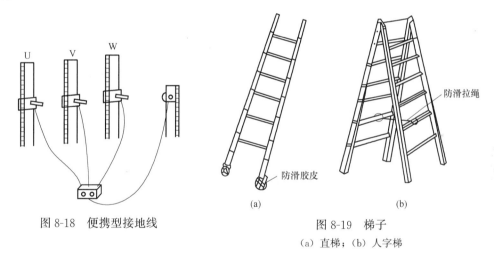

图 8-18  便携型接地线

图 8-19  梯子

（a）直梯；（b）人字梯

梯子使用时的注意事项：

（1）使用前，检查梯子是否牢固、无损坏。人字梯顶部铁件螺栓连接应紧固良好，限制张开的拉绳应牢固。

（2）梯子放置应牢靠、平稳，不得架在不牢靠的支撑物和墙上。

（3）梯子根部应做好防止滑倒的措施。

（4）使用梯子时，梯子与地面的夹角应符合要求。

（5）工作人员在梯子上部作业，应设有专人扶梯和监护。同一梯子上不得有两人同时工作，不得带人移动梯子。

（6）搬动梯子时，应与电气设备保持足够的安全距离。

（7）梯子如需接长使用，应绑扎牢固。在通道处使用梯子，应有人监护或设置围栏。

（8）使用竹（木）梯应定期进行检查、试验。其试验周期每半年一次，试验荷重1800N，试荷持续时间5min；每月应进行一次外表检查。

**4. 标识牌**

标识牌又叫警告牌，是用来警告工作人员不准接近有电部分或禁止操作设备，以免使停电的工作设备突然来电。标识牌还用来指示工作人员何处可以工作及提醒工作中必须注意的其他安全事项。

（1）安全标识牌式样

在电气安装与生产同时进行的工作中，为确保安全，必须悬挂与工作性质、内容相关的标识牌，以示告知他人。标准的标识牌为悬挂式，其式样见表8-14。

常用电气安全工作标识牌式样 表8-14

| 序号 | 名称 | 悬挂场所 | 式样 | | |
|---|---|---|---|---|---|
| | | | 尺寸(长×宽) | 底色 | 字色 |
| 1 | 禁止合闸，有人作业！ | 一经合闸即可送点到施工设备的断路器、隔离开关 | 200mm×100mm 或80mm×50mm | 白底 | 红字 |
| 2 | 禁止合闸，线路有人作业！ | 一经合闸即可送点到施工设备的断路器、隔离开关 | 200mm×100mm 或80mm×50mm | 红底 | 白字 |
| 3 | 在此作业！ | 室外和室内工作地点或施工设备 | 250mm×250mm | 绿底，中有直径210mm的白圆圈 | 黑字，位于白圆圈中 |
| 4 | 止步，高压危险！ | 施工地点临近带电设备的遮栏上，室外工作地点临近带电设备的构架，严禁通行的过道上、高压试验地点 | 250mm×200mm | 白底红边 | 黑字，有红色箭头 |
| 5 | 从此上下！ | 作业人员上下的铁架、木梯 | 250mm×250mm | 绿底，中有直径210mm的白圆圈 | 黑字，位于白圆圈中 |
| 6 | 禁止攀登，高压危险！ | 作业人员可能上下的铁架及运行中的变压器 | 250mm×200mm | 白底红边 | 黑字 |

（2）安全标识牌的设置要求

1）标识牌应设置在施工现场临时用电工程设备附近醒目的位置，使作业者易于观察，有足够的时间来关注它所标识的内容。环境信息标识宜设置在施工现场的入口处和醒目处；局部信息标识应设置在施工现场所涉及的相关危险地点或临时用电设备附近的醒目处。

2）标识牌不应设置在门、窗、架等可移动的部位上，不得在标识牌前放置障碍物，以免影响标识牌的认读。

3）标识牌的平面与作业者的视线夹角应接近90°，作业者位于最大观察距离时，最小夹角不低于75°，如图8-20所示。

4）标识牌的观察距离应满足表8-15的规定。

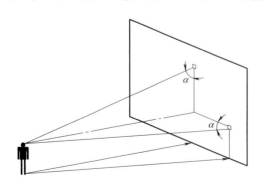

图8-20 人的视线与标识牌正视面夹角

安全标识牌的外观尺寸 表 8-15

| 型号 | 观察距离 L<br>(mm) | 圆形标识牌的外径<br>(mm) | 三角形标识牌的边长<br>(mm) | 正方形标识牌的边长<br>(mm) |
|---|---|---|---|---|
| 1 | $0.0<L\leqslant2.5$ | 0.070 | 0.088 | 0.063 |
| 2 | $2.5<L\leqslant4.0$ | 0.110 | 0.142 | 0.100 |
| 3 | $4.0<L\leqslant6.3$ | 0.175 | 0.220 | 0.160 |
| 4 | $6.3<L\leqslant10.0$ | 0.280 | 0.350 | 0.250 |
| 5 | $10.0<L\leqslant16.0$ | 0.450 | 0.560 | 0.400 |
| 6 | $16.0<L\leqslant25.0$ | 0.700 | 0.880 | 0.630 |
| 7 | $25.0<L\leqslant40.0$ | 1.110 | 1.400 | 1.000 |

5）多个标识牌一起设置时，应按警示、禁止、指令、提示类型的顺序以此排列，先左后右、先上后下的原则。

6）标识牌的固定方式分为附着式、悬挂式和柱式。附着式、悬挂式的固定应稳固端正，柱式的标识牌和支架应连接牢固。

7）标识牌至少应每半年检查一次，如发现有破损、变形、褪色等现象应及时维修或更换。

8）在维修或更换安全标识牌时应设置有临时标识牌，避免发生因无标识牌而出现意外事故。

**5. 安全帽**

安全帽是指对人头部受坠落物及其他特定因素引起的伤害起防护作用的帽子。佩戴前，作业者应检查安全帽各配件有无破损、装配是否牢固、帽衬调节部分是否卡紧、插口是否牢靠、绳带是否系紧等，若帽衬与帽壳之间的距离不在 25～50mm 之间，应用顶绳调节到规定的范围。根据作业者头部的大小，将帽箍长度调节到适宜位置（松紧适度），高空作业人员佩戴的安全帽，要有颏下带和后颈箍，并应拴牢以防帽子滑落与脱掉。安全帽在使用时受到较大冲击后，无论是否发现帽壳有明显的断裂纹或变形都应停止使用。安全帽质量必须符合现行国家标准《头部防护安全帽》GB 2811—2019 的规定。在购买安全帽时，应检查是否持有产品生产许可证书，产品检测报告和产品合格证。

（1）安全帽分类

1）安全帽按性能分为普通型（P）和特殊型（T）。普通型安全帽是用于一般作业场所，具备基本防护性能的安全帽产品；特殊型安全帽是除具备基本防护性能外，还具备一项或多项特殊性能的安全帽产品，适用于与其性能相应的特殊作业场所。

2）电绝缘性能的安全帽耐受电压等级分为 G 级和 E 级。G 级电绝缘测试电压为 2200V，E 级电绝缘测试电压为 20000V。

3）安全帽的分类标记由产品名称、性能标记组成。

4）安全帽的分类标记详见表 8-16，按表中从上至下的顺序选择相应性能进行标记。

安全帽的分类标记　　　　　表 8-16

| 产品类别 | 符号 | 特殊性能分类 | 性能标记 | | 备注 |
|---|---|---|---|---|---|
| 普通型 | P | — | — | | — |
| 特殊型 | T | 阻燃 | Z | | — |
| | | 侧向刚性 | LD | | — |
| | | 耐低温 | −30℃ | | — |
| | | 耐极高温 | +150℃ | | — |
| | | 电绝缘 | J | G | 测试电压 2200V |
| | | | | E | 测试电压 20000V |
| | | 防静电 | A | | — |
| | | 耐熔融金属飞溅 | MM | | — |

注：1. 普通型安全帽标记为：安全帽（P）；2. 具备侧向刚性、耐低温性能的安全帽标记为：安全帽（TLD−30℃）；3. 具备侧向刚性、耐受高温性能、电绝缘性能，测试电压为 20000V 的安全帽标记为：安全帽（TLD+150℃ JE）。

（2）安全帽的佩戴规定

1）新领的安全帽，首先检查是否有劳动部门允许生产的证明及产品合格证，再看是否破损、薄厚不均，缓冲层及调整带和弹性带是否齐全有效。不符合规定要求的立即调换。

2）施工现场作业要戴安全帽，安全帽可以防碰撞，还能起到绝缘作用。

3）戴安全帽前应将帽后调整带按自己头型调整到适合的位置，然后将帽内弹性带系牢。缓冲衬垫的松紧由带子调节，人的头顶和帽内顶部的空间垂直距离一般在 25～50mm，不要小于 32mm 为好。

4）不要把安全帽歪戴，也不要把帽檐戴在脑后方。

5）安全帽的下领带必须扣在颌下，并系牢，松紧要适度。

6）安全帽在使用过程中受过重击、有裂痕的安全帽，不得使用。

**6. 安全带**

电工安全带是电工作业时预防坠落伤亡事故的个人防护用品。安全带的腰带、保险带和绳具应有足够的机械强度，材质应有耐磨性，卡环（钩）应具有保险装置。保险带、绳使用长度在 3m 以上的应加缓冲器。作业者使用安全带前应检查组件是否完整、有无短缺、有无破损；绳索、腰带有无断股；金属配件有无裂纹、焊接处有无缺陷；挂钩的钩舌咬口是否平整、是否错位；保险装置是否完整可靠；铆钉是否偏位等。在电杆上工作时，电工应将安全带后备保护绳系在安全牢固的构件上，不得失去后备保护。安全带质量必须符合现行国家标准《安全带》GB 6095—2009 的规定。在购买安全带时，应检查是否持有产品生产许可证书，产品检测报告和产品合格证。

（1）安全带分类

按照使用条件的不同，安全带分为围杆作业安全带、区域限制安全带、坠落悬挂安全带。安全带的一般组成如表 8-17 所示。

安全带组成                                                                  表 8-17

| 分类 | 部件组成 | 挂点装置 |
|---|---|---|
| 围杆作业安全带 | 系带、连接器、调节器(调节扣)、围杆带(围杆绳) | 杆(柱) |
| 区域限制安全带 | 系带、连接器(可选)、安全绳、调节器、连接器 | 挂点 |
|  | 系带、连接器(可选)、安全绳、调节器、连接器、滑车 | 导轨 |
| 坠落悬挂安全带 | 系带、连接器(可选)、缓冲器(可选)、安全绳、连接器 | 挂点 |
|  | 系带、连接器(可选)、缓冲器(可选)、安全绳、连接器、自锁器 | 导轨 |
|  | 系带、连接器(可选)、缓冲器(可选)、速差自控器、连接器 | 挂点 |

（2）安全带的使用规定

1）安全带使用期一般为 3～5 年，发现异常应提前报废。

2）安全带的腰带和保险带、绳应有足够的机械强度，材质应有耐磨性，卡环（钩）应具有保险装置。保险带、绳使用长度在 3m 以上的应加缓冲器。

3）安全带组件完整、无短缺、无伤残破损；绳索、编带无脆裂、断股或扭结；金属配件无裂纹、焊接无缺陷、无严重锈蚀；挂钩的钩舌咬口平整不错位，保险装置完整可靠；铆钉无明显偏位，表面平整。

4）安全带应系在牢固的物体上，禁止系挂在移动或不牢固的物件上。不得系在棱角锋利处。安全带要高挂和平行拴挂，严禁低挂高用。

5）在电杆上工作时，应将安全带后备保护绳系在安全牢固的构件上（带电作业视其具体任务决定是否系后备安全绳），不得失去后备保护。

**7. 其他安全用具**

其他安全用具的种类很多，和施工现场临时用电关系较密切的有护栏和护目镜等，至于哪些并非以保障电气安全工作为主的安全用具就不一一在此介绍了。

（1）护栏：护栏分木制护栏和绳子护栏两种。护栏的作用是把值班人员和工作人员的活动范围限制在一定的范围内，以防误入带电间隔、误登有电设备和接近带电设备造成危险等。因此要求在护栏或围绳上必须有"止步前行，高压危险！""在此工作，严禁合闸！"等警告标识，以提高值班人员、工作人员的警惕。

（2）护目镜：在进行装卸高压熔丝、锯断电缆或打开运行中的电缆盒、浇灌电缆混合剂、向蓄电池注入电解液等工作时，均要戴护目镜。

装卸高压熔丝、锯断电缆及打开运行中的电缆盒时主要是防止弧光对眼睛刺激，因此这类护目镜应为有色护目镜。

浇灌电缆混合剂、向蓄电池内注入电解液等工作时戴护目镜是为了防止化学剂溅入眼内，故这类护目镜须为封闭式，眼罩的玻璃应使用无色玻璃。

# 第三节 临时用电工程的检查与拆除

施工现场临时用电工程的检查是对施工现场临时用电工程过程的评价。检查的项目包括配电系统（低压配电系统、剩余电流保护、防雷保护、接地与接地电阻）；配电装置（配电装置的设置、配电装置的电器选择、配电装置的使用）；配电室及自备柴油发电机组

（配电室、自备柴油发电机组）；配电线路（架空线路、电缆线路、室内配线）；电动建筑机械和手持式电动工具（起重机械、桩工机械、夯土机械、焊接机械、手持式电动工具、其他电动建筑机械）；外电线路及电气设备防护（外电线路防护、电气设备防护）；照明（照明供电、照明装置）；临时用电工程管理（临时用电工程组织设计、电工及用电人员、临时用电工程的检查与拆除、安全技术档案）等八项内容，施工现场临时用电工程应按分部、分项工程进行检查，如附表4所示。施工现场临时用电工程的检查应执行《建筑与市政工程施工现场临时用电安全技术标准》JGJ/T 46—2024：

第10.3.2条 临时用电工程定期检查应按分部、分项工程进行，对安全隐患应及时处理，并应履行复查验收手续。

## 一、配电系统

### （一）一般规定

（1）施工现场临时用电工程专用的电源中性点直接接地的220V三相四线制低压配电系统应符合下列规定：

1）采用TN-S低压配电系统；

2）采用三级配电系统，即总配电箱（柜）、分配电箱、开关箱三级配电系统；

3）采用总配电箱（柜）、开关箱二级剩余电流保护系统。

（2）施工现场配电系统应符合下列规定：

1）配电线路宜使三相负荷平衡；

2）220V或380V单相用电设备宜接入220V/380V三相四线系统；

3）单相照明线路宜采用220V/380V三相四线制单相供电。

（3）施工现场的消防水泵应采用专用配电线路，由施工现场总配电箱（柜）的总断路器控制供电。

### （二）接地保护系统

（1）人防、隧道等潮湿条件施工现场的电气设备应采用TN-S系统。

（2）施工现场临时用电与外电线路共用同一供电系统时，临时用电工程电气设备的接地型式应与原系统保持一致。

（3）TN-S系统中，保护接地导体（PE）材质及其连接应符合下列规定：

1）保护接地导体（PE）应采用绝缘导线。配电装置和电动机械相连接的保护接地导体（PE）应为截面不小于2.5mm²的绝缘多股铜线；手持式电动工具的保护接地导体（PE）截面不应小于1.5mm²的绝缘多股铜线。

2）保护接地导体（PE）所用材质与相导体、中性导体（N）相同时，其最小截面应符合表8-18的规定。

**保护接地导体截面与相导体截面的关系** 表8-18

| 相导体截面 $S$(mm²) | 保护接地导体最小截面(mm²) | 相导体截面 $S$(mm²) | 保护接地导体最小截面(mm²) |
|---|---|---|---|
| $S \leq 16$ | $S$ | $S > 35$ | $S/2$ |
| $16 < S \leq 35$ | 16 | | |

3）保护接地导体（PE）应单独敷设。重复接地线应与保护接地导体（PE）相连接，不得与中性导体（N）相连接。

4）电气设备不带电的外露可导电部分金属外壳应与保护接地导体（PE）做电气连接。

5）通过总剩余电流动作保护器的中性导体（N）与保护接地导体（PE）之间不得再做电气连接。

6）保护接地导体（PE）上严禁装设开关或熔断器，严禁通过工作电流，且严禁断线。

（4）使用一次侧由 50V 以上电压的 TN 系统供电，二次侧为 50V 及以下电压的安全隔离变压器时，二次侧不得接地，并应将二次线路用绝缘管保护或采用橡皮护套软线保护。

当采用普通隔离变压器时，其二次侧一端应接地，且变压器正常不带电的外露可导电部分应与一次回路保护接地导体（PE）作电气连接。

（5）相线、中性导体（N）、保护接地导体（PE）的绝缘保护层颜色标识应符合以下规定：

1）相线 $L_1$（A）、$L_2$（B）、$L_3$（C）的绝缘保护层颜色依次为黄色、绿色和红色；

2）中性导体（N）的绝缘保护层颜色为淡蓝色；

3）保护接地导体（PE）的绝缘保护层颜色为绿黄组合颜色。

**（三）剩余电流保护**

（1）剩余电流动作保护系统应由总剩余电流动作保护器和末端剩余电流动作保护器组成，且应符合下列规定：

1）总剩余电流动作保护器的额定剩余动作电流应大于 30mA，额定剩余电流动作时间应大于 0.1s，但其额定剩余动作电流与额定剩余动作时间的乘积不应大于 30mA·s；

2）末端剩余电流动作保护器的额定剩余动作电流不应大于 30mA，额定剩余电流动作时间不应大于 0.1s；

3）潮湿或有腐蚀介质场所的剩余电流动作保护器应具有防溅措施，其额定剩余动作电流应不大于 15mA，额定剩余电流动作时间不应大于 0.1s。

（2）施工现场配电装置中使用的剩余电流动作保护器应符合下列规定：

1）宜选用无辅助电源型（电磁式）剩余电流动作保护器，或辅助电源型（电子式）剩余电流动作保护器；

2）剩余电流动作保护器应装设在靠近负荷的一侧，不得用于启动电气设备的操作；

3）对连续使用的剩余电流动作保护器应逐月检测其特性，发现质量问题及时更换；

4）剩余电流动作保护器的极数和线数应与其负荷侧负荷的相数和线数一致。

**（四）防雷保护**

（1）施工现场低压配电室的架空线进出线处应设置电涌保护器，并应将绝缘子铁脚、金具连在一起与配电室的接地装置相连接。

（2）施工现场的物料提升设备、钢管脚手架和在施工程等其金属结构，当在其接闪器的保护范围以外时，应按表 8-19 规定设置防雷接地装置。

施工现场建筑机械设备及高架设施需设置防雷接地装置条件　　表 8-19

| 地区年平均雷暴日（d） | 机械设备高度（m） | 地区年平均雷暴日（d） | 机械设备高度（m） |
|---|---|---|---|
| ≤15 | ≥50 | ≥40 ，<90 | ≥20 |
| >15 ，<40 | ≥32 | ≥90 及雷害特别严重地区 | ≥12 |

（3）施工现场建筑机械设备机械或设施的防雷引下线可利用该设备或设施的金属结构，防雷引下线应与金属结构可靠连接。

（4）施工现场建筑机械设备最高处应设置接闪器，接闪器长度应为1～2m。塔式起重机等升降式建筑机械设备的金属结构与防雷接地装置可靠连接，可不设置接闪器。

（5）防雷接地装置顶面埋设深度不应小于0.6m，且应在冻土层以下。圆钢、角钢、钢管、铜棒、铜管等接地极应垂直埋入地下。间距不应小于5m；人工接地体与建筑物的外墙或基础之间的水平距离不宜小于1m。

（6）防雷接地装置的焊接应采用搭接焊，除埋设在混凝土中的焊接接头外，应采取防腐措施，焊接搭接长度应符合下列规定：

1）扁钢与扁钢搭接不应小于扁钢宽度的2倍，且应至少三面施焊；

2）圆钢与圆钢搭接不应小于圆钢直径的6倍，且应双面施焊；

3）圆钢与扁钢搭接不应小于圆钢直径的6倍，且应双面施焊；

4）扁钢与钢管、扁钢与角钢焊接，应紧贴角钢外侧两面，或紧贴3/4钢管表面，上下两侧施焊。

### （五）接地与接地电阻

（1）单台电力变压器容量超过100kVA，或使用同一接地装置并联运行的电力变压器容量之合超过100kVA，其工作接地电阻值不得大于4Ω。

单台电力变压器容量未超过100kVA，或使用同一接地装置并联运行的电力变压器容量之和未超过100kVA，其工作接地电阻值不得大于10Ω。

（2）施工现场建筑机械设备比较集中位置如钢筋加工棚、木工加工棚等作业区应做一组重复接地；在建筑机械设备如塔吊、外用电梯、物料提升机等位置也要做一组重复接地，所有重复接地的等效电阻值均应小于10Ω。

（3）在有静电的施工现场内，对集聚在机械设备上的静电应采取接地泄漏措施。每组专设的静电接地体的接地电阻值不应大于10Ω，并应与防雷接地装置保持20m以上间距。

## 二、配电装置

### （一）配电装置的设置

（1）施工现场临时用电工程总配电箱应设在靠近供电电源区域，分配电箱应设在建筑机械设备或负荷相对集中的区域，分配电箱与开关箱的距离不应超过30m，开关箱与其控制的固定式电动建筑机械设备或手持式电动工具的水平距离不宜超过3m。

（2）每台电动建筑机械设备或手持式电动工具应由一台开关箱控制，严禁一台开关箱电气回路控制2台以上建筑机械设备或手持式电动工具。

（3）动力配电箱与照明配电箱宜分开设置。当设置在同一台配电箱内，动力回路与照明回路应分开配电。

（4）配电箱的配电盘应分设中性导体（N）汇流排和保护导体（PE）汇流排。中性导体（N）汇流排应与金属电器安装板绝缘；保护导体（PE）汇流排应与金属电器安装板做电气连接。进、出配电箱的N线回路线缆应通过（N）汇流排进、出；保护线（PE）应通过保护导体（PE）汇流排进、出。

（5）施工现场配电箱、开关箱应符合下列规定：

1) 配电箱、开关箱箱体应采用冷轧钢板,配电箱箱体的钢板厚度不应小于1.5mm,开关箱箱体的钢板厚度不应小于1.2mm,箱体表面应做防腐处理。

2) 配电箱、开关箱内的电器元件应安装在金属或绝缘阻燃配电盘上,配电盘固定牢固、端正,金属配电盘与保护导体(PE)应做电气连接,保护导体(PE)绝缘层为黄绿组合颜色。

3) 连接导线配置应排列整齐,导线不得有接头。

4) 配电箱、开关箱内的连接导线应配置固定线卡,进出线应加绝缘护套并成束卡固在箱体上。

5) 配电箱、开关箱的电缆进线口和出线口应设在箱体的正下面。移动式开关箱的进出线应采用橡皮护套绝缘电缆,不得有接头。

6) 配电箱、开关箱外形结构应具有防雨、防尘特性。

(6) 施工现场的配电箱、开关箱应安装在干燥、通风的场所。未采取防护措施时不得安装在瓦斯、烟气、潮气等有毒有害环境场所;未采取防护措施时不得安装在易受外来物体打击、强烈振动、液体污染及热源烘烤的环境场所。

(7) 施工现场的配电箱、开关箱周围应满足2人同时作业的空间,周围不得堆放任何建筑材料,不得有灌木、杂草丛生。

(8) 施工现场的配电箱、开关箱应安装牢固、端正。固定式配电箱、开关箱底边距地面高度应为1.4~1.6m。移动式配电箱、开关箱应设置在支架上。箱体底边距地面高度宜为0.8~1.6m。

**(二) 配电装置的电器选择**

(1) 施工现场配电箱、开关箱内的电器元件应安装可靠,空间布局合理,端子处接线牢固。不得使用破损的电器元件。

(2) 总配电箱内的开关电器元件的设置应符合下列规定:

1) 当总路设置剩余电流动作保护器时,还应在总路设置总断路器、总隔离开关或总熔断器,在分路上应设置分路断路器、分路隔离开关或分路熔断器;

2) 当总路设置剩余电流动作保护器同时具备接短路保护、过载保护和剩余电流动作保护时,可不设置总断路器、总隔离开关或总熔断器;

3) 断路器应选用具有可见分断点的产品;

4) 熔断器应选用具有灭弧分断的产品;

5) 总开关电器元件的额定值、极限分断能力、脱扣器整定值应与分路开关电器元件的额定值、极限分断能力、脱扣器整定值相适配。

(3) 总配电箱应装设电压表、总电流表、电度表及其他需要的仪表。装设电流互感器时,其二次回路应与保护导体(PE)有一个连接点,且不得断开电路。

(4) 分配电箱内的开关电器元件的设置应符合下列规定:

1) 当总路设置总断路器、总隔离开关或总熔断器,在分路上应设置分路断路器、分路隔离开关或分路熔断器;

2) 断路器应选用具有可见分断点的产品;

3) 隔离开关应设置在电源进线端;

4) 熔断器应选用具有灭弧分断的产品。

（5）开关箱内应设置剩余电流动作保护器、断路器、隔离开关及熔断器，并应符合下列规定：

1）当剩余电流动作保护器同时具有短路保护、过载保护及剩余电流动作保护时，可不设置断路器或熔断器；

2）当断路器具有可见分断点时，可不设置隔离开关；

3）隔离开关应设置在电源进线端，并具有可见分断点；

4）开关箱内的断路器只可直接控制照明电路和容量不大于3.0kW的动力电路，不得频繁操作；容量大于3.0kW的动力电路应采用断路器控制，操作频繁时应附设接触器或其他控制启动装置。

（6）施工现场的配电箱、开关箱电源进线端不应采用插头和插座做活动连接方式。

（7）施工现场剩余电流动作保护器的测试应符合下列规定：

1）第一项测试连锁机构的灵敏度，其测试方法为按动剩余电流动作保护器的试验按钮三级；带负荷分、合开关三次，均不应有误动作；

2）第二项测试特性参数，测试内容为：剩余电流动作电流、剩余电流动作时间，其测试方法应用专用的剩余电流动作保护器测试仪进行；

3）以上测试应该在安装后和使用前进行，剩余电流动作保护器投入运行后定期（每月）进行，雷雨季节应增加次数。

4）施工现场临时用电工程配电装置的剩余电流动作保护器检查应满足《建筑与市政工程施工现场临时用电安全技术标准》JG/T 46—2024：

第10.3.1条　临时用电工程应定期检查。定期检查时，应复查接地电阻、绝缘电阻，并进行剩余电流动作保护器的剩余电流动作参数测定。

**（三）配电装置的使用**

（1）施工现场配电箱、开关箱应有名称、用途、分路标识及系统接线图应粘贴在箱门内侧。配电箱、开关箱箱内无杂质，电器元件表面无污染。箱门应上锁，并由专人负责管理。

（2）施工现场配电箱、开关箱应定期检修。检修人员应是专业电工，并配有戴绝缘鞋、绝缘手套、安全帽、安全带以及必备的电工工具，且个人安全防护用品检测报告、合格证齐全有效。

（3）施工现场配电箱、开关箱应定期进行检修，检修时前一级相应的电源隔离开关分断，并悬挂"禁止合闸、有人工作"停电标识牌，严禁带电作业。

（4）配电箱、开关箱的操作流程应符合下列规定：

1）送电操作流程为：总配电箱→分配电箱→开关箱；

2）停电操作流程为：开关箱→分配电箱→总配电箱。

## 三、配电室及自备柴油发电机组

### （一）配电室

（1）配电室应靠近供电电源侧，并应设计在灰尘少、潮气少、振动小、无腐蚀介质、无易燃易爆物及道路畅通的位置。

（2）成排的配电柜基础型钢与保护接地导体（PE）应不少于两处做电气连接。配电室内配电柜的作业通道应铺设橡胶绝缘垫。

（3）配电室应保持自然通风或设置通风设施，并应采取防止雨、雪侵入和动物进入的措施。

（4）配电室的建筑结构应符合下列规定：

1）配电室的耐火等级不应低于三级，门向外开启，并配门锁；

2）配电室的顶棚与地面的距离不得小于3m；

3）配电室应配置砂箱和可用于扑灭电气火灾的消防器材；

4）配电室的照明应分别设置正常照明和应急照明回路。

（5）配电室的配电设备布置应符合下列规定：

1）配电柜正面的操作通道宽度，单列布置或双列背对背布置不得小于1.5m，双列面对面布置不得小于2m；

2）配电柜后面的维护通道宽度，单列布置或双列面对面布置不得小于0.8m，双列背对背布置不得小于1.5m，个别地点有建筑物结构凸出的地方，则此点通道宽度可减少0.2m；

3）配电柜侧面的维护通道宽度不得小于1m；

4）配电装置的上端距顶棚不得小于0.5m；

5）配电室内的裸母线与地面垂直距离不得大于2.5m时，应采用护栏隔离；

6）配电室内的母线涂刷有色油漆，以标识相序；以柜正面方向为基准，其标识颜色应符合表8-20的规定。

母线标识颜色　　　　　　　　　　　　　　　　表8-20

| 相别 | 颜色 | 垂直排列 | 水平排列 | 引下排列 |
|---|---|---|---|---|
| $L_1$(A) | 黄 | 上 | 后 | 左 |
| $L_2$(B) | 绿 | 中 | 中 | 中 |
| $L_3$(C) | 红 | 下 | 前 | 右 |
| N | 淡蓝 | — | — | — |

（6）配电室应保持整洁，不得堆放任何妨碍操作、维修的杂物。配电柜应编号，并应对其回路用途进行标识，便于检修。

**（二）自备柴油发电机组**

（1）发电机组及其控制、配电、修理室等应分开设置。

（2）发电机组的排烟管道应伸出室外。

（3）发电机组及其控制、配电室内应配置可用于扑灭电气火灾的消防器材，严禁存放贮油容器。

（4）发电机组电源应与外电线路电源联锁，严禁并列运行。

（5）发电机组应采用电源中性点直接接地的三相四线制供电系统和TN-S系统，其工作接地电阻值应符合下列规定：

1）单台电力变压器容量超过100kVA，或使用同一接地装置并联运行的电力变压器容量之合超过100kVA，其工作接地电阻值不得大于4Ω；

2）单台电力变压器容量未超过100kVA，或使用同一接地装置并联运行的电力变压器容量之合未超过100kVA，其工作接地电阻值不得大于10Ω。

## 四、配电线路

### （一）架空线路

（1）施工现场架空线应符合下列规定：

1）架空线应采用绝缘电线或电缆；

2）架空线应架设在专用电杆上，严禁在树木、脚手架及其他设施上。

（2）架空线路宜采用钢筋混凝土杆或木杆。钢筋混凝土杆不得有露筋、宽度大于0.4mm的裂纹和扭曲等现象；木杆不得腐蚀现象，其梢径不应小于140mm。

（3）电杆埋设深度宜为杆长的1/10加0.6m，回填土应分层夯实。在松软土质处宜加大埋入深度或采用卡盘等加固措施。

（4）电杆的拉线宜采用不少于3根$\phi 4.0$mm的镀锌钢丝。拉线与电杆的夹角应在30°～45°之间。拉线埋设深度不得小于1m。电杆拉线如从导线之间穿过，应在高于地面2.5m处装设拉线绝缘子。

（5）架空线路绝缘子的选用应符合下列规定：

1）直线杆选用针式绝缘子；

2）耐张杆选用蝶式绝缘子。

（6）架空线路相序排列应符合下列规定：

1）动力、照明线路在同一横担上架设时，线路相序排列是：面向负荷从左侧起依次为$L_1$、N、$L_2$、$L_3$、PE；

2）动力、照明线路在二层横担上分别架设时，线路相序排列是：上层横担面向负荷从左侧起依次为$L_1$、$L_2$、$L_3$；下层横担面向负荷从左侧起依次为$L_1$（$L_2$、$L_3$）、N、PE。

（7）架空线路的线间距不得小于0.3m，靠近电杆的两导线的间距不得小于0.5m。

（8）架空线路的接户线的进线处距地面高度不得小于2.5m，且应符合下列规定：

1）接户线在档距内不得有接头；

2）接户线最小截面积应符合表8-21的规定；

3）接户线线间及与邻近线路的距离应符合表8-22的规定。

接户线的最小截面积　　　　　　　　　　　　　　　　表8-21

| 接户线架设方式 | 接户线长度(m) | 接户线截面积($mm^2$) | |
| --- | --- | --- | --- |
| | | 铜线 | 铝线 |
| 架空或沿墙敷设 | 10～25 | 6 | 10 |
| | ≤10 | 4 | 6 |

接户线线间及与邻近线路的距离　　　　　　　　　　　　表8-22

| 接户线架设方式 | 接户线档距(m) | 接户线线间距离(mm) |
| --- | --- | --- |
| 架空敷设 | ≤25 | 150 |
| | >25 | 200 |

续表

| 接户线架设方式 | 接户线档距(m) | 接户线线间距离(mm) |
|---|---|---|
| 沿墙敷设 | ≤6 | 100 |
| | >6 | 150 |
| 架空接户线与广播电话线交叉时的距离(mm) | | 接户线在上部,600<br>接户线在下部,300 |
| 架空或沿墙敷设的接户线中性导线和相线交叉时的距离(mm) | | 100 |

**（二）电缆线路**

（1）电缆线路应为三相五线制电缆，相导体（$L_1$、$L_2$、$L_3$）绝缘保护层分别为黄色、绿色、红色，中性导体（N）绝缘保护层为淡蓝色，保护接地导体（PE）绝缘保护层为绿黄组合颜色。三相四线制五芯电缆绝缘层颜色严禁混用。

（2）电缆线路的截面应符合下列规定：

1）导线中的计算负荷电流不得大于长期连续负荷允许的载流量；

2）线路末端电压偏移不得大于额定电压的±5%；

3）中性导体（N）和保护接地导体（PE）截面积不得小于相线截面积的50%，单相线路的中性导体（N）截面积与相线截面积相同。

（3）施工现场临时用电线路应采用埋地或架空敷设，严禁沿地面明设，并应采取措施避免机械损伤、酸碱腐蚀。埋地电缆路径应设标识桩。

（4）埋地电缆沿地面-0.2m垂直向上敷设2.0m处应加设金属防护套管，防护套管内径不应小于电缆外径的1.5倍。

（5）电缆直接埋地敷设的深度不应小于0.7m，并应在电缆紧邻上、下、左、右侧均匀敷设不小于50mm厚的细砂，然后覆盖砖或混凝土板等硬质保护层。

（6）埋地电缆的接头应设置在的专用接线盒内，接线盒应具有防水、防尘、防机械损伤等特性，并应远离易燃、易爆、易腐蚀场所。

（7）埋地电缆与其附近外电电缆和管沟的平行间距不得小于2m，交叉间距不得小于1m。

（8）在建工程的电缆线路应采用电缆埋地引入，严禁穿越脚手架引入。电缆垂直敷设应充分利用在建工程的竖井、垂直孔洞等，并宜靠近用电负荷中心，固定点每楼层不得少于一处。电缆水平敷设宜沿墙或门口刚性固定，最大弧度距地面距离不得小于2.0m。

**（三）室内配线**

（1）室内配线应采用电线或电缆。电线或电缆的截面应根据用电设备或线路的计算负荷、机械强度确定，铜芯电线截面不应小于2.5mm$^2$，铝芯电线截面不应小于10mm$^2$。

（2）室内配线应符合下列规定：

1）室内配线类型可沿瓷瓶、塑料槽盒、钢索等明敷设，或穿保护导管暗敷设；

2）当采用瓷夹固定导线时，导线间距不得小于35mm，瓷夹间距不得大于800mm；当瓷瓶固定导线时，导线间距不得小于100mm，瓷瓶间距不得大于1500mm；

3）当采用PVC保护管埋地敷设时，PVC保护管连接处应粘接牢固；

4）当采用金属保护管敷设时，金属保护管连接处应做等电位联结，且与保护导体

（PE）相连接；

5）室内钢索配线距地面不得小于 2.5m。

## 五、电动建筑机械和手持式电动工具

### （一）一般规定

（1）电动建筑机械和手持式电动工具的电源线应选用无接头的橡皮护套铜芯软电缆，并应符合下列规定：

1）电缆芯线应与电动建筑机械和手持式电动工具的相导体（$L_1$、$L_2$、$L_3$）、中性导体（N）和保护导体（PE）相对应；

2）三相四线时，应选用五芯电缆；

3）三相三线时，应选用四芯电缆；

4）当三相用电设备中配置有单相用电器具时，应选用五芯电缆；

5）单相二线时，应选用三芯电缆。

（2）三相五线制电缆绝缘层颜色标识应符合以下规定：

1）相导体 $L_1$（A）、$L_2$（B）、$L_3$（C）绝缘层依次为黄色、绿色和红色；

2）中性导体（N）的绝缘层为淡蓝色；

3）保护接地导体（PE）的绝缘层为绿黄组合颜色。

（3）开关箱内应设置剩余电流动作保护器、断路器、隔离开关及熔断器应符合下列规定：

1）当剩余电流动作保护器同时具有短路保护、过载保护及剩余电流动作保护时，可不设置断路器或熔断器；

2）当断路器具有可见分断点时，可不设置隔离开关；

3）隔离开关应设置在电源进线端，并具有可见分断点；

4）开关箱内的断路器只可直接控制照明电路和容量不大于 3.0kW 的动力电路，不得频繁操作；容量大于 3.0kW 的动力电路应采用断路器控制，操作频繁时应附设接触器或其他控制启动装置。

### （二）起重机械

（1）塔式起重机归档安全技术资料应符合下列规定：

1）塔式起重机安装、拆卸单位从事塔式起重机安装、拆卸业务资质的相关证明材料；

2）塔式起重机安装、拆卸单位项目负责人、安全人员安全生产考核合格证书以及机械管理人员的培训合格证书证明资料；

3）起重机械安装拆卸工、起重司机、起重信号工、司索工等特种作业操作证及身份证证明资料；

4）特种设备制造许可证、产品合格证、制造监督检验证明，并已在县级以上地方建设主管部门备案登记证明资料；

5）购销合同、制造许可证、产品合格证、制造监督检验证书、使用说明书、备案证明等证明资料；

6）定期检验报告、定期自行检查记录、定期维护保养记录、维修和技术改造记录，运行故障和生产安全事故记录、累计运转记录等资料；

7）历次安装验收证明资料；

8）塔式起重机安装、拆卸专项施工方案及审批表。

（2）塔式起重机的金属结构、轨道、所有电气设备的金属外壳、金属线管、安全照明的变压器低压侧等均应可靠接地，接地电阻不大于4Ω。重复接地电阻不大于10Ω。且应满足《建筑与市政工程施工现场临时用电安全技术标准》JGJ/T 46—2024：

第10.3.1条 临时用电工程应定期检查。定期检查时，应复查接地电阻、绝缘电阻，并进行剩余电流动作保护器的剩余电流动作参数测定。

（3）塔身高于30m的塔式起重机，应在塔顶和臂架端部设置航空障碍灯。

（4）塔式起重机垂直方向的电缆应设置固定点，其间距不宜大于10m，水平方向的电缆不得拖地行走。

（5）外用电梯梯笼内、外均应设置紧急停止开关。

（6）配电箱应设有门锁，箱门内侧应附有二次接线图。电缆应采取有效的固定措施，防止电缆端头受垂直重力影响造成松脱，电缆分段固定不得有摇动现象。

**（三）桩工机械**

（1）潜水电机的电源线应采用防水橡皮护套铜芯软电缆，电源线长度不应小于1.5m，且不得承受外力作用。

（2）桩工机械开关箱中的剩余电流动作保护器应符合下列规定：

1）剩余电流动作保护器的额定剩余动作电流不应大于30mA，额定剩余电流动作时间不应大于0.1s；

2）潮湿质场所的桩工机械开关箱应具有防溅措施，剩余电流动作保护器的额定剩余动作电流应不大于15mA，额定剩余电流动作时间不应大于0.1s。

**（四）夯土机械**

（1）夯土机械开关箱中的剩余电流动作保护器应符合下列规定：

1）剩余电流动作保护器的额定剩余动作电流不应大于30mA，额定剩余电流动作时间不应大于0.1s；

2）潮湿质场所的夯土机械开关箱应具有防溅措施，剩余电流动作保护器的额定剩余动作电流应不大于15mA，额定剩余电流动作时间不应大于0.1s。

（2）夯土机械的操作扶手应做绝缘处理。夯土机械保护导体（PE）的连接点不得少于2处，连接点应牢固可靠。

（3）作业人员应穿戴个人安全防护用品，夯土机械电源线长度不应大于50m。电源线应随夯土机械同步进退，设有专人调整电缆线并保持顺直，严禁出现缠绕、扭结等现象。

（4）多台夯土机械并列作业时，其间距不得小于5m；前后作业时，其间距不得小于10m。

**（五）焊接机械**

（1）交流电焊机械应符合下列规定：

1）交流电焊机应放置在防雨、干燥和通风良好的地方，焊接现场周围不得有易燃易爆物品；

2）交流电焊机一次侧电源线长度不应大于5m，其电源进线处必须设置防护罩；

3）交流电焊机二次侧应安装触电保护器。

（2）交流电焊机开关箱中的剩余电流动作保护器应符合下列规定：

1）剩余电流动作保护器的额定剩余动作电流不应大于30mA，额定剩余电流动作时间不应大于0.1s；

2）潮湿场所的夯土机械开关箱应具有防溅措施，剩余电流动作保护器的额定剩余动作电流应不大于15mA，额定剩余电流动作时间不应大于0.1s。

（3）电焊机的二次线应采用防水橡皮护套铜芯软电缆，电缆长度不应大于30m，不得采用金属构件或结构钢筋代替二次线的地线。

（4）电焊工必须持有特种作业操作证，作业前必须提前开具动火证，施焊周围应设置消防器材，并设有专人看护。

（5）作业人员应穿戴个人绝缘防护用品，雨雪天气严禁露天作业。

**（六）手持式电动工具**

（1）施工现场使用的手持式电动工具日常检查内容应符合下列规定：

1）应具有国家强制性认证标识、产品检测合格标识、产品合格证和产品使用说明书；

2）工具外壳、手柄不得有裂缝或破损现象；

3）保护接地线（PE）接线应牢固可靠；

4）电源线绝缘保护层不得有破损现象；

5）电源插头表面无锈蚀、污染现象；

6）电源手动开关开启灵活，工具转动部分无卡阻现象；

7）工具机械防护装置应完好，工具电气保护装置应良好。

（2）在一般情况下，手持式电动工具的使用应符合下列规定：

1）应选用Ⅱ类手持式电动工具，选用Ⅰ类手持式电动工具时其金属外壳与PE线的连接点不得少于2处；

2）除塑料外壳Ⅱ类工具外，相关开关箱中剩余电流动作保护器的额定剩余动作电流不应大于15mA，额定剩余电流动作时间不应大于0.1s；

3）手持式电动工具的电源线插头与开关箱的插座在结构上应保持一致。

（3）在潮湿场所情况下，手持式电动工具的使用应符合下列规定：

1）应选用Ⅱ类或由安全隔离变压器供电的Ⅲ类手持式电动工具。

2）金属外壳Ⅱ类手持式电动工具使用时，开关箱应设置在作业场所外面非潮湿区域。开关箱中剩余电流动作保护器的额定剩余动作电流不应大于15mA，额定剩余电流动作时间不应大于0.1s。

3）严禁在潮湿场所或金属构架上使用Ⅰ类手持式电动工具。

（4）在有限空间情况下，手持式电动工具的使用应符合下列规定：

1）应选用由安全隔离变压器供电的Ⅲ类手持式电动工具，其开关箱和安全隔离变压器均应设置在狭窄场所或有限空间外面；

2）采用普通隔离变压器时，其二次侧一端应接地，且变压器正常不带电的外露可导电部分应与一次回路保护接地导体（PE）作电气连接；

3）操作过程中，应设置专人在外面监护。

（5）使用手持式电动工具时应穿戴个人安全防护用品。

手持式电动工具的电源线应采用耐气候型的橡皮护套铜芯软电缆，电缆绝缘保护层不得有任何破损，电缆不得有接头。

### （七）其他电动建筑机械

（1）混凝土搅拌机、插入式振动器、平板振动器、地面抹光机、水磨石机、钢筋加工机械、木工加工机械、水泵等设备的开关箱内的剩余电流动作保护器应符合下列规定：

1）剩余电流动作保护器的额定剩余动作电流不应大于 30mA，额定剩余电流动作时间不应大于 0.1s；

2）潮湿场所的夯土机械开关箱应具有防溅措施，剩余电流动作保护器的额定剩余动作电流应不大于 15mA，额定剩余电流动作时间不应大于 0.1s。

（2）混凝土搅拌机、插入式振动器、平板振动器、地面抹光机、水磨石机、钢筋加工机械、木工加工机械的电源线必须选用耐气候型橡皮护套铜芯软电缆，电缆绝缘保护层不得有任何破损，电缆不得有接头。

水泵的电源线必须采用防水橡皮护套铜芯软电缆，电缆绝缘保护层不得有任何破损，电缆不得有接头，不得承受任何外力作用。

## 六、外电线路及电气设备防护

### （一）外电线路防护

（1）施工现场外电架空线路正下方不得有人作业、建造有生活设施，或堆放建筑材料、周转材料及其他杂物等。

（2）在施工程（含脚手架）的周边与外电架空线路的边线之间的最小安全操作距离应符合表 8-23 的规定。

在施工程（含脚手架）的周边与架空线路最小安全距离　　　　表 8-23

| 外电线路电压等级(kV) | <1 | 1～10 | 35～110 | 220 | 330～500 |
|---|---|---|---|---|---|
| 最小安全操作距离(m) | 7.0 | 8.0 | 8.0 | 10 | 15 |

（3）施工现场的机动车道设置在外电架空线路下方时，架空线路的最低点与路面的最小垂直距离应符合表 8-24 的规定。

施工现场的机动车道路与架空线路最小垂直距离　　　　表 8-24

| 外电线路电压等级（kV） | <1 | 1～10 | 35 |
|---|---|---|---|
| 最小垂直距离（m） | 6.0 | 7.0 | 7.0 |

（4）施工现场起重机严禁越过无防护设施的外电架空线路作业。在外电架空线路附近吊装时，塔式起重机的吊具或被吊物体端部与架空线路之间的最小安全距离应符合表 8-25 的规定。

起重机与架空线路边线最小安全距离　　　　表 8-25

| 电压(kV) | <1 | 10 | 35 | 110 | 220 | 330 | 500 |
|---|---|---|---|---|---|---|---|
| 沿垂直方向安全距离(m) | 1.5 | 3.0 | 4.0 | 5.0 | 6.0 | 7.0 | 8.5 |
| 沿水平方向安全距离(m) | 1.5 | 2.0 | 3.5 | 4.0 | 6.0 | 7.0 | 8.5 |

（5）施工现场防护设施与外电线路之间的安全距离应符合表8-26的规定。

**防护设施与外电线路最小安全距离**　　　　　表8-26

| 外电线路电压等级(kV) | ≤10 | 35 | 110 | 220 | 330 | 500 |
|---|---|---|---|---|---|---|
| 最小安全距离(m) | 2.0 | 3.5 | 4.0 | 5.0 | 6.0 | 7.0 |

（6）施工现场开挖沟槽边缘与外电埋地电缆沟槽边缘之间的距离不得小于0.5m。

**（二）电气设备防护**

（1）电气设备现场周围不得存放易燃易爆、污源和腐蚀介质，否则应及时转运到安全、封闭库房，并做好有毒有害气体、易燃易爆液体和固体对周围空气、土壤污染的防护措施。

（2）施工现场箱式变压器、室外杆上变压器的防护设置应符合下列规定：

1）箱式变压器、室外杆上变压器周围搭设防护棚，防止机械损伤；

2）箱式变压器、室外杆上部铺设木板铺设，防止高空物体打击；

3）防护棚有门并加锁，供设备检修人员进出，内设有消防器材；

4）防护棚顶部设置航空障碍灯，以及安全警示标识，防止夜间建筑机械设备作业触碰。

（3）施工现场配电箱防护棚的设置应符合下列规定：

1）总配电箱、分配电箱防护棚宜选用方钢制作，立杆不小于30mm×30mm、壁厚不小于2.5mm；栏杆不小于25mm×25mm、壁厚不小于2mm，栏杆间距不大于120mm，栏杆涂刷红白相间警示色；

2）防护棚正面设栅栏门，门向外开启，并上锁。防护棚正面悬挂操作规章制度牌，且负责人姓名、联系电话，安全警示标识等齐全；

3）总配电箱防护棚高为2.8m、宽为1.5～2m，分配电箱防护栏高为2.2m、宽为2m，并满足表8-27和表8-28的规定；

**20（10）kV配电装置室内各种通道的最小净宽**　　　　　表8-27

| 开关柜布置方式 | 柜后维护通道 | 柜前操作通道 | |
|---|---|---|---|
| | | 固定式 | 手车式 |
| 单排布置(m) | 0.8 | 1.5 | 单车长度+1.2 |
| 双排面对面布置(m) | 0.8 | 2.0 | 双车长度+0.9 |
| 双排背对背布置(m) | 1.0 | 1.5 | 单车长度+1.2 |

**35kV配电装置室内各种通道的最小净宽**　　　　　表8-28

| 开关柜布置方式 | 柜后维护通道 | 柜前操作通道 | |
|---|---|---|---|
| | | 固定式 | 手车式 |
| 单排布置(m) | 1.0 | 1.5 | 单车长度+1.2 |
| 双排面对面布置(m) | 1.0 | 2.0 | 双车长度+0.9 |
| 双排背对背布置(m) | 1.2 | 1.5 | 单车长度+1.2 |

4）防护棚上部应配置防护板，其排水坡度不小于5%，防护板与防护栏顶部间距为

300mm，应起到防雨、防砸等作用；

5）防护棚应设置混凝土挡水台，距地面高度不低于 300mm，其表面应抹平、阴阳角顺直，总配电箱、分配电箱防护栏应保护接地可靠；

6）防护棚内应配置砂箱及消防器材。

### （三）外电线路及电气设备拆除

工程项目竣工验收交付建设单位后，施工单位需要对施工现场临时用电的配电线路、配电室（变压器、总配电柜或总配电箱）、分配电箱、开关箱等进行拆除，用于下一个工程项目，发挥固定资产的投资效益，提高资金的使用价值，降低资金的使用成本。拆除变压器、总配电柜（或总配电箱）、分配电箱、开关箱及配电线缆等前，施工单位应编写《施工现场临时用电工程拆除方案》，变压器、总配电柜（或总配电箱）、分配电箱、开关箱及配电线缆拆除前应对作业区域设置警戒线、警示标识，并设有专人巡视。如图 8-21、图 8-22 所示，且应满足《建筑与市政工程施工现场临时用电安全技术标准》JGJ/T 46—2024：

图 8-21 拆卸杆上变压器

图 8-22 变压器吊至地面

第 10.3.3 条 施工现场临时用电工程设施的拆除应符合下列规定：

1 应按临时用电工程组织设计的要求组织拆除；

2 拆除工作应从电源侧开始；

3 拆除前，被拆除部分应与带电部分在电器上断开、隔离，并悬挂"禁止合闸、有人工作"等标识牌；

4 拆除前应确保电容器已进行有效放电；

5 拆除与运行线路（设施）交叉的临时用电工程线路（设施）时，应有明显的区分标识；

6 拆除邻近带电部分的临时用电设施时，应设有专人监护，并应设隔离防护设施；

7 拆除过程中，应避免对设备（设施）造成损伤。

## 七、照明

### （一）一般规定

（1）施工现场地下室大空间作业应编制照明用电专项方案，审批手续齐全有效。自然采光条件差的空间作业时应采用一般照明加局部照明；在坑、井、洞、孔等有限空间作业时应采用局部照明；作业空间选择照明方式应从实际出发。

（2）施工现场照明装置的选择应符合下列规定：

1）正常湿度场所，选用普通型照明装置；

2）潮湿或特别潮湿场所，选用防水型照明装置；

3）有大量尘埃的场所，选用防尘型照明装置；

4）有爆炸危险的场所，选用防爆型照明装置；

5）有较强振动的场所，选用防振型照明装置；

6）有酸碱等强腐蚀场所，选用耐酸碱型照明装置；

7）一般场所应选用高光效节能型照明光源，特殊场所应选用安全节能型照明光源。

**（二）照明供电**

（1）施工现场照明电源安全电压应符合下列规定：

1）高温、有静电尘埃、潮湿等环境的灯具距地面高度不得低于 2.5m，其照明电源电压不应大于 36V；

2）潮湿和易触及带电体场所的照明电源电压不应大于 24V；

3）特别潮湿场所、导电良好的地面、锅炉或金属容器内的照明电源电压不应大于 12V；

4）一般情况下，办公区域、生活区域照明电源电压应选用 220V。

（2）施工现场在坑、井、洞、孔等有限空间下作业，使用行灯应符合下列规定：

1）电源电压不得大于 36V；

2）灯体与手柄应坚固、绝缘良好并耐热耐潮湿；

3）灯头与灯体结合牢固，灯头无开关；

4）灯泡外部有金属保护网；

5）金属网、反光罩、悬吊挂钩固定在灯具的绝缘部位上。

（3）照明电源变压器必须使用双绕组型安全隔离型变压器，严禁使用自耦型变压器。

（4）照明系统宜使三相负荷平衡，其中每一单相回路上，灯具和插座数量不宜超过 25 个，工作电流不宜超过 16A。

（5）携带式变压器的一次侧电源线应采用橡皮护套或塑料护套铜芯软电缆，中间不得有接头，长度不宜超过 3m，其中保护接地线（PE）绝缘层颜色应为绿黄组合色，电源插销应有保护触头。

**（三）照明装置**

（1）施工现场照明灯具安装高度应符合下列规定：

1）室外 220V 照明灯具距地面不得低于 3m；

2）室内 220V 照明灯具距地面不得低于 2.5m；

3）普通型灯具与易燃物距离不宜小于 300mm；特殊型灯具与易燃物距离不宜小于 500mm，受作业环境限制达不到规定的安全距离，应采取隔热措施。

（2）施工现场设置的投光灯，其底座应安装牢固，并按需要照射的光轴方向将枢轴拧紧固定。

（3）施工现场手持式照明螺口光源及其接线应符合下列要求：

1）灯头的绝缘外壳无损伤、无漏电；

2）相线接在与中心触头相连的一端，中性线接在与螺纹口相连的一端。

（4）当夜间在施工程及其机械设备影响飞机或车辆通行时，应设置航空障碍灯，其电源回路应设在施工现场总配电柜（箱），并应设置有自备电源转换开关。

## 八、临时用电工程管理

### （一）临时用电工程组织设计

（1）施工现场临时用电工程组织设计应包括下列内容：

1）现场踏勘；

2）确定电源进线、变电所或配电室、配电装置、用电设备位置及线路走向；

3）进行负荷计算；

4）选择变压器；

5）设计配电系统：

① 设计配电线路，选择电线或电缆；

② 设计配电装置，选择电器元件；

③ 设计接地装置；

④ 绘制临时用电工程图纸，主要包括用电工程总平面图、配电装置布置图、配电系统接线图、接地装置设计图；

6）设计防雷装置；

7）确定防护措施；

8）制定安全用电措施和电气防火措施。

（2）施工现场临时用电工程图纸应单独绘制，临时用电工程应按图施工。

（3）施工现场临时用电工程组织设计编制及变更时，应符合"编制、审核、批准"的程序，由项目部电气专业技术人员组织编写，经上一级技术部门审核及具有法人资格企业的总工程师或授权技术负责人批准，方可后组织实施。变更临时用电工程组织设计时，应补充变更后的设计图纸资料。

（4）施工现场临时用电工程组织设计应经编制、审核、批准、实施和验收程序。

1）施工现场临时用电工程组织设计（或专项施工方案）施工单位审批表；

2）施工现场临时用电工程组织设计（或专项施工方案）监理单位审核表。

### （二）电工特种作业人员

（1）电工必须经过按国家现行标准考核合格后，持证上岗工作，需提供下列个人资料：

1）电工特种作业操作证；

2）电工身份证；

3）分包单位临时用电安全生产协议书；

4）施工现场临时用电工程管理制度。

（2）总承包单位或施工单位应为电工提供下列个人安全防护用品：

1）安全帽、安全带、护目镜、绝缘手套、绝缘靴（或绝缘鞋）的产品合格证及其检测报告；

2）常用电工仪器仪表的第三方检测机构的检测报告、产品合格证、产品说明；

3) 常用电工工具以及辅助安全用具的产品检测报告、产品合格证。

**（三）临时用电工程的检查记录**

（1）临时用电工程应定期检查。定期检查接地电阻值、绝缘电阻值和剩余电流动作保护器的剩余电流动作参数值。

（2）临时用电工程应按分部、分项工程定期检查。对安全隐患应及时处理，并应履行复查验收手续。

**（四）安全技术档案**

施工现场临时用电工程必须建立安全技术档案，并应包括下列内容：

（1）施工现场临时用电工程组织设计编制、修改和审批的全部资料；

（2）施工现场临时用电工程主要设备、材料的产品合格证、CCC 认证报告、检测报告等；

（3）施工现场临时用电工程技术交底记录表；

（4）施工现场临时用电工程检查验收表；

（5）施工现场临时用电电气设备的试、检验凭单和调试记录表；

（6）施工现场临时用电电气设备接地电阻、绝缘电阻和剩余电流动作保护器的剩余电流动作参数测定记录表；

（7）定期检（复）查记录表；

（8）电工安装、巡检、维修、拆除工作记录表；

（9）施工现场临时用电工程管理制度、分包单位临时用电安全生产协议、电工特种作业操作资格证等。

# 第四节　安全技术档案

建筑与市政工程施工现场临时用电工程安全技术资料由施工现场安全管理资料、施工现场临时用电工程安全技术资料组成，施工现场安全管理资料主要包括施工许可证、施工单位及检测机构的相关资质证书；项目管理人员相关的资格证书；各级安全责任制度；安全施工专项方案；安全技术交底；特种作业人员上岗资格证书；安全检查记录等。施工现场临时用电工程安全技术资料主要包括施工用电管理制度；施工临时用电施工组织设计；配电装置、材料合格证等质量证书；施工临时用电验收记录；电工操作证；安全技术交底及三级安全教育等。

施工现场发生安全事故后，调取施工现场安全技术资料是调查、分析和处理安全事故的重要内容之一，《生产安全事故报告和调查处理条例》（中华人民共和国国务院令［第493号］）规定如下：

第十六条　事故发生后，有关单位和人员应当妥善保护事故现场以及相关证据，任何单位和个人不得破坏事故现场、毁灭相关证据。

因抢救人员、防止事故扩大以及疏通交通等原因，需要移动事故现场物件的，应当做出标志，绘制现场简图并做出书面记录，妥善保存现场重要痕迹、物证。

第二十六条　事故调查组有权向有关单位和个人了解与事故有关的情况，并要求其提供相关文件、资料，有关单位和个人不得拒绝。

事故发生单位的负责人和有关人员在事故调查期间不得擅离职守，并应当随时接受事故调查组的询问，如实提供有关情况。

事故调查中发现涉嫌犯罪的，事故调查组应当及时将有关材料或者其复印件移交司法机关处理。

**1. 组织设计编制、审核及审批**

施工现场临时用电工程组织设计（或专项施工方案）应由总承包施工单位电气技术负责人组织编制，编制过程应组织有关单位人员对施组（或方案）进行讨论和研究，应经过征求阶段、送审阶段和报批阶段，不断优化、不断完善、不断补充，形成具有可操作性、可指导性、可实用性的施工组织设计（或专项施工方案），上报施工单位技术、安全等管理部门审核，施工单位总工程师审批。

施工现场临时用电工程组织设计编制及变更时，应严格执行《建筑与市政工程施工现场临时用电安全技术标准》JGJ/T 46—2024 中第 10.1.4 条、第 10.1.5 条的规定。总工程师应组织安全、技术等部门人员对临时用电工程施工组织设计（或专项施工方案）进行认真审核，并填写施工现场临时用电工程施工组织设计（方案）审批表，电气技术负责人根据审核意见修改完善临时用电工程施工组织设计（或专项施工方案），最后报送建立单位审批。施工现场临时用电工程组织设计（或专项施工方案）编制、审核及审批程序完成后，施工组织设计（或专项施工方案）方可实施。如本书附表 5 所示。

**2. 主要设备、材料记录**

施工现场临时用电工程材料、设备的物资档案资料应包括：材料、设备的物资资料记录、产品检验报告、产品合格证，强制性产品应有产品基本安全性能认证标识（CCC），认证证书应在有效期内，如本书附表 6 所示。并应符合《建筑与市政工程施工现场临时用电安全技术标准》JGJ/T 46—2024：

第 10.4.1 条　施工现场临时用电工程应建立安全技术档案，并应包括下列内容：

1　临时用电工程组织设计编制、修改、审核和审查的全部资料；

2　施工现场临时用电工程主要设备、材料的产品合格证、相关认证报告、检测报告等；

3　临时用电工程技术交底资料；

4　临时用电工程检查验收表；

5　电气设备的试验、检验凭单和调试记录；

6　接地电阻、绝缘电阻和剩余电流动作保护器的剩余电流动作参数测定记录表；

7　定期检（复）查表；

8　电工安装、巡检、维修、拆除工作记录；

9　施工现场临时用电工程管理制度、分包单位临时用电安全生产协议、电工特种作业操作资格证等。

第 10.4.2 条　安全技术资料应由项目经理部电气专业技术负责人建立与管理，每周由项目部经理组织对施工现场临时用电工程的实体安全、内业资料进行检查，并应在临时用电工程拆除后统一归档管理。

上述条文说明如下：（1）依据《建筑电气工程施工质量验收规范》GB 50303—2015 中第 3.2.2 条　实行生产许可证或强制性认证（CCC 认证）的产品，应有许可证编号或 CCC 认证标志，并应抽查生产许可证或 CCC 认证证书的认证范围、有效性及真实性。

施工现场临时用电工程使用的物资出厂质量证明文件的复印件应与原件内容一致，复印件应加盖复印件提供单位的印章，注明复印日期，并有经手人签字。

（2）规定施工总承包单位项目经理部电气专业技术负责人负责施工现场临时用电工程的安全技术管理，以及临时用电工程组织设计的编制工作。具有电气专业中级职称以上人员可负责施工现场临时用电工程的安全技术资料的填写、收集和归档工作；施工现场日常的电工安装、巡检、维修、拆除工作记录可由电工填写。项目经理作为安全生产的第一责任人，应每周组织对施工现场临时用电工程的实体安全、内业资料进行检查。

**3. 安全技术交底**

安全技术交底是建筑与市政工程施工安全管理的一项重要工作，它是施工前由项目管理人员对参加施工生产的劳务队、班组（也包括特殊工种和其他人员），针对某项施工过程或工作岗位可预见的不安全因素和危险源，施工中所应采取的施工方法、防护措施和必须执行的安全操作规程及应急措施等提出的具体要求，并形成文字记录。如本书附表 7 所示。分部分项工程安全技术交底是按临时用电工程分部分项工程内容来开展安全技术交底活动，如施工现场临时用电工程安全技术交底等。临时用电安全技术交底应按分部分项工程进行交底，交底内容应具有指导性、针对性，被交底人均应本人签字，严禁代签。分部分项工程安全技术交底书包含的内容如下：

（1）一般性内容：指分部分项施工中的一般性安全生产要求。如：对高处作业的要求、对特种作业的要求、对分项施工作业中的最基本的安全要求。

（2）危险因素：需依据施工作业特点，明确告之作业人员施工中可能存在的危险因素，即如不满足安全生产要求易发生的生产安全事故。如：高处作业无安全作业平台、不正确系挂安全带易发生高处坠落事故；登高绑扎柱钢筋无稳固操作平台、未正确系挂安全带易发生高处坠落事故；电工作业不按操作规程进行作业，操作中不戴绝缘手套、穿绝缘鞋，易发生触电事故。

（3）针对性措施：依据作业中存在的危险因素所要求落实的针对性安全生产措施。

（4）应急措施：明确告诉作业人员一旦突发紧急情况应采取的措施。

**4. 电气设备试、检验凭单和调试**

施工现场临时用电工程涉及的电气设备主要是低压总配电柜（或总配电箱）、分配电箱、开关箱、电动建筑机械及手持式电动工具等，为了保证施工现场临时用电工程配电系统、电动建筑机械及手持式电动工具等安全、正常工作，满足施工生产的需求，需要电工及用电人员定期或非定期对电气设备测试、检验和调试，并应及时填写记录。低压交流电动机试、检验内容：空载相电压、相电流，低压交流电动机满载相电压、相电流，绝缘电阻；剩余电流动作保护器试、检验内容：剩余动作电流、剩余不动作电流、分断时间及绝缘电阻。如本书附表 8 所示。

**5. 安全技术检查验收**

施工单位依据审批后的施工现场临时用电工程施工组织设计（或专项施工方案）组织实施后，施工单位应自验合格后，在组织监理单位电气技术负责人共同验收，验收合格后方可正式投入使用，禁止未经验收或验收不合格投入使用。安全技术检查验收的内容包括：施工现场临时用电工程 8 个分部工程、29 个分项工程。其中，配电系统：一般规定、TN-S 系统、剩余电流保护、防雷保护、接地与接地电阻；配电装置：配电装置的设置、配电装置的电器选择、配电装置的使用；配电室及自备柴油发电机组：配电室、自备柴油发电机组；配电线路：架空线路、电缆线路、室内配线；电动建筑机械和手持式电动工具：一般规定、起重机械、桩工机械、夯土机械、焊接机械、手持式电动工具、其他电动建筑机械；外电线路及电气设备防护：外电线路防护、电气设备防护；照明：一般规定、照明供电、照明装置；临时用电工程管理：临时用电工程组织设计、电工及用电人员、临时用电工程的检查与拆除、安全技术档案，如本书附表 9 所示。

**6. 接地电阻测试记录**

施工现场的接地有工作接地、保护接地和防雷接地等，各种接地的规定和电阻值的要求有所不同。一般情况下，施工现场电力变压器或发电机的工作接地的电阻值不大于 $4\Omega$，对于单台容量不超过 100kVA 或使用同一个接地装置并联运行的总容量不超过 100kVA 的变压器或发电机的工作接地电阻值可适当放宽至不大于 $10\Omega$。重复接地电阻值一般不大于 $10\Omega$，但对于工作接地电阻值允许不超过 $10\Omega$ 的施工现场，每一重复接地电阻值可放宽至不大于 $30\Omega$。对于防雷接地，按规定机械设备的每一防雷装置的防雷接地或冲击接地电阻值不得大于 $30\Omega$。接地电阻应每隔一段时间测试一次，冬季雨季应增加测试次数，测试完应做好完整的记录，并办理签字手续。如本书附表 10 所示。

**7. 绝缘电阻测试记录**

测试绝缘电阻主要是对供电线路和用电设备的工作绝缘进行测试，应按不同回路，分级、分相，用相应规格型号的绝缘电阻表测试，其中对供电线路的测试一般应测各相间绝缘及对地绝缘，将各数值填入表格中，并与规范规定值相比较，规范中一般绝缘电阻值不小于 $0.5M\Omega$，若发现问题应注明，填写处理意见，并办理签字手续，如本书附表 11 所示。

**8. 剩余电流动作保护器的剩余电流动作参数测定记录**

剩余电流动作保护器是防止触电事故的重要保护装置。为保证其安全性能及使用安全，必须经常进行试跳检查和常规检测，试跳检查由电工完成，每月每台剩余电流动作保护器都必须进行一次试跳，测试联锁机构的灵敏度。其测试方法为按动剩余电流动作保护器的试验按钮三次。带负荷分、合开关三次，相邻两次时间间隔至少两分钟，不应有误动作。试跳结果必须进行记录，并办理签字手续，若发现问题则写明问题、处理意见及最后处理结果。常规检测主要测试其特性参数，测试内容为：剩余动作电流、剩余不动作电流、分断时间及绝缘电阻，其测试方法应用专用的剩余电流动作保护器测试仪进行。以上测试应在安装后和使用前进行。剩余电流动作保护器投入运行后定期（每月）进，雷雨季节应增加测试次数，如本书附表 12 所示。

**9. 定期检（复）查表**

施工现场临时用电定期检查，建议电工每天上班前自查，由主要负责人带队组织定期的安全大检查，项目经理部每月一次，施工单位每半年一次，遇到季度更换或特殊季节（如夏季、雷雨刮风季节）应增加检查次数，如本书附表 13 所示。

临时用电检查主要是查认识、查制度、查设施、查安全教育培训、查操作、查劳保用品等，具体地说就是检查用电人员的用电常识、自我保护意识，检查临电制度是否贯彻执行，责任制是否落到实处，检查三级配电、二级保护、剩余电流保护、防雷保护、接地、绝缘等是否符合要求，检查电工的操作证及复审情况，检查用电人员安全操作情况及检查劳保用品的穿戴及配备情况等。通过检查可以预知危险，清除危险，纠正违章指挥、违章作业和违反劳动纪律的"三违"现象，可以进一步宣传、贯彻落实安全生产方针、政策和各项安全生产规章制度。检查时应认真仔细，不留死角，对存在的隐患填入定期检查记录表，标明部位、内容，按三定（定时间、定人员、定措施）的原则，组织制订方案，办理签字手续，立即落实进行整改，并按限定时间进行复查验收。

复查验收一定要在限定的时间之前进行，只许提前，不应滞后。复查的目的就是检查事故隐患是否按时得到及时整改，以及整改措施是否得到有效落实。复查时应根据定期检查记录表中的隐患内容、部位，逐条进行核查，并对整改结果进行评价，对整改合格的项目予以销案，对于整改不合格或尚未整改的项目应强制性整改。

**10. 电工安装、巡检、维修、拆除工作记录**

电工及用电人员应严格执行《建筑与市政工程施工现场临时用电安全技术标准》JGJ/T 46—2024:

第10.3.2条 临时用电工程定期检查应按分部、分项工程进行，对安全隐患应及时处理，并应履行复查验收手续。

电工安装、巡检、维修、拆除工作涉及的内容应包括配电系统（接地保护系统、剩余电流保护、防雷保护、接地与接地电阻）；配电装置（配电装置的设置、配电装置的电器选择、配电装置的使用）；配电室及自备柴油发电机组（配电室、自备柴油发电机组）；配电线路（架空线路、电缆线路、室内配线）；电动建筑机械和手持式电动工具（起重机械、桩工机械、夯土机械、焊接机械、手持式电动工具、其他电动建筑机械）；照明（照明供电、照明装置）等。电工安装、巡检、维修、拆除工作记录是反映电工日常电气安装维修拆除工作情况的资料，由电气专业技术人员负责建立和审查，当临时用电设施或电气设备发生故障时，由电气专业技术人员填写故障现象，分析故障发生的原因，并注明所采取的维修改进措施，应尽可能记载详细，包括时间、地点、设备、维修内容、技术措施、处理结果等，并经正式运行合格后填写结论意见及以后应注意的问题，避免事故再次发生，最后办理签字手续，如本书附表14所示。

**11. 施工现场临时用电工程管理制度**

**施工现场临时用电工程安全管理制度**

一、目的

为加强施工现场临时用电安全管理，避免人身触电、火灾、爆炸及各类电气事故的发生，特制订本制度。

二、适用范围

本制度适用于公司所属各项目部施工现场临时用电工程中的220V/380V低压配电系统。

三、临时用电管理规定

1. 施工现场临时用电工程的电源中性点直接接地的220V/380V三相四线制低压配电系统，采用三级配电系统、TN-S系统和二级剩余电流动作保护系统。

TN 系统中的保护接地导体（PE）必须与总配电箱（柜）处做重复接地，还必须在配电系统的中间处和末端处做重复接地。

2. 架空线必须采用绝缘电线或电缆架设在专用电杆上，严禁架设在树木上或脚手架上；电缆直接埋地敷设深度不应小于 0.7m，铺砂铺砖，做标识。

3. 按照三级配电两级保护的要求，配置配电总配电箱、分配电箱、开关箱三类标准电箱。总配电箱和开关箱均应装设剩余电流动作保护开关两级保护。开关箱应符合"一机、一箱、一闸、一剩"，严禁用同一开关直接控制多台用电设备。配电箱内各分路应编号，标明用途，应有接线系统图。

4. 配电箱、开关箱中导线的接进和接出应从箱体底面进出线口，严禁从箱体的其他位置接进、接出。配电箱、开关箱内的连接线必须采用铜芯绝缘导线，导线应排列整齐，不得有外露带电部分。配电箱内应分别设置中性导体和保护接地导体接线端子排，箱体、安装板应与保护接地导体做可靠连接。

5. 配电器、开关箱内的电器必须可靠、完好，严禁使用破损、不合格的电器；不准使用铜丝或其他不符合规范的金属丝做电路保险丝。

6. 配电箱、开关箱箱门应配锁、并应由专人负责，配电箱、开关箱的外壳应能防雨、防尘。

7. 配电箱、开关箱应装设端正、牢固。固定式配电箱下底与地面的垂直距离应为 1.4~1.6m。移动式配电箱、开关箱应装设在坚固、稳定的支架上，其中心点与地面的垂直距离宜为 0.6~1.5m。

8. 所有施工机械和电气设备不得带病运转和超负荷使用；施工机械和电气设备及施工用金属平台必须要有可靠接地；不允许在同系统中部分设备保护接地，部分设备保护接零，严禁保护接地、保护接零混用。

9. 手提行灯应采用 36V 以下的低压行灯，金属容器内和潮湿地带电压不得超过 12V。

10. 电焊机械应放置在防雨、干燥和通风良好的地方，电焊机应设置专用剩余电流动作保护器，焊接现场周围不得有易燃、易爆物品。

11. 电焊机、移动式电箱及电动工具应采用完整的铜芯橡皮套软电缆或护套软线作电源线；移动时应防止电源线拉断或损坏，移动电箱内应加装剩余电流动作保护器。

12. 从事电气作业中的特种作业人员应经专门的安全作业培训，在取得相应特种作业操作资格证后，方可上岗。

13. 当非电气作业人员有需要从事接近带电用电产品的辅助性工作时，应先主动了解或由电气作业人员介绍现场相关电气安全知识、注意事项或要求，由具有相应资质的人员带领和指导下参与工作，并对其安全负责。

14. 检修设备或装接电线电器时，应拉闸停电，不准带电作业。实行挂牌警示制度，配电房应有专人监督，不得随便离开岗位。

15. 严禁雨、雪、大风等恶劣天气进行室外焊接作业。

四、职责

公司工程部负责施工现场临时用电的监督检查，项目部负责现场临时用电的设计、布置和维护管理工作。

1. 项目经理职责

（1）对本项目部全体人员安全用电和保证临时用电符合国家标准负直接领导责任。

（2）配备满足施工需要的合格电工，提出项目用电的一般及特殊要求。

（3）负责提供给电工、电焊工及用电人员必须的基本安全用具及电气装置的检查工具。

2. 电气工长职责

（1）负责编制本项目临时用电组织设计和制定安全用电技术措施及电气防火措施。

（2）定期组织专项检查，对发现的问题，落实相应责任进行整改。

（3）对用电作业进行监督及时制止"三违"，消除安全隐患；有权对违章作业人员进行处罚。

（4）组织、参与对电工及用电人员的教育和安全交底。

3. 劳务队负责人职责

（1）直接对现场的临时用电工作进行管理。

（2）监督和督促电工及用电人员严格按规范进行作业。

（3）组织、参与对电工及用电人员的安全交底。

4. 电工职责

（1）认真贯彻执行施工现场临时用电安全标准及规章制度，对安全用电负直接操作和监护职责。

（2）负责日常现场临时用电的安全检查、巡查与检测，在恶劣天气后及时进行检测，发现异常情况立刻采取有效措施，谨防事故发生。

（3）专业电工必须掌握触电人工急救方法和正确的电气火灾防火、灭火方法。

五、临时用电的验收、检查和维护规定

1. 临时用电在使用前，由项目部组织现场安全员（总包）、施工员、电气工长及电工参加进行验收。

2. 电工必须定期对电器、电路进行检查，发现问题立刻维修，检查、维修时必须穿、戴绝缘鞋、手套，必须使用电工绝缘工具，并应做好检查、维修记录。

3. 对电路进行检查、维修时，必须将其前一级相应的电源隔离开关分闸断电，并悬挂"禁止合闸，有人工作"停电标识牌，严禁带电作业。

4. 停电拉闸作业必须先拉负荷开关，后拉隔离开关；送电作业必须先合隔离开关，后合负荷开关。严禁带负荷拉/合隔离开关。

5. 剩余电流动作保护器或断路器跳闸后，应及时查找跳闸原因，在处理好故障前禁止随意合闸。每周至少对剩余电流动作保护器检查试验一次，剩余电流动作保护器不能正确动作或损坏时，要立即修复或更换。

6. 公司工程部在各类检查中都应对临时用电情况进行检查，对发现的问题立刻落实相关责任人进行整改。

**12. 施工现场临时用电工程安全管理协议书**

施工现场临时用电工程安全管理协议书

工程名称：

总包单位：（以下简称甲方）

分包单位：（以下简称乙方）

为了确保施工现场临时用电工程安全，防止电击事故的发生，依据《中华人民共和国安全生产法》、《建设工程安全生产管理条例》、《建筑与市政工程施工现场临时用电安全技术标准》JGJ/T 46—2024、《建筑施工安全检查标准》JGJ 59—2011 及《北京市建设工程施工现场安全防护标准》的有关规定。签订本协议书。甲方和乙方应当按照各自职责，对建设工程临时用电进行监督管理，严格遵守本协议书规定的权利、责任和义务，保障施工现场临时用电安全。

一、甲方的权利、责任和义务

1. 贯彻落实国家及北京市施工现场临时用电的有关规定。负责对施工现场临时用电进行全面监督、管理，并对施工现场临时用电进行安全检查和指导。

2. 甲方对乙方专职电气维护人员进行统一管理，对乙方专职电气维修工作进行监督，甲方有权对违反操作规程和管理规程的行为进行经济处罚。

3. 甲方统一组织、安排施工现场中的节约用电工作，对浪费、偷窃电力资源的行为，甲方有权进行经济处罚。

4. 负责提供施工电源，并对乙方的使用情况进行监督检查。

5. 按照有关临时用电标准对乙方的临时用电设备、设施进行监督和检查。发现乙方在临时用电中存在隐患必须责成乙方予以整改，并监督整改落实情况。

6. 有权对乙方的特种作业人员的花名册、操作证复印件及培训记录进行存档备案。未经特种作业培训人员安全生产教育培训和无证人员，不得上岗作业。

7. 向乙方提供电源时，应与乙方办理交接验收手续。

8. 现场发生触电事故时，甲方不负任何责任。

二、乙方的权利、责任和义务

乙方必须指派专职电工，且指派的专职电工的行为代表乙方行为。

1. 电气专职人员必须持证上岗，非电气专职人员严禁从事电气作业。

2. 乙方专职电工应对所管辖的施工区域安全用电负责。

3. 乙方安排生产的同时，必须由乙方专职电工对施工用电人员进行分部位、分阶段、有针对性的书面安全用电交底。

4. 乙方必须根据安排的生产情况，对用电施工人员提供必要的合格的安全用电防护用品。

5. 乙方在施工过程中必须定期组织专业人员（电工、安全员、施工负责人）进行安全用电检查工作，严禁违章指挥和作业。对违章作业者采取教育、罚款、勒令停工等措施，保证在施工过程中安全用电。

6. 凡在施工过程中，乙方因违章指挥、无证操作或违章作业造成的用电安全事故产生的一切损失完全由乙方负责。

7. 乙方生活区宿舍内禁止乱拉乱接电源线、长明灯、严禁使用大功率电器（如：碘钨灯、热得快、电磁炉、电饭煲等），严禁使用电热毯取暖，严格按照《生活区用电规章制度》有关规定执行。

8. 乙方专职电工必须配合好甲方对临时用电系统的维护、检查工作，不得推诿。

9. 乙方进场使用的大功率（5kW以上）机具在进场安装前必须报监理及甲方审核，施工过程中用电工具、设备、线路等有较大调整时必须申报监理及甲方，同意后方能实施。

10. 乙方必须派专业专职电工对各自用电工具、设备进行定期检查，保证工具设备的安全使用性能。

11. 施工现场照明系统必须报监理、甲方审核后使用，不得乱拉、乱接、乱搭。

12. 乙方必须配合甲方做好节约用电工作，对浪费、盗窃电力资源的行为应配合甲方及时制止。

13. 乙方动火作业需到监理处开具动火作业证后方可施工，动火作业场所必须配备灭火器。

三、操作人员

1. 操作人员应严格按安全用电技术操作规程、用电制度实施。

2. 操作人员应积极参加甲方或自行组织的安全活动，认真执行安全用电交底，不违章作业。

3. 对施工前不进行安全交底的，对现场安全隐患没及时排除的，对现场中无安全技术措施或措施不落实的，对违章指挥的，工人有权拒绝施工，并有责任和义务向上级单位负责人及甲方进行举报投诉。

4. 乙方专职电工必须对施工现场的配电设施按要求进行每周检查、测试，做好记录存档。

5. 乙方应保持配电线路及配电箱和开关箱内电缆、导线对地绝缘良好，不得有破损、硬伤、带电体裸露、电线受挤压、腐蚀、剩余电流等隐患，以防突发事故。

6. 工地所有配电箱都要标明箱的名称、所控制的各线路称谓、编号、用途等。

7. 配电箱必须由专人管理，配电箱上必须标明专职管理电工姓名及电话，在现场施工，当配电箱停止1h以上时，应将动力开关箱断电上锁。

8. 检查和操作人员必须按规定穿绝缘鞋、戴绝缘手套，必须使用电工专用绝缘工具。

9. 平时应经常查看配电箱的进出线路是否承受外力，是否被水泥砂浆侵污、被金属锐利划破绝缘，配电箱内电器的螺丝是否松动，动力设备是否缺相运行等。

四、强制性规定和持证施工的工作要求

1. 乙方必须严格按照规范《建筑与市政工程施工现场临时用电安全技术标准》JGJ/T 46—2024进行施工用电线路敷设，投入使用的配电设施必须符合规范要求，违者处罚1000元/次，如造成安全事故由责任单位承担所有后果。

2. 箱变低压侧出线接线时必须通报监理，由专职电工操作，无证施工、违规作业或其他违反国家、地方和行业强制性规定的处罚5000元/次，因此行为造成损失由乙方承担所有后果。

3. 乙方施工配电设施在使用前必须经现场监理验收，验收合格后方可投入使用，否则对使用单位处罚 1000 元/次。

4. 施工现场电工每天上班前，必须提前认真检查一遍供电线路和电器设备设施的运行情况，发现问题必须及时处理，不能及时修复的设备设施必须禁止使用，悬挂检修牌并及时向相关上级反映，若不认真检查排除隐患造成安全事故，由责任单位承担所有后果。

5. 乙方电工（持有效上岗证）每月必须对施工用电系统进行检查和维修。电工每天必须认真做好相关记录：

（1）电工值班记录（每天记录）；

（2）剩余电流动作保护器检测记录（每周测试至少一次）；

（3）施工机具绝缘测试记录（每月测试一次）；

（4）设备防雷接地及供电系统重复接地测试记录（每周测试至少一次）；

（5）各级箱体内的配电系统图是否清晰、箱内电气安置是否稳固（时常关注），并将以上资料存档。

6. 施工现场禁止使用低压电线（小于 2.5mm$^2$）做施工用电电源线，违者处罚 500 元/次，并没收违章导线，如造成安全事故由责任单位承担所有后果。

7. 施工现场禁止使用简易插座板进行配电施工，违者处罚 200 元/次并没收其用具，如造成安全事故由责任单位承担所有后果。

8. 单相负荷线路必须做到中性（N）导体、保护接地（PE）导体分开，保护接地（PE）导体连接到位，禁止使用两芯电缆做用电电源线，违者处罚 500 元/次，并没收违章导线，如造成安全事故由责任单位承担所有后果。

9. 各级配电系统应正确布置，违者处罚 500 元/次，如造成安全事故由责任单位承担所有后果。

10. 施工现场禁止使用无门、无保护的固定箱、移动箱、插座箱作为施工用电设施，违者对使用单位处罚 500 元/次，如造成安全事故由责任单位承担所有后果。

11. 各分包单位在施工用电过程中，必须严格按照《建筑与市政工程施工现场临时用电安全技术标准》JGJ/T 46—2024 要求进行敷设、使用、维护，乙方电工必须对使用电动机具作业人员进行安全用电书面交底。否则造成安全事故由责任单位承担所有后果。

12. 严禁非电气操作人员进行电气操作作业，一经发现对违章人员处以 1000 元/次罚款，如造成安全事故由责任单位承担所有后果。

13. 作业人员有权拒绝违章指挥和制止违章用电作业。

14. 一经查出施工用电安全隐患，不及时按要求进行整改的每拖延一天处罚 200 元/项，如造成安全事故的发生所有责任由该单位自行负责。

15. 如现场施工人员恶意破坏、损坏、偷盗临电设施，所属公司必须负责恢复原貌，不得影响甲方的工程计划，因此行为造成的一切损失及后果由乙方承担。关于加强施工现场电焊机安全使用的专项管理要求：

（1）施工现场使用的电焊机应单独设开关箱控制并安装（3P 空开、3P 剩余电流动作保护器、弧焊机防触电保护器），违者对责任单位处罚 200 元/次，如造成安全事故并带来的所有责任由该单位自行负责。

（2）电焊机外壳应做接地保护，违者对责任单位处罚 200 元/次，如造成安全事故并带来的所有责任由该单位自行负责。

（3）电焊机一次线长度（开关箱至电焊机）水平距离应小于 5m；开关箱至二级箱距离应小于 30m；二次线长度应小于 30m。违者对责任单位处罚 100 元/次，如造成安全事故并带来的所有责任由该单位自行负责。

（4）电焊机两侧接线应压接牢固，并安装可靠防护罩。违者对责任单位处罚 100 元/次，如造成安全事故并带来的所有责任由该单位自行负责。

（5）电焊把线应双线到位，不得借用金属管道、金属脚手架、轨道及结构钢筋做回路地线违者对责任单位处罚 100 元/次，如造成安全事故并带来的所有责任由该单位自行负责。

（6）电焊把线应使用专用橡套多股软铜电缆，电缆应绝缘良好，无破损、裸露。违者对责任单位处罚 100 元/次，如造成安全事故并带来的所有责任由该单位自行负责。

（7）电焊机装设应采取防埋、防浸、防雨、防砸措施。交流电焊机要装设专用防触电保护装置。并做好机具的定期检查维护，明确相关机械管理责任人。

（8）电焊作业人员需持证上岗，违者对责任单位处罚 500 元/次。

五、责任及义务

1. 甲乙双方应自觉履行本《临时用电工程管理方案》的相关规定，不得违反此合同条款。

2. 若因乙方原因未履行本协议规定，发生一切施工用电事故则由乙方全部承担一切责任，导致甲方及第三方的一切损失，由乙方全部赔偿。

3. 若因乙方或乙方当事人不履行本协议的规定，甲方根据情节轻重对乙方当事人处于 20～200 元罚款，同对乙方处于 500～5000 元罚款。

4. 乙方安排生产的同时，必须由乙方专职电工对施工用电人员进行分部位、分阶段、有针对性的书面安全技术交底。

5. 乙方必须根据安排的生产情况，对用电施工人员提供必要合格的安全个人防护用品。

6. 乙方在施工过程中必须定期组织专业人员（电工、安全员、施工负责人）进行安全用电检查工作，严禁违章指挥和作业。对违章作业者采取教育、罚款、勒令停工等措施，保证在施工过程中安全用电。

7. 凡在施工过程中，乙方因违章指挥、无证操作或违章作业造成的用电安全事故产生的一切损失完全由乙方负责。

8. 乙方生活区宿舍内禁止乱拉乱接电源线、长明灯、严禁使用大功率电器（如：碘钨灯、热得快、电磁炉、电饭煲等），严禁使用电热毯取暖，严格按照《生活区用电规章制度》有关规定执行。

9. 乙方专职电工必须配合好甲方对临时用电系统的维护、检查工作，不得推诿。

10. 乙方进场使用的大功率（5kW 以上）机具在进场安装前必须报甲方审核，施工过程中用电工具、设备、线路等有较大调整时必须申报甲方，同意后方能实施。

11. 乙方必须派专业专职电工对各自用电工具、设备进行定期检查，保证工具设备的安全使用性能。

12. 施工现场照明系统必须报甲方审核同意后方可布置，不得乱拉、乱接、乱搭。

13. 乙方必须配合甲方做好节约用电工作，对浪费、盗窃电力资源的行为应配合甲方及时制止。

14. 乙方动火作业需到甲方开具动火作业证后方可施工，动火作业场所必须配备灭火器。

六、争议

当甲、乙双方发生争议时，可以通过甲、乙双方上级主管部门协商解决，若达不到一致意见时，按市政府有关部门认定结果执行。

双方有关未尽事宜补充条款：

补充条款如下：

本协议书一式两份，甲、已双方签字盖章立即生效，各保存一份。

本协议书自签字之日生效至工程竣工终止。

总包单位：（盖章）　　　　　　　　　　　　分包单位：（盖章）

负责人签字：　　　　　　　　　　　　　　负责人签字：

　年　月　日　　　　　　　　　　　　　　　年　月　日

### 13. 施工现场临时用电工程特种作业人员管理规定

#### 施工现场临时用电工程特种作业人员管理规定

严格执行《特种作业人员安全技术培训考核管理规定》（国家安全生产监督管理总局令第 30 号），电工必须经过考核合格后，持证上岗。同时，施工单位应对电工的身份证与特种作业证书进行核对，保证电工的身份真实性和时效性，并应如实填写施工现场临时用电工程特种作业人员操作证记录，如表 8-29 所示，存档保管以备检查。施工现场临时用电工程设备和线路的安装、巡检、维修和拆除等必须由电工承担和完成，并有人监护，完成后及时填写安全技术记录。

1. 施工现场电工的任务和责任如下：

（1）承担临电工程电气设备和线路的安装、调试、迁移和拆除工作；

（2）承担临电工程运行过程中的巡检和维修工作；

（3）保障临电工程始终处于完好无损状态和良好运行状态；

（4）指导施工现场用电人员安全用电，纠正违规用电；

（5）参与施工现场临时用电工程安全技术档案的建立与保管。

施工现场临时用电工程特种作业人员操作证记录 表 8-29

| 姓名 | | 工种 | |
|---|---|---|---|
| 证件编号 | | 身份证号码 | |
| 身份证复印件粘贴处：<br><br><br><br><br><br>电工操作证复印件粘贴处：<br><br><br><br><br><br><br><br><br><br><br><br> | | | |

注：1. 身份证姓名、编号应与电工操作证姓名、编号一致。2. 电工操作证应在有效期内。

2. 施工现场电工的专业技能应符合下列规定：

（1）掌握安全用电基本知识；

（2）熟知所用电气设备性能；

（3）具备正确、熟练操作电气设备的技能；

（4）保管和维护好所用电气设备、材料，发现问题及时报告项目经理部并解决；

（5）检修、维护配电箱、开关箱、电气设备前，必须按规定穿戴和配备好相应的劳动防护用品，确认排除故障后，方可合闸通电运行，严禁电气设备带缺陷通电运转、使用；

（6）电气设备在运行过程中做到有人值守，出现异常时，应立即分断电源，停止运行，并报请项目经理部检查处理；

（7）暂时停用设备的开关箱必须分断电源隔离开关，并关门上锁，做到人走电停，杜绝设备意外误通电启动；

（8）移动用电设备时，必须首先切断电源并作妥善处理后实施，不得自行拆除电源，不得裸露带电或可能带电的线头，在未可靠切断电源的情况下严禁移动用电设备。

**14. 电击事故应急救援预案、电气火灾应急救援预案编制要求**

我国是世界上自然灾害最为严重的国家之一，各类事故隐患和安全风险交织叠加、易发多发，影响公共安全的因素日益增多。"备豫不虞，为国常道"。加强应急管理体系和能力建设，既是一项紧迫任务，又是一项长期任务。加强应急管理体系和能力建设，必须抓好源头治理，健全风险防范化解机制，真正把问题解决在萌芽之时、成灾之前。凡事预则立，不预则废。要未雨绸缪，加强风险评估和监测预警，提升多灾种和灾害链综合监测、风险早期识别和预报预警能力，加强应急预案管理，健全应急预案体系；要有的放矢，实施精准治理，做到预警发布精准、抢险救援精准、恢复重建精准、监管执法精准；要依法管理，系统梳理和编制应急救援预案，加强安全生产监管执法工作，运用法治思维和法治方式提高应急管理的法治化、规范化水平；要坚持群众观点和群众路线，坚持社会共治，积极推进安全风险网格化管理，把各方面力量充分调动起来，筑牢防灾减灾救灾的人民防线。

应急管理体系和能力的建设，队伍是关键、科技是支撑。项目经理部应建设一支专常兼备、反应灵敏、作风过硬、本领高强的应急救援队伍。通过开展应急救援演练，抓紧补短板、强弱项，提高施工现场电击事故应急救援、电气火灾应急救援能力。施工单位应从工程项目的实际情况出发，依据《生产经营单位生产安全事故应急预案编制导则》GB/T 29639—2020、《建筑与市政工程施工现场临时用电安全技术标准》JGJ/T 46—2024，制订出施工现场《电击事故应急救援预案》《电气火灾应急救援预案》，形成项目经理部应对突发事件发生的应急救援预案体系。按照统一领导、分级负责、条块结合、属地管理的原则，做到事故类型和危害程度清楚，应急管理责任明确，应对措施正确有效，应急响应及时迅速，应急资源准备充分，提高应对和防范风险与事故的能力，最大限度地减少施工现场电击伤亡事故、电气火灾财产损失。应急救援预案的编制应结合施工现场临时用电的实际情况，使之具有针对性、指导性和操作性，严格按照演练方案定期组织项目经理部管理人员进行应急救援演练，并对演练过程发现的问题及时完善。

施工现场临时用电工程《电击事故应急救援预案》《电气火灾应急救援预案》应依据《生产安全事故应急预案管理办法》（中华国应急管理部令第2号）编制。

附表 1

## 500V 铜芯绝缘导线空气中敷设长期连续负荷允许载流量表

| 导线截面积(mm²) | 股数 | 单芯直径(mm) | 成品外径(mm) | 明敷25℃橡胶 | 明敷25℃塑料 | 明敷30℃橡胶 | 明敷30℃塑料 | 橡25℃金2根 | 橡25℃金3根 | 橡25℃金4根 | 橡25℃塑2根 | 橡25℃塑3根 | 橡25℃塑4根 | 橡30℃金2根 | 橡30℃金3根 | 橡30℃金4根 | 橡30℃塑2根 | 橡30℃塑3根 | 橡30℃塑4根 | 塑25℃金2根 | 塑25℃金3根 | 塑25℃金4根 | 塑25℃塑2根 | 塑25℃塑3根 | 塑25℃塑4根 | 塑30℃金2根 | 塑30℃金3根 | 塑30℃金4根 | 塑30℃塑2根 | 塑30℃塑3根 | 塑30℃塑4根 |
|---|---|---|---|---|---|---|---|---|---|---|---|---|---|---|---|---|---|---|---|---|---|---|---|---|---|---|---|---|---|---|---|
| 1.0 | 1 | 1.13 | 4.4 | 21 | 10 | 20 | 18 | 15 | 14 | 12 | 13 | 12 | 11 | 14 | 13 | 11 | 12 | 11 | 10 | 14 | 13 | 11 | 12 | 11 | 10 | 13 | 12 | 10 | 11 | 10 | 9 |
| 1.5 | 1 | 1.37 | 4.6 | 27 | 24 | 25 | 22 | 20 | 18 | 17 | 17 | 16 | 14 | 19 | 17 | 16 | 16 | 15 | 13 | 19 | 17 | 16 | 16 | 15 | 13 | 18 | 16 | 15 | 15 | 14 | 12 |
| 2.5 | 1 | 1.76 | 5.0 | 35 | 32 | 33 | 30 | 28 | 25 | 26 | 25 | 22 | 20 | 26 | 23 | 22 | 23 | 21 | 15 | 26 | 24 | 22 | 23 | 21 | 19 | 24 | 22 | 21 | 22 | 19 | 18 |
| 4 | 1 | 2.24 | 5.5 | 45 | 42 | 42 | 39 | 37 | 33 | 30 | 33 | 30 | 26 | 35 | 31 | 28 | 31 | 28 | 24 | 35 | 31 | 28 | 31 | 28 | 25 | 33 | 30 | 26 | 29 | 26 | 23 |
| 6 | 1 | 2.73 | 6.2 | 58 | 55 | 54 | 51 | 49 | 43 | 39 | 43 | 38 | 34 | 46 | 40 | 36 | 41 | 36 | 32 | 47 | 41 | 37 | 41 | 36 | 32 | 44 | 38 | 35 | 38 | 34 | 30 |
| 10 | 7 | 1.33 | 7.8 | 85 | 75 | 80 | 70 | 68 | 60 | 59 | 59 | 52 | 46 | 64 | 56 | 52 | 55 | 49 | 43 | 65 | 57 | 50 | 56 | 49 | 44 | 61 | 53 | 47 | 52 | 46 | 41 |
| 16 | 7 | 1.68 | 8.8 | 110 | 105 | 103 | 96 | 86 | 77 | 69 | 76 | 68 | 60 | 80 | 72 | 65 | 71 | 64 | 56 | 82 | 73 | 65 | 72 | 65 | 57 | 77 | 68 | 61 | 67 | 61 | 53 |
| 25 | 19 | 1.28 | 10.6 | 145 | 168 | 136 | 129 | 118 | 100 | 90 | 100 | 90 | 80 | 106 | 94 | 84 | 94 | 84 | 75 | 107 | 95 | 85 | 95 | 85 | 75 | 100 | 89 | 80 | 89 | 80 | 70 |
| 35 | 19 | 1.51 | 11.8 | 180 | 170 | 168 | 159 | 140 | 122 | 110 | 125 | 110 | 98 | 131 | 114 | 193 | 117 | 103 | 92 | 133 | 115 | 105 | 120 | 105 | 98 | 124 | 108 | 98 | 112 | 98 | 87 |
| 50 | 19 | 1.81 | 13.8 | 230 | 215 | 215 | 201 | 175 | 154 | 137 | 160 | 140 | 123 | 164 | 144 | 158 | 150 | 131 | 115 | 165 | 146 | 130 | 150 | 132 | 117 | 154 | 137 | 122 | 140 | 123 | 109 |
| 70 | 49 | 1.33 | 17.3 | 285 | 265 | 267 | 248 | 215 | 196 | 173 | 195 | 175 | 155 | 201 | 181 | 162 | 182 | 164 | 145 | 225 | 183 | 165 | 185 | 167 | 148 | 181 | 171 | 154 | 173 | 156 | 138 |
| 95 | 84 | 1.20 | 20.8 | 345 | 325 | 323 | 304 | 250 | 225 | 210 | 240 | 215 | 195 | 243 | 220 | 197 | 224 | 201 | 182 | 250 | 225 | 200 | 230 | 205 | 185 | 234 | 210 | 187 | 215 | 192 | 173 |
| 120 | 33 | 1.08 | 21.7 | 400 | — | 374 | — | 300 | 270 | 245 | 278 | 250 | 227 | 280 | 252 | 229 | 260 | 234 | 212 | — | — | — | — | — | — | — | — | — | — | — | — |
| 150 | 37 | 2.24 | 23.0 | 470 | — | 439 | — | 340 | 310 | 280 | 320 | 290 | 265 | 318 | 290 | 362 | 299 | 271 | 248 | — | — | — | — | — | — | — | — | — | — | — | — |
| 185 | 37 | 2.49 | 24.2 | 540 | — | 505 | — | — | — | — | — | — | — | — | — | — | — | — | — | — | — | — | — | — | — | — | — | — | — | — | — |
| 240 | 62 | 2.21 | 27.2 | 660 | — | 617 | — | — | — | — | — | — | — | — | — | — | — | — | — | — | — | — | — | — | — | — | — | — | — | — | — |

注：导电线芯最高允许温度为＋65℃。

### SL₇ 系列低损耗电力变压器主要技术参数表

| 额定容量 $S_N$(kVA) | 空载损耗 $\Delta p_0$(W) | 短路损耗 $\Delta p_k$(W) | 阻抗电压 $U_Z\%$ | 空载电流 $I_0\%$ |
|---|---|---|---|---|
| 100 | 320 | 2000 | 4.0 | 2.6 |
| 125 | 370 | 2450 | 4.0 | 2.5 |
| 160 | 460 | 2850 | 4.0 | 2.4 |
| 200 | 540 | 3400 | 4.0 | 2.4 |
| 250 | 640 | 4000 | 4.0 | 2.3 |
| 315 | 760 | 4800 | 4.0 | 2.3 |
| 400 | 920 | 5800 | 4.0 | 2.1 |
| 500 | 1080 | 6900 | 4.0 | 2.1 |
| 630 | 1300 | 8100 | 4.5 | 2.0 |
| 800 | 1540 | 9900 | 4.5 | 1.7 |
| 1000 | 1800 | 11600 | 4.5 | 1.4 |
| 1250 | 2200 | 13800 | 4.5 | 1.4 |
| 1600 | 2650 | 16500 | 4.5 | 1.3 |
| 2000 | 3100 | 19800 | 5.5 | 1.2 |

注：1. 电力变压器的一次额定电压为 6～10kV，二次额定电压为 230V/400V，联结组均为 Y，yn0。

2. 电力变压器全型号的表示和含义：S—三相变压器；L—铝绕组；7—设计序号；800—额定容量，单位为 kVA；10—高压侧额定电压，单位为 kV。

### 施工现场临时用电工程常用图形符号

| 序号 | 图形符号来源 | 图形 | 符号 |
|---|---|---|---|
| 1 | GB/T 4728.3—2018 | | Connection<br>连线 |
| 2 | GB/T 4728.3—2018 | | Group of connections<br>导线组 |
| 3 | GB/T 4728.3—2018 | 3 N～50Hz 400 V<br>$3×120\,mm^2+1×50\,mm^2$ | Tree-phase circuit<br>三相电路 |
| 4 | GB/T 4728.3—2018 | | Terminal<br>端子 |
| 5 | GB/T 4728.3—2018 | | Terminal strip<br>端子板 |
| 6 | GB/T 4728.3—2018 | | Branching<br>支路 |
| 7 | GB/T 4728.3—2018 | | Plug and socket<br>插头和插座 |
| 8 | GB/T 4728.3—2018 | | Cable sealing end<br>电缆密封终端(单芯电缆) |

续表

| 序号 | 图形符号来源 | 图形 | 符号 |
|------|-------------|------|------|
| 9 | GB/T 4728.3—2018 | | Cable sealing end<br>电缆密封终端（多芯电缆） |
| 10 | GB/T 4728.3—2018 | | Straight-through joint box<br>直通接线盒 |
| 11 | GB/T 4728.6—2008 | | Machine<br>电机 |
| 12 | GB/T 4728.6—2008 | | Transformer with two windings<br>双绕组变压器 |
| 13 | GB/T 4728.6—2008 | | Transformer with three windings<br>三绕组变压器 |
| 14 | GB/T 4728.6—2008 | | Current transformer<br>电流互感器 |
| 15 | GB/T 4728.6—2008 | | Voltage transformer<br>电压互感器 |
| 16 | GB/T 4728.6—2008 | | 蓄电池<br>Secondary cell |
| 17 | GB/T 4728.7—2008 | | Circuit breaker<br>断路器 |
| 18 | GB/T 4728.7—2008 | | Isolator<br>隔离器 |
| 19 | GB/T 4728.7—2008 | | Switch-disconnector<br>隔离开关 |
| 20 | GB/T 4728.7—2008 | | Motor starter<br>电动机启动器 |
| 21 | GB/T 4728.7—2008 | | Star-delta starter<br>星-三角启动器 |
| 22 | GB/T 4728.7—2008 | | Starter with auto-transformer<br>自耦变压器启动器 |

续表

| 序号 | 图形符号来源 | 图形 | 符号 |
|---|---|---|---|
| 23 | GB/T 4728.7—2008 | | Fuse<br>熔断器 |
| 24 | GB/T 4728.7—2008 | | Fuse-switch<br>熔断器开关 |
| 25 | GB/T 4728.7—2008 | | Fuse isolator<br>熔断器式隔离器 |
| 26 | GB/T 4728.7—2008 | | Lightning arrester<br>避雷器 |
| 27 | GB/T 4728.8—2008 | | Voltmeter<br>电压表 |
| 28 | GB/T 4728.8—2008 | | Ammeter<br>电流表 |
| 29 | GB/T 4728.8—2008 | | Recording wattmeter<br>记录式功率表 |
| 30 | GB/T 4728.8—2008 | | Watt-hour meter<br>电度表 |
| 31 | GB/T 4728.11—2008 | | Substation,Planned<br>变电站、配电所,已规划 |
| 32 | GB/T 4728.11—2008 | | Substation,Planned,in service or unspecified<br>变电站、配电所运营或未规划 |
| 33 | GB/T 4728.11—2008 | | Underground line<br>地下线路 |
| 34 | GB/T 4728.11—2008 | | Submarine line<br>水下线路 |
| 35 | GB/T 4728.11—2008 | | Overhead line<br>架空线路 |
| 36 | GB/T 4728.11—2008 | | Line within a duct<br>套管线路 |
| 37 | GB/T 4728.11—2008 | | Manhole for underground chamber<br>人孔井 |

续表

| 序号 | 图形符号来源 | 图形 | 符号 |
|------|------------|------|------|
| 38 | GB/T 4728.11—2008 | | Line with buried joint<br>地下带接头线路 |
| 39 | GB/T 4728.11—2008 | | Weather-proof enclosure<br>防雨罩 |
| 40 | GB/T 4728.11—2008 | | Cross-connection point<br>交接点 |
| 41 | GB/T 4728.11—2008 | | Power feeding injection point<br>馈电注入点 |
| 42 | GB/T 4728.11—2008 | | Neutral conductor<br>中性线 |
| 43 | GB/T 4728.11—2008 | | Protective conductor<br>保护线 |
| 44 | GB/T 4728.11—2008 | | Protection conductor and neutral conductor shared<br>保护线和中性线共用 |
| 45 | GB/T 4728.11—2008 | | Three-phase wiring with neutral conductor and protective conductor<br>带中性线和保护线的三相线路 |
| 46 | GB/T 4728.11—2008 | | Wiring going upwards<br>向上布线 |
| 47 | GB/T 4728.11—2008 | | Wiring going downwards<br>向下布线 |
| 48 | GB/T 4728.11—2008 | | Wiring passing through vertically<br>垂直通过布线 |
| 49 | GB/T 4728.11—2008 | | Junction box<br>接线盒 |

续表

| 序号 | 图形符号来源 | 图形 | 符号 |
|---|---|---|---|
| 50 | GB/T 4728.11—2008 | | Socket<br>插座 |
| 51 | GB/T 4728.11—2008 | | Switch<br>开关 |
| 52 | GB/T 4728.11—2008 | | Lighting outlet position<br>照明线路引出位置 |
| 53 | GB/T 4728.11—2008 | | Lighting lead to wall<br>墙面照明引出线路 |
| 54 | GB/T 4728.11—2008 | | Lamp<br>灯 |
| 55 | GB/T 4728.11—2008 | | Fluorescent lamp<br>荧光灯 |
| 56 | GB/T 4728.11—2008 | | Projector lamp<br>投光灯 |
| 57 | GB/T 4728.11—2008 | | Spot lamp<br>聚光灯 |
| 58 | GB/T 4728.11—2008 | | Flood lamp<br>泛光灯 |
| 59 | GB/T 4728.11—2008 | | Emergency lighting lamp<br>应急照明灯 |
| 60 | GB/T 4728.11—2008 | | Straight section<br>直线段 |
| 61 | GB/T 4728.11—2008 | | Assembled Straight section<br>组合成的直线段 |

续表

| 序号 | 图形符号来源 | 图形 | 符号 |
|---|---|---|---|
| 62 | GB/T 4728.11—2008 | | Straight line segment formed by two-phase distribution lines<br>由两相配电线路构成的直线段 |
| 63 | GB/T 4728.11—2008 | | Straight line segment formed by three-phase distribution lines<br>由三相配电线路构成的直线段 |
| 64 | GB/T 4728.11—2008 | | Aviation obstacle light<br>航空障碍灯 |
| 65 | GB/T 4728.11—2008 | | Fan<br>风扇 |
| 66 | GB/T 4728.11—2008 | | Pump<br>泵 |
| 67 | GB/T 4728.11—2008 | | Surface mounted<br>明安装 |
| 68 | GB/T 4728.11—2008 | | Connection on cable ladder<br>电缆桥架内布线 |
| 69 | GB/T 4728.11—2008 | | Connection on cable tray<br>电缆托盘内布线 |
| 70 | GB/T 4728.11—2008 | | Connection within wall mounted cable channel<br>沿墙面电缆线槽布线 |
| 71 | GB/T 50786—2012 | | Air-termination rod<br>接闪杆 |
| 72 | 09DX001 | | Main distribution box<br>总配电箱 |
| 73 | 09DX001 | | Sub distribution box<br>分配电箱 |
| 74 | 09DX001 | | Switch box<br>开关箱 |

注：1. 图形引自《电气简图用图形符号 第3部分：导体和连接件》GB/T 4728.3—2018、《电气简图用图形符号 第6部分：电能的发生与转换》GB/T 4728.6—2008、《电气简图用图形符号 第7部分：开关、控制和保护器件》GB/T 4728.7—2008、《电气简图用图形符号 第8部分：测量仪表、灯和信号器件》GB/T 4728.8—2008、《电气简图用图形符号 第11部分：建筑安装平面布置图》GB/T 4728.11—2008 和《建筑电气制图标准》GB/T 50786—2012；

2. 国家标准未见的图形引自《建筑电气工程设计常用图形和文字符号》09DX001；

3. 符号由英文单词第一个字母大写组成为宜。

## 施工现场临时用电工程分部分项工程划分表

附表 4

| 序号 | 分部工程 | 分项工程 |
|---|---|---|
| 01 | 配电系统 | 一般规定 |
| | | TN-S 系统 |
| | | 剩余电流保护 |
| | | 防雷保护 |
| | | 接地与接地电阻 |
| 02 | 配电装置 | 配电装置的设置 |
| | | 配电装置的电器选择 |
| | | 配电装置的使用 |
| 03 | 配电室及自备柴油发电机组 | 配电室 |
| | | 自备柴油发电机组 |
| 04 | 配电线路 | 架空线路 |
| | | 电缆线路 |
| | | 室内配线 |
| 05 | 电动建筑机械和手持式电动工具 | 一般规定 |
| | | 起重机械 |
| | | 桩工机械 |
| | | 夯土机械 |
| | | 焊接机械 |
| | | 手持式电动工具 |
| | | 其他电动建筑机械 |
| 06 | 外电线路及电气设备防护 | 外电线路防护 |
| | | 电气设备防护 |
| 07 | 照明 | 一般规定 |
| | | 照明供电 |
| | | 照明装置 |
| 08 | 临时用电管理 | 临时用电工程组织设计 |
| | | 电工及用电人员 |
| | | 临时用电工程的检查与拆除 |
| | | 安全技术档案 |

## 施工现场临时用电工程施工组织设计（方案）审批表 附表 5

| 工程名称 | | 施工单位 | |
|---|---|---|---|
| 技术文件名称 | | | |
| 建设单位 | | 编制单位 | |
| 审批单位 | | 编制人 | |
| 审批人 | | 编制日期 | |
| 审批日期 | | 报审日期 | |

审批意见：(内容是否全面,符合行业标准规定及安全技术要求)

<br>
<br>
<br>
<br>
<br>
<br>
<br>
<br>
<br>
<br>

施工单位(盖章)：

技术负责人(签字)：

审批时间：

注：1. 本表由施工单位技术负责人填写。

## 施工现场临时用电工程主要设备、材料进场验收记录　　　　　附表 6

工程名称：　　　　　　　　　　　　　　　　　　　　　　　记录编号：

| 序号 | 设备材料名称 | 生产单位 | 规格型号 | 单位 | 数量 | 验收人员 | 验收时间 | 备注 |
|---|---|---|---|---|---|---|---|---|
|  |  |  |  |  |  |  |  |  |
|  |  |  |  |  |  |  |  |  |
|  |  |  |  |  |  |  |  |  |
|  |  |  |  |  |  |  |  |  |
|  |  |  |  |  |  |  |  |  |
|  |  |  |  |  |  |  |  |  |
|  |  |  |  |  |  |  |  |  |
|  |  |  |  |  |  |  |  |  |
|  |  |  |  |  |  |  |  |  |
|  |  |  |  |  |  |  |  |  |
|  |  |  |  |  |  |  |  |  |
|  |  |  |  |  |  |  |  |  |
|  |  |  |  |  |  |  |  |  |
|  |  |  |  |  |  |  |  |  |
|  |  |  |  |  |  |  |  |  |
|  |  |  |  |  |  |  |  |  |

注：1. 施工现场临时用电工程的设备、材料、器材、工具、防护用品等进场后应组织验收，验收合格后填写。

　　2. 施工现场临时用电工程的设备、材料、器材、工具、防护用品等均应有生产许可证、产品检测报告、产品合格证等。

## 施工现场临时用电工程安全技术交底记录　　　　　　　附表 7

| 工程名称 |  | 施工单位 |  |
|---|---|---|---|
| 分项工程名称 |  | 交底日期 |  |
| 安全技术交底内容： |||||

| 交底人 |  | 接受人 |  |
|---|---|---|---|

注：1. 施工现场临时用电工程安全技术交底应按分部分项内容交底，并与施工进度同步进行。

　　2. 交底形式可以施工现场作业面交底或以会议形式集中交底。交底人、接受人应同时签字，双方各留一份保存。

### 施工现场临时用电工程电气设备试、检验凭单和调试记录 　　附表 8

| 工程名称 | | 施工单位 | |
|---|---|---|---|
| 电气设备名称 | | 规格型号 | |

电气设备试验、检验和调试内容：

<br><br><br><br><br><br><br><br><br>

电气设备试验、检验和调试结果：

<br><br><br><br><br><br><br><br><br><br>

| 测试电工(二人) | | | 测试时间 | |
|---|---|---|---|---|

注：1. 施工现场临时用电工程电气设备试验、检验和调试的绝缘电阻、剩余电流动作保护器动作参数、输出电压、输出电流等测试值应符合设计要求。

施工现场临时用电工程安全技术验收记录 附表 9

| 工程名称 | | 施工单位 | | |
|---|---|---|---|---|
| 序号 | 分部工程 | 分项工程 | 验收内容及存在问题 | 验收结果 |
| 01 | 配电系统 | 一般规定 | | 合格☐ 不合格☐ |
| | | TN-S 系统 | | 合格☐ 不合格☐ |
| | | 剩余电流保护 | | 合格☐ 不合格☐ |
| | | 防雷保护 | | 合格☐ 不合格☐ |
| | | 接地与接地电阻 | | 合格☐ 不合格☐ |
| 02 | 配电装置 | 配电装置的设置 | | 合格☐ 不合格☐ |
| | | 配电装置的电器选择 | | 合格☐ 不合格☐ |
| | | 配电装置的使用 | | 合格☐ 不合格☐ |
| 03 | 配电室及自备柴油发电机组 | 配电室 | | 合格☐ 不合格☐ |
| | | 自备柴油发电机组 | | 合格☐ 不合格☐ |
| 04 | 配电线路 | 架空线路 | | 合格☐ 不合格☐ |
| | | 电缆线路 | | 合格☐ 不合格☐ |
| | | 室内配线 | | 合格☐ 不合格☐ |
| 05 | 电动建筑机械和手持式电动工具 | 一般规定 | | 合格☐ 不合格☐ |
| | | 起重机械 | | 合格☐ 不合格☐ |
| | | 桩工机械 | | 合格☐ 不合格☐ |
| | | 夯土机械 | | 合格☐ 不合格☐ |
| | | 焊接机械 | | 合格☐ 不合格☐ |
| | | 手持式电动工具 | | 合格☐ 不合格☐ |
| | | 其他电动建筑机械 | | 合格☐ 不合格☐ |
| 06 | 外电线路及电气设备防护 | 外电线路防护 | | 合格☐ 不合格☐ |
| | | 电气设备防护 | | 合格☐ 不合格☐ |
| 07 | 照明 | 一般规定 | | 合格☐ 不合格☐ |
| | | 照明供电 | | 合格☐ 不合格☐ |
| | | 照明装置 | | 合格☐ 不合格☐ |
| 08 | 临时用电工程管理 | 临时用电工程组织设计 | | 合格☐ 不合格☐ |
| | | 电工及用电人员 | | 合格☐ 不合格☐ |
| | | 临时用电工程的检查与拆除 | | 合格☐ 不合格☐ |
| | | 安全技术档案 | | 合格☐ 不合格☐ |
| 验收结果 | | 验收意见: | | |
| 分包单位电气负责人 | | | 验收时间 | |
| 总包施工单位电气负责人 | | | 验收时间 | |

注：1. 施工现场临时用电工程按照施组布置完后应组织检查验收，验收结果合格划"√"，不合格划"×"，合格方可使用。2. 施工现场临时用电工程验收应按分部分项（或分区域）验收。3. 施工现场临时用电工程验收单位应为监理单位、施工单位的电气技术负责人。

施工现场临时用电工程接地电阻测试记录　　　　　　附表 10

| 工程名称 | | | 施工单位 | | | |
|---|---|---|---|---|---|---|
| 仪表型号 | | | 测试日期 | | 年　月　日 | |
| 计量单位 | | | 天气情况 | | 气温 | ℃ |
| 测试内容＼接地类型 | 工作接地 | | 防雷接地 | | 重复接地 | 保护接地 |
| | | | | | | |
| | | | | | | |
| | | | | | | |
| | | | | | | |
| | | | | | | |
| | | | | | | |
| | | | | | | |
| | | | | | | |
| | | | | | | |
| | | | | | | |
| | | | | | | |
| | | | | | | |
| | | | | | | |
| | | | | | | |
| 设计要求 | ≤　　Ω | | ≤　　Ω | | ≤　　Ω | ≤　　Ω |
| 测试结论：<br><br>接地类型、接地电阻符合设计要求　（　） <br> 接地类型、接地电阻不符合设计要求（　） | | | | | | |
| 签字栏 | 电气技术负责人 | | 安全员 | | 测试电工(二人) | |
| | | | | | | |

注：1. 接地电阻按实际情况测试，测试合格划"√"，不合格划"×"。

2. 施工单位电气技术负责人负责对接地电阻不符合设计要求应采取措施，直至符合设计要求为止。

## 施工现场临时用电工程绝缘电阻测试记录

附表 11

| 工程名称 | | | | | 施工单位 | | | | | |
|---|---|---|---|---|---|---|---|---|---|---|
| 计量单位 | | MΩ(兆欧) | | | 测试日期 | | | 年 月 日 | | |
| 仪表型号 | | | 电压 | | 天气情况 | | | | 气温 | | ℃ |

| 测试项目<br>测试内容 | 相间 | | | 相对零 | | | 相对地 | | | 零对地 |
|---|---|---|---|---|---|---|---|---|---|---|
| | $L_1$-$L_2$ | $L_2$-$L_3$ | $L_3$-$L_1$ | $L_1$-N | $L_2$-N | $L_3$-N | $L_1$-PE | $L_2$-PE | $L_3$-PE | N-PE |
| | | | | | | | | | | |
| | | | | | | | | | | |
| | | | | | | | | | | |
| | | | | | | | | | | |
| | | | | | | | | | | |
| | | | | | | | | | | |
| | | | | | | | | | | |
| | | | | | | | | | | |
| | | | | | | | | | | |
| | | | | | | | | | | |
| | | | | | | | | | | |
| | | | | | | | | | | |
| | | | | | | | | | | |
| | | | | | | | | | | |

测试结论:


绝缘电阻符合设计要求 ( )

绝缘电阻不符合设计要求( )

| 签字栏 | 电气技术负责人 | 安全员 | 测试电工(二人) |
|---|---|---|---|
| | | | |

注:1. 绝缘电阻按实际情况测试,测试合格划"√",不合格划"×"。

　　2. 施工单位电气技术负责人负责对绝缘电阻不符合设计要求应采取措施,直至符合设计要求为止。

　　3. 本表适用于单相、单相三线、三相四线制的照明、动力线路及电缆线路、电机、设备电器等绝缘电阻的测试。

　　4. 表中 $L_1$ 代表第一相、$L_2$ 代表第二相、$L_3$ 代表第三相、N 代表中性线、PE 代表保护接地线。

**施工现场临时用电工程剩余电流动作保护器动作参数测试记录**　　附表 12

| 工程名称 | | | 施工单位 | | |
|---|---|---|---|---|---|
| 仪器型号 | | | 测试日期 | | 年　月　日 |
| 安装部位 | 型号 | 设计要求 | | 实际测试 | |
| | | 动作电流（mA） | 动作时间（ms） | 动作电流（mA） | 动作时间（ms） |
| | | | | | |
| | | | | | |
| | | | | | |
| | | | | | |
| | | | | | |
| | | | | | |
| | | | | | |
| | | | | | |
| | | | | | |
| | | | | | |
| | | | | | |
| | | | | | |
| | | | | | |
| | | | | | |
| | | | | | |
| | | | | | |

测试结论：

剩余电流动作保护器动作参数符合设计要求 （　）
剩余电流动作保护器动作参数不符合设计要求（　）

| 签字栏 | 电气技术负责人 | 安全员 | 测试电工(二人) |
|---|---|---|---|
| | | | |

注：1. 剩余电流动作保护器动作参数按实际情况测试，测试合格划"√"，不合格划"×"。
　　2. 测试不合格的剩余电流动作保护器应及时更换，并测试直至合格为止。

## 施工现场临时用电工程定期检（复）查记录 附表 13

| 工程名称 | | 检(复)查时间 | |
|---|---|---|---|
| 序号 | 分部工程 | 分项工程 | 检(复)查结果 |
| 01 | 配电系统 | 一般规定 | |
| | | TN-S 系统 | |
| | | 剩余电流保护 | |
| | | 防雷保护 | |
| | | 接地与接地电阻 | |
| 02 | 配电装置 | 配电装置的设置 | |
| | | 配电装置的电器选择 | |
| | | 配电装置的使用 | |
| 03 | 配电室及自备柴油发电机组 | 配电室 | |
| | | 自备柴油发电机组 | |
| 04 | 配电线路 | 架空线路 | |
| | | 电缆线路 | |
| | | 室内配线 | |
| 05 | 电动建筑机械和手持式电动工具 | 一般规定 | |
| | | 起重机械 | |
| | | 桩工机械 | |
| | | 夯土机械 | |
| | | 焊接机械 | |
| | | 手持式电动工具 | |
| | | 其他电动建筑机械 | |
| 06 | 外电线路及电气设备防护 | 外电线路防护 | |
| | | 电气设备防护 | |
| 07 | 照明 | 一般规定 | |
| | | 照明供电 | |
| | | 照明装置 | |
| 08 | 临时用电工程管理 | 临时用电工程组织设计 | |
| | | 电工及用电人员 | |
| | | 临时用电工程的检查与拆除 | |
| | | 安全技术档案 | |

检(复)查意见：

| 参加人员 | 电气技术负责人 | |
|---|---|---|
| | 电工(二人) | |

注：1. 施工现场临时用电工程检（复）查验应按分部分项工程（或分区域）。
　　2. 本表由施工单位按日常实际情况填写，检查出现的问题整改后应进行复查。

施工现场临时用电工程电工安装、巡检、维修、拆除工作记录　　附表 14

| 工程名称 | | 工作时间 | |
|---|---|---|---|
| 施工单位 | | 工作部位 | |

| 安装、巡检、维修、拆除工作选择 | 安装、巡检、维修、拆除工作内容 | 备注 |
|---|---|---|
| | | |
| | | |
| | | |
| | | |
| | | |
| | | |
| | | |
| | | |
| | | |
| | | |
| | | |
| | | |
| | | |
| | | |
| | | |
| | | |
| | | |
| | | |
| | | |
| | | |
| 电气技术负责人 | | 电工(二人) |

注：1. 本表由电工按日常实际情况填写，并上报施工单位电气专业技术负责人签字认可。

　　2. 安装、巡检、维修、拆除工作按实际选择安装工作、巡检工作、维修工作或拆除工作。

　　3. 安装、巡检、维修、拆除工作内容应详细如实填写。

# 参 考 文 献

[1] 徐荣杰. 建筑施工现场临时用电安全技术 [M]. 沈阳：辽宁人民出版社，1989.
[2] 张立新. 建筑电气工程施工管理手册 [M]. 北京：中国电力出版社，2005.
[3] 李坤宅. 施工现场临时用电安全技术规范实施手册（第二版）[M]. 北京：中国建筑工业出版社，2007.
[4] 张立新. 建设工程施工现场安全与技术管理实务 [M]. 北京：中国建材工业出版社，2008.
[5] 张立新. 建设工程施工现场安全技术管理 [M]. 北京：中国电力出版社，2009.
[6] 张立新. 建设工程施工现场临时用电管理 [M]. 北京：中国电力出版社，2009.
[7] 国家质量技术监督局. 电绝缘鞋通用技术条件 GB 12011—2000 [S]. 北京：中国标准出版社，2004.
[8] 中华人民共和国国家质量监督检验检疫总局、中国国家标准化管理委员会. 弧焊设备 第1部分：焊接电源 GB 15579. 1—2004 [S]. 北京：中国标准出版社，2004.
[9] 中华人民共和国建设部. 塔式起重机安全规程 GB 5144—2006 [S]. 北京：中国标准出版社，2007.
[10] 中华人民共和国住房和城乡建设部. 建筑施工木脚手架安全技术规范 JGJ 164—2008 [S]. 北京：中国建筑工业出版社，2008.
[11] 中华人民共和国国家质量监督检验检疫总局、中国国家标准化管理委员会. 带电作业用绝缘手套 GB/T 17622—2008 [S]. 北京：中国标准出版社，2009.
[12] 中华人民共和国国家质量监督检验检疫总局、中国国家标准化管理委员会. 安全带 GB 6095—2009 [S]. 北京：中国标准出版社，2009.
[13] 中华人民共和国住房和城乡建设部. 建筑机械使用安全技术规程 JGJ 33—2012 [S]. 北京：中国建筑工业出版社，2012.
[14] 中华人民共和国住房和城乡建设部. 电气装置安装工程盘、柜及二次回路结线施工及验收规范 GB 50171—2012 [S]. 北京：中国计划出版社，2012.
[15] 中华人民共和国国家质量监督检验检疫总局、中国国家标准化管理委员会. 高电压柴油发电机组通用技术条件 GB/T 31038—2014 [S]. 北京：中国标准出版社，2014.
[16] 中华人民共和国国家质量监督检验检疫总局、中国国家标准化管理委员会. 灯具一般安全要求与试验 GB 7000.1—2015 [S]. 北京：中国标准出版社，2016.
[17] 中华人民共和国国家质量监督检验检疫总局、中国国家标准化管理委员会. 手持式电动工具的管理、使用、检查和维修安全技术规程 GB/T 3787—2017 [S]. 北京：中国标准出版社，2017.
[18] 中华人民共和国国家质量监督检验检疫总局、中国国家标准化管理委员会. 剩余电流动作保护电器（RCD）的一般要求 GB/T 6829—2017 [S]. 北京：中国标准出版社，2017.
[19] 中华人民共和国国家质量监督检验检疫总局、中国国家标准化管理委员会. 家用和类似用途的不带和带过电流保护的F型和B型剩余电流动作断路器 GB/T 22794—2017 [S]. 北京：中国标准出版社，2017.
[20] 中华人民共和国国家质量监督检验检疫总局、中国国家标准化管理委员会. 剩余电流动作保护装置安装和运行 GB/T 13955—2017 [S]. 北京：中国标准出版社，2018.
[21] 中华人民共和国国家质量监督检验检疫总局、中国国家标准化管理委员会. 头部防护安全帽 GB 2811—2019 [S]. 北京：中国标准出版社，2019.
[22] 中华人民共和国住房和城乡建设部. 民用建筑电气设计标准 GB 51348—2019 [S]. 北京：中国建

筑工业出版社，2019.

［23］ 中华人民共和国国家质量监督检验检疫总局、中国国家标准化管理委员会. 生产经营单位生产安全事故应急预案编制导则 GB/T 29639—2020 [S]. 北京：中国标准出版社，2020.

［24］ 中华人民共和国住房和城乡建设部. 建筑与市政工程施工现场临时用电安全技术标准 JGJ/T 46—2024 [S]. 北京：中国建筑工业出版社，2024.

# 后记 《建筑与市政工程施工现场临时用电安全技术标准》修订说明

## 第一节 修 订 背 景

### 一、编制背景

《施工现场临时用电安全技术规范》JGJ 46—1988 由沈阳建筑学院徐荣杰教授主编。1988 年 5 月 21 日，中华人民共和国城乡建设环境保护部公告 [（88）建标字第 24 号]，1988 年 10 月 1 日实施。

《施工现场临时用电安全技术规范》JGJ 46—2005 由沈阳建筑学院徐荣杰教授主编。2005 年 4 月 15 日，中华人民共和国建设部公告 2005 年（第 322 号），2005 年 7 月 1 日实施。

根据《住房和城乡建设部关于印发〈2019 年工程建设规范和标准编制及相关工作计划〉的通知》（建标函 [2019] 8 号）的要求，成立标准编制组，编制组经广泛调查研究，认真总结实践经验，参考有关国际标准和国内先进标准，并在广泛征求意见的基础上，修订了本标准。

《建筑与市政工程施工现场临时用电安全技术标准》JGJ/T 46—2024 由沈阳建筑大学栾方军教授主编。2024 年 9 月 9 日，中华人民共和国住房和城乡建设部公告（第 152 号），2025 年 1 月 1 日实施。

第二版《施工现场临时用电安全技术规范》JGJ 46，2005 年 7 月 1 日起实施。第二版距第一版修订时间为 17 年，跨度时间比较长。第三版《建筑与市政工程施工现场临时用电安全技术标准》JGJ/T 46，2025 年 1 月 1 日起实施。第三版距第二版修订时间为 20 年，跨度时间比上一次修订时间更长。《建筑与市政工程施工现场临时用电安全技术标准》JGJ/T 46 修订过程得到了住房和城乡建设部标准司领导、专家组，国内政府监督部门、设计单位、监理单位、咨询单位、施工单位和生产厂家的支持及帮助。

依据住房和城乡建设部《2019 年工程建设规范和标准编制及相关工作计划的通知》，在沈阳建筑大学电气与控制工程学院栾方军院长的组织下，由多家国内院校、设计单位、监理单位、施工单位、生产单位、咨询单位组成编写组参与修订，落实"推进工程建设绿色高质量发展，保障工程质量安全，促进产业转型升级，加强生态环境保护"的精神。

2019 年 9 月 26 日在沈阳建筑大学，由主编单位沈阳建筑大组织召开"《施工现场临时用电安全技术规范》修订编制组成立暨第一次工作会议"，住房和城乡建设部标准定额司有关领导和参编单位专家列席会议。

2020年4月至2020年6月期间，《施工现场临时用电安全技术规范》JGJ 46（征求意见稿）在向全国公开征求意见，共收到633条征求反馈意见，经编制组集体讨论决定，79条反馈意见予以采纳，21条反馈意见予以部分采纳。

2020年12月1日在苏州，召开《施工现场临时用电安全技术标准》（送审稿）审查会议。住房和城乡建设部标准定额司有关领导、标准评审组专家和标准编制组专家列席会议。

2021年1月至2024年4月，编制组对《施工现场临时用电安全技术标准》JGJ 46（送审稿）提出的修改意见进行补充和完善，形成了《建筑与市政工程施工现场临时用电安全技术标准》JGJ/T 46（报批稿），并通过住房和城乡建设部标准定额司组织专家组的评审工作。

## 二、适用范围

**1.《建筑与市政工程施工现场临时用电安全技术标准》JGJ/T 46 编制的目的**

《建筑与市政工程施工现场临时用电安全技术标准》JGJ/T 46编制的目的，见《建筑与市政工程施工现场临时用电安全技术标准》JGJ/T 46—2024规定：

第1.0.1条　为贯彻国家安全生产的法律和法规，保障施工现场临时用电安全，防止触电和火灾等事故发生，促进建设事业发展，制定本标准。

**2.《建筑与市政工程施工现场临时用电安全技术标准》JGJ/T 46 适用的范围**

《建筑与市政工程施工现场临时用电安全技术标准》JGJ/T 46适用的范围见《建筑与市政工程施工现场临时用电安全技术标准》JGJ/T 46—2024规定：

第1.0.2条　本标准适用于新建、改建和扩建的工业与民用建筑和市政基础设施施工现场临时用电工程中，电源中性点直接接地的220V/380V三相四线制低压配电系统的设计、安装、使用、维修和拆除。

**3.《建筑与市政工程施工现场临时用电安全技术标准》中术语的理解**

建筑与市政工程施工现场临时用电工程涉及的术语，有"工业与民用建筑""市政工程（市政基础设施工程）""施工现场"和"施工现场临时用电工程"，我们必须对这些术语的定义有所了解，只有这样，才能知晓建筑与市政工程施工现场临时用电工程的内涵和实质。否则，我们在对建筑与市政工程施工现场临时用电工程安全技术检查过程，就会出现边界不清，就会使安全检查工作变得不专业、不严肃和不公正。

**工业与民用建筑**　industrial and civil construction

工业建筑是指的是各类生产用房和为生产服务的附属用房，包括单层工业厂房、多层工业厂房和层次混合的工业厂房。

民用建筑是指的是供人们工作、学习、生活、居住等类型的建筑，包括居住建筑和公共建筑两大部分。

**市政工程（市政基础设施工程）**　municipal engineering

市政工程是指与城市交通、环境卫生、园林绿化、城市供排水、热力、燃气、电力等市政公用设施相关的各类工程。

**施工现场**　construction site

施工现场是指经批准占用的场地，进行工业与民用的房屋建筑、土木工程、设备安装、管线敷设等工程项目，人员在施工场地、办公场地、生活场地进行生产、工作和生活等，包括陆地、海上及空中能够进行施工的所有空间。

**施工现场临时用电工程**　temporary power supply works on the construction site

对工业与民用建筑及市政工程（市政基础设施工程）施工现场供配电系统进行设计、施工、运行、维护及拆除的电气工程，以保证施工现场生产设备、办公设施和生活设施用电的安全。

从广义上讲，每个建筑与市政工程施工现场就是一个工厂，它的产品是一个建筑物或构筑物，但是它又与一般的工业产品不同，具有如下的特点：

（1）没有通常意义上的厂房，施工现场用电明显带有临时性，露天作业多；

（2）施工环境千差万别，受地理位置和气候条件的制约；

（3）施工机械具有相当大的周转性、移动性和通用性；

（4）施工现场的环境较恶劣，配电系统、电气装置、配电线路、照明、用电设备等易受风沙、雨雪、水溅、污染和腐蚀介质的侵害，极易发生意外机械损伤、手持式电动工具绝缘损坏并导致剩余电流；

（5）施工现场是多工种交叉作业的场所，非电气专业人员使用电气设备相当普遍，而这些人员的安全用电知识和技能水平又相对偏低，因此，项目经理部必须加强施工现场临时用电工程管理，降低或杜绝触电事故和电气火灾的发生。

综上所述，搞好建筑与市政工程施工现场安全用电是一项十分重要的工作。为了有效地防止施工现场各种意外的触电伤害事故，保障人身和财物安全，首先应当在用电技术上采取完备的、可靠的安全防护措施，严格按照《建筑与市政工程施工现场临时用电安全技术标准》JGJ/T 46—2024 规定实施，其次，从建筑与市政工程施工现场多年发生的用电事故分析中，可以看出"安全技术"的实施与"安全管理"的执行必须同时进行，实践表明：只有通过严格的"安全管理"才能保证"安全技术"得以严格的贯彻、落实，并发挥其安全保障作用，达到降低或杜绝触电事故和电气火灾的目的。

# 第二节　修订内容

## 一、该标准名称的变更

2022 年 4 月 29 日，住房和城乡建设部"关于同意行业标准《施工现场临时用电安全技术规范》局部修订变更为修订以及更名的函"（住房和城乡建设部司函［2022-018]）。沈阳建筑大学：

你单位关于将行业标准《施工现场临时用电安全技术规范》（JGJ 46—2005）局部修订调整为全部修订的申请收悉。

经研究，同意将《施工现场临时用电安全技术规范》局部修订变更为修订，名称变更为《建筑与市政工程施工现场临时用电安全技术标准》。在修订过程中，应按照深化工程建设标准化工作改革的总体要求，以目标为导向，强化施工现场临时用电安全的技术要求；以人民为中心，确保施工现场供用电人身安全、设备安全。请你单位加强组织协调，保证标准编制质量，做好与在编工程建设规范《建筑与市政施工现场安全卫生与职业健康通用规范》的技术衔接，与《建设工程施工现场供用电安全规范》等相关标准的协调，按计划时间和全面修订要求尽快完成标准修订，任务。

2024 年 9 月 9 日，《施工现场临时用电安全技术规范》JGJ 46—2005 名称、编号、修订年号变更为《建筑与市政工程施工现场临时用电安全技术标准》JGJ/T 46—2024。

## 二、该标准增加的内容

修订后的《建筑与市政工程施工现场临时用电安全技术标准》JGJ/T 46—2024 与《施工现场临时用电安全技术规范》JGJ 46—2005 相比较，增加的内容如下：

**第 2 章　术语和符号**

**第 2.1 节　术语**

第 2.1.10 条　剩余电流动作保护器　residual current device

在正常运行条件下能接通、承载和分断电流，并且当剩余电流达到规定值时能使触头断开的机械开关电器或组合电器。

第 2.1.15 条　剩余电流　residual current

流过剩余电流保护电器主回路的电流瞬时值的矢量和。

第 2.1.27 条　等电位连接　equipotential bonding

各个外露可导电部分和外部可导电部分的电位，实质上是相等的电气连接。

**第 2.2 节　符号**

PEN——保护接地中性导体。

**第 3 章　配电系统**

**第 3.3 节　剩余电流保护**

第 3.3.8 条　剩余电流动作保护器安装应符合下列规定：

1　剩余电流动作保护器电源侧、负荷侧端子处接线应正确，不得反接；

2　剩余电流动作保护器灭弧罩安装牢固，并应在电弧喷出方向留有飞弧距离；

3　剩余电流动作保护器控制回路的铜导线截面面积不得小于 2.5mm²；

4　剩余电流动作保护器端子处中性导体（N）严禁与保护接地导体（PE）连接，不得重复接地或就近与设备金属外露导体连接。

**第 6 章　配电线路**

**第 6.3 节　室内配线**

第 6.3.7 条　钢索配线应符合下列规定：

1　钢索截面的选择应根据跨距、荷载和机械强度等因素确定，且截面不宜小于 10mm²；

2　钢索支持点间距不宜大于 12m；

3　钢索与终端拉环套接应采用心形环，固定钢索的线卡不应少于 2 个；

4　钢索端头应用镀锌钢丝绑扎紧密，并与保护接地导体（PE）可靠连接；

5　当钢索长度不大于 50m 时，应在钢索一端装设索具螺旋扣紧固；当钢索长度大于 50m 时，应在钢索两端装设索具螺旋扣紧固。

**第 7 章　电动建筑机械和手持式电动工具**

**第 7.2 节　起重机械**

第 7.2.4 条　塔式起重机垂直方向的电缆应设置固定点，防止电缆结构变形受损，其间距不宜大于 10m；水平方向的电缆不得拖地行走，防止电缆绝缘层受损。

**第 10 章　临时用电工程管理**

**第 10.1 节　临时用电工程组织设计**

第 10.1.2 条　临时用电工程组织设计应在现场勘测和确定电源进线、变电所或配电室位置及线路走向后进行，并应包括下列主要内容：

1　工程概况。

2　编制依据。

3　施工现场用电容量统计。

第 10.1.5 条　临时用电工程应经总承包单位和分包单位共同验收，合格后方可使用。

**第 10.3 节　临时用电工程的检查与拆除**

第 10.3.3 条　施工现场临时用电工程设施的拆除应符合下列规定：

1　应按临时用电工程组织设计的要求组织拆除；

2　拆除工作应从电源侧开始；

3　拆除前，被拆除部分应与带电部分在电器上断开、隔离，并应悬挂"禁止合闸、有人工作"等标识牌；

4　拆除前应确保电容器已进行有效放电；

5　拆除与运行线路（设施）交叉的临时用电工程线路（设施）时，应有明显的区分标识；

6　拆除邻近带电部分的临时用电设施时，应设有专人监护，并应设隔离防护设施；

7　拆除过程中，应避免对设备（设施）造成损伤。

**第 10.4 节　安全技术档案**

第 10.4.1 条　施工现场临时用电工程应建立安全技术档案，并应包括下列内容：

1　临时用电工程组织设计编制、修改、审核和审查的全部资料；

2　施工现场临时用电工程主要设备、材料的产品合格证、相关认证报告、检测报告等；

第 10.4.2 条　安全技术资料应由项目经理部电气专业技术负责人建立与管理，每周由项目部经理组织对施工现场临时用电工程的实体安全、内业资料进行检查，并应在临时用电工程拆除后统一归档管理。

## 三、该标准完善的内容

《建筑与市政工程施工现场临时用电安全技术标准》JGJ/T 46—2024 在《施工现场临时用电安全技术规范》JGJ 46—2005 基础上，结合国际电工委员会（IEC）以及我国现行有关标准的规定，对如下内容做出补充和完善：

**第 2 章　术语、代号**

**第 2.1 节　术语**

**2005 版：**第 2.1.6 条　接地 ground connection

　　　　设备的一部分为形成导电通路与大地的连接。

**2024版**：第2.1.6条　接地 earthing

在系统、装置或设备的给定点与局部地之间做导电连接。

**2005版**：第2.1.9条　接地体 earth lead

埋入地中并直接与大地接触的金属导体。

**2024版**：第2.1.9条　接地极 earthing electrode

埋入土壤或特定的导电介质中与大地有电接触的可导电部分。

**第2.2节　代号**

**2005版**：第2.2.5条　N——中性点，中性线，工作零线；

**2024版**：N——中性点，中性导体；

**2005版**：第2.2.7条　PE——保护零线，保护线；

**2024版**：PE——保护接地导体；

**2005版**：第2.2.8条　RCD——漏电保护器，漏电断路器；

**2024版**：RCD——剩余电流动作保护器。

**第4章　配电装置**

**第4.1节　配电装置的设置**

**2005版**：第8.1.12条　配电箱、开关箱内的连接线必须采用铜芯绝缘导线。导线绝缘的颜色标志应按本规范第5.1.11条要求配置并排列整齐；导线分支接头不得采用螺栓压接，应采用焊接并做绝缘包扎，不得有外露带电部分。

**2024版**：第4.1.11条　配电箱、开关箱内的连接线必须采用铜芯绝缘导线。导线绝缘层的颜色标识应按本标准第3.2.11条的规定配置并排列整齐；线束应有外套绝缘管，导线与电器端子连接牢固，不得有外露带电部分。

**第5章　配电室及自备柴油发电机组**

**第5.1节　配电室**

**2005版**：第6.1.1条　配电室应靠近电源，并应设在灰尘少、潮气少、振动小、无腐蚀介质、无易燃易爆物及道路畅通的地方。

**2024版**：第5.1.1条　配电室应靠近电源侧，宜靠近负荷中心，并应设在灰尘少、潮气少、振动小、无腐蚀介质、无易燃易爆物及道路畅通的地方。

**2005版**：第6.1.7条　配电柜应编号，并应有用途标记。

**2024版**：第5.1.7条　多台配电柜应编号，并应有用途标识。

**第6章　配电线路**

**第6.1节　架空线路**

**2005版**：第7.1.1条　架空线必须采用绝缘导线。

**2024版**：第6.1.1条　架空线应采用绝缘导线或电缆。

**第6.2节　电缆线路**

**2005版**：第7.2.10条　在建工程内的电缆线路必须采用电缆埋地引入，严禁穿越脚手架引入。电缆垂直敷设应充分利用在建工程的竖井、垂直孔洞等，并宜靠近用电负荷中心，固定点每楼层不得少于一处。电缆水平敷设宜沿墙或门口刚性固定，最大弧垂距地不得小于2.0m。

装饰装修工程或其他特殊阶段，应补充编制单项施工用电方案。电源线可沿墙角、地面敷设，但应采取防机械损伤和电火措施。

**2024 版：第 6.2.10 条**　在施工程的电缆线路架设应符合下列规定：

1　应采用电缆埋地敷设，严禁穿越脚手架引入；

2　电缆垂直敷设应充分利用在施工程的竖井、垂直孔洞等，并宜靠近用电负荷中心，固定点每楼层不应少于 1 处；

3　电缆水平敷设宜沿墙壁或门洞上方刚性固定，最大弧垂距地面不应低于 2.0m；

4　装饰装修工程电源线可沿墙壁、地面敷设，但应采取预防机械损伤和电气火灾的措施；

5　装饰装修工程施工阶段或其他特殊施工阶段，应补充编制专项施工临时用电工程方案。

### 第7章　电动建筑机械和手持式电动工具

#### 第 7.1 节　一般规定

**2005 版：第 9.1.2 条**　塔式起重机、外用电梯、滑升模板的金属操作平台及需要设置避雷装置的物料提升机，除应连接 PE 线外，还应做重复接地。设备的金属结构构件之间应保证电气连接。

**2024 版：第 7.1.2 条**　塔式起重机、施工升降机、滑升模板的金属操作平台及需要设置防雷装置的物料提升机，除应连接保护接地导体（PE）外，还应与各自的接地装置相连接。塔身标准节、导轨架标准节、滑模提升架等金属结构之间应保证电气通路。

#### 第 7.6 节　手持式电动工具

**2005 版：第 9.6.3 条**　狭窄场所必须选用由安全隔离变压器供电的Ⅲ类手持式电动工具，其开关箱和安全隔离变压器均应设置在狭窄场所外面，并连接 PE 线。漏电保护器的选择应符合本规范第 8.2.10 条使用于潮湿或有腐蚀介质场所漏电保护器的要求。操作过程中，应有人在外面监护。

**2024 版：第 7.6.3 条**　在受限空间使用手持式电动工具，应符合下列规定：

1　应选用由安全隔离变压器供电的Ⅲ类手持式电动工具，其开关箱和安全隔离变压器均应设置在受限空间之外便于操作的地方，且与保护接地导体（PE）的连接应符合本标准第 3.2.5 条的规定；

2　剩余电流动作保护器的选择应符合本标准第 3.3.4 条的规定；

3　操作过程中，应设置专人在受限空间外监护。

### 第8章　外电线路及电气设备防护

#### 第 8.1 节　外电线路防护

**2005 版：第 4.1.2 条**　在建工程（含脚手架）的周边与外电架空线路的边线之间的最小安全操作距离应符合表 4.1.2 规定。

表 4.1.2　在建工程（含脚手架）的周边与架空线路的边线之间的最小安全操作距离

| 外电线路电压等级(kV) | <1 | 1~10 | 35~110 | 220 | 330~500 |
|---|---|---|---|---|---|
| 最小安全操作距离(m) | 4.0 | 6.0 | 8.0 | 10.0 | 15.0 |

注：上下脚手架的斜道不宜设在有外电线路的一侧。

**2024版**：第8.1.2条 在施工程（含脚手架）的周边与外电架空线路的边线之间的最小安全操作距离应符合表8.1.2规定。

表8.1.2 在施工程（含脚手架）的周边与架空线路的边线之间的最小安全操作距离

| 外电线路电压等级(kV) | <1 | 1~10 | 35~110 | 220 | 330~500 |
|---|---|---|---|---|---|
| 最小安全操作距离(m) | 7.0 | 8.0 | 8.0 | 10.0 | 15.0 |

注：上下脚手架的斜道不宜设在有外电线路的一侧。

### 第9章 照明

#### 第9.1节 一般规定

**2005版**：第10.1.2条 现场照明应采用高光效、长寿命的照明光源。对需大面积照明的场所，应采用高压汞灯、高压钠灯或混光用的卤钨灯等。

**2024版**：第9.1.2条 现场照明应采用高光效、长寿命的照明光源，对需大面积照明的场所，宜采用安全节能光源。

#### 第9.3节 照明装置

**2005版**：第10.3.5条 碘钨灯及钠、铊、铟等金属卤化物灯具的安装高度宜在3m以上，灯线应固定在接线柱上，不得靠近灯具表面。

**2024版**：第9.3.5条 钠、铊、铟等金属卤化物灯具距地面的安装高度宜在3m以上，灯线应固定在接线柱上，不得靠近灯具表面。

# 第三节 修 订 意 义

建筑与市政工程在城市基础设施建设中起着重要的作用，它为人们的学习、工作、生活和休闲提供了和谐的生态环境；同时，建筑与市政工程基础设施兴建又为施工企业提供了发展机遇。如今建筑与市政工程的施工范围日益广泛，建设规模日益扩大。建筑与市政工程施工现场环境比较复杂，地形、水文、气候、植被、土壤、毗邻构筑物以及作业人员等因素都会给安全用电的管理带来一定的困难。作业环境的多变性；用电的临时性；人、机、料的动态性都直接或间接导致临时用电安全隐患的显性或隐性的存在。事故源于管理的疏漏，项目经理部的电气专业技术负责人、安全管理人员必须加强施工现场临时用电日常工作的监督检查，发现安全隐患及时有效治理，防患于未然。施工前编制施工现场临时用电工程组织设计（或专项施工方案），做好安全技术交底，做好安全教育培训，电工应做到持证上岗，做好触电事故及电气火灾事故的应急预案和演练。《建筑与市政工程施工现场临时用电安全技术标准》修订的现实意义是：加强施工现场临时用电工程安全技术的管理；防止和降低施工现场临时用电工程电击事故的发生；保障施工现场临时用电人员的生命和财产安全；促进施工现场临时用电工程标准化建设。建筑与市政工程施工现场临时用电安全技术管理工作应从以下几个方面入手：

## 一、做好施工现场临时用电工程标准化建设

建筑与市政工程施工现场临时性强。这主要是由基础设施工程建设周期决定的，少则几个月，多则一两年，工程竣工验收后拆卸临时用电设施，不能像正式基础设施工程那样

一劳永逸、安全可靠。

建筑与市政工程施工现场设备流动性大。伴随着施工阶段的转换，大型机械设备、电气设备、手持式电动工具伴随着施工进度，进场出场流动性频繁。如大型机械设备、电气设备、手持式电动工具检测、维修不到位，很容易造成防雷接地、保护接地、剩余电流保护如法实现，出现触电事故。

建筑与市政工程施工现场施工人员多、流动性大、交叉作业频繁、作业环境恶劣、临时性突击抢工等特点。施工现场配电室、分配电箱、开关箱布置不科学、管理不到位、操作不规范，这就给施工现场临时用电工程管理工作带来很大的麻烦，很容易引发触电事故和电气火灾的发生。做好施工现场临时用电工程的标准化建设，才是遏止伤亡事故的有效措施。严格执行《建筑与市政工程施工现场临时用电安全技术标准》JGJ/T 46—2024规定：

第3.1.1条　施工现场临时用电工程专用的电源中性点直接接地的220V/380V三相四线制低压电力系统，应符合下列规定：

1　应采用三级配电系统；

2　应采用TN-S系统；

3　应采用二级剩余电流动作保护系统。

第3.1.2条　配电系统应设置总配电箱、分配电箱、开关箱三级配电装置，实行三级配电。

## 二、做好安全教育培训和技术交底，规范化作业

建筑与市政工程施工前，对进入施工现场的作业人员做好三级教育即公司、项目经理部、施工班组教育，并做好记录。让作业人员深刻认识到用电安全的重要性，做到不教育不开工，不交底不作业。临时用电工程的安全交底应结合现场作业面、安全体验等形式交底，严禁非用电人员私自接线使用用电设备，电工和用电人员规范化作业。严格执行《建筑与市政工程施工现场临时用电安全技术标准》JGJ/T 46—2024规定：

第4.3.3条　配电箱、开关箱应定期检查、维修。检查、维修人员应是专业电工；检查、维修时应按规定穿戴绝缘鞋、绝缘手套，使用电工绝缘工具，并应做检查、维修工作记录。

第4.3.4条　对配电箱、开关箱进行定期维修、检查时，应将其前一级相应的电源隔离开关分闸断电，设置专人监护，并悬挂"禁止合闸、有人工作"的停电标识牌，不得带电作业。

第10.2.1条　电工应经职业资格考试合格后，持证上岗工作；其他用电人员应通过相关安全教育培训和技术交底，考核合格后方可上岗工作。

第10.2.2条　安装、巡检、维修临时用电设备和线路，应由电工完成，并应设专人监护。

## 三、做好触电事故及电气火灾事故的应急预案和演练

触电事故及电气火灾事故猛于虎，一旦发生就可能危及人们财产和生命安全，所以我们编制临时用电工程组织设计（或专项施工方案）应做好相关的应急预案，日常做好应急

预案演练工作，及时救治伤者，保护现场，明确责任，尽可能地将损失降低到最低。严格执行《建筑与市政工程施工现场临时用电安全技术标准》JGJ/T 46—2024 规定：

第 10.1.2 条　临时用电工程组织设计应在现场勘测和确定电源进线、变电所或配电室位置及线路走向后进行，并应包括下列主要内容：

7　确定防护措施。

8　制定安全用电措施和电气防火措施。

9　制定临时用电设施拆除措施。

10　制定应急预案，并开展应急演练。

第 10.2.3 条　各类用电人员应掌握安全用电基本知识和所用设备的性能，并应符合下列规定：

1　使用电气设备前，应按规定穿戴、配备好相应的劳动防护用品，并应检查电气装置和保护设施，不得使设备带"缺陷"运转；

2　保管和维护所用设备，发现问题应及时报告解决；

3　暂时停用设备的开关箱，应分断电源隔离开关，并关门上锁；

4　移动电气设备，应在电工切断电源并做妥善处理后进行。